21 世纪高等学校信息工程类 "十二五" 系列教材

现代通信网概论

杨武军　郭　娟
张继荣　屈军锁　编著

刘光明　主审

西安电子科技大学出版社

内 容 简 介

本书系统地介绍了现代通信网的工作原理、体系结构、关键技术、分类、现状与发展趋势等。具体讲解时均以业务需求和网络交换技术为线索，从产生背景和基本原理入手，介绍了每一种网络技术的体系结构和各部分功能，并给出了与其他技术的比较和工作原理的实例。主要内容包括：宽带传送网、电话通信网、分组通信网、移动通信网、计算机通信网、ATM 网、宽带综合 IP 网和电信支撑网等。

本书内容新颖详实，讲述深入浅出，便于自学，可以作为普通高等院校通信、信息、电子等专业的本科教材或教学参考用书，也可作为电信管理人员、工程技术人员的参考用书。

☆ 本书配有电子教案，有需要的老师可与西安电子科技大学出版社联系，免费索取。

图书在版编目（CIP）数据

现代通信网概论/杨武军等编著.
—西安：西安电子科技大学出版社，2004.1 (2016.5 重印)
21 世纪高等学校信息工程类 "十二五" 规划教材
ISBN 978–7–5606–1328–4

Ⅰ. 现⋯　Ⅱ. 杨⋯　Ⅲ. 通信网—高等学校—教材　Ⅳ. TN402

中国版本图书馆 CIP 数据核字（2003）第 113834 号

策　　划　马武装
责任编辑　宁殿艳　马武装
出版发行　西安电子科技大学出版社（西安市太白南路 2 号）
电　　话　(029)88242885　88201467　　邮　编　710071
网　　址　www.xduph.com　　　　　电子邮箱　xdupfxb001@163.com
经　　销　新华书店
印刷单位　陕西华沐印刷科技有限责任公司
版　　次　2004 年 2 月第 1 版　　2016 年 5 月第 11 次印刷
开　　本　787 毫米×1092 毫米　1/16　印张 23.75
字　　数　561 千字
印　　数　36 001～39 000 册
定　　价　40.00 元

ISBN 978 – 7 – 5606 – 1328 – 4 / TN

XDUP 1599011–11

*** 如有印装问题可调换 ***

本社图书封面为激光防伪覆膜，谨防盗版。

序

第三次全国教育工作会议以来，我国高等教育得到空前规模的发展。经过高校布局和结构的调整，各个学校的新专业均有所增加，招生规模也迅速扩大。为了适应社会对"大专业、宽口径"人才的需求，各学校对专业进行了调整和合并，拓宽专业面，相应地教学计划、大纲也都有了较大的变化。特别是进入21世纪以来，信息产业发展迅速，技术更新加快。面对这样的发展形势，原有的计算机、信息工程两个专业的传统教材已很难适应高等教育的需要，作为教学改革的重要组成部分，教材的更新和建设迫在眉睫。为此，西安电子科技大学出版社聘请南京邮电学院、西安邮电学院、重庆邮电学院、吉林大学、杭州电子工业学院、桂林电子工业学院、北京信息工程学院、深圳大学、解放军电子工程学院等10余所国内电子信息类专业知名院校长期在教学科研第一线工作的专家教授，组成了高等学校计算机、信息工程类专业系列教材编审专家委员会，并且面向全国进行系列教材编写招标。该委员会依据教育部有关文件及规定对这两大类专业的教学计划和课程大纲，目前本科教育的发展变化和相应系列教材应具有的特色和定位以及如何适应各类院校的教学需求等进行了反复研究、充分讨论，并对投标教材进行了认真评审，筛选并确定了高等学校计算机、信息工程类专业系列教材的作者及审稿人，这套教材预计在2004年全部出齐。

审定并组织出版这套教材的基本指导思想是力求精品、力求创新、优中选优、以质取胜。教材内容要反映21世纪信息科学技术的发展，体现专业课内容更新快的要求；编写上要具有一定的弹性和可调性，以适合多数学校使用。体系上要有所创新，突出工程技术型人才培养的特点，面向国民经济对工程技术人才的需求，强调培养学生较系统地掌握本学科专业必需的基础知识和基本理论，有较强的本专业的基本技能、方法和相关知识，培养学生具有从事实际工程的研发能力。在作者的遴选上，强调作者应在教学、科研第一线长期工作，有较高的学术水平和丰富的教材编写经验；教材在体系和篇幅上符合各学校的教学计划要求。

相信这套精心策划、精心编审、精心出版的系列教材会成为精品教材，得到各院校的认可，对于新世纪高等学校教学改革和教材建设起到积极的推动作用。

系列教材编委会
2002 年 8 月

高等学校计算机、信息工程类专业
规划教材编审专家委员会

前　　言

　　在 20 世纪最后的 20 年里，网络通信技术和通信产业以一种异乎寻常的速度持续发展，通信网已深入到社会生活的各个层面，成为现代社会关键的基础设施，通信产业也成长为一部分发达国家的支柱产业。在现代社会中，政治、经济、军事、工作、生活越来越依赖于通信网，通信网已与人类社会之间形成了一种相互促进的互动关系。可以说，通信网的作用和意义已经超越了它本身原有的范畴，它就像水、电、文字、交通工具一样，成为人类社会生活中不可分割的一部分，它不仅将我们带进信息时代，而且深刻地影响和改变着我们的生活方式，通信网的广泛使用已成为这个时代的显著标志。

　　这种影响反映在高等教育上，则是各高校均将通信网课程列为相关理工科专业的必修课之一。然而实际的通信网已存在并发展了 100 多年，由于涉及面广、规模庞大、技术复杂、各地区经济发展的不平衡，注定其发展演变只能以一种渐变的方式进行；另一方面，为了保持与原有技术的兼容性，又往往导致网络结构进一步复杂化，并且至今通信网仍在不断发展演变之中。以上种种因素导致了现代通信网形成目前多种网络技术体制并存的混合式结构，这增加了通信网课程的讲授和学习难度。

　　西方哲学经常讨论这样一个问题：我们究竟是什么？是从哪儿来的，又将往哪儿去？这是一个永恒的哲学话题。对有 100 多年发展历史的通信网，如果只是对现存的各种网络技术进行简单的罗列式陈述，不对通信网发展演进的一般性规律进行分析论述，不对各种网络技术之间的共性与个性进行总结分析，不对各种技术的产生背景、最佳应用场合，以及技术间的关联性进行描述，则很难帮助学生对通信网有一个完整而深入的理解，这样面对众多近似的网络实现技术，他们依然可能感到无所适从。

　　基于上述的考虑，书中对于各种网络技术，均采用先是技术背景和要解决的问题，接着是相关概念和体系结构，最后是实例的方法进行介绍，并尽可能地给出相关、相似技术的比较分析，我们认为这样可以帮助读者更好地理解通信网。

　　强调技术背景和设计者最初的设计初衷是本书的一个显著特征。我们始终坚信：没有完美的网络技术，网络的设计者也绝不缺乏远见，任何一个成熟的网络技术体系，都是在当时的技术、市场需求、成本、政策等约束条件下共同作用的折衷结果。对于现存的网络技术，撇开当时的技术条件、需求背景、设计目标来评判其优劣是片面的、不公正的，对我们去把握通信网的本质和发展规律也是无益的。

　　工科学生应该清楚，在进行网络规划设计时，简单地去选择最复杂、最先进的技术并非他们工作的核心内容。一个优秀的网络工程师其基本职责应该是：根据问题域中具体的约束集（包括成本、业务需求、环境条件、政策，甚至是客户的个人好恶等），用最合适的技术来解决客户愿意斥资解决的问题，这本身也符合基本的市场法则。

　　另外，通信网发展过程中的一个有趣的现象也反复印证了这一工程原则，即市场对技术的接受程度往往与技术实现的复杂度成反比，最先进、最复杂的技术并不能保证该技术不被市场所淘汰。先进的ATM与简单的TCP/IP之争，稳定可靠的令牌环与简单的甚至有些简陋的以太网之争，以及铱星系统等成功和失败的例子，给了我们深刻的启示。因此，网络工程师应该牢记，市场和需求永远是第一位的，技术只是手段，而不是目的，在大多数情况下，技术是否领先往往不是决策时的主要依据，具体问题具体分析应是贯穿在一个工程师工程实践活动中的"灵魂"，任何生搬硬套的教条主义和经验主义在工程领域都是不可取的，也是不认真、不科学的。

如果单纯地只介绍计算机通信网，由于数据通信领域从一开始就采用良好的分层体系结构，并且发展历史短、分支不多，因此，采用分层的方式安排内容是自然而合理的。

对本书而言，同时包含了传统电信广域网和计算机通信网的内容，由于历史的原因，各种技术体系不统一，分支很多，采用分层的方式很难安排内容，因此，在章节的安排上，主要按照业务网的类型、功能群以及网络技术的发展历史来组织内容。对于支撑网，考虑到信令网和同步网是各类业务网的低层支撑网，而管理网处于所有业务网络之上，因此章节安排上将信令网和同步网放在业务网之前，而将管理网的内容放在最后。我们认为这样的安排更符合目前的网络现状，不仅方便授课内容的取舍，也有利于学生的学习和理解。

另外，对通信网发展历史中出现的各种技术，我们并不试图面面俱到，书中只介绍主流的网络技术，包括那些虽然目前只有理论意义，但对今后的网络发展会产生重大影响的技术。

本书的基本目标是作为普通高等院校通信、信息、电子等专业的本科教材或教学参考书，当然也可作为电信从业人员的培训教材。全书的侧重点是介绍各类业务网的底三层通信子网的组成和工作原理。

我们希望通过本书使学生掌握以下基本知识：通信网的基本概念、组成，通信网要解决的基本问题；各类业务网的设计目标和工作原理；各类业务网之间的共性和个性差异；导致各类业务网之间产生技术差异的原因；现代通信网为何被设计成今天这个样子；什么因素促使了通信网的发展变化；未来的通信网可能怎样发展和变化。在学习时，我们建议应以各类业务网面临的主要问题和设计目标为线索，来重点关注不同业务网的技术路线和设计方案。

本书的前言和第 1、2、11、12、13 章以及 5.8 节由杨武军编写，第 3、4、9 章由张继荣编写，第 5(除 5.8 节)、6、7 章由郭娟编写，第 8、10 章由屈军锁编写。四位编者均参加了所有章节的讨论，杨武军负责全书最后的统稿。

本书的编写得到了很多老师、同仁和亲友的帮助与支持，特别是重庆邮电学院刘光明教授对稿件进行了细致的审校，提出了很多中肯的修改意见。本书的编写和出版得到了西安电子科技大学出版社的大力支持，很多同志花费了不少时间与精力，作者在此对以上人士表示衷心的感谢。

由于编者水平有限，而通信网又是一个涉及多学科，发展迅速的领域，因此，书中难免存在一些不妥和错误，殷切希望广大同行、读者批评指正。

编　者
2003 年 8 月

目　　录

第1章 绪 论

本章对现代通信网作概要介绍，主要内容包括：通信网的组成、分类；通信网的业务；现代通信网的基本结构、功能；通信网的交换技术；通信网的标准化组织；通信网的发展等内容。

1.1 通信网的基本概念

1.1.1 通信系统的基本模型

1. 点到点的通信系统

通信网是通信系统的一种形式。本书中通信系统特指使用光信号或电信号传递信息的通信系统。为了更好地理解通信网，我们从点到点的通信系统开始介绍。

克服空间的障碍，有效而可靠地传递信息是所有通信系统的基本任务。实际应用中存在各种类型的通信系统，它们在具体的功能和结构上各不相同，然而都可以抽象成如图 1.1 所示的模型，其基本组成包括：信源、发送器、信道、接收器和信宿五部分。

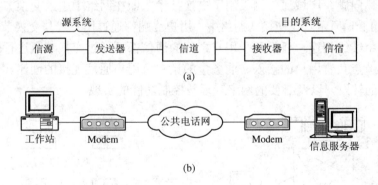

图 1.1 简单通信系统模型

(a) 模型图；(b) 实例

(1) 信源：产生各种信息的信息源，它可以是人或机器(如计算机等)。

(2) 发送器：负责将信源发出的信息转换成适合在传输系统中传输的信号。对应不同的信源和传输系统，发送器会有不同的组成和信号变换功能，一般包含编码、调制、放大和加密等功能。

(3) 信道：信号的传输媒介，负责在发送器和接收器之间传输信号。通常按传输媒介的种类可分为有线信道和无线信道；按传输信号的形式则可分为模拟信道和数字信道。

(4) 接收器：负责将从传输系统中收到的信号转换成信宿可以接收的信息形式。它的作用与发送器正好相反。主要功能包括信号的解码、解调、放大、均衡和解密等。

(5) 信宿：负责接收信息。

上述通信系统只是一个点到点的通信模型，要实现多用户间的通信，则需要一个合理的拓扑结构将多个用户有机地连接在一起，并定义标准的通信协议，以使它们能协同工作，这样就形成了一个通信网。

通信网要解决的是任意两个用户间的通信问题，由于用户数目众多、地理位置分散，并且需要将采用不同技术体制的各类网络互连在一起，因此通信网必然涉及到寻址、选路、控制、管理、接口标准、网络成本、可扩充性、服务质量保证等一系列在点到点模型系统中原本不是问题的问题，这些因素增加了设计一个实际可用的网络的复杂度。

2. 交换式网络

要实现一个通信网，最简单直观的方案就是在任意两个用户之间提供点到点的连接，从而构成一个网状网的结构，如图 1.2(a)所示。该方法中每一对用户之间都需要独占一个永久的通信线路，通信线路使用的物理媒介可以是铜线、光纤或无线信道。然而该方法并不适用于构建大型广域通信网，其主要原因如下：

(1) 用户数目众多时，构建网状网成本太高，任意一个用户到其他 N-1 个用户都要有一个直达线路，技术上也不可行。

(2) 每一对用户之间独占一个永久的通信线路，信道资源无法共享，会造成巨大的资源浪费。

(3) 这样的网络结构难以实施集中的控制和管理。

为解决上述问题，广域通信网采用了交换技术，即在网络中引入交换节点，组建交换式网络，如图 1.2(b)所示。在交换式网络中，用户终端都通过用户线与交换节点相连，交换节点之间通过中继线相连，任何两个用户之间的通信都要通过交换节点进行转接交换。在网络中，交换节点负责用户的接入、业务量的集中、用户通信连接的创建、信道资源的分配、用户信息的转发，以及必要的网络管理与控制功能的实现。

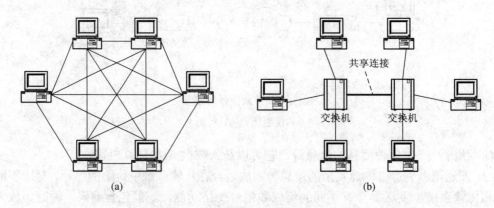

图 1.2　点到点的网络与交换式网络

"交换"概念背后的思想是：让网络根据用户实际的需求为其分配通信所需的网络资源，即用户有通信需求时，网络为其分配资源，通信结束后，网络再回收分配给用户的资源，让其他用户使用，从而达到网络资源共享，降低通信成本的目的。其中，网络负责管理和分配的最重要资源就是通信线路上的带宽资源，而网络为此付出的代价是，需要一套复杂的控制机制来实现这种"按需分配"。因此从资源分配的角度来看，不同的网络技术之间的差异，主要体现在分配、管理网络资源策略上的差异，它们直接决定了网络中交换、传输、控制等具体技术的实现方式。一般来讲，简单的控制策略，通常资源利用率不高，若要提高资源利用率，则需要以提高网络控制复杂度为代价。现有的各类交换技术，都根据实际业务的需求，在资源利用率和控制复杂度之间做了某种程度的折衷。

在交换式网络中，用户终端至交换节点可以使用有线接入方式，也可以采用无线接入方式；可以采用点到点的接入方式，也可以采用共享介质的接入方式。传统有线电话网中使用有线、点到点的接入方式，即每个用户使用一条单独的双绞线接入交换节点。如果多个用户采用共享介质方式接入交换节点，则需解决多址接入的问题。目前常用的多址接入方式有：频分多址接入(FDMA)、时分多址接入(TDMA)、码分多址接入(CDMA)、随机多址接入等。例如 CDMA 移动通信网中，就采用了无线、共享介质、码分多址接入方式；在宽带接入网中，也多采用了共享介质方式接入。

另一方面，为了提高中继线路的利用率，降低通信成本，现代通信网采用复用技术，即将一条物理线路的全部带宽资源分成多个逻辑信道，让多个用户共享一条物理线路。实际上，在广域通信网上，任意用户间的通信，通常占用的都是一个逻辑信道，极少有独占一条物理线路的情况。

复用技术大致可分为静态复用和动态复用(又叫统计复用)两大类。它们都是通过研究系统中用户的统计知识来减少对资源的需求。静态复用技术包括频分多路复用和同步时分复用两类；动态复用主要指动态时分复用(统计时分复用)技术。实际上，在多址接入时也涉及复用问题，相关的内容将在后续的章节中详细介绍。

交换式网络主要有如下优点：

(1) 大量的用户可以通过交换节点连到骨干通信网上，由于大多数用户并不是全天候需要通信服务，因此骨干网上交换节点间可以用少量的中继线路以共享的方式为大量用户服务，这样大大降低了骨干网的建设成本。

(2) 交换节点的引入也增加了网络扩容的方便性，便于网络的控制与管理。

实际中的大型交换网络都是由多级复合型网络构成的，为用户建立的通信连接往往涉及多段线路、多个交换节点。

1.1.2 通信网的定义和构成

1. 定义

什么是通信网？对于这样一个复杂的大系统，站在不同的角度，应该有不同的观点。从用户的角度来看，通信网是一个信息服务设施，甚至是一个娱乐服务设施，用户可以使用它获取信息、发送信息、娱乐等；而从工程师的角度来看，通信网则是由各种软硬件设施按照一定的规则互连在一起，完成信息传递任务的系统。工程师希望这个系统应该可测、可控，便于管理和扩充。

　　这里，我们为通信网下一个通俗的定义：通信网是由一定数量的节点(包括终端节点、交换节点)和连接这些节点的传输系统有机地组织在一起的，按约定的信令或协议完成任意用户间信息交换的通信体系。用户使用它可以克服空间、时间等障碍来进行有效的信息交换。

　　在通信网上，信息的交换可以在两个用户间进行，在两个计算机进程间进行，还可以在一个用户和一个设备间进行。交换的信息包括用户信息(如话音、数据、图像等)、控制信息(如信令信息、路由信息等)和网络管理信息三类。由于信息在网上通常以电或光信号的形式进行传输，因而现代通信网又称电信网。

　　应该强调的一点是，网络不是目的，只是手段。网络只是实现大规模、远距离通信系统的一种手段。与简单的点到点的通信系统相比，它的基本任务并未改变，通信的有效性和可靠性仍然是网络设计时要解决的两个基本问题，只是由于用户规模、业务量、服务区域的扩大，因此使解决这两个基本问题的手段变得复杂了。例如，网络的体系结构、管理、监控、信令、路由、计费、服务质量保证等都是由此而派生出来的。

2．通信网的构成要素

　　实际的通信网是由软件和硬件按特定方式构成的一个通信系统，每一次通信都需要软硬件设施的协调配合来完成。从硬件构成来看：通信网由终端节点、交换节点、业务节点和传输系统构成，它们完成通信网的基本功能：接入、交换和传输。软件设施则包括信令、协议、控制、管理、计费等，它们主要完成通信网的控制、管理、运营和维护，实现通信网的智能化。这里我们重点介绍通信网的硬件构成。

　　1) 终端节点

　　最常见的终端节点有电话机、传真机、计算机、视频终端和 **PBX** 等，它们是通信网上信息的产生者，同时也是通信网上信息的使用者。其主要功能有：

　　(1) 用户信息的处理：主要包括用户信息的发送和接收，将用户信息转换成适合传输系统传输的信号以及相应的反变换。

　　(2) 信令信息的处理：主要包括产生和识别连接建立、业务管理等所需的控制信息。

　　2) 交换节点

　　交换节点是通信网的核心设备，最常见的有电话交换机、分组交换机、路由器、转发器等。交换节点负责集中、转发终端节点产生的用户信息，但它自己并不产生和使用这些信息。其主要功能有：

　　(1) 用户业务的集中和接入功能。通常由各类用户接口和中继接口组成。

　　(2) 交换功能。通常由交换矩阵完成任意入线到出线的数据交换。

　　(3) 信令功能。负责呼叫控制和连接的建立、监视、释放等。

　　(4) 其他控制功能。路由信息的更新和维护、计费、话务统计、维护管理等。

　　图 1.3 描述了一般交换节点的基本功能结构。

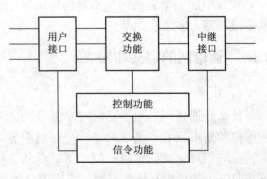

图 1.3　交换节点的基本功能结构

3) 业务节点

最常见的业务节点有智能网中的业务控制节点(SCP)、智能外设、语音信箱系统，以及 Internet 上的各种信息服务器等。它们通常由连接到通信网络边缘的计算机系统、数据库系统组成。其主要功能是：

(1) 实现独立于交换节点的业务的执行和控制。

(2) 实现对交换节点呼叫建立的控制。

(3) 为用户提供智能化、个性化、有差异的服务。

目前，基本电信业务的呼叫建立、执行控制等由于历史的原因仍然在交换节点中实现，但很多新的电信业务则将其转移到业务节点中了。

4) 传输系统

传输系统为信息的传输提供传输信道，并将网络节点连接在一起。通常传输系统的硬件组成应包括：线路接口设备、传输媒介、交叉连接设备等。

传输系统一个主要的设计目标就是如何提高物理线路的使用效率，因此通常传输系统都采用了多路复用技术，如频分复用、时分复用、波分复用等。

另外，为保证交换节点能正确接收和识别传输系统的数据流，交换节点必须与传输系统协调一致，这包括保持帧同步和位同步、遵守相同的传输体制(如 PDH、SDH 等)等。

3. 通信网的基本结构

在我们日常的工作和生活中，经常接触和使用各种类型的通信网。例如电话网、计算机网络等。电话网是目前我们最熟悉和最普及的通信网，它主要用来传送用户的话音信息；计算机网络则是办公场所最为常见的一种网络，它主要用于信息发布、程序和数据的共享、设备共享等(如打印机、绘图仪、扫描仪等)。Internet 是计算机的互联网络，它将全球绝大多数的计算机网络互连在一起，以实现更为广泛的信息资源共享，目前 Internet 已成为电子商务和娱乐的一个基础支撑平台。

上述网络虽然在传送信息的类型，传送的方式，所提供服务的种类等方面各不相同，但是它们在网络结构、基本功能、实现原理上都是相似的，它们都实现了以下四个主要的网络功能：

(1) 信息传送。它是通信网的基本任务，传送的信息主要分为三大类：用户信息、信令信息、管理信息。信息传输主要由交换节点和传输系统完成。

(2) 信息处理。网络对信息的处理方式对最终用户是不可见的，主要目的是增强通信的有效性、可靠性和安全性，信息最终的语义解释一般由终端应用来完成。

(3) 信令机制。它是通信网上任意两个通信实体之间为实现某一通信任务，进行控制信息交换的机制，例如电话网上的 No.7 信令、Internet 上的各种路由信息协议、TCP 连接建立协议等均属此范畴。

(4) 网络管理。它负责网络的运营管理、维护管理、资源管理，以保证网络在正常和故障情况下的服务质量。它是整个通信网中最具智能的部分。已形成的网络管理标准有：电信管理网标准 TMN 系列，计算机网络管理标准 SNMP 等。

因此，从功能的角度看，一个完整的现代通信网可分为相互依存的三部分：业务网、传送网、支撑网，如图 1.4 所示。

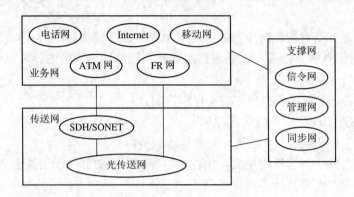

图 1.4　现代通信网的功能结构

1) 业务网

业务网负责向用户提供各种通信业务，如基本话音、数据、多媒体、租用线、VPN 等，采用不同交换技术的交换节点设备通过传送网互连在一起就形成了不同类型的业务网。

构成一个业务网的主要技术要素有以下几方面内容：网络拓扑结构、交换节点技术、编号计划、信令技术、路由选择、业务类型、计费方式、服务性能保证机制等，其中交换节点设备是构成业务网的核心要素。各种交换技术的异同将在下一节介绍。

按所提供的业务类型的不同来分，目前主要的业务网的类型见表 1.1。

表 1.1　主要业务网的类型

业务网	基本业务	交换节点设备	交换技术
公共电话网	普通电话业务	数字程控交换机	电路交换
移动通信网	移动话音、数据	移动交换机	电路/分组交换
智能网 IN	以普通电话业务为基础的增值业务和智能业务	业务交换节点、业务控制节点	电路交换
分组交换网(X.25)	低速数据业务(≤64 kb/s)	分组交换机	分组交换
帧中继网	局域网互连(≥2 Mb/s)	帧中继交换机	帧交换
数字数据网 DDN	数据专线业务	DXC 和复用设备	电路交换
计算机局域网	本地高速数据(≥10 Mb/s)	集线器(Hub)、网桥、交换机	共享介质、随机竞争式
Internet	Web、数据业务	路由器、服务器	分组交换
ATM 网络	综合业务	ATM 交换机	信元交换

2) 传送网

传送网是随着光传输技术的发展，在传统传输系统的基础上引入管理和交换智能后形成的。传送网独立于具体业务网，负责按需为交换节点/业务节点之间的互连分配电路，在这些节点之间提供信息的透明传输通道，它还包含相应的管理功能，如电路调度、网络性能监视、故障切换等。构成传送网的主要技术要素有：传输介质、复用体制、传送网节点技术等，其中传送网节点主要有分插复用设备(ADM)和交叉连接设备(DXC)两种类型，它们是构成传送网的核心要素。

传送网节点与业务网的交换节点相似之处在于：传送网节点也具有交换功能。不同之处在于：业务网交换节点的基本交换单位本质上是面向终端业务的，粒度很小，例如一个时隙、一个虚连接；而传送网节点的基本交换单位本质上是面向一个中继方向的，因此粒度很大，例如 SDH 中基本的交换单位是一个虚容器(最小是 2 Mb/s)，而在光传送网中基本的交换单位则是一个波长(目前骨干网上至少是 2.5 Gb/s)。另一个不同之处在于：业务网交换节点的连接是在信令系统的控制下建立和释放的，而光传送网节点之间的连接则主要是通过管理层面来指配建立或释放的，每一个连接需要长期化维持和相对固定。

目前主要的传送网有 SDH/SONET 和光传送网(OTN)两种类型。

3) 支撑网

支撑网负责提供业务网正常运行所必需的信令、同步、网络管理、业务管理、运营管理等功能，以提供用户满意的服务质量。支撑网包含三部分：

(1) 同步网。它处于数字通信网的最底层，负责实现网络节点设备之间和节点设备与传输设备之间信号的时钟同步、帧同步以及全网的网同步，保证地理位置分散的物理设备之间数字信号的正确接收和发送。

(2) 信令网。对于采用公共信道信令体制的通信网，存在一个逻辑上独立于业务网的信令网，它负责在网络节点之间传送业务相关或无关的控制信息流。

(3) 管理网。管理网的主要目标是通过实时和近实时来监视业务网的运行情况，并相应地采取各种控制和管理手段，以达到在各种情况下充分利用网络资源，以保证通信的服务质量。

另外，从网络的物理位置分布来划分，通信网还可以分成用户驻地网 CPN、接入网和核心网三部分，其中用户驻地网是业务网在用户端的自然延伸，接入网也可以看成传送网在核心网之外的延伸，而核心网则包含业务、传送、支撑等网络功能要素。

1.1.3 通信网的类型

我们可以根据通信网提供的业务类型，采用的交换技术、传输技术、服务范围、运营方式、拓扑结构等方面的不同来对其进行各种分类。这里给出几种常见的分类方式。

1. 按业务类型分

按业务类型，可以将通信网分为电话通信网(如 PSTN、移动通信网等)、数据通信网(如 X.25、Internet、帧中继网等)、广播电视网等。

2. 按空间距离分

按空间距离，可以将通信网分为广域网(WAN：Wide Area Network)、城域网(MAN：Metropolitan Area Network)和局域网(LAN：Local Area Network)。

3. 按信号传输方式分

按信号传输方式，可以将通信网分为模拟通信网和数字通信网。

4. 按运营方式分

按运营方式，可以将通信网分为公用通信网和专用通信网。

需要注意的是，从管理和工程的角度看，网络之间本质的区别在于所采用的实现技术的不同，其主要包括三方面：交换技术、控制技术以及业务实现方式。而决定采用何种技术实现网络的主要因素则有：用户的业务流量特征、用户要求的服务性能、网络服务的物理范围、网络的规模、当前可用的软硬件技术的信息处理能力等。

1.1.4 通信网的拓扑结构

在通信网中，所谓拓扑结构是指构成通信网的节点之间的互连方式。基本的拓扑结构有：网状网、星型网、环型网、总线型网、复合型网等，如图 1.5 所示。

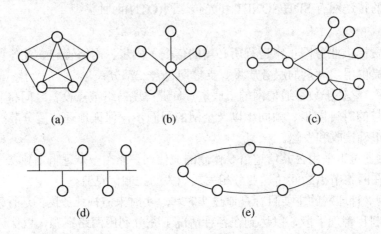

图 1.5 通信网的拓扑结构

1. 网状网

网状网的结构如图 1.5(a)所示。它是一种完全互连的网，网内任意两节点间均由直达线路连接，N 个节点的网络需要 N(N-1)/2 条传输链路。其优点是线路冗余度大，网络可靠性高，任意两点间可直接通信；缺点是线路利用率低，网络成本高，另外网络的扩容也不方便，每增加一个节点，就需增加 N 条线路。

网状结构通常用于节点数目少，又有很高可靠性要求的场合。

2. 星型网

星型网的结构如图 1.5(b)所示。星型网又称辐射网，该结构与网状网相比，增加了一个中心转接节点，其他节点都与转接节点有线路相连。N 个节点的星型网需要 N-1 条传输链路。其优点是降低了传输链路的成本，提高了线路的利用率；缺点是网络的可靠性差，一旦中心转接节点发生故障或转接能力不足时，全网的通信都会受到影响。

通常在传输链路费用高于转接设备，可靠性要求又不高的场合，可以采用星型结构，以降低建网成本。

3. 复合型网

复合型网的结构如图 1.5(c)所示。它是由网状网和星型网复合而成的。它以星型网为基础，在业务量较大的转接交换中心之间采用网状网结构，因而整个网络结构比较经济，且稳定性较好。

由于复合型网络兼具了星型网和网状网的优点，因此目前在规模较大的局域网和电信骨干网中广泛采用分级的复合型网络结构，但应注意在设计时要以转接设备和传输链路的总费用最小为原则。

4. 总线型网

总线型网的结构如图 1.5(d)所示。它属于共享传输介质型网络，总线型网中的所有节点都连至一个公共的总线上，任何时候只允许一个用户占用总线发送或接送数据。该结构的优点是需要的传输链路少，节点间通信无需转接节点，控制方式简单，增减节点也很方便；缺点是网络服务性能的稳定性差，节点数目不宜过多，网络覆盖范围也较小。

总线结构主要用于计算机局域网、电信接入网等网络中。

5. 环型网

环型网的结构如图 1.5(e)所示。该结构中所有节点首尾相连，组成一个环。N 个节点的环网需要 N 条传输链路。环网可以是单向环，也可以是双向环。该网的优点是结构简单，容易实现，双向自愈环结构可以对网络进行自动保护；缺点是节点数较多时转接时延无法控制，并且环型结构不好扩容，每加入一个节点都要破环。

环型结构目前主要用于计算机局域网、光纤接入网、城域网、光传输网等网络中。

1.1.5　通信网的业务

目前各种网络为用户提供了大量的不同业务，业务的分类并无统一的方式，一般会受到实现技术和运营商经营策略的影响。业务应根据所依赖的技术、业务提供的信息类型、用户的业务量特性、对网络资源的需求特征等方面分类，如图 1.6 所示。好的业务分类有助于运营商进行网络规划和运营管理(例如对商业用户和个人用户制定不同的价格策略和资源分配策略)。

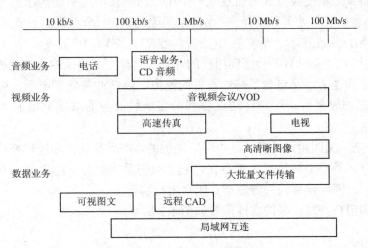

图 1.6　通信业务的带宽需求

这里我们借鉴传统 ITU-T 建议的方式，根据信息类型的不同将业务分为四类：话音业务、数据业务、图像业务、视频和多媒体业务。

1. 电话业务

目前通信网提供固定电话业务、移动电话业务、VoIP、会议电话业务和电话语音信息服务业务等。该类业务不需要复杂的终端设备，所需带宽小于 64 kb/s，采用电路或分组方式承载。

2．数据业务

低速数据业务主要包括电报、电子邮件、数据检索、Web 浏览等。该类业务主要通过分组网络承载，所需带宽小于 64 kb/s。高速数据业务包括局域网互连、文件传输、面向事务的数据处理业务，所需带宽均大于 64 kb/s，采用电路或分组方式承载。

3．图像业务

图像业务主要包括传真、CAD/CAM 图像传送等。该类业务所需带宽差别较大，G4 类传真需要 2.4～64 kb/s 的带宽，而 CAD/CAM 则需要 64 kb/s～34 Mb/s 的带宽。

4．视频和多媒体业务

视频和多媒体业务包括可视电话、视频会议、视频点播、普通电视、高清晰度电视等。该类业务所需的带宽差别很大，例如，会议电视需要 64 k～2 Mb/s，而高清晰度电视需要 140 Mb/s 左右。

目前通信网业务存在的主要问题是：大多数业务都是基于旧的技术和现存的网络结构来实现的，因此除了基本的话音和低速数据业务外，大多数业务的服务性能都与用户实际的要求存在不小的差距。

5．承载业务与终端业务

目前，还有另外一种广泛使用的业务分类方式，即按照网络提供业务的方式，将业务分为三类：承载业务、用户终端业务和补充业务。

(1) 承载业务：网络提供的单纯的信息传送业务，具体地说，是在用户网络接口处提供的。网络用电路或分组交换方式将信息从一个用户网络接口透明地传送到另一个用户网络接口，而不对信息做任何处理和解释，它与终端类型无关。一个承载业务通常用承载方式(分组还是电路交换)、承载速率、承载能力(语音、数据、多媒体)来定义。

(2) 用户终端业务：所有各种面向用户的业务，它在人与终端的接口上提供。它既反映了网络的信息传递能力，又包含了终端设备的能力，终端业务包括电话、电报、传真、数据、多媒体等。一般来讲，用户终端业务都是在承载业务的基础上增加了高层功能而形成的。

(3) 补充业务：又叫附加业务，是由网络提供的，在承载业务和用户终端业务的基础上附加的业务性能。补充业务不能单独存在，它必须与基本业务一起提供。常见的补充业务有主叫号码显示、呼叫转移、三方通话、闭合用户群等。

承载业务和用户终端业务的实现位置如图 1.7 所示。

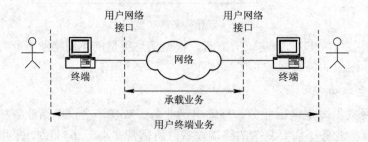

图 1.7　承载业务和用户终端业务

未来通信网提供的业务应呈现以下特征：

(1) 移动性，包括终端移动性、个人移动性；

(2) 带宽按需分配

(3) 多媒体性；

(4) 交互性。

1.2 通信网的交换技术

1.2.1 交换技术概述

1. 面向连接和无连接

根据网络传递用户信息时是否预先建立源端到目的端的连接，我们将网络使用的交换技术分为两类：面向连接型和无连接型。使用相应交换技术的网络也依次称为面向连接型网络和无连接型网络。

在面向连接型的网络中，两个通信节点间典型的一次数据交换过程包含三个阶段：连接建立、数据传输和连接释放。其中连接建立和连接释放阶段传递的是控制信息，用户信息则在数据传输阶段传输。三个阶段中最复杂和最重要的阶段是连接建立，该阶段需要确定从源端到目的端的连接应走的路由，并在沿途的交换节点中保存该连接的状态信息，这些连接状态信息说明了属于该连接的信息在交换节点应被如何处理和转发。连接建立创建的连接可以是物理连接，也可以是一个逻辑连接，但这种区别用户并不关心，它本身也不是影响服务质量的主要因素。数据传输完毕后，网络负责释放连接。

在无连接型的网络中，数据传输前，不需要在源端和目的端之间先建立通信连接，就可以直接通信。不管是否来自同一数据源，交换节点将分组看成互不依赖的基本单元，独立地处理每一个分组，并为其寻找最佳转发路由，因而来自同一数据源的不同分组可以通过不同的路径到达目的地。

两种方式各有优缺点，面向连接方式适用于大批量、可靠的数据传输业务，但网络控制机制复杂；无连接方式控制机制简单，适用于突发性强、数据量少的数据传输业务。

2. 交换节点的功能结构

交换式网络总是以交换节点为核心来组建的。一个交换节点要完成任意入线的信息到指定出线的交换功能，基本的前提是网络中的每一个交换节点都必须拥有当前网络的拓扑结构的信息。为便于叙述，我们将交换节点中存储的到每一个目的地的路由信息的数据结构称为"路由表"，路由表可以简单地理解为一张网络地图，交换节点依靠它来进行寻址选路。

无连接型网络和面向连接型网络中交换节点的交换实现有较大差别，图 1.8 描述了它们的功能结构。

在面向连接型的网络中，连接建立阶段传递的控制数据中包含目的地址和连接标识，沿途交换节点以目的地址为关键字，查找路由表，就可以确定目的地，相应入端口的信息应该交换到哪一个出端口，交换节点同时将该信息保存到一张转发表中，在用户数据传输阶段，用户数据无需携带目的地址，只需携带一个短的连接标识，交换节点根据连接标识和转发表就可实现快速的数据交换。实际上，转发表记录的是一个交换节点当前维持的所有的连接状态信息，这些信息指明了一个连接上的用户信息在交换节点上应该如何转发，根据交换实现技术的不同，该表的内容和物理形式也不相同。

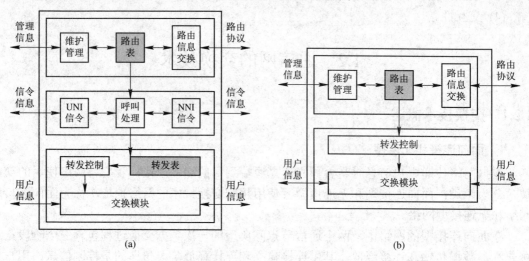

图 1.8   交换节点中交换功能的实现

(a) 面向连接型；(b) 无连接型

在无连接型的网络中，由于无需建立连接，交换节点也就不需要呼叫处理功能和记录连接状态信息的转发表。但要求每一个分组都携带目的地址，交换节点只需要根据路由表就可以完成从入端口到出端口的交换。

相比较而言，面向连接型的交换节点设备要比无连接型的复杂。

1.2.2   主要的交换技术

目前在广域通信网上使用的交换技术主要有电路交换、分组交换、帧中继、ATM 技术。其中电路交换和分组交换是通信网中最基本的交换技术，后来发展起来的帧中继、ATM 以及近来的各种 IP 交换技术和 MPLS 技术都是基于这两种技术综合或改进的，本节将不介绍 MPLS 技术，相关的内容在后续章节有详细介绍。图 1.9 描述了目前的各种交换技术。

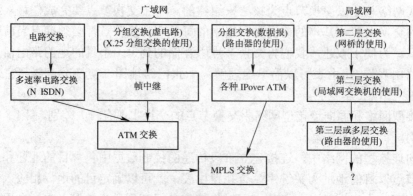

图 1.9   通信网的主要交换技术

　　需要说明的是，图 1.9 省略了报文交换，它在 1970 年以前曾广泛用于数据通信，然而很快就被性能更好、更灵活的分组交换技术所取代。而分组交换又形成了两个分支：在传统电信领域以 X.25 协议和分组交换机组网，采用面向连接的虚电路技术；在计算机领域则以 TCP/IP 协议和路由器组网，使用无连接的数据报技术，并最终形成了目前的 Internet。我们也可以看到传统电信网和计算机网最终将基于分组交换技术汇聚在一起。总的来说，交换技术的发展趋势是：信道利用率越来越高，支持可变速率和多媒体业务，并且有复杂的协议体系来保证服务质量。

1. 电路交换

　　电路交换方式主要用于目前的电话通信网，它是一种面向连接的技术，一次通信过程分为连接建立、数据传输和连接释放三个阶段。

　　在连接建立阶段，网络要完成两项工作：第一，确定本次通信从源端到目的地端，用户业务信息应走的路由；第二，在该路由途经的交换节点进行全程的资源预留，预留的资源包括交换节点中从入端口到出端口的内部通道和交换节点间中继线路上的带宽资源，以这种方式建立一条端到端的专用通信连接，这个连接通常占用固定的带宽或时隙，有固定的传输速率。在整个通信期间，不管实际有无数据传输，沿途的交换节点负责保持、监视该连接，直到用户明确地发出通信结束的信号，网络才释放被占用的资源，撤销该连接。电路交换在连接建立时，预先分配固定带宽资源的方式被称为静态复用方式。

　　电路交换的主要特点是：在连接建立阶段，为用户静态地分配通信所需的全部网络资源；并且在通信期间，资源将始终保持为该连接专用；在数据传输阶段，交换节点只是简单将用户信息在预先建立的连接上进行转发，节点处理时延可忽略不计，效率极高。电路交换很适合实时性要求高的通信业务，传统电话通信网就采用这种方式，它很好地解决了实时话音通信问题。它的主要缺点是信道资源的利用率低。

2. 分组交换

　　分组交换方式主要用于计算机间的数据通信业务，它的出现晚于电路交换。采用分组交换而不是电路交换来实现数据通信，主要基于以下原因。

　　(1) 数据业务有很强的突发性，采用电路交换方式，信道利用率太低。

　　(2) 电路交换只支持固定速率的数据传输，要求收发严格同步，不适应数据通信网中终端间异步、可变速率的通信要求。

　　(3) 话音传输对时延敏感、对差错不敏感，而数据传输则恰好相反，用户对一定的时延可以忍受，但关键数据细微的错误都可能造成灾难性后果。

　　(4) 分组交换是针对数据通信而设计的，主要特点是：数据以分组为单位进行传输，分组长度一般在 1000～2000 字节左右；每个分组由用户信息部分和控制部分组成，控制部分包含差错控制信息，可以用于对差错的检测和校正；交换节点以“存储－转发”方式工作，可以方便地支持终端间异步、可变速率的通信要求；为解决电路交换方式信道资源利用率低的缺点，分组交换引入了统计时分复用技术。

　　根据网络处理分组方式的不同，分组交换分为两种类型，即数据报和虚电路。

1) 数据报

数据报属于无连接方式，主要的优点是：协议简单，无需建立连接，无需为每次通信预留带宽资源，电路交换中带宽利用率低的问题自然也就解决了。同时由于每一分组在网上都独立寻路，因而抵抗网络故障的能力很强，特别适合于突发性强，数据量小的通信业务。实际上，数据报方式最先是在冷战时期美国军方的计算机通信网 ARPANet 上实现的，是现代 Internet 的前身。

数据报的主要缺点是：由于没有为通信建立相应的连接，并预留所需的带宽资源，因此分组在网络上传输时，需要携带全局有效的网络地址，在每一个交换节点，都要经历一次存储、选路、排队等待线路空闲，再被转发的过程，因而传输时延大，并存在时延抖动问题。可见数据报不适用于大数据量、实时性要求高的业务。目前，通信网上该方式主要用于信令、控制管理信息和短消息等(例如 SS7、SNMP、SMS 等)的传递，Internet 的 IP 技术也属于此类。

2) 虚电路

虚电路是一种面向连接的分组交换方式，其设计目标是将数据报和电路交换这两种技术的优点结合起来，以达到最佳的数据传输效果。

采用虚电路技术，用户之间在通信之前，需要在源端和目的地端先建立一条连接，分组交换中把它叫做虚电路，我们随后解释原因。虚电路一旦建立，所有的用户分组都将在这一虚电路上传送。建立连接是它与电路交换的相同之处，也是它与数据报的不同之处。

虚电路的一次通信过程也分为三个阶段：虚电路建立、数据传输和虚电路释放。与电路交换不同之处在于：虚电路建立阶段，网络完成的工作只是确定两个终端之间用户分组传输应走的路由，并不进行静态的带宽资源预留，沿途的交换节点只是将属于该连接的分组应如何进行转发的信息填写到转发表中。换句话说，虚电路建立成功后，假如源端没有分组传输，虚电路不占用网络带宽资源，因为开始就没有为虚电路预留带宽；当源端有分组要发送时，交换节点一般先对收到的分组进行必要的协议处理，然后根据虚电路建立阶段填好的转发表将分组转发至输出端口排队等待，一旦信道空闲，就将其发送出去，因而这样一个连接被加上"虚拟"两字。分组交换中，这种对物理线路带宽资源的分配使用方式，称为统计时分复用。相应地，电路交换中对物理线路带宽资源的分配使用方式叫静态时分复用。

相对于电路交换，分组交换提供了更加灵活的网络能力，但同时也要求网络设备和终端设备具备更强的处理能力。

3. 帧中继

帧中继技术主要用于局域网高速互连业务。以 X.25 为代表的分组交换技术出现在 20 世纪 70 年代，当时长途数据传输还有很高的差错率，为保证可靠的服务质量，分组协议采用了逐段的差错控制和流量控制，这使得分组交换网交换时延大，无法为用户提供更高的速率。例如 X.25 网典型的用户接入速率是 64 kb/s。

20 世纪 80 年代后期，光纤和数字传输技术的广泛使用，使得数据传输的差错率大大降低。另一方面，微电子技术的进步使得终端的计算能力每 18 个月提高一倍，而成本却大大下降。为充分利用当代网络高速度、低差错和终端计算成本低的特点，帧中继技术被提出，其主要设计思想如下：

(1) 将原来由网络节点承担的非常耗时的逐段差错控制功能和流量控制功能删除，网络只进行差错的检测，发现差错就简单地丢弃分组，纠错工作和流量控制由终端来完成，使网络节点专注于高速的数据交换和传输，通过简化网络功能来提高网络的传输速度。

(2) 保留 X.25 中统计复用和面向连接的思想，但将虚电路的复用和交换从原来的第三层移至第二层来完成，通过减少协议的处理层数，来提高网络的传输速率。

(3) 呼叫控制分组和用户信息分组在各自独立的虚电路上传递。

经过这样的改进，帧中继的速率可以比传统的分组网提高一个数量级，典型接入速率可达 2 Mb/s。目前帧中继主要用于 LAN 间的高速互连，VPN 的组建，远程高品质视频、图像信息的传递，帧中继曾被认为是从窄带到宽带 ISDN 的首选过渡技术。

4. ATM

ATM(Asynchronous Transfer Mode)即异步传送模式，其主要设计目标是在一个网络平台上用分组交换技术来实现话音、数据、图像等业务的综合传送交换。

传统的分组交换和帧中继技术均是面向单业务来优化设计的，完全照搬它们的体制难以实现综合业务的目标，这是因为不同类型的业务在实时性要求、服务质量、差错敏感度等诸多方面差异很大，甚至完全相反。对业务类型不加区分地采用统一的处理方式显然是不行的。

为达到对综合业务优化的设计目标，在技术上，ATM 采用了以下设计策略。

(1) 固定长分组策略。ATM 与传统分组交换、帧中继、IP 等最显著的区别就是采用了固定长分组，并把固定长分组称为信元。采用固定长分组后，节点缓冲区的管理策略简单了，定长分组也便于用硬件实现高速信元交换。

(2) 继承了传统分组交换的统计复用和虚电路技术，但 ATM 又对传统分组交换使用的纯统计复用技术作了改进。这是因为分组交换和帧中继主要承载非实时数据业务，而 ATM 网络对实时、非实时两类业务均需承载，为保证实时业务的服务质量，ATM 允许在建立一条新的虚连接时，同时向网络提交详细的服务质量要求说明，这样一个说明实际是一个资源预留的请求，而 ATM 网络一旦接纳该连接，只要用户业务量遵守事先的约定，网络将提供有保证的服务质量。

(3) ATM 也继承了帧中继中不在核心网中进行逐段的流量控制和差错控制的思想，相应的工作都放到网络边缘的终端设备上来完成，网络只对信元中的控制字段进行必要的差错处理。

(4) 引入 ATM 适配层，即 AAL 层，与特定类型业务相关的功能，均在该层实现，以此来支持区分服务的能力，这对综合业务目标的实现来说至关重要，也是 ATM 与其他面向单业务优化设计的网络间的重要区别。

广域通信网上使用的交换技术都有自己的特点，主要广域网交换技术的特点比较如表1.2 所示。

表 1.2 主要广域网交换技术的特点比较

	电路交换	分组交换		帧中继	ATM
		数据报	虚电路		
连接方式	面向连接	无连接	面向连接	面向连接	面向连接
比特率	固定	可变	可变	可变	可变
差错控制	不具备	具备	具备	只检错，不纠错	只对控制信息差错控制
信道资源使用方式	静态复用，利用率低	统计复用，利用率高	统计复用，利用率高	统计复用，利用率高	统计复用，利用率高
流量控制	无	较好	好	无	好
实时性	很好	差	较好	好	好
终端间的同步关系	要求同步	异步	异步	异步	异步
最佳应用	实时话音业务	小批量，不可靠的数据业务	大批量、可靠的数据业务	局域网互连	综合业务

1.3 通信网的体系结构及标准化组织

在大多数情况下，无论局域网还是广域网都需要与其他机构的网络互连，以实现业务互通和信息交换。但在实际中，不同的低层网络技术、不同的厂商设备种类繁多，实现方式差异很大，导致了互连的复杂性。要实现来自不同网络、不同制造商设备在不同层次上灵活地互连，整个通信网必须提供一种体系架构、定义标准的接口，以隐藏不同低层物理网络的实现细节和差异，将不同的网络集成为一个协作的整体，使得任意两个网络设备在这个体系结构下，只要在某一共同的层次上遵守相同的通信协议，就可以实现在该层次上的互连互通。

需要强调的是，我们这里所提的网络体系结构，不是指网络的物理结构，而是指为实现互连，网络设备必须实现的通信功能的逻辑分布结构，以及必须遵守的相关通信协议所组成的一个集合，它是指导网络设备制造、构建现代通信网的基础。

1.3.1 网络分层的概念

1. 网络分层的原因

目前，现代通信网均采用了分层的体系结构，主要的原因有以下几点：

(1) 可以降低网络设计的复杂度。网络功能越来越复杂，在单一模块中实现全部功能过于复杂，也不可能。每一层在其下面一层提供的功能之上构建，则简化了系统设计。

(2) 方便异构网络设备间的互连互通。用户可以根据自己的需要决定采用哪个层次的设备实现相应层次的互连，例如终端用户关心的往往是在应用层的互连，网络服务商关心的则是在网络层的互连，它们使用的互连设施必然有所不同。

(3) 增强了网络的可升级性。层次之间的独立性和良好的接口设计，使得下层设施的更新升级不会对上层业务产生影响，提高了整个网络的稳定性和灵活性。

(4) 促进了竞争和设备制造商的分工。分层思想的精髓要开放，任何制造商的产品只要遵循接口标准设计，就可以在网上运行，这打破了以往专用设备的易于形成垄断性的缺点。另外，制造商可以分工制造不同层次的设备，例如软件提供商可以分工设计应用层软件和OS，硬件制造商也可以分工设计不同层次的设备，开发设计工作可以并行开展。网络运营商则可以购买来自不同厂商的设备，并最终将它们互连在一起。

不同的网络中，层次的数目、每一层的命名和实现的功能各不相同，但其分层设计的指导思想却完全相同，即每一层的设计目的都是为其上一层提供某种服务，同时对上层屏蔽其所提供的服务是如何实现的细节。

2. 协议

在分层体系结构中，协议是指位于一个系统上的第 N 层通信实体与另一个系统上的第 N 层通信实体通信时所使用的规则和约定的集合。一个通信协议主要包含以下内容：

(1) 语法：协议的数据格式；

(2) 语义：包括协调和错误处理的控制信息；

(3) 时序：包括同步和顺序控制。

图 1.10 描述了一个五层结构的网络。通常将位于不同系统上的对应层实体称为对等层(Peer)，从采用分层结构的网络的观点来看，物理上分离的两个系统之间的通信只能在对等层之间进行。对等层之间的通信使用相应层协议，但实际上，一个系统上的第 N 层并没有将数据直接传到另一个系统上的第 N 层，而是将数据和控制信息直接传到它的下一层，此过程一直进行到信息被送到第一层，实际的通信发生在连接两个对等的第一层之间的物理媒介上。图 1.10 中对等层之间的逻辑通信用虚线描述，实际的物理通信用实线描述。

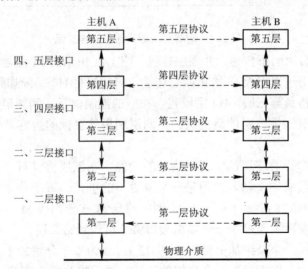

图 1.10　层、协议、接口

接口位于每一对相邻层之间，它定义了层间原语操作和下层为上层提供的服务。网络设计者在决定一个网络应分为几层，每一层应执行哪些功能时，影响最终设计的一个非常重要的考虑因素就是为相邻层定义一个简单清晰的接口。要达到这一目标，需满足以下要求：

(1) 为每一层定义的功能应是明确而详细的；

(2) 层间的信息交互应最小化。

　　在通信网中，经常需要用新版的协议去替换一个旧版的协议，同时又要向上层提供与旧版一样的服务，简单清晰的接口可以方便地满足这种升级的要求，使通信网可以不断地自我完善，提高性能，以适应不断变化的用户需求。

　　网络体系结构就是指其分层结构和相应的协议构成的一个集合。体系结构的规范说明应包含足够的信息，以指导设计人员用软硬件实现符合协议要求的每一层实体。要注意的是，实现的细节和接口的详细规范并不属于网络体系结构的一部分，因为它们通常隐藏在一个系统的内部，对外是不可见的。甚至在同一网络中所有系统的接口也不需要都一样。在一个系统上，每一层对应一个协议，这一组协议构成一个协议链，形象地称为协议栈。

3. 对等层间的通信

　　图 1.11 描述了在一个五层结构的网络中，对等层间的逻辑通信是如何进行的，以及在这一过程中信息的打包和解包过程。

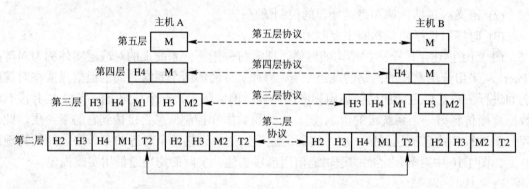

图 1.11　对等层间逻辑通信的信息流

　　在源端，消息自上而下传递，并逐层打包。图 1.11 中消息 M 由运行在第五层的一个应用进程产生，该应用进程将 M 交给第四层传输，第四层将 H4 字段加到 M 的前面以标识该消息，然后将结果传到第三层，H4 字段包含相应的控制信息，例如消息序号，假如底层不能保证消息传递的有序性，目的地主机的第四层利用该字段的内容，仍可按顺序将消息传到上层。

　　在大多数网络中，第三层都实现网络层的功能，在该层协议对一个消息的最大尺寸都有限制，因此第三层必须将输入的消息分割成更小的单元，每个单元称为一个分组，并将第三层的控制信息 H3 加到每一个分组上，图中消息 M 被分割成 M1 和 M2 两部分。然后第三层根据分组转发表决定通过哪一个输出端口将分组传到第二层。

　　第二层除了为每一个分组加上控制信息 H2 外，还为每个分组加上一个定界标志 T2，它表示一个分组的结束，也表示下一个分组的开始，然后将分组交到第一层进行物理传输。

　　在目的端，消息则逐层向上传递，每一层执行相应的协议处理并将消息逐层解包，即 HN 字段只在目的端的第 N 层被处理，然后被删去，HN 字段不会出现在目的端的第 N+1 层。

　　由于数据的传输是有方向性的，因此协议必须规定为从源端到目的端之间的一个连接的工作方式，按其方向性可分为三种：

　　(1) 单工通信：数据只能单向传输。

(2) 半双工通信：数据可以双向传输，但两个方向不能同时进行，只能交替传输。

(3) 全双工通信：数据可以同时双向传输。

另外协议也必须确定一个连接由几个逻辑信道组成，以及这些逻辑信道的优先级，目前大多数网络都支持为一个连接分配至少两个逻辑信道：一个用于用户信息的传递，另一个用于控制和管理信息的传递。

1.3.2 分层结构中的接口和服务

1．实体与服务访问点(SAP)

所谓实体(Entity)，是指每一层中的主动单元。第 N 层实体通常由两部分组成：相邻层间的接口和第 N 层通信协议。层间接口则由原语集合和相应的参数集共同定义，它是第 N 层通信功能的执行体。实体可以是一个软件实体，也可以是一个硬件实体，位于不同系统的同一层中的实体叫做对等层实体。第 N 层实体负责实现第 N+1 层要使用的服务，在这种模式中，第 N 层是服务提供者，而第 N+1 层则是服务的用户。

服务只在服务访问点(SAP)处有效，也就是说，第 N+1 层必须通过第 N 层的 SAP 来使用第 N 层提供的服务。第 N 层可以有多个 SAP，每个 SAP 必须有惟一的地址来标识它。

第 N 层提供的服务则由用户或其他实体可以使用的一个原语(又称操作)集合详细描述。OSI 定义了如下四种原语类型：

(1) 请求原语(Request)；

(2) 指示原语(Indication)；

(3) 响应原语(Response)；

(4) 证实原语(Confirm)。

2．相邻层间的接口关系

相邻层间为了进行信息交换，必须对它们之间的接口规则达成一致。如图 1.12 所示，第 N+1 层实体通过 SAP 将 IDU 传给第 N 层实体。一个 IDU 由 SDU 和一些控制信息(ICI)组成，其中 SDU 是要通过网络传到对等层的业务信息，ICI 主要包含协助下一层进行相应协议处理的控制信息，它本身并不是业务信息的一部分。

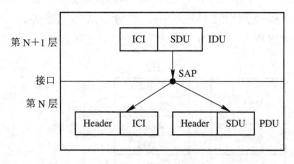

SAP—Service Access Point；IDU—Interface Data Unit；
SDU—Service Data Unit；PDU—Protocol Data Unit；
ICI—Interface Control Information

图 1.12 相邻层间的接口关系

　　为了传输 SDU，第 N 层实体可能必须将 SDU 分成更小的段，每段增加一个控制字段 Header，然后作为一个独立的 PDU 发送，PDU 中的 Header 字段帮助对等层实体执行相应的对等层协议，例如识别哪一个 PDU 包含的是控制信息，哪一个包含的是业务信息。

　　下层为其上层提供的服务可以分为以下两种类型：

　　(1) 面向连接的服务(Connection-oriented)：服务者首先建立连接，然后使用该连接传输服务信息，服务使用完毕，释放连接。该类服务要用到全部四类原语。

　　(2) 无连接的服务(Connectionless)：使用服务前，无需先建立连接，但每个分组必须携带全局目的地地址，并且每个分组之间完全独立地在网上进行选路发送。该类服务只使用请求、指示两类原语。

1.3.3　OSI 和 TCP/IP

　　目前，在通信领域影响最大的分层体系结构有两个，即 TCP/IP 协议族和 OSI 参考模型。它们已成为设计可互操作的通信标准的基础。TCP/IP 体系结构以网络互连为基础，提供了一个建立不同计算机网络间通信的标准框架。目前几乎所有的计算机设备和操作系统都支持该体系结构，它已经成为通信网的工业标准。OSI 则是一个标准化了的体系结构，常被用来描述通信功能，但实际中很少实施。它首先提出的分层结构、接口和服务分离的思想，已成为网络系统设计的基本指导原则，通信领域通常采用 OSI 的标准术语来描述系统的通信功能。

1. OSI 参考模型

　　OSI(Open System Interconnection 开放系统互连)参考模型是 ISO 在 1977 年提出的开发网络互连协议的标准框架。这里"开放"的含义是指任何两个遵守 OSI 标准的系统均可进行互连。如图 1.13 所示，OSI 参考模型分为七层，其中一至三层一般称为通信子网，它只负责在网上任意两个节点之间传送信息，而不负责解释信息的具体语义。五至七层称为资源子网，它们负责进行信息的处理，信息的语义解释等。第四层为运输层，它是下三层与上三层之间的隔离层，负责解决高层应用需求与下三层通信子网提供的服务之间的不匹配问题。例如通信子网不能提供可靠传输服务，而当应用层又有需要时，运输层必须负责提供该机制，反之如果通信子网功能强大，运输层作用则变弱。下面是各层的具体功能。

　　(1) 应用层：为用户提供到 OSI 环境的接入和分布式信息服务。

　　(2) 表示层：将应用进程与不同的数据表示方法独立开来。

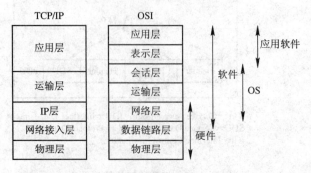

图 1.13　OSI 与 TCP/IP 协议分层结构

(3) 会话层：为应用间的通信提供控制结构，包括建立、管理、终止应用之间的会话。

(4) 运输层：为两个端点之间提供可靠的、透明的数据传输，以及端到端的差错恢复和流量控制能力。

(5) 网络层：使高层与连接建立所使用的数据传输和交换技术独立开来，并负责建立、保持、终止一个连接。

(6) 数据链路层：发送带有必需的同步、差错控制和流量控制信息的数据块(帧)，保证物理链路上数据传输的可靠性。

(7) 物理层：负责物理介质上无结构的比特流传输，定义接入物理介质的机械的、电气的、功能的特性。

OSI 的目标是用这一模型取代各种不同的互连通信协议，不过以 OSI 为背景虽已经开发了很多协议，但七层模型实际上并未被接受。相反，TCP/IP 却成为通信网络的工业标准。其中一个原因是 OSI 过于复杂，它用七层实现的功能，TCP/IP 用很少的层就实现了。另外一个原因是，当市场迫切需要异构网络的互连技术时，只有 TCP/IP 是经过了实际网络检验的成熟技术。

目前的电信网中还存在着一些问题，其每层要解决的问题见表 1.3 所示。

表 1.3 目前的电信网中每一层要实现的主要功能

OSI 层次	电信层次	主要设备	主要功能
七	业务节点	智能网 SCP、语音信箱、各类互联网信息服务器、网管系统节点等	业务的创建、管理、配置、互操作、运营、计费等
三	交换系统	交换机、路由器、PABX 等	网络互连、路由、交换、信令、网络 QoS 等
三	传输系统	PDH、SDH、WDM、xDSL、DXC 移动网无线子系统等	复用、信道分配、同步定位、检错纠错、流控等
一	物理层	双绞线、同轴、光纤、无线微波	透明比特传输，物理介质的机械、电气、功能特性

要注意的是表 1.3 并不是一个电信层次与 OSI 之间精确的对应。实际中的交换系统，一般要实现多层协议功能。Internet 中的路由器通常实现一至三层或一至四层的功能，IP 分组交换则在第三层实现；电话网中的交换机通常要实现一至三层的功能，但话音交换则在第一层实现；在局域网中的交换机通常要实现一、二层的功能，交换则在第二层实现。因此实际中的节点设备一般都实现了多层协议。

2. TCP/IP 协议体系结构

TCP/IP 是美国国防部高级研究计划署(DARPA)资助的 ARPANet 实验项目的研究成果之一，开始于 20 世纪 60 年代的 ARPANet 项目主要目的就是要研究不同计算机之间的互连性，但项目开始进展得并不顺利。直到 1974 年，V. Cerf 与 R. Kahn 联手重写了 TCP/IP 协议，并最终成为了 Internet 的基础。

TCP/IP 与 OSI 模型不同，并没有什么组织为 TCP/IP 协议族定义一个正式的分层模型，然而根据分层体系结构的概念，TCP/IP 可以被很自然地组织成相关联的五个独立层次，如图 1.13 所示。下面是各层的具体功能。

(1) 应用层：包含支持不同的用户应用的应用逻辑。每一种不同的应用层需要一个与之相对应的独立模块来支持。

(2) 运输层：为应用层提供可靠的数据传输机制。对每一个应用，运输层保证所有的数据都能到达目的地应用，并且保证数据按照其发送时的顺序到达。

(3) IP：该层执行在不同网络之间 IP 分组的转发和路由的选择。其中使用 IP 协议执行转发，使用 RIP、OSPF、BGP 等协议来发现和维护路由，人们习惯上将该层简称为 IP 层。

(4) 网络接入层：它负责一个端系统和它所在的网络之间的数据交换。

(5) 物理层：定义数据传输设备与物理介质或它所连接的网络之间的物理接口。

可以说，Internet 今天的成功主要归功于 TCP/IP 协议的简单性和开放性。从技术上看，TCP/IP 的主要贡献在于：明确了异构网络之间应基于网络层实现互连的思想。实践中可以看到，一个独立于任何物理网络的逻辑网络层的存在，使得上层应用与物理网络分离开来，网络层在解决互连问题时无需考虑应用问题，而应用层也无须考虑与计算机相连的具体物理网络是什么，从而使得网络的互连和扩展变得容易了。

1.3.4　主要标准化组织

随着通信网的规模越来越大，以及移动通信、国际互联网业务的发展，使得国际间的通信越来越普及，这需要相应的标准化机构对全球网络的设计和运营进行统一的协调和规划，以保证不同运营商、不同国家间网络业务可以互连互通。目前与通信领域相关的主要的标准化机构有 ITU、ISO、IAB 等。

1. ITU

ITU(International Telecommunication Union 国际电信联盟)成立于 1932 年，1947 年成为联合国的一个专门机构，是由各国政府的电信管理机构组成的，目前会员国约有 170 多个，总部设在日内瓦。原则上，ITU 只负责为国际间的通信制定标准、提出建议。但实际上相关的国际标准通常都适用于国内网。

为适应现代电信网的发展，1993 年 ITU 机构进行了重组，目前常设机构有：

(1) ITU-T：电信标准化部门，其前身是国际电报电话咨询委员会(CCITT)，负责研究通信技术准则、业务、资费、网络体系结构等，并发表相应的建议书。

(2) ITU-R：无线电通信部门，研究无线通信的技术标准、业务等，同时也负责登记、公布、调整会员国使用的无线频率，并发表相应的建议书。

(3) ITU-D：电信发展部门，负责组织和协调技术合作及援助活动，以促进电信技术在全球的发展。

在上述三个部门中，ITU-T 主要负责电信标准的研究和制定，是最为活跃的部门。其具体的标准化工作由 ITU-T 相应的研究组 SG(study group)来完成。ITU-T 主要由 13 个研究组组成，每组有自己特定的研究领域，4 年为一个研究周期。

为适应新技术的发展和电信市场竞争的需要，目前，ITU-T 的标准化过程已大大加快，从以前的平均 4～10 年形成一个标准，缩短到 9～12 个月。ITU-T 制定并被广泛使用的著名标准有：局间公共信道信令标准 SS7，综合业务数字网标准 ISDN，电信管理网标准 TMN，光传输体制标准 SDH、多媒体通信标准 H.323 系列等。

2. ISO

ISO(International Organization for Standardization 国际标准化组织)，是一个专门的国际标准化组织，正式成立于 1947 年。它的总部设在瑞士日内瓦，是联合国的甲级咨询组织，并和 100 多个国家标准化组织及国际组织就标准化问题进行合作，它是国际电工委员会(IEC)的姐妹组织。

ISO 的宗旨是"促进国际间的相互合作和工业标准的统一"，其目的是为了促进国际间的商品交换和公共事业，在知识、科学、技术和经济活动中发展相互合作，促进世界范围内的标准化及有关活动的发展。ISO 的标准化工作包括了除电气和电子工程以外的所有领域。

ISO 的组织机构包括全体大会、主要官员、成员团体、通信成员、捐助成员、政策发展委员会、理事会、ISO 中央秘书处、特别咨询组、技术管理局、标样委员会、技术咨询组、技术委员会等。

ISO 技术工作是高度分散的，分别由 2700 多个技术委员会(TC)、分技术委员会(SC)和工作组(WG)承担，其中与信息相关的技术委员会是 JTC1(Joint Technical Committee 1)。在这些委员会中，世界范围内的工业界代表、研究机构、政府权威、消费团体和国际组织都作为对等合作者共同讨论全球的标准化问题。管理一个技术委员会的主要责任由一个 ISO 成员团体(诸如 AFNOR、ANSI、BSI、CSBTS、DIN、SIS 等)担任，该成员团体负责日常秘书工作。与 ISO 有联系的国际组织、政府或非政府组织都可参与工作。

国际标准由技术委员会(TC)和分技术委员会(SC)经过以下六个阶段形成：

申请阶段、预备阶段、委员会阶段、审查阶段、批准阶段、发布阶段。若在开始阶段得到的文件比较成熟，则可省略其中的一些阶段。

ISO 制定的信息通信领域最著名的标准/建议有开放系统互连参考模型 OSI/RM、高级数据链路层控制协议 HDLC 等。

3. IAB

IAB(Internet Architecture Board)即 Internet 结构委员会，主要任务是负责设计、规划和管理 Internet，其工作重点是 TCP/IP 协议族及其扩充。它的前身是 1979 年由美国 DARAP 建立的 ICCB(Internet Control and Configuration Board)。

IAB 最初主要受美国政府机构的财政支持，为适应 Internet 的发展，1992 年，一个完全中立的专业机构 ISOC(Internet Society，Internet 协会)成立，它由公司、政府代表、相关研究机构组成，其主要目标是推动 Internet 在全球的发展，为 Internet 标准工作提供财政支持、管理协调，举办研讨会以推广 Internet 的新应用和促进各种 Internet 团体、企业和用户之间的合作。ISOC 成立后，IAB 的工作转入到 ISOC 的管理下进行。

IAB 由 IETF 和 IESG 两个机构组成。

(1) IETF(Internet Engineering Task Force)：负责制定 Internet 相关的标准。现在 IETF 有 12 个工作组，每个组都有自己的管理人。IETF 主席和各组管理人组成 IESG(Internet Engineering Steering Group)，负责协调各 IETF 工作组的工作，目前主要的 IP 标准均由 IETF 主导制定。

(2) IRTF(Internet Research Task Force)：负责 Internet 相关的长期研究任务。IRTF 与 IETF 一样也有一个小组，叫 IRSG，是制定研究的优先级别和协调研究活动的。每个 IRSG 成员主持一个 Internet 志愿研究工作组，类似于 IETF 工作组，IRTF 是一个规模较小的、不太活跃的工作组，其研究领域没有进一步划分。

IAB 保留对 IETF 和 IRTF 等两个机构建议的所有事务的最终裁决权，并负责向 ISOC 委员会汇报工作。

Internet 及 TCP/IP 相关标准建议均以 RFC(Request for Comments)形式在网上公开发布，协议的标准化过程遵循 1996 年定义的 RFC 2026，形成一个标准的周期约为 10 个月左右。IETF 制定的标准有用于 Internet 的网际通信协议 TCP/IP 协议族，以及目前正在制定的下一代 IP 骨干网通信协议 MPLS。

目前，由于 IP 已成为未来网络事实上的标准，世界上的其他标准化机构如 ITU-T 也在向 IP 靠拢，参与制定一些 IP 标准，促使 IP 成为下一代通信网的统一标准。但主要的工作仍由 IETF 主导。

1.4 通信网的服务质量

从用户的角度来看，通信网实际是一个提供服务的设施，其基本功能就是在任意两个网络用户之间提供有效而可靠的信息传送服务，因此对任何通信系统来说，有效性和可靠性是其最主要的质量指标。其中有效性指在给定的信道内传送信息的多少，可靠性指信息传送的准确程度。

但在实际中，网络运营商和用户都需要一些直观、可测量的指标来衡量通信服务的质量。简单的使用通信的可靠性和有效性指标显然不能表达通信网服务的全部特征，对具体的网络和通信业务也太笼统。因此目前电话网和数据网对业务都各自定义了详细的服务质量指标。

1.4.1 服务质量总体要求

对通信网的服务质量一般通过可访问性、透明性和可靠性这三个方面来衡量。

1. 可访问性

可访问性是对通信网的基本要求之一，即网络保证合法用户随时能够快速、有保证地接入到网络以获得信息服务，并在规定的时延内传递信息的能力。它反映了网络保证有效通信的能力。

影响可访问性的主要因素有：网络的物理拓扑结构，网络的可用资源数目以及网络设备的可靠性等。实际中常用接通率、接续时延等指标来评定。

2. 透明性

这也是对通信网的基本要求之一，即网络保证用户业务信息准确、无差错传送的能力。它反映了网络保证用户信息具有可靠传输质量的能力，不能保证信息透明传输的通信网是没有实际意义的。实际中常用用户满意度和信号的传输质量来评定。

3. 可靠性

可靠性是指整个通信网连续、不间断地稳定运行的能力，它通常由组成通信网的各系统、设备、部件等的可靠性来确定。一个可靠性差的网络会经常出现故障，导致正常通信中断，但实现一个绝对可靠的网络实际上也不可能，网络可靠性设计不是追求绝对可靠，而是在经济性、合理性的前提下，满足业务服务质量要求即可。可靠性指标主要有以下几种：

(1) 失效率：系统在单位时间内发生故障的概率，一般用 λ 表示。

(2) 平均故障间隔时间(MTBF)：相邻两个故障发生的间隔时间的平均值，MTBF=1/λ。

(3) 平均修复时间(MTTR)：修复一个故障的平均处理时间，μ 表示修复率，MTTR=1/μ。

(4) 系统不可利用度(U)：在规定的时间和条件内，系统丧失规定功能的概率，通常我们假设系统在稳定运行时，μ 和 λ 都接近于常数，则

$$U=\lambda/(\lambda+\mu)=\frac{MTTR}{MTBF+MTTR}$$

1.4.2 电话网的服务质量

电话通信网从持续质量、传输质量和稳定性质量等三个方面定义了服务质量的要求。

1. 接续质量

它反映的是电话网接续用户通话的速度和难易程度，通常用接续损失(呼叫损失率，简称呼损)和接续时延来度量。

2. 传输质量

它反映的是电话网传输话音信号的准确程度，通常用响度、清晰度、逼真度这三个指标来衡量。实际中对上述三个指标一般由用户主观来评定。

3. 稳定性质量

它反映电话网的可靠性，主要指标与上述一般通信网的可靠性指标相同，如平均故障间隔时间、平均修复时间、系统不可利用度等。

1.4.3 数据网的服务质量

数据通信网多采用分组交换技术，由于用户业务往往没有独占的信道带宽，在整个通信期间，服务质量会随着网络环境的变化而变化，因此一个数据通信业务服务质量的表征会用更多的参数指标，简单介绍如下。

1. 服务可用性(Service Availability)

服务可用性指用户与网络之间服务连接的可靠性。

2. 传输时延(Delay or Latency)

传输时延指在两个参考点之间，发送和收到一个分组的时间间隔。

3. 时延变化(Delay Variation)

时延变化又称抖动(Jitter)，指沿相同路径传输的同一个业务流中的所有分组传输时延的变化。

4. 吞吐量(Throughput)

吞吐量指在网络中分组的传输速率，可以用平均速率或峰值速率来表示。

5．分组丢失率(Packet Loss Rate)

分组丢失率指分组在通过网络传输时允许的最大丢失率，通常分组丢失都是由于网络拥塞造成的。

6．分组差错率

分组差错率指单位时间内的差错分组与传输的总分组数目的比率。

1.4.4　网络的服务性能保障机制

任何网络都不可能保证100%的可靠，在运行时，它们时常要面对以下三类问题：

(1) 数据传输中的差错和丢失；

(2) 网络拥塞；

(3) 交换节点和物理线路故障。

要保证稳定的服务性能，网络必须提供相应的机制来解决上述问题，这对网络的可靠运行至关重要。目前网络采用的服务性能保障机制主要有四类，这里我们将对它们做简单的介绍。

1．差错控制

差错控制机制负责将源端和目的地端之间传送的数据所发生的丢失和损坏恢复过来。通常控制机制包括差错检测和差错校正两部分。

对电话网，由于实时话音业务对差错不敏感，对时延很敏感，偶尔产生的差错对用户之间通话质量的影响可以忽略不计，因此网络对话路上的用户信息不提供差错控制机制。

对数据网，情况则正好相反，数据业务对时延不敏感，对差错却很敏感。因此必须提供相应的差错控制机制。在目前的分组数据网上，主要采用基于帧校验序列 FCS(Frame Check Sequence)的差错检测和发端重发纠错机制实现差错控制。在分层网络体系中，差错控制是一种可以在多个协议级别上实现的功能。例如在 X.25 网络中，既有数据链路层的差错控制，又有分组层的差错控制。目前，随着传输系统的数字化、光纤化，现代的大多数分组数据网络均将用户信息的差错控制由网络移至终端来做，在网络中只对分组头中的控制信息做必要的差错检测。

2．拥塞控制

通常拥塞发生在通过网络传输的数据量开始接近网络的数据处理能力时。拥塞控制的目标是将网络中的数据量控制在一定的水平之下，超过这个水平，网络的性能就会急剧恶化。

在电话网中，由于采用电路交换方式，拥塞控制只在网络入口处执行，在网络内部则不再提供拥塞控制机制。原因在于，呼叫建立时，已为用户预留了网络资源，通信期间，用户信息流总是以恒定不变的预约速率通过网络，因而已被接纳的用户产生的业务不可能导致网络拥塞。另一方面，呼叫建立时，假如网络无法为用户分配所需资源，呼叫在网络入口处就会被拒绝，因而在这种体制下网络内部无需提供拥塞控制机制。因此电话网在拥塞发生时，主要是通过拒绝后来用户的服务请求来保证已有用户的服务质量的。

实质上，采用分组交换的数据网络可以看成是一个由队列组成的网络，网络采用基于存储转发的排队机制转发用户分组，在交换节点的每个输出端口上都有一个分组队列。当发生拥塞时，网络并不是简单的拒绝以后的用户分组，而是将其放到指定输出端口的队列中等待资源空闲时再发送。由于此时分组到达和排队的速率超过交换节点分组的传输速率，队列长度会不断增长，如果不进行及时的拥塞控制，每个分组在交换节点经历的转发时延就会变得越来越长，但不管何时，用户获得的总是当时网络的平均服务性能。如果对局部的拥塞不加控制，则最终会导致拥塞向全网蔓延，因此在分组数据网中均提供了相应的拥塞控制机制。例如 X.25 中的阻流分组(Choke Packet)、Internet 中 ICMP 协议的源站抑制分组(Source Quench)均用于拥塞节点向源节点发送控制分组，以限制其业务量流入网络。其他的分组网络也有各自的控制机制。

3．路由选择

灵活的路由选择技术可以帮助网络绕开发生故障或拥塞的节点，以提供更可靠的服务质量。

在电话通信网中，通常采用静态路由技术，即每个交换节点的路由表是人工配置的，网络也不提供自动的路由发现机制，但是一般情况下，到任意目的地，除正常路由外，都会配置两、三条迂回路由，以提高可靠性。这样，当发生故障时，故障区域所影响的呼叫将被中断，但后续产生的呼叫通常可走迂回路由，一般不受影响。采用虚电路方式的分组数据网，情况与此类似。它们主要的问题是没有提供自动的路由发现机制，网络运行时，交换节点不能根据网络的变化，自动调整更新本地路由表。

在分组数据网络中，如果采用数据报方式，一般都支持自适应的路由选择技术，即路由选择的决定将随着网络情况的变化而改变，主要是故障或拥塞两方面。例如在 Internet 中，IP 路由协议实际就是动态的路由选择协议。使用路由协议，路由器可以实时更新自己的路由表以反映当前网络拓扑的变化，因此即使发生故障或拥塞，后续分组也可以自动绕开，从而提高了网络整体的可靠性。

4．流量控制

流量控制是一种使目的端通信实体可以调节源端通信实体发出的数据流量的协议机制，可以调节数据发送的数量和速率。

在电话通信网中，网络体系结构保证通话双方工作在同步方式下，并以恒定的速率交换数据，因而无需再提供流量控制机制。

而在分组数据网中，必须进行流量控制的原因有如下几条：

(1) 在目的端必须对每个收到的分组的头部进行一定的协议处理，由于收发双方工作在异步方式下，源端可能试图以比目的端处理速度更快的速度发送分组。

(2) 目的端也可能将收到的分组先缓存起来，然后重新在另一个 I/O 端口进行转发，此时它可能需要限制进入的流量以便与转发端口的流量相匹配。

与差错控制一样，流量控制也可以在多个协议层次实现，如实现网络各层流量控制。常见的流量控制方法有在分组交换网中使用的滑动窗口法，在 Internet 的 TCP 层实现的可变信用量方法，在 ATM 中使用的漏桶算法等。

上述论题，会在本书各相关的业务网章节中进一步介绍。

1.5　通信网的发展史

制约和影响网络技术发展的因素很多，其中主要有四方面的约束：技术、市场需求、成本和政策。

通信网作为一个物理实体，首先，其发展不能超越基本的物理学定律和当时软硬件技术条件的限制，如量子力学、麦克斯韦电磁场理论、广义相对论等，它们构成了当代微电子、集成电路技术的理论基础，信息的传播速度也不可能超过光速；其次，通信网作为一个国家的关键基础设施和面向运营的服务设施，其发展必然也会受到市场需求、成本、政策等因素的制约。但有限的网络资源和不断增长的用户需求之间的矛盾始终是通信网技术发展的根本动力。下面我们简单地介绍骨干通信网在技术方面的发展演变。

假如以 1878 年第一台交换机投入使用作为现代通信网的开端，那么它已经过了 120 多年的发展。这期间由于交换技术、信令技术、传输技术、业务实现方式的发展，通信网大致经历了三个发展阶段。

1.　第一阶段

第一阶段大约在 1880～1970 年之间，是典型的模拟通信网时代，网络的主要特征是模拟化、单业务单技术。这一时期电话通信网占统治地位，电话业务也是网络运营商主要的业务和收入来源，因此整个通信网都是面向话音业务来优化设计的，其主要的技术特点如下：

(1) 交换技术：由于话音业务量相当稳定，且所需带宽不高，因此网络采用控制技术相对简单的电路交换技术，为用户业务静态分配固定的带宽资源，虽然有带宽资源利用率不高的缺点，但它并不是这一时期网络的主要矛盾。

(2) 信令技术：网络采用模拟的随路信令系统。它的优点是信令设备简单，缺点是功能太弱，只支持简单的业务类型。

(3) 传输技术：终端设备、交换设备和传输设备基本是模拟设备，传输系统采用 FDM 技术、铜线介质，网络上传输的是模拟信号。

(4) 业务实现方式：网络通常只提供单一电话业务，并且业务逻辑和控制系统是在交换节点中用硬件逻辑电路实现的，网络几乎不提供任何新业务。

由于通信网主要由模拟设备组成，存在的主要问题是：成本高、可靠性差、远距离通信的服务质量差。另外在这一时期，数据通信技术还未成熟，基本处于试验阶段。

2.　第二阶段

第二阶段大约在 1970～1994 年，是骨干通信网由模拟网向数字网转变的阶段。这一时期数字技术和计算机技术在网络中被广泛使用，除传统 PSTN 外，还出现了多种不同的业务网。网络的主要特征是数模混合、多业务多技术并存，这一阶段业界主要是通过数字计算机技术的引入来解决话音、数据业务的服务质量。这一时期网络技术主要的变化有以下几方面：

(1) 数字传输技术：基于 PCM 技术的数字传输设备逐步取代了模拟传输设备，彻底解决了长途信号传输质量差的问题，降低了传输成本。

(2) 数字交换技术：数字交换设备取代了模拟交换设备，极大地提高了交换的速度和可靠性。

(3) 公共信道信令技术：公共信道信令系统取代了原来的随路信令系统，实现了话路系统与信令系统之间的分离，提高了整个网络控制的灵活性。

(4) 业务实现方式：在数字交换设备中，业务逻辑采用软件方式来实现，使得在不改变交换设备硬件的前提下，提供新业务成为可能。

在这一时期，电话业务仍然是网络运营商主要的业务和收入来源，骨干通信网仍是面向话音业务来优化设计的，因此电路交换技术仍然占主导地位。

另一方面，基于分组交换的数据通信网技术在这一时期发展已成熟，TCP/IP、X.25、帧中继等都是在这期间出现并发展成熟的，但数据业务量与话音业务量相比，所占份额还很小，因此实际运行的数据通信网大多是构建在电话网的基础设施之上的。另外，光纤技术、移动通信技术、IN 技术也是在此期间出现的。

在这一时期，形成了以 PSTN 为基础，Internet、移动通信网等多种业务网络交叠并存的结构。

这种结构主要的缺点是：对用户而言，要获得多种电信业务就需要多种接入手段，这增加了用户的成本和接入的复杂性；对网络运营商而言，不同的业务网都需要独立配置各自的网络管理和后台运营支撑系统，也增加了运营商的成本，同时由于不同业务网所采用的技术、标准和协议各不相同，使得网络之间的资源和业务很难共享和互通。因此在 20 世纪 80 年代末，在主要的电信运营商和设备制造商的主导下，开始研究如何实现一个多业务、单技术的综合业务网，其主要的成果是 N-ISDN、B-ISDN 和 ATM 技术。

总的来看，这一时期是现代通信网最重要的一个发展阶段，它几乎奠定了未来通信网发展的所有技术基础，比如数字技术、分组交换技术。这些技术奠定了未来网络实现综合业务的基础；公共信道信令和计算机软硬件技术的使用奠定了未来网络智能和业务智能的基础；光纤技术奠定了宽带网络的物理基础。

3. 当前阶段。

从 1995 年一直到目前，这一时期可以说是信息通信技术发展的黄金时期，是新技术、新业务产生最多的时期。在这一阶段，骨干通信网实现了全数字化，骨干传输网实现了光纤化，同时数据通信业务增长迅速，独立于业务网的传送网也已形成。由于电信政策的改变，电信市场由垄断转向全面的开放和竞争。在技术方面，对网络结构产生重大影响的主要有以下三方面：

1) 计算机技术

硬件方面，计算成本下降，计算能力大大提高；软件方面，OO 技术、分布处理技术、数据库技术已发展成熟，极大地提高了大型信息处理系统的处理能力，降低了其开发成本。其影响是 PC 得以普及，智能网 IN、电信管理网得以实现，这些为下一步的网络智能以及业务智能奠定了基础。另外，终端智能化使得许多原来由网络执行的控制和处理功能可以转移到终端来完成，骨干网的功能可由此而简化，这有利于提高其稳定性和信息吞吐能力。

2) 光传输技术

大容量光传输技术的成熟和成本的下降，使得基于光纤的传输系统在骨干网中迅速普及并取代了铜线技术。实现宽带多媒体业务，在网络带宽上已不存在问题了。

3) Internet

1995 年后，基于 IP 技术的 Internet 的发展和迅速普及，使得数据业务的增长速率远远超过电话业务,在主要的工业化国家,数据业务的年增长率为800%,而电话业务的增长率只有4%左右。在近几年内,数据业务将全面超越电话业务,成为运营商的主营业务和主要收入来源。这使得继续在以话音业务为主进行优化设计的电路交换网络上运行数据业务,不但效率低下、价格昂贵,而且严重影响了传统电话业务服务的稳定性。重组网络结构,实现综合业务网成为这一时期最迫切的问题。

政策因素对通信网结构的影响也是非常巨大的,新的电信法一方面增强了市场的开放和竞争,另一方面也促进了电信市场的分工合作(例如接入服务商、服务提供商、基础网络运营商等),它本质上要求一个开放的电信网络环境,另外从竞争、成本和管理的角度来看,实现一个开放的综合业务网也是必然的选择。

然而,考察现有的各种技术,传统电路交换网是针对话音业务来优化设计的,传统的分组交换网技术如 IP、X.25、帧中继等则又是针对数据业务来优化设计的,它们都不能满足现代网络通信向综合业务发展的需求,因此需要一种新的技术来构建宽带综合业务网,以实现对所有业务的最优综合。

在 1995 以前,SDH 和 ATM 还被认为是宽带综合数字业务网(B-ISDN)的基本技术,在1995 年以后,ATM 已受到了宽带 IP 网挑战。宽带 IP 网的基础是先进的密集波分复用(DWDM)光纤技术和 MPLS 技术。

目前,在通信产业界 ,基于 IP 实现多业务汇聚,骨干网采用 MPLS 技术和 WDM 技术来构建已成为共识。随着相关的标准及技术的发展和成熟,下一代网络将是基于 IP 的宽带综合业务网。图 1.14 描述了目前电信网的概貌。

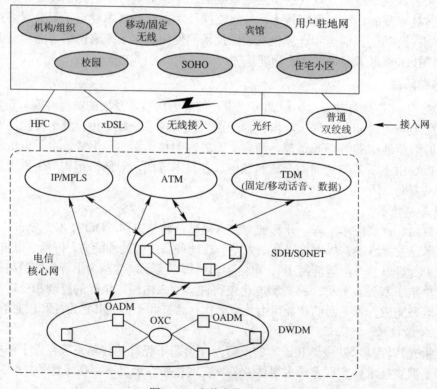

图 1.14 当前电信网的概貌

网络技术发展到今天，严格来评判，仅仅是解决了一般通信业务的有效性和可靠性问题。即使在不久的将来，它能够毫不费力地实现各种多媒体业务，仍然和通信的终极目标(实现难辨真假的、现实三维的虚拟的通信技术)有很长一段距离，这种距离恰恰也是通信产业可以渡过寒冬，永葆青春的动力之源。

思 考 题

1. 构成现代通信网的要素有哪些？它们各自完成什么功能？它们之间的相互协调通信通过什么机制来实现？

2. 在通信网中，交换节点主要完成哪些功能？无连接型网络中交换节点实现交换的方式与面向连接的网络中交换节点实现交换的方式有什么不同？分组交换型网络与电路交换型网络交换节点实现交换的方式又有什么不同？

3. 现代通信网为什么要采用分层结构？第 N 层协议实体包含几部分内容？画出对等层之间的通信过程。

4. 仿照 OSI 的思想，以邮政系统中信件传递业务为例，说明该系统分为几层？对用户而言，邮政系统的哪些变化是可见的？而哪些变化则是不可见的？

5. 假定某机构希望组建一个网络，要求网络能够支持文件传输业务、E-mail 业务，但不考虑实时话音业务、多媒体业务。要求业务的实现方式与具体的物理网络无关，请分析该网络逻辑上应分为几层才是合理的，物理上需要几种类型的网络单元，每一种的协议栈结构如何。

6. 分析实现一种通信业务，网络需要提供哪些软硬件支持，它们的物理分布如何，请举例说明。

第2章 传 送 网

　　传送网是为各类业务网提供业务信息传送手段的基础设施，假如我们将电话交换机、数据交换机、各类网络终端称为业务节点，那么传送网便负责将这些节点连接起来，并提供任意两点之间信息的透明传输，同时也完成带宽的调度管理、故障的自动切换保护等管理维护功能。通常传送网技术包含传输介质、复用体制、管理维护机制和网元设备(例如分插复用设备、交叉连接设备等)等方面的内容。

　　本章首先介绍传输介质、多路复用技术等方面的基本知识，然后重点介绍基于SDH的宽带传送网和未来的光传送网的结构及组成。

2.1　传 输 介 质

2.1.1　基本概念

　　所谓传输介质，是指传输信号的物理通信线路。任何数据在实际传输时都会被转换成电信号或光信号的形式在传输介质中传输，数据能否成功传输则依赖于两个因素：被传输信号本身的质量和传输介质的特性。

　　1865年，英国物理学家麦克斯韦(James Clerk Maxwell)首次预言电子在运动时会以电磁波的形式沿导体或自由空间传播。1887年，德国物理学家赫兹通过实验证明了麦克斯韦电磁场理论的正确性，该理论奠定了现代通信的理论基础。

　　就信号而言，无论是电信号还是光信号，本质都是电磁波。实际中用来传输信息的信号都由多个频率成分组成。信号包含的频率成分的范围称为频谱，而信号的带宽就是频谱的绝对宽度。由于信号所携带的能量并不是在其频谱上均匀分布的，因此又引入了有效带宽的概念，它指包含信号主要能量的那一部分带宽。例如，人的语音频率大多数在100～8000 Hz范围内，但其主要能量集中在300～3400 Hz范围内，因此话音信号的有效带宽为3100 Hz。如不加说明，带宽通常均指有效带宽。

　　就传输介质的特性而言，其对信号传输不利的一个物理限制是：现实中任何给定波形的信号都含有相当宽的频谱范围，尤其是数字波形，它们都包含无限的带宽，但同时任何一种传输媒介都只能容纳有限带宽的信号。换句话说，传输介质也有带宽，其工作特性就像一个带通滤波器，在一定的距离内，如信号带宽不超过传输媒介的有效传输带宽，则信号将被可靠地传输，否则，信号将在很短的传输距离内快速衰减，造成畸变。

　　简单来说，可以用传输介质的有效传输距离和带宽来衡量其质量，其中传输距离与带宽成反比，同时带宽越宽，成本越高。而在数字传输中，具有一定带宽的传输介质的最大传输速率与信号的调制方式也紧密相关。另一方面，不同的传输介质都有自己独特的传输特性，因此传输介质的选择，应从性能、成本、适用场合等方面综合考虑。

2.1.2 传输介质

传输介质分为有线介质和无线介质两大类，无论何种情况，信号都是以电磁波的形式传输的。在有线介质中，电磁波信号会沿着有形的固体介质传输，有线介质目前常用的有双绞线、同轴电缆和光纤；在无线介质中，电磁波信号通过地球外部的大气或外层空间进行传输，大气或外层空间并不对信号本身进行制导，因此可认为是在自由空间传输。无线传输常用的电磁波段主要有无线电、微波、红外线等。

1. 双绞线

双绞线是指由一对绝缘的铜导线扭绞在一起组成的一条物理通信链路。通常人们将多条双绞线放在一个护套中组成一条电缆。采用双线扭绞的形式主要是为减少线间的低频干扰，扭绞得越紧密抗干扰能力越好。图 2.1 所示是双绞线的物理结构。

扭距

图 2.1　双绞线的物理结构

与其他有线介质相比，双绞线是最便宜和易于安装使用的，其主要的缺点是串音会随频率的升高而增加，抗干扰能力差，因此复用度不高，其带宽一般在 1 MHz 范围之内，传输距离约为 2～4 km，通常用作电话用户线和局域网传输介质，在局域网范围内传输速率可达 100 Mb/s，但其很难用于宽带通信和长途传输线路。

双绞线主要分成两类：非屏蔽(UTP：Unshielded Twisted Pair)和屏蔽(STP：Shielded Twisted Pair)。屏蔽双绞线虽然传输特性优于非屏蔽双绞线，但价格昂贵，操作复杂，除了应用在 IBM 的令牌环网中以外，其他领域并无太多应用。目前电话用户线和局域网中都使用非屏蔽双绞线，例如普通电话线多采用 24 号 UTP。常用 UTP 的性能如表 2.1 所示。

表 2.1　常用 UTP 的性能

类别	规格 AWG	性能	典型应用
三类	22 和 24	16 MHz	POTS、E1/T1、令牌环网、10 Base-T 网等
四类	各种	20 MHz	4/16 Mb/s 令牌环网
五类	各种	100 MHz	4/16 Mb/s 令牌环网、10/100 Base-T 网等

2. 同轴电缆

同轴电缆是贝尔实验室于 1934 年发明的，最初用于电视信号的传输，它由内、外导体和中间的绝缘层组成，内导体是比双绞线更粗的铜导线，外导体外部还有一层护套，它们组成一种同轴结构，因而称为同轴电缆，其物理结构如图 2.2 所示。

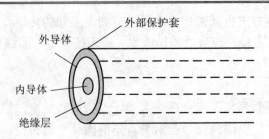

图 2.2　同轴电缆物理结构

由于具有特殊的同轴结构和外屏蔽层，同轴电缆抗干扰能力强于双绞线，适合于高频宽带传输，其主要的缺点是成本高，不易安装埋设。同轴电缆通常能提供 500～750 MHz 的带宽，目前主要应用于 CATV 和光纤同轴混合接入网，在局域网和局间中继线路中的应用已并不多了。

3. 光纤

近年来，通信领域最重要的技术突破之一就是光纤通信系统的发展，光纤是一种很细的可传送光信号的有线介质，它可以用玻璃、塑料或高纯度的合成硅制成。目前使用的光纤多为石英光纤，它以纯净的二氧化硅材料为主，为改变折射率，中间掺有锗、磷、硼、氟等。

光纤也是一种同轴性结构，由纤芯、包层和外套三个同轴部分组成，其中纤芯、包层由两种折射率不同的玻璃材料制成，利用光的全反射可以使光信号在纤芯中传输，包层的折射率略小于纤芯，以形成光波导效应，防止光信号外溢。外套一般由塑料制成，用于防止湿气、磨损和其他环境破坏。其物理结构如图 2.3 所示。

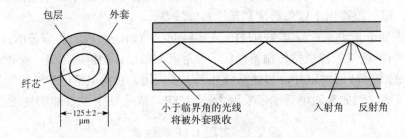

图 2.3　光纤的物理结构

与传统铜导线介质相比，光纤主要有以下优点：

(1) 大容量。光纤系统的工作频率分布在 10^{14}～10^{15}Hz 范围内，属于近红外区，其潜在带宽是巨大的。目前 10 Tb/s/100 km 的实验系统已试验成功，通过密集波分复用(DWDM)在一根光纤上实现 40 Gb/s/200 km 传输的实际系统已经在电信网上广泛使用，相对于同轴电缆的几百兆比特/每秒每千米和双绞线的几兆比特每秒/几千米，光纤比铜导线介质要优越的多。

(2) 体积小、重量轻。与铜导线相比，在相同的传输能力下，无论体积还是重量，光纤都小得多，这在布线时有很大的优势。

(3) 低衰减、抗干扰能力强。光纤传输信号比铜导线衰减小得多。目前，在 1310 nm 波长处光纤每千米衰减小于 0.35 dB，在 1550 nm 波长处光纤每千米衰减小于 0.25 dB。并且由于光纤系统不受外部电磁场的干扰，它本身也不向外部辐射能量，因此信号传输很稳定，同时安全保密性也很好。

光纤分为多模光纤(MMF)和单模光纤(SMF)两种基本类型。多模光纤先于单模光纤商用化，它的纤芯直径较大，通常为 50 μm 或 85 μm，它允许多个光传导模式同时通过光纤，因而光信号进入光纤时会沿多个角度反射，产生模式色散，影响传输速率和距离。多模光纤主要用于短距低速传输，比如接入网和局域网，一般传输距离应小于 2 km。

单模光纤的纤芯直径非常小，通常为 4～10 μm，在任何时候，单模光纤只允许光信号以一种模式通过纤芯。与多模光纤相比，它可以提供非常出色的传输特性，为信号的传输提供更大的带宽，更远的距离。目前长途传输主要采用单模光纤。在 ITU-T 的最新建议 G.652、G.653、G.654、G.655 中对单模光纤进行了详细的定义和规范。

另外，为确保光纤施工过程中连接器、焊接器，以及各类光纤施工工具的相互兼容，国际标准的包层直径为 125 μm，外套直径为 245 μm。

在光脉冲信号传输的过程中，所使用的波长与传输速率、信号衰减之间有着密切的关系。通常采用的光脉冲信号的波长集中在某些波长范围附近，这些波长范围习惯上又称为窗口，目前常用的有 850 nm、1310 nm 和 1550 nm 为中心的三个低损耗窗口，在这三个窗口中，信号具有最优的传输特性。在局域网中较常采用 850 nm，而在长距离和高速率的传输条件下的城域网和长途网中均采用 1550 nm 波长。

4．无线介质

通过无线介质(或称自由空间)传输光、电信号的通信形式习惯上叫做无线通信。常用的电磁波频段有无线电频段、微波频段和红外线频段等。

1) 无线电

无线电又称广播频率(RF: Radio Frequency)，其工作频率范围在几十兆赫兹到 200 兆赫兹左右。其优点是无线电波易于产生，能够长距离传输，能轻易地穿越建筑物，并且其传播是全向的，非常适合于广播通信。无线电波的缺点是其传输特性与频率相关：低频信号穿越障碍能力强，但传输衰耗大；高频信号趋向于沿直线传输，但容易在障碍物处形成反射，并且天气对高频信号的影响大于低频信号。所有的无线电波易受外界电磁场的干扰。由于其传播距离远，不同用户之间的干扰也是一个问题，因此，各国政府对无线频段的使用都由相关的管理机构进行频段使用的分配管理。

目前该频段主要用于公众无线广播、电视发射、无线专用网等领域。

2) 微波

微波指频段范围在 300 MHz～30 GHz 的电磁波，因为其波长在毫米范围内，所以产生了微波这一术语。

微波信号的主要特征是在空间沿直线传播，因而它只能在视距范围内实现点对点通信，通常微波中继距离应在 80 km 范围内，具体由地理条件、气候等外部环境决定。微波的主要缺点是信号易受环境的影响(如降雨、薄雾、烟雾、灰尘等)，频率越高影响越大，另外高频信号也很容易衰减。

微波通信适合于地形复杂和特殊应用需求的环境，目前主要的应用有专用网络、应急通信系统、无线接入网、陆地蜂窝移动通信系统，卫星通信也可归入为微波通信的一种特殊形式。

　　3) 红外线

　　红外线指 $10^{12} \sim 10^{14}$Hz 范围的电磁波信号。与微波相比，红外线最大的缺点是不能穿越固体物质，因而它主要用于短距离、小范围内的设备之间的通信。由于红外线无法穿越障碍物，也不会产生微波通信中的干扰和安全性等问题，因此使用红外传输，无需向专门机构进行频率分配申请。

　　红外线通信目前主要用于家电产品的远程遥控，便携式计算机通信接口等。

　　图 2.4 所示为电磁波频谱及其在通信中的应用。

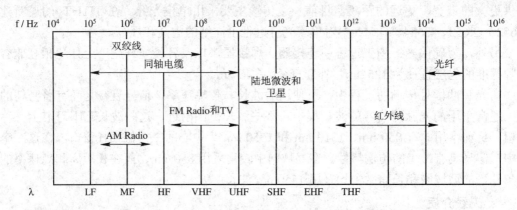

LF—Low Frequency；MF—Medium Frequency；HF—High Frequency；
VHF—Very High Frequency；UHF—Ultra High Frequency；
SHF—Super High Frequency；EHF—Extremely High Frequency；
THF—Tremendously High Frequency

图 2.4　电磁波频谱及其在通信中的应用

2.2　多路复用

　　大多数情况下，传输介质的带宽都远大于传输单路信号所需的带宽。为有效利用传输介质的带宽容量，在传输系统中往往采用复用技术，即在一条物理介质上同时传送多路信号，以提高传输介质的使用效率，降低线路成本。

　　按信号在传输介质上的复用方式的不同，传输系统可分为四类：基带传输系统、频分复用(FDM：Frequency-Division Multiplexing)传输系统、时分复用(TDM：Time-Division Multiplexing)传输系统和波分复用(WDM：Wavelength-Division Multiplexing)传输系统。因此传输系统应由分插复用设备、传输介质，以及相应的维护管理系统构成。

2.2.1　基带传输系统

　　基带传输系统是指在短距离内直接在传输介质上传输模拟基带信号的系统。前面介绍的各种媒介中，只有双绞线可以直接传输基带信号。电信网中，只在传统电话用户线上采用该方式。这里的基带特指话音信号占用的频带(300～3400 Hz)。另外由于设备的简单性，在局域网中基带方式也被广泛使用。

基带传输的优点是线路设备简单；缺点是传输媒介的带宽利用率不高，不适于在长途线路上使用。

2.2.2　频分复用传输系统

频分复用传输系统是指在传输介质上采用 FDM 技术的系统，FDM 是利用传输介质的带宽高于单路信号的带宽这一特点，将多路信号经过高频载波信号调制后在同一介质上传输的复用技术。为防止各路信号之间相互干扰，要求每路信号要调制到不同的载波频段上，而且各频段之间要保持一定的间隔，这样各路信号通过占用同一介质不同的频带实现了复用。

ITU-T 标准的话音信号频分多路复用的策略如下：为每路话音信号提供 4 kHz 的信道带宽，其中 3 kHz 用于话音，两个 500 Hz 用于防卫频带，12 路基带话音信号经调制后每路占用 60～108 kHz 带宽中的一个 4 kHz 的子信道。这样 12 路信号构成的一个单元称为一个群。在电话通信的 FDM 体制中，五个群又可以构成一个超群 Supergroup，还可以构成复用度更高的主群 Mastergroup。

图 2.5 是 FDM 多路复用原理示意图。

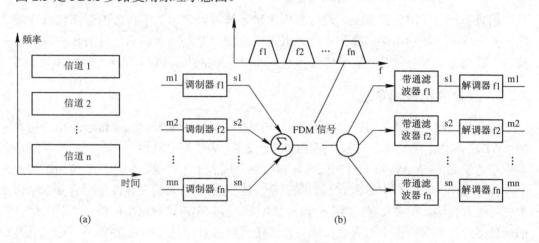

图 2.5　FDM 原理示意图

(a) FDM 信道划分；(b) FDM 系统示意图

FDM 传输系统主要的缺点是：传输的是模拟信号，需要模拟的调制解调设备，成本高且体积大，由于难以集成，因此工作的稳定度也不高。另外由于计算机难以直接处理模拟信号，导致在传输链路和节点之间过多的模数转换，从而影响传输质量。目前 FDM 技术主要用于微波链路和铜线介质上，在光纤介质上该方式更习惯被称为波分复用。

2.2.3　时分复用传输系统

时分复用传输系统是指在传输介质上采用 TDM 技术的系统，TDM 将模拟信号经过 PCM(Pulse Code Modulation)调制后变为数字信号，然后进行时分多路复用的技术。它是一种数字复用技术，TDM 中多路信号以时分的方式共享一条传输介质，每路信号在属于自己的时间片中占用传输介质的全部带宽。图 2.6 是 TDM 多路复用原理示意图。

　　国际上主要的 TDM 标准有北美地区使用的 T 载波方式，一次群信号 T1 每帧 24 时隙，速率为 1.544 Mb/s；国际电联标准 E 载波方式，一次群信号 E1 每帧 32 时隙，速率为 2.048 Mb/s，两者相同之处在于都采用 8000 Hz 频率对话音信号进行采样，因此每帧时长都是 125 μs。

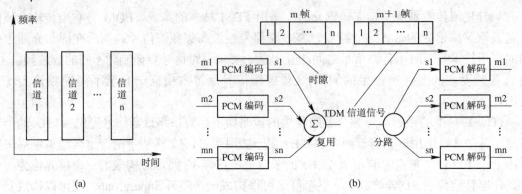

图 2.6　TDM 原理示意图

(a) TDM 信道划分；(b) TDM 系统示意图

　　相对于频分复用传输系统，时分复用传输系统可以利用数字技术的全部优点：差错率低，安全性好，数字电路的高集成度，以及更高的带宽利用率。它已成为传输系统的主流技术，目前主要有两种时分数字传输体制：准同步数字体系 PDH 和同步数字体系 SDH。

2.2.4　波分复用传输系统

　　波分复用传输系统是指在光纤上采用 WDM(Wavelength Division Multiplexing)技术的系统。WDM 本质上是光域上的频分复用(FDM)技术，为了充分利用单模光纤低损耗区带来的巨大带宽资源，　WDM 将光纤的低损耗窗口划分成若干个信道，每一信道占用不同的光波频率(或波长)，在发送端采用波分复用器(合波器)将不同波长的光载波信号合并起来送入一根光纤进行传输。在接收端，再由一波分复用器(分波器)将这些由不同波长光载波信号组成的光信号分离开来。由于不同波长的光载波信号可以看作是互相独立的(不考虑光纤非线性时)，在一根光纤中可实现多路光信号的复用传输。

　　WDM 系统按照工作波长的波段不同可以分为两类：粗波分复用(Coarse WDM)和密集波分复用(Dense WDM)。最初的 WDM 系统由于技术的限制，通常一路光载波信号就占用一个波长窗口，最常见的是两波分复用系统(分别占用 1310 nm 和 1550 nm 波长)，每路信号容量为 2.5 Gb/s，总共 5 Gb/s 容量。由于波长之间间隔很大(通常在几十纳米以上)，故称粗波分复用。

　　现行的 DWDM 只在 1550 nm 窗口传送多路光载波信号。由于这些 WDM 系统的相邻波长间隔比较窄(一般在 0.8~2 nm 之间)，且工作在一个窗口内的各路信号共享 EDFA 光放大器，为了区别于传统的 WDM 系统，人们称这种波长间隔更紧密的 WDM 系统为密集波分复用系统。由于 DWDM 光载波的间隔很密，因此必须采用高分辨率波分复用器件来选取，如平面波导型或光纤光栅型等新型光器件，而不能再利用熔融的波分复用器件。图 2.7 是一个点到点的 DWDM 传输系统结构示意图。

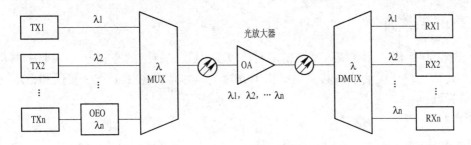

TX—光发射器；RX—光接收器；OEO—波长变换器

图 2.7   DWDM 传输系统结构

导致 DWDM 得以商用化的一个关键技术是 1550nm 窗口 EDFA 光放大器(Erbium Doped Optical Amplifier)的商用化。EDFA 是通过在光纤中掺入少量稀有金属来制成的，使用 EDFA 后，多路光信号可以共享一个 EDFA，EDFA 可以直接在光域对它们同时进行放大，而无需像以前那样将每一路光信号先转换回电信号，再进行放大。通常 1550 nm EDFA 整个放大频谱在 1530~1565 nm 内，目前 EDFA 可以将在此范围内的输入信号增益+20dB 以上。EDFA 的使用大大降低了构建 DWDM 系统的成本，为全光网络的实现铺平了道路。但在目前的 DWDM 系统中，EDFA 光放大器和普通的光电光(OEO)再生中继器还将共同存在，通常 EDFA 用来补偿光纤的损耗，而常规的 OEO 再生中继器用来补偿色散、噪声积累带来的信号失真，一般在 80~150 km 左右需设置一个 EDFA，对光信号进行放大，每隔数个 EDFA 则需设置一个 OEO 再生中继器将光纤进行分段。

按照信号在一根光纤中的传送方向来分，目前的 DWDM 系统分为两类：双纤单向传输系统和单纤双向传输系统。双纤单向指使用两根光纤实现两个方向的全双工通信。单纤双向指将两个方向的信号分别安排在一根光纤的不同波长上传输。根据波分复用器的不同，可以复用的波长数也不同，从两个至几十个不等，现在商用化的一般是 8 波长、16 波长、40 波长系统，每波长速率为 2.5 Gb/s 或 10 Gb/s。目前实验系统中已实现了 256 波长，每信道 40 Gb/s，传输距离 100 km 的 DWDM 系统。

对于常规的 G.652 光纤，ITU-T G.692 给出了以 193.1 THz 为标准频率,间隔为 100 GHz 的 41 个标准波长(192.1~196.1 THz)，即 1530~1561 nm 波段。

现在，人们都喜欢用 WDM 来称呼 DWDM 系统。从本质上讲，DWDM 只是 WDM 的一种形式，WDM 更具有普遍性，DWDM 缺乏明确和准确的定义，而且随着技术的发展，原来认为所谓密集的波长间隔，在技术实现上也越来越容易，已经变得不那么"密集"了。一般情况下，如果不特指 1310 nm 和 1550 nm 的两波分 WDM 系统，人们谈论的 WDM 系统就是 DWDM 系统。WDM 技术主要有以下优点：

(1) 可以充分利用光纤的巨大带宽资源，使一根光纤的传输容量比单波长传输增加了几倍至几十倍，降低了长途传输的成本；

(2) WDM 对数据格式是透明的，即与信号速率及电调制方式无关。一个 WDM 系统可以承载多种格式的"业务"信号，如 ATM、IP 或者将来有可能出现的信号。WDM 系统完成的是透明传输，对于业务层信号来说，WDM 的每个波长与一条物理光纤没有分别。

(3) 在网络扩充和发展中，WDM 是理想的扩容手段，也是引入宽带新业务(如 CATV、HDTV 和 B-ISDN 等)的方便手段，增加一个附加波长即可引入任意想要的新业务或新容量。

2.2.5　PDH 系统简介

20 世纪 80 年代，铜导线主宰通信网时，PDH 是传输链路的主要方式。PDH 主要面向点到点的传输，缺乏灵活性，其复用结构十分复杂，并且存在 ITU-T、美国和日本三种互不兼容的标准。

1．简介

PDH(Psynchronous Digital Hierarchy)是一种异步复用方式，多个 PCM 的一次群信号可逐步复用为二次群、三次群，最高可达五次群信号。其主要缺点如下：

(1) 标准不统一，存在三种标准，且互不兼容；

(2) 面向点到点的传输，组网的灵活性不够；

(3) 低阶支路信号上、下电路复杂，需要逐次复用、解复用；

(4) 帧结构中缺乏足够的冗余信息用于传输网的监视、维护和管理。

2．帧结构

图 2.8 描述了 ITU-T 一次群信号 PCM30/32 的帧结构，在 PCM30/32 系统中，一帧由 32 个时隙组成，每个用户占一个指定的时隙(TS：Time Slot)，通信时用户在自己的时隙轮流传送 8 位码组一次，重复周期为 125 μs(每秒 8000 次)，因此一次群的传输速率为 $32 \times 8 \times 8000 = 2048$ kb/s。

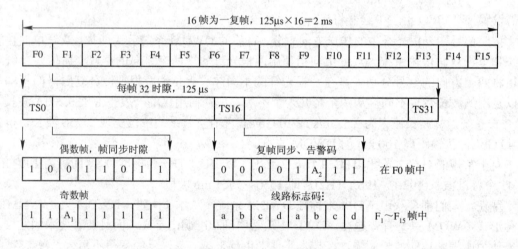

图 2.8　PCM30/32 系统的帧结构

偶数帧的 TS0 用来传送帧同步码，它的后七位固定为 "0011011"；奇数帧 TS0 的第二位固定为 "1"，以便接收端区分奇偶帧，第三位为帧失步告警码，"0" 表示本端工作正常，"1" 则表示本端已失步。每帧的 TS16 用来传送数字型线路信令和复帧同步码以及复帧失步告警码。在 PCM30/32 系统中 16 帧为一个复帧。

目前在以光纤为主的传输网上，已基本被 SDH/SONet 取代。多个 PDH 的一次群可按标准复用成一个二次群，以此类推可组成更高次群的信号来满足长途传输的需要。

2.3 SDH 传送网

SDH 传送网是一种以同步时分复用和光纤技术为核心的传送网结构，它由分插复用、交叉连接、信号再生放大等网元设备组成，具有容量大、对承载信号语义透明以及在通道层上实现保护和路由的功能。它有全球统一的网络节点接口，使得不同厂商设备间信号的互通、信号的复用、交叉链接和交换过程得到简化，是一个独立于各类业务网的业务公共传送平台。

2.3.1 简介

SDH(Synchronous Digital Hierarchy)是 ITU-T 制定的，独立于设备制造商的 NNI 间的数字传输体制接口标准(光、电接口)。它主要用于光纤传输系统，其设计目标是定义一种技术，通过同步的、灵活的光传送体系来运载各种不同速率的数字信号。这一目标是通过字节间插(Byte-Interleaving)的复用方式来实现的，字节间插使复用和段到段的管理得以简化。

SDH 的内容包括传输速率、接口参数、复用方式和高速 SDH 传送网的 OAM。其主要内容借鉴了 1985 年 Bellcore(现在的 Telcordia Technologies)向 ANSI 提交的 SONet (Synchronous Optical Network)建议，但 ITU-T 对其做了一些修改，大部分修改是在较低的复用层，以适应各个国家和地区网络互连的复杂性要求。相关的建议包含在 G.707、G.708 和 G.709 中。SDH 设备只能部分兼容 SONet，两种体系之间可以相互承载对方的业务流，但两种体系之间的告警和性能管理信息等则无法互通。

SDH 主要有如下三个优点：

1) 标准统一的光接口

SDH 定义了标准的同步复用格式，用于运载低阶数字信号和同步结构，这极大地简化了不同厂商的数字交换机以及各种 SDH 网元之间的接口。SDH 也充分考虑了与现有 PDH 体系的兼容，可以支持任何形式的同步或异步业务数据帧的传送，如 ATM 信元、IP 分组、Ethernet 帧等。

2) 采用同步复用和灵活的复用映射结构

采用指针调整技术，使得信息净负荷可在不同的环境下同步复用，引入虚容器(VC：Virtual Container)的概念来支持通道层的连接。当各种业务信息经过处理装入 VC 后，系统不用管所承载的信息结构如何，只需处理各种虚容器即可，从而实现上层业务信息传送的透明性。

3) 强大的网管功能

SDH 帧结构中增加了开销字节(Overhead)，依据开销字节的信息，SDH 引入了网管功能，支持对网元的分布式管理，支持逐段的以及端到端的对净负荷字节业务性能的监视管理。

2.3.2 帧结构

1. 整体结构

SDH 帧结构是实现 SDH 网络功能的基础，为便于实现支路信号的同步复用、交叉连接和 SDH 层的交换，同时使支路信号在一帧内的分布是均匀的、有规则的和可控的，以利于其上、下电路。SDH 帧结构与 PDH 一样，也以 125 μs 为帧同步周期，并采用了字节间插、指针、虚容器等关键技术。

SDH 系统中的基本传输速率是 STM-1(Synchronous Transport Module-1,155.520 Mb/s)，其他高阶信号速率均由 STM-1 的整数倍构造而成,例如 STM-4(4×STM-1=622.080 Mb/s)，STM-16(4×STM-4=2488.320 Mb/s)等。

SDH 的信号等级如表 2.2 所示。

表 2.2　SDH 的信号等级

SDH 等级	SONET 等级	信号速率/(Mb/s)	净负荷速率/(Mb/s)	等效的 DS_0 数(64 kb/s)
—	STS-1/OC-1	51.84	50.112	672
STM-1	STS-3/OC-3	155.52	150.336	2016
STM-4	STS-12/OC-12	622.08	601.344	8064
STM-16	STS-48/OC-48	2488.32	2405.376	32 256
STM-64	STS-192/OC-192	9953.28	9621.504	12 9024

这里以 STM-1 为例介绍其帧格式。高阶信号均以 STM-1 为基础，采用字节间插的方式形成，其帧格式是以字节为单位的块状结构。STM-1 由 9 行、270 列字节组成，STM-N 则由 9 行、270×N 列字节组成。STM-N 帧的传送方式与我们读书的习惯一样，以行为单位，自左向右，自上而下依次发送，图 2.9 是 STM-1 的帧格式示意图。

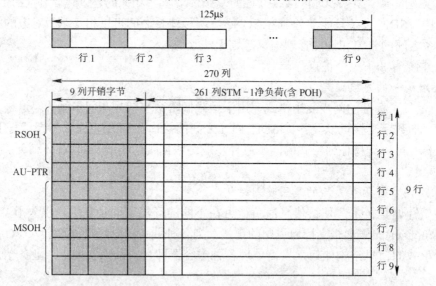

图 2.9　STM-1 帧结构示意图

每个 STM 帧由段开销 SOH(Section Overhead)、管理单元指针(AU-PTR:Administrative Unit Pointer)和 STM 净负荷(Payload)三部分组成。

段开销用于 SDH 传输网的运行、维护、管理和指配(OAM&P),它又分为再生段开销(Regenerator SOH)和复用段开销(Multiplexor SOH)，它们分别位于 SOH 区的 1～3 行和 5～9 行。段开销是保证 STM 净负荷正常灵活地传送必须附加的开销。

STM 净负荷是存放要通过 STM 帧传送的各种业务信息的地方,它也包含少量用于通道性能监视、管理和控制的通道开销 POH(Path Overhead)。

管理单元指针 AU-PTR 则用于指示 STM 净负荷中的第一个字节在 STM-N 帧内的起始位置，以便接收端可以正确分离 STM 净负荷，它位于 RSOH 和 MSOH 之间，即 STM 帧第 4 行的 1～9 列。

2. 开销字节

SDH 提供了丰富的开销字节，用于简化支路信号的复用/解复用、增强 SDH 传输网的 OAM&P 能力。SDH 中涉及的开销字节主要有以下几类：

(1) RSOH：负责管理再生段，在再生段的发端产生，再生段的末端终结，支持的主要功能有 STM-N 信号的性能监视、帧定位、OAM&P 信息传送。

(2) MSOH：负责管理复用段，复用段由多个再生段组成，它在复用段的发端产生，并在复用段的末端终结，即 MSOH 透明通过再生器。它支持的主要功能有复用或串联低阶信号、性能监视、自动保护切换、复用段维护等。

(3) POH：通道开销 POH 主要用于端到端的通道管理，支持的主要功能有通道的性能监视、告警指示、通道跟踪、净负荷内容指示等。SDH 系统通过 POH 可以识别一个 VC，并评估系统的传输性能。

(4) AU-PTR：定位 STM-N 净负荷的起始位置。

目前 ITU 只定义了部分开销字节的功能，很多字节的功能有待进一步定义。

由上面的叙述可知，不同的开销字节负责管理不同层次的资源对象，图 2.10 描述了 SDH 中再生段、复用段、通道的含义。

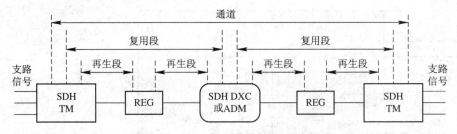

图 2.10　通道、复用段、再生段示意图

3. STM 净负荷的结构

1) VC 的含义

为使 STM 净负荷区可以承载各种速率的同步或异步业务信息，SDH 引入了虚容器 VC 结构，一般将传送 VC 的实体称为通道。VC 可以承载的信息类型没有任何限制，目前主要承载的信息类型有 PDH 帧、ATM 信元、IP 分组、LAN 分组等。换句话说，任何上层业务信息必须先装入一个满足其容量要求的 VC，然后才能装入 STM 净负荷区，通过 SDH 网络传输。

VC 由信息净负荷(Container)和通道开销(POH)两部分组成。POH 在 SDH 网的入口点被加上，在 SDH 网的出口点被除去，然后信息净负荷被送给最终用户，而 VC 在 SDH 网中传输时则保持完整不变。通过 POH、SDH 传输系统可以定位 VC 中业务信息净负荷的起始位置，因而可以方便灵活地在通道中的任一点进行插入和提取，并以 VC 为单位进行同步复用和交叉连接处理，以及评估系统的传输性能。

VC 分为高阶 VC(VC-3，VC-4)和低阶 VC(VC-2，VC-11，VC-12)。

要说明的是，VC 中的"虚"有两个含义：一是 VC 中的字节在 STM 帧中并不是连续存放的，这可以提高净负荷区的使用效率，同时这也使得每个 VC 的写入和读出可以按周期的方式进行；二是一个 VC 可以在多个相邻的帧中存放，即它可以在一个帧开始而在下一帧结束，其起始位置在 STM 帧的净负荷区中是浮动的。

2) STM 净负荷的组织

为增强 STM 净负荷容量管理的灵活性，SDH 引入了两级管理结构：管理单元(AU:Administrative Unit)和支路单元(TU：Tributary Unit)。

AU 由 AU-PTR 和一个高阶 VC 组成，它是在骨干网上提供带宽的基本单元，目前 AU 有两种形式，即 AU-4 和 AU-3。AU 也可以由多个低阶 VC 组成，此时每个低阶 VC 都包含在一个 TU 中。

TU 由 TU-PTR 和一个低阶 VC 组成，特定数目的 TU 根据路由编排、传输的需要可以组成一个 TUG(TU Group)。目前 TU 有 TU-11、TU-12、TU-2、TU-3 等四种形式，TUG 不包含额外的开销字节。类似的，多个 AU 也可以构成一个 AUG 以用于高阶 STM 帧。

实际上我们看到，AU 和 TU 都是由两部分组成的：固定部分+浮动部分。固定部分是指针，浮动部分是 VC，通过指针可以轻易地定位一个 VC 的位置。VC 是 SDH 网络中承载净负荷的实体，也是 SDH 层进行交换的基本单位，它通常在靠近业务终端节点的地方创建和删除。

图 2.11 是以 STM-1(AU-4)净负荷区为例的示意图。

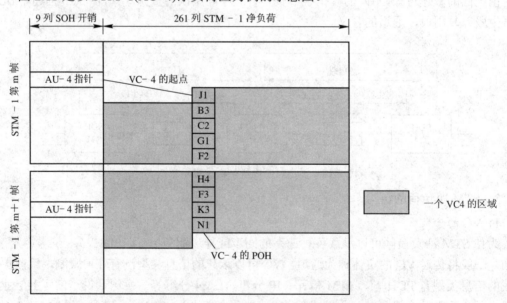

图 2.11 STM-1(AU-4)的净负荷结构示意图

4. SDH 的复用映射结构

SDH 的一般复用映射结构如图 2.12 所示。各种信号复用到 STM 帧的过程分为以下三个步骤：

(1) 映射(Mapping)：在 SDH 网的入口处，将各种支路信号通过增加调整比特和 POH 适配进 VC 的过程。

(2) 定位(Aligning)：利用 POH 进行支路信号的频差相位的调整，定位 VC 中的第一个字节。

(3) 复用(Multiplexing)：将多个低阶通道层信号适配进高阶通道层或是将多个高阶通道层信号适配进复用段的过程，复用以字节间插方式完成。

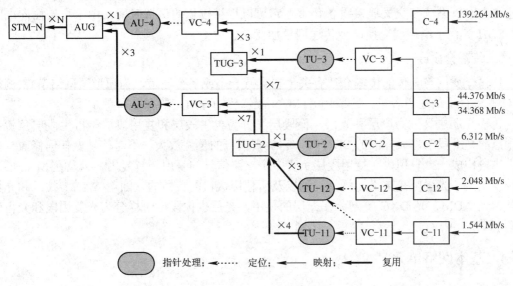

图 2.12　SDH 的复用结构

2.3.3　SDH 传送网的分层模型

如果将分组交换机、电话交换机、无线终端等看作业务节点，传送网的角色则是将这些业务节点互连在一起，使它们之间可以相互交换业务信息，以构成相应的业务网。然而对于现代高速大容量的骨干传送网来说，仅仅在业务节点间提供链路组是远远不够的，健壮性、灵活性、可升级性和经济性是其必须满足的。为实现上述目标，SDH 传送网按功能分为两层：通道层和传输介质层，如图 2.13 所示。

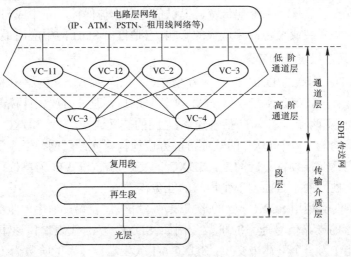

图 2.13　SDH 传送网的分层模型

1．通道层

通道层负责为一个或多个电路层提供透明通道服务，它定义了数据如何以合适的速度进行端到端的传输，这里的"端"指通信网上的各种节点设备。

通道层又分为高阶通道层(VC-3，VC-4)和低阶通道层(VC-2，VC-11，VC-12)。通道的建立由网管系统和交叉连接设备负责，它可以提供较长的保持时间，由于直接面向电路层，SDH 简化了电路层交换，使传送网更加灵活、方便。

2．传输介质层

传输介质层与具体的传输介质有关，它支持一个或多个通道，为通道层网络节点(例如DXC)提供合适的通道容量，一般用 STM-N 表示传输介质层的标准容量。

传输介质层又分为段层和光层。而段层又分为再生段层和复用段层。再生段层负责在点到点的光纤段上生成标准的 SDH 帧，它负责信号的再生放大，不对信号做任何修改。多个再生段构成一个复用段，复用段层负责多个支路信号的复用、解复用，以及在 SDH 层次的数据交换。光层则是定义光纤的类型以及所使用接口的特性的，随着 WDM 技术和光放大器、光 ADM、光 DXC 等网元在光层的使用，光层也像段层一样分为光复用段和光再生段两层。

2.3.4　基本网络单元

1．终端复用器 TM

TM 主要为使用传统接口的用户(如 T1/E1、FDDI、Ethernet)提供到 SDH 网络的接入，它以类似时分复用器的方式工作，将多个 PDH 低阶支路信号复用成一个 STM-1 或 STM-4，TM 也能完成从电信号 STM-N 到光载波 OC-N 的转换。

2．分插复用器 ADM

ADM 可以提供与 TM 一样的功能，但 ADM 的结构设计主要是为了方便组建环网，提高光网络的生存性。它负责在 STM-N 中插入或提取低阶支路信号，利用内部时隙交换功能实现两个 STM-N 之间不同 VC 的连接。另外一个 ADM 环中的所有 ADM 可以被当成一个整体来进行管理，以执行动态分配带宽，提供信道操作与保护、光集成与环路保护等功能，从而减小由于光缆断裂或设备故障造成的影响，它是目前 SDH 网中应用最广泛的网络单元。

3．数字交叉连接设备 DXC

习惯上将 SDH 网中的 DXC 设备称为 SDXC，以区别于全光网络中的 ODXC，在美国则叫做 DCS。一个 SDXC 具有多个 STM-N 信号端口，通过内部软件控制的电子交叉开关网络，可以提供任意两端口速率(包括子速率)之间的交叉连接，另外 SDXC 也执行检测维护、网络故障恢复等功能。多个 DXC 的互连可以方便地构建光纤环网，形成多环连接的网孔网骨干结构。与电话交换设备不同的是，SDXC 的交换功能(以 VC 为单位)主要为 SDH 网络的管理提供灵活性，而不是面向单个用户的业务需求。

SDXC 设备的类型用 SDXC p/q 的形式表示，"p"代表端口速率的阶数，"q"代表端口可进行交叉连接的支路信号速率的阶数。例如 SDXC 4/4, 代表端口速率的阶数为 155.52 Mb/s，并且只能作为一个整体来交换；SDXC 4/1 代表端口速率的阶数为 155.52 Mb/s，可交换的支路信号的最小单元为 2 Mb/s。

2.3.5　SDH 传送网的结构

SDH 与 PDH 的不同点在于，PDH 是面向点到点传输的，而 SDH 是面向业务的，利用 ADM、DXC 等设备，可以组建线性、星型、环型、网型等多种拓扑结构的传送网，SDH 还提供了丰富的开销字段。这些都增强了 SDH 传送网的可靠性和 OAM&P 能力，这些都是 PDH 系统不具备的。

按地理区域来分割，现阶段我国 SDH 传送网分为四个层面：省际干线网、省内干线网、中继网、用户接入网，如图 2.14 所示。

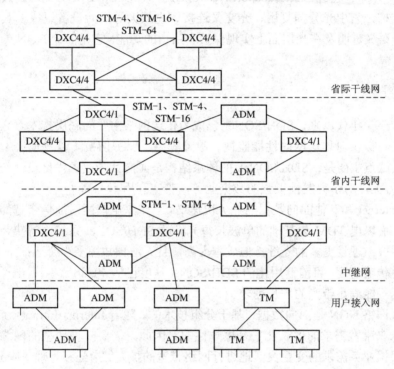

图 2.14　我国 SDH 传送网的结构

1．省际干线网

在主要省会城市和业务量大的汇接节点城市装有 DXC4/4，它们之间用 STM-4、STM-16、STM-64 高速光纤链路构成一个网孔型结构的国家骨干传送网。

2．省内干线网

在省内主要汇接节点装有 DXC4/4 或 DXC4/1，它们之间用 STM-1、STM-4、STM-16 高速光纤链路构成网状或环型省内骨干传送网结构。

3．中继网

中继网指长途端局与本地网端局之间，以及本地网端局之间的部分。对中等城市一般可采用环型结构，特大和大城市则可采用多环加 DXC 结构组网。该层面主要的网元设备为 ADM、DXC4/1，它们之间用 STM-1、STM-4 光纤链路连接。

4. 用户接入网

该层面处于网络的边缘，业务容量要求低，且大部分业务都要汇聚于端局，因此环型和星型结构十分适合于该层面。使用的网元主要有 ADM 和 TM。提供的接口类型也最多，主要有 STM-1、STM-4，PDH 体制的 2M、34M 或 140M 接口等。

2.4　光　传　送　网

光传送网(OTN：Optical Transport Network)是一种以 DWDM 与光通道技术为核心的新型传送网结构，它由光分插复用、光交叉连接、光放大等网元设备组成，具有超大容量、对承载信号语义透明及在光层面上实现保护和路由的功能。它是面向 NGN 的下一代新型传送网结构。

2.4.1　背景

20 世纪 90 年代以来，SDH/SONet 已成为传送网络主要的底层技术。它的优点是：技术标准统一，提供对传送网的性能监视、故障隔离、保护切换，以及理论上无限的标准扩容方式。其缺点主要是：SDH/SONet 的体系结构是面向话音业务优化设计的，采用严格的 TDM 技术方案，对于突发性很强的数据业务，带宽利用率不高。

随着 Internet 和其他面向数据的业务快速增长，未来电信网对通信带宽的增长需求几乎不可预知，而以电 TDM 为基础的单波长每光纤的 SDH/SONet 系统，解决带宽的增长需求只有两种手段：埋设更多的光纤，但成本太高，且无法预知埋多少合适；采用 TDM 技术，提高每信道传输速度，目前商用化的 SDH/SONet 速度已达 40 Gb/s，接近电子器件的处理极限，然而仍不能满足带宽的增长需求。

下一代网络 NGN 是面向数据，基于分组技术的。随着 Internet/Intranet 上各种宽带业务的应用，未来带宽需求的增长几乎是爆炸性的。因此，需要一种新型的网络体系，它能够使运营商根据业务需求的变更灵活地进行网络带宽的扩充、指配和管理。基于 DWDM 技术的 OTN 正是为满足未来 NGN 的需求而设计的。

OTN 与 SDH/SONet 传送网主要的差异在于复用技术不同，但在很多方面又很相似，例如，都是面向连接的物理网络，网络上层的管理和生存性策略也大同小异。比较而言，OTN 有以下主要优点：

(1) DWDM 技术使得运营商随着技术的进步，可以不断提高现有光纤的复用度，在最大限度利用现有设施的基础上，满足用户对带宽持续增长的需求。

(2) 由于 DWDM 技术独立于具体的业务，同一根光纤的不同波长上接口速率和数据格式相互独立，使得运营商可以在一个 OTN 上支持多种业务。OTN 可以保持与现有 SDH/SONet 网络的兼容性。

(3) SDH/SONet 系统只能管理一根光纤中的单波长传输，而 OTN 系统既能管理单波长，也能管理每根光纤中的所有波长。

(4) 随着光纤的容量越来越大，采用基于光层的故障恢复比电层更快、更经济。

与 OTN 相关的主要标准有：ITU-T G.872，定义了 OTN 主要功能需求和网络体系结构；

ITU-T G.709，主要定义了用于 OTN 的节点设备接口、帧结构、开销字节、复用方式以及各类净负荷的映射方式，它是 ITU-T OTN 最重要的一个建议；OTN 网络管理相关功能则在 G.874 和 G.875 建议中定义。

2.4.2　OTN 的分层结构

OTN 是在传统 SDH 网络中引入光层发展而来的，其分层结构如图 2.15 所示。光层负责传送电层适配到物理媒介层的信息，在 ITU-T G.872 建议中，它被细分成三个子层，由上至下依次为：光信道层(OCh：Optical Channel Layer)、光复用段层(OMS：Optical Multiplexing Section Layer)、光传输段层(OTS：Optical Transmission Section Layer)。相邻层之间遵循 OSI 参考模型定义的上、下层间的服务关系模式。

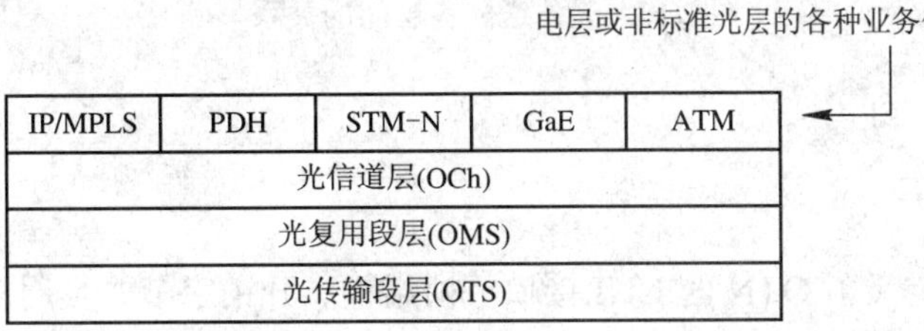

电层或非标准光层的各种业务信号

IP/MPLS	PDH	STM-N	GaE	ATM
光信道层(OCh)				
光复用段层(OMS)				
光传输段层(OTS)				

图 2.15　OTN 的分层结构

下面将简单介绍 OTN 各子层的功能。

1. 光信道层

OTN 很重要的一个设计目标就是要将类似 SDH/SONet 网络中基于单波长的 OMAP (Operations、Administration、Maintenance and Provision)功能引入到基于多波长复用技术的光网络中，OCh 就是为实现这一目标而引入的。它负责为来自电复用段层的各种类型的客户信息选择路由、分配波长，为灵活的网络选路安排光信道连接，处理光信道开销，提供光信道层的检测、管理功能，并在故障发生时，它还支持端到端的光信道(以波长为基本交换单元)连接，在网络发生故障时，执行重选路由或进行保护切换。

2. 光复用段层

光复用段层是保证相邻的两个 DWDM 设备之间的 DWDM 信号的完整传输的，为波长复用信号提供网络功能。该段层功能主要包括：为支持灵活的多波长网络选路重新配置光复用段功能；为保证 DWDM 光复用段适配信息的完整性进行光复用段开销的处理；光复用段的运行、检测、管理等功能。

3 光传输层

光传输层为光信号在不同类型的光纤介质上(如 G.652、G.655 等)提供传输功能，同时实现对光放大器和光再生中继器的检测和控制等功能。例如，通常会涉及功率均衡问题、EDFA 增益控制、色散的积累和补偿等问题。

在图 2.16 中描述了 OTN 各分层之间的相互关系，其中 OCh 层为来自电层的各类业务信号提供以波长为单位的端到端的连接；OMS 层实现多个 OCh 层信号的复用、解复用；OTS 层解决光信号在特定光介质上的物理传输问题，各层之间形成 Client/Server 形式的服务关系。一个 OCh 层由多个 OMS 层组成，一个 OMS 层又由多个 OTS 层组成。底层出现故障，相应的上层必然会受到影响。

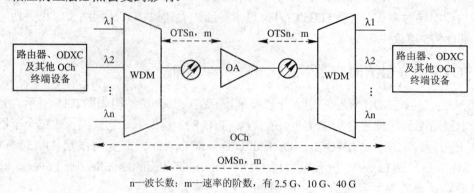

n—波长数；m—速率的阶数，有 2.5 G、10 G、40 G

图 2.16　光传送网各层间的关系

2.4.3　OTN 的帧结构

1. 数字封包

ITU-T G.709 中定义了 OTN 的 NNI 接口、帧结构、开销字节、复用以及净负荷的映射方式。如前所述，为了在 OTN 中实现灵活的 OMAP，OTN 专门引入了一个 OCh 层，在该层采用数据封包(Digital Wrapper)技术将每个波长包装成一个数字信封,每个数字信封由三部分组成，如图 2.17 所示。

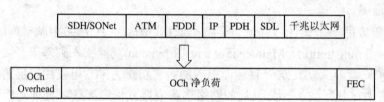

图 2.17　光信道的数字封包

(1) 开销部分(Overhead)：位于信封头部，装载开销字节。利用开销字节，OTN 节点可以通过网络传送和转发管理、控制信息、执行性能监视，以及其他可能的基于每波长的网络管理功能。

(2) FEC 部分：位于信封尾部，装载前向差错校正码 FEC(Forward Error Correction)，FEC 部分执行差错的检测和校正，与 SDH/SONET 中采用的 BIP-8(Bit Interleaved Parity)错误监视机制不同，FEC 有校正错误的能力，这使得运营商可以为支持不同级别的 SLA(Service Level Agreement)。通过最大限度地减少差错，FEC 在扩展光段的距离、提高传输速率方面扮演了关键的角色。

(3) 净负荷部分：位于 Header 和 Trailer 之间，它承载现有的各种网络协议数据包，而无需改变它们，因此 OTN 是独立于协议的。

2. OTN 的帧结构

OTN 中的帧被称为光信道传送单元(OTU：Optical Channel Transport Unit)，如前所述，它是通过数字封包技术向客户信号加入开销 OH(Overhead)和 FEC 部分形成的。在 G .709 中,定义了三种不同速率的 OTU-k(k=1，2，3)帧结构,速率依次为 2.5 Gb/s、10 Gb/s、40 Gb/s。

如图 2.18 所示，在 OTN 中客户层信号的传送经历如下过程：

(1) 客户信号加上 OPU-OH 形成 OPU(Optical Channel Payload Unit)。

(2) OPU 加上 ODU-OH 后形成 ODU(Optical Channel Data Unit)。

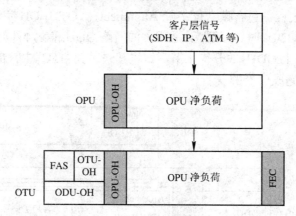

图 2.18　OTN ITU-T G.709 客户信号的映射

(3) FAS(Frame Alignment Signal)、OTU-OH、FEC 加入 ODU 形成 OTU。最后再加上 OCh 层非随路的开销(通过 OSC 传送)，完成 OTU 到 OCh 层的映射，并将其调制到一个光信道载波上传输。

我们看到一个 OTU_k 由以下三部分实体组成：

(1) OPU_k：由净负荷和开销组成，净负荷部分包含采用特定映射技术的客户信号，而开销部分则包含用于支持特定客户的适配信息，不同类型的客户都有自己特有的开销结构。

(2) ODU_k：除 OPU_k 外，ODU_k 号包含多个开销字段，它们是 PM(Path performance Monitoring)、TCM (Tandem Connection Monitoring) 和 APS/PCC(Automatic Protection Switching/Protection Communication Control channel)等。

(3) OTU_k：除 ODU_k 外，还包括 FEC 和用于管理及性能监视的开销 SM(Section Monitoring)。FEC 则基于 ITU-T G.975 建议的 Reed Solomon 算法。

G .709 的帧结构和相应的开销字节如图 2.19 所示。

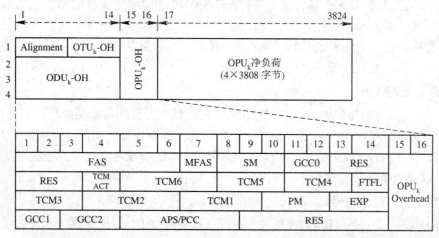

图 2.19　OTN 的帧结构和开销字节

3. OTN 的时分复用

OTN 的时分复用采用异步映射方式，规则如下：四个 ODU_1 复用成一个 ODU_2，四个 ODU_2 复用成一个 ODU_3，即 16 个 ODU_1 复用成一个 ODU_3。图 2.20 描述了四个 ODU_1 信号复用成一个 ODU_2 的过程。包含帧定位字段(Alignment)和 OTU_1-OH 字段为全 0 的 ODU_1 信号以异步映射方式与 ODU_2 时钟相适配，适配后的四路 ODU_1 信号再以字节间插的方式进入 OPU_2 的净负荷区。加上 ODU_2 的开销字节后，将其映射到 OTU_2 中，最后加上 OTU_2 开销、帧定位开销和 FEC，完成信号的复用。

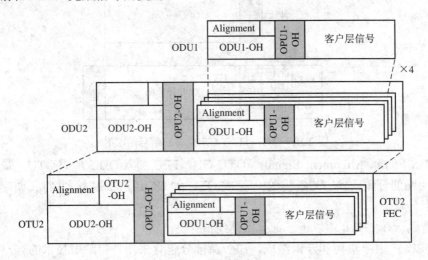

图 2.20　OTN 的时分复用

2.4.4 光传送网的结构

实现光网络的关键是要在 OTN 节点实现信号在全光域上的交换、复用和选路，目前在 OTN 上的网络节点主要有两类：光分插复用器(OADM)和光交叉连接器(OXC)。

1. 光分插复用器

OADM 主要是在光域实现传统 SDH 中的 SADM 在时域中实现的功能，包括从传输设备中有选择地下路(Drop)去往本地的光信号，同时上路(Add)本地用户发往其他用户的光信号，而不影响其他波长信号的传输。与电 ADM 相比，它更具透明性，可以处理不同格式和速率的信号，大大提高了整个传送网的灵活性。

2. 光交叉连接器

OXC 的主要功能与传统 SDH 中的 SDXC 在时域中实现的功能类似，不同点在于 OXC 在光域上直接实现了光信号的交叉连接，路由选择，网络恢复等功能，无需进行 OEO 转换和电处理，它是构成 OTN 的核心设备。十几种的 OXC 节点还应包括光监控模块、光功率均衡模块以及光网络管理系统等。

3. 典型的 OTN 拓扑结构

图 2.21 描述了一个三级 OTN 结构。在长途核心网络中，为保证高可靠性和实施灵活的带宽管理，通常物理上采用网孔结构，在网络恢复策略上可以采用基于 OADM 的共享保护

环方式，也可以采用基于 OXC 的网格恢复结构。在城域网中和接入网中则主要采用环形结构。

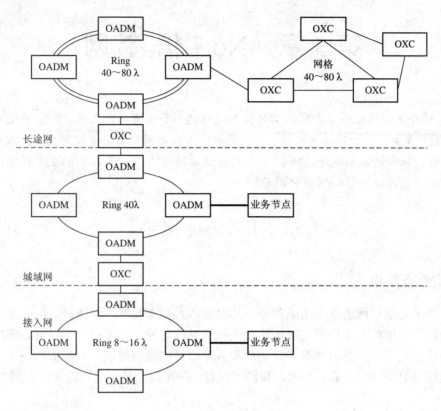

图 2.21 光网络的结构

思 考 题

1. 简述几种主要传输介质的特点及应用场合。
2. SDH 的帧结构由哪几部分组成，各起什么作用？
3. 目前使用的 SDH 信号的速率等级是如何规定的？
4. 在 SDH 中，虚容器的含义是什么，它在 SDH 中起什么作用？
5. 构成 SDH/SONet 传送网的主要网元设备有哪些，它们在网络中的作用是什么？
6. 分析 SDH/SONet 传送网的主要优缺点。
7. 简述光传送网的分层结构，为什么要引入一个光信道层，它在 OTN 中起什么作用？
8. 简述 OTN 的帧结构，OTN 中低阶信号复用成高阶信号的规则是什么？
9. 在现代电信网中，为什么要引入独立于业务网的传送网？

第 3 章　No.7 信令网

No.7 信令是以综合业务数字网为目标而设计的一种国际标准化的、先进的通用公共信道信令系统，是电话网、移动通信网、智能网等多种业务网的重要支撑网之一。本章介绍的主要内容有：信令的基本概念、No.7 信令的协议结构、No.7 信令各层的主要功能、信令网的结构和工作原理以及信令网的管理等。

3.1　信令基本概念

3.1.1　信令及作用

信令系统是通信网的重要组成部分。那么什么是信令呢？简单地说，信令是终端和交换机之间以及交换机和交换机之间传递的一种信息，这种信息可以指导终端、交换系统、传输系统协同运行，在指定的终端间建立和拆除临时的通信通道，并维护网络本身正常运行。以最简单的局间电话通信为例，我们可以看一下接续的基本信令流程，见图 3.1。

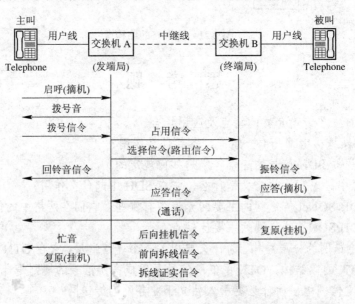

图 3.1　电话接续基本信令流程

从上图中可以明显地看到信令在电话接续中的重要作用。没有摘机信令，交换机就不知道该为哪个用户提供服务；没有拨号音，用户就不知道交换机是否空闲并准备就绪，盲目拨号交换机可能收不到。因此信令系统是通信网的神经系统。

3.1.2　信令分类

1．按信令的工作区域分

按照工作区域的不同，信令可分为用户线信令和局间信令。

(1) 用户线信令：指在终端和交换机之间的用户线上传输的信令。其中在模拟用户线上传输的叫模拟用户线信令，主要包括用户终端向交换机发送的监视信令和地址信令，例如主、被叫用户的摘和挂机信令，主叫用户拨打的电话号码等；交换机向用户发送的信令主要有拨号音和忙音等。在数字用户线上传送的信令则叫数字用户线信令，目前主要有在 N-ISDN 中使用的 DSS1 信令和在 B-ISDN 中使用的 DSS2 信令，它们比模拟用户线信令传递的信息要多。由于每一条用户线都要配置一套用户线信令设备，因此用户线信令应尽量简单，以降低设备的复杂度和成本。

(2) 局间信令：指在交换机和交换机之间、交换机与业务控制节点之间等传递的信令。它们主要用来控制连接的建立、监视、释放，网络的监控、测试等功能。局间信令功能要比用户线信令复杂得多。

2．按所完成的功能分

按所完成的功能不同，信令可分为以下几类：

(1) 监视信令：监视用户线和中继线的状态变化。

(2) 地址信令：主叫话机发出的数字信号以及交换机间传送的路由选择信息。

(3) 维护管理信令：线路拥塞、计费以及故障告警等信息。

3．按信令的传送方向分

在通信网中，按照信令的传送方向，信令分为前向信令和后向信令。

(1) 前向信令：主叫用户方向发往被叫用户方向的信令。

(2) 后向信令：被叫用户方向发往主叫用户方向的信令。

4．按信令信道与用户信息传送信道的关系分

按信令信道与用户信息传送信道的关系分，信令可分为随路信令(CAS：Channel Associated Signaling)和公共信道信令(CCS：Common Channel Signaling)两种。图 3.2 描述了两种信令系统的组成结构。

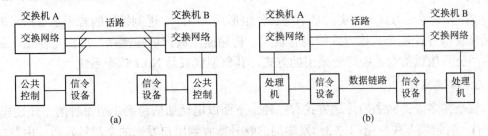

图 3.2　两种信令系统的组成结构

(a) 随路信令系统示意图；(b) 公共信道信令系统示意

图 3.2(a)是 CAS 系统的示意图，其主要特点是信令与用户信息在同一条信道上传送，或信令信道与对应的用户信息传送信道一一对应。我们看到两端交换节点的信令设备之间

没有直接相连的信令信道，信令是通过对应的用户信息信道来传送的。以传统电话网为例，当有一个呼叫到来时，交换机先为该呼叫选择一条到下一交换机的空闲话路，然后在这条空闲的话路上传递信令，当端到端的连接建立成功后，再在该话路上传递用户的话音信号。在过去的模拟电话通信网、X.25 网络中该方式被广泛使用，我国在模拟电话网时代广泛使用的中国 1 号信令系统就是一个典型的带内多频互控随路信令系统。

图 3.2(b)是 CCS 系统的示意图，其主要特点是信令在一条与用户信息信道分开的信道上传送，并且该信令信道并非某一个用户信息信道的专用信令信道，而是为一群用户信息信道所共享。我们看到两端交换节点的信令设备之间有直接相连的信令信道，信令的传送是与话路分开的、无关的。仍以电话呼叫为例，当一个呼叫到来时，交换节点先在专门的信令信道上传送信令，端到端的连接建立成功后，再在选好的话路上传递话音信号。

本节主要介绍的 No.7 信令，就属于公共信道信令。

3.1.3　信令方式

在通信网上，不同厂商的设备要相互配合工作，就要求设备之间传递的信令遵守一定的规则和约定，这就是信令方式，它包含信令的编码方式、信令在多段链路上的传送方式及控制方式。信令方式的选择对通信质量、业务的实现影响很大。

1. 编码方式

信令有未编码方式和已编码方式两种。

未编码方式的信令可按脉冲幅度的不同、脉冲持续时间的不同、脉冲数量的不同来进行区分。它在过去的模拟电话网上的随路信令系统中使用，由于编码容量小、传输速度慢等缺点，目前已不再使用。

已编码方式有以下几种形式：

(1) 模拟编码方式：有起止式单频编码、双频二进制编码和多频编码方式，其中使用最多的是多频编码方式。以我国 1 号记发器信令为例，它的前向信令就设置了六种频率，每次取出两个同时发出，表示一种信令，共有 15 种编码。多频编码方式的特点是编码较多，有自检能力，可靠性较好等，曾被广泛地使用于随路信令系统中。

(2) 二进制编码方式：典型的代表是数字型线路信令，它使用 4 bit 二进制编码来表示线路的状态信息。

(3) 信令单元方式：其实就是不定长分组形式，用经二进制编码的若干字节构成的信令单元来表示各种信令。该方式编码容量大、传输速度快、可靠性高、可扩充性强，是目前的各类公共信道信令系统广泛采用的方式，其典型代表是 No.7 信令系统。

2. 传送方式

信令在多段链路上的传送方式有三种。下面以电话通信为例说明每种的工作过程。

(1) 端到端方式：见图 3.3，发端局的收号器收到用户发来的全部号码后，由发端局发号器发送第一转接局所需的长途区号(图中用 ABC 表示)，并完成到第一转接局的接续；第一转接局根据收到的长途区号，完成到第二转接局的接续，再由发端发号器向第二转接局发送 ABC，第二转接局根据 ABC 找到收端局，完成到收端局的接续；此时发端局向收端局发送用户号码(图中用 XXXX 表示)，建立发端到收端的接续。端到端的特点是，发码速度快、拨号后等待时间短，但要求全程采用同样的信令系统，并且发端信令设备连接建立期间占用周期长。

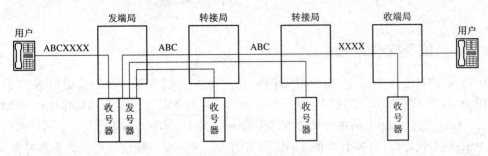

图 3.3　端到端方式

(2) 逐段转发方式：见图 3.4，信令逐段进行接收和转发，全部被叫号码由每一个转接局全部接收，并依次逐段转发出去。逐段转发的特点是，对链路质量要求不高，在每一段链路上的信令形式可以不一样，但其信令的传输速度慢，连接建立的时间比端到端方式慢。

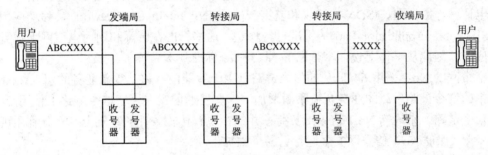

图 3.4　逐段转发方式

(3) 混合方式：实际应用中，常将两种方式结合起来混合使用。如在中国 1 号信令中，可根据链路的质量，在劣质链路上采用逐段转发方式，在优质链路上采用端到端方式。目前的 No.7 信令系统中，主要采用逐段转发方式，但也支持端到端的信令方式。

3．控制方式

控制方式指控制信令发送过程的方式，主要有以下三种：

(1) 非互控方式：发端连续向收端发送信令，而不必等待收端的证实信号。该方法控制机制简单，发码速度快，适用于误码率很低的数字信道。

(2) 半互控方式：发端向收端发送一个或一组信令后，必须等待收到收端回送的证实信号后，才能接着发送下一个信号。半互控方式中前向信令的发送受控于后向证实信号。

(3) 全互控方式：该方式发端连续发送一个前向信号，且不能自动中断，直到收到收端发来的后向证实信号，才停止该前向信号的发送，收端后向证实信号的发送也是连续且不能自动中断的，直到发端停发前向信令，才能停发该证实信号。这种不间断的连续互控方式抗干扰能力强，可靠性好，但设备复杂，发码速度慢，主要用于过去传输质量差的模拟电路上。目前在公共信道方式中已不再使用。

目前在 No.7 信令系统中，主要采用了非互控方式，但是为保证可靠性，并没有完全取消后向证实信号。

3.2　No.7 信令概述

3.2.1　No.7 信令技术的发展

　　1973 年 ITU-T 开始了对 No.7 信令的研究，并于 1980 年第一次正式提出 No.7 信令技术规程(1980 年黄皮书)。该规程包括了 No.7 信令系统的总体结构及消息传递部分(MTP: Message Transfer Part)，电话用户部分(TUP: Telephone User Part)和数据用户部分(DUP: Data User Part)的相关建议。1984 年通过的红皮书建议，对黄皮书建议进行了完善和补充，并提出了信令连接控制部分(SCCP: Signaling Connection Control Part)、ISDN 用户部分(ISUP: ISDN User Part)的相关建议。1988 年形成的蓝皮书及后来的白皮书，对红皮书建议进行了完善和补充，基本完成了电话用户部分的研究，并提出了事务处理能力应用部分(TCAP: Transaction Capability Application Part)和 No.7 信令系统测试规范。至 1994 年用于窄带(64 kb/s)电话网、数据网、ISDN 的建议和支持智能网(IN：Intelligent Network)，移动应用部分(MAP: Mobile Application Part)的标准已经稳定，这些标准在国际和国内电信网上得到了广泛的应用，因此从整体上说，窄带网的 No.7 信令标准基本完善了。

　　窄带网的 No.7 采用 64 kb/s 的信令链路。由于智能网、移动等新业务的引入，No.7 信令网中的信令链路承载的业务负荷不断增加。一些发达国家在主干信令链路上使用 2 Mb/s 高速信令链路，来均衡 No.7 信令网负荷，并能在现有传输条件的基础上，充分利用现有的网络资源，保证 No.7 信令网安全运行、易于维护。

　　20 世纪 80 年代末，随着 SDH 和 ATM 等新的通信技术的发展，ITU-T 按照原窄带 ISDN 的模式提出了未来电信网发展目标——宽带 ISDN(B-ISDN)。1989 年 ITU-T 开始研究 B-ISDN 的信令规范，到 1995 年在用户接入信令和网络节点间两个方面 No.7 信令方式都取得了很大进展，提出了 B-ISDN 能力集 1(CS-1)业务的系列建议。接着又加速研究并提出了 CS-2 的信令建议。随着近两年来国际上 Internet 业务爆炸性的发展，ITU-T 课题的研究也开始以市场驱动为出发点，在已经完成 B-ISDN 和多媒体信令建议的基础上，将 B-ISDN 和宽带多媒体网的信令研究的重点引入到如何支持 Internet 上来，其中网络节点间的 No.7 信令已开始研究。

3.2.2　No.7 信令方式的优点

　　No.7 信令是交换局间使用的信令。它是在存储程序控制的交换机和数字脉冲编码技术发展的基础上发展起来的一种新的信令方式。由于信令传输通道与话路完全分开，而且一条公共的信令数据链路可以集中传送若干条话路的信令，因此决定了这种信令方式有很多优点，具体介绍如下：

　　(1) 增加了信令系统的灵活性。在公共信道信令方式中，信令与话音分通道传送，分开交换，因而在通话期间可以随意处理信令，信令系统的发展可不受话音系统的约束，这对改变信令、增加信令带来了很大的灵活性。

　　(2) 信令在信令链路上传送速度快，呼叫建立时间大为缩短，不仅提高了服务的质量，而且提高了传输设备和交换设备的使用效率，节省了信令设备的总投资。

(3) 具有提供大量信令的潜力，便于增加新的网络管理信令和维护信令，从而适应各种新业务的要求。

(4) 利于向综合业务数字网过渡。

3.3　No.7 信号单元格式和信令系统结构

3.3.1　信号单元的种类和格式

No.7 信令方式采用不等长信号单元的形式来传送各种信令信息。

为适应信令网中各种信令信息的传送要求，No.7 信令方式在 MTP 第二级规定了三种基本的信号单元格式。它们是消息信号单元(MSU：Message Signal Unit)、链路状态信号单元(LSSU：Link Status Signal Unit)和填充信号单元(FISU：Fill-in Signal Unit)。

消息信号单元用于传送各用户部分的消息、信令网管理消息及信令网测试和维护消息。

链路状态信号单元用于提供链路状态信息，以便完成信令链路的接通、恢复等控制。

填充信号单元是当信令链路上没有消息信号单元或链路状态信号单元传递时发送的用以维持信令链路正常工作的、起填充作用的信号单元。

各信号单元的格式如图 3.5 所示。

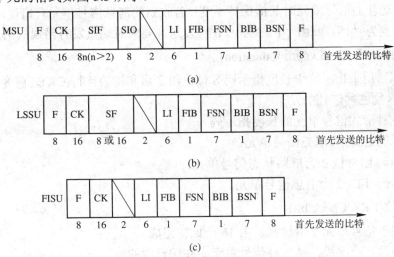

图 3.5　信号单元格式

(a) 消息信号单元格式；(b) 链路状态信号单元格式；(c) 填充信号格式

1. 标志符(F：Flag)

标志符也称标记符、分界符。每个信号单元的开始和结尾都有一个标志符。在信号单元的传输中，每一个标志符标志着上一个信号单元的结束，下一个信号单元的开始。因此，在信号单元中的分界识别中，找到了信息流中的开始和结尾的标志符，就界定了一个信号单元。

除了信号单元的分界作用外，在信令链路超负荷的情况下，还可以在信号单元之间插入若干个标志符，以取消控制，减轻负荷。

2．前向序号(FSN：Forward Sequence Number)

前向序号表示被传递的消息信号单元的序号，长为 7 个比特。在发送端，每个被传送的消息信号单元都分配一个前向序号，并按 0～127 顺序连续循环编号。在接收侧，根据该序号检测 MSU 是否失序、错序。

3．前向指示语比特(FIB：Forward Indicator Bit)

前向指示语比特占用 1 个比特。它在消息信号单元的重发程序中使用。在无差错工作期间，它具有与收到的后向指示比特相同的状态。当收到的后向指示比特(BIB)反转时，说明请求重发。信令终端在重发消息信号单元时，也将改变前向指示比特的值(由"1"变为"0"或由"0"变为"1")，并与后向指示比特值保持一致，直到再次收到请求重发，后向指示比特变化为止。

4．后向序号(BSN：Backward Sequence Number)

后向序号表示被证实的消息信号单元的序号。它是接收端向发送端回送的已正确接收的消息信号单元的序号。

当请求重发时，BSN+1 指出开始重发的序号。

5．后向指示语比特(BIB：Backward Indicator Bit)

后向指示语比特用于对收到的错误的信号单元提供重发请求。若收到的消息信号单元正确，则在发送新的信号单元时其值保持不变；若收到的消息信号单元有错误，则该比特反转(即由"0"变为"1"，或由"1"变为"0")发送，要求对端重发有错误的消息信号单元。

6．长度指示语(LI：Length Indication)

长度指示语用来指示位于长度指示码 8 位位组之后和检验比特(CK)之前 8 位位组(即字节)数目，以区别三种信号单元。

以下为三种形式信号单元的长度指示码

长度指示码 LI=0 为填充信号单元；

长度指示码 LI=l 或 2 为链路状态信号单元；

长度指示码 LI＞2 为消息信号单元。

7．校验位(CK：Check bit)

校验位用于信号单元差错检测，由 16 个比特组成。

上述介绍的 7 个字段，是三种信号单元中共同设置的。

8．状态字段(SF：Status Filed)

状态字段是链路状态信号单元(LSSU)中特有的字段，用来表示信令链路的状态。

SF 字段的长度可以是一个 8 位位组(8 位)或两个 8 位位组(16 位)。

9．业务信息八位位组(SIO：Service Information Octet)

业务信息 8 位位组字段是消息信号单元特有的字段。由业务指示语(SI：Service Indicator)和子业务字段(SSF：SubService Filed)两部分组成。该字段长 8 bit，业务指示语和子业务字段各占 4 bit。

SI 用来指示所传送的消息属于哪一个指定的用户部分。在信令网的消息传递部分，消息处理功能将根据 SI 指示，把消息分配给某一指定的用户部分。

SSF 高 2 位为网络指示语，低 2 位为目前备用。网络指示语用来区分所传递的消息的网络性质是属于国际信令网消息还是国内信令网消息。

10. 信令信息字段(SIF：Signaling Information Field)

SIF 的长度可变。各用户部分处理的信令信息和信令网的管理信息是消息信号单元格式中的信号信息字段。

3.3.2 No.7 功能级结构

ITU-T No.7 信令方式的功能级结构由消息传递部分(MTP)和用户部分(UP：User Part)组成。

消息传递部分的功能是作为一个公共传送系统的，在相对应的两个用户部分之间可靠地传递信令消息。因此，在组织一个信令系统时，消息传递部分是必不可少的。用户部分是使用消息传递部分传送能力的功能实体。每个用户部分都包含其特有的用户功能或与其有关的功能。ITU-T 建议使用的用户部分主要有 TUP、DUP、ISUP 等。用户部分可根据实际需要选择。

MTP 由三个功能级组成，它们是信令数据链路级、信令链路功能级和信令网功能级。这三级同 UP 一起构成 No.7 信令方式的四级结构，见图 3.6。

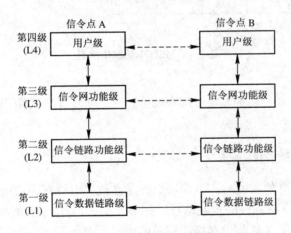

图 3.6 No.7 信令方式功能结构

采用功能级结构，各功能块之间有一定的联系，但又相互独立，某个功能块的改变，不影响其他功能块。这样，如要增加新功能或改进某些功能，不用对整个系统作改动。另外，各个国家还可以根据自己的需要自由选择使用某些功能模块，自由组网，从而使 No.7 信令更具有通用性。

1. 第一级(MTP-1)

MTP-1 是信令数据链路功能级，为信令传输提供一条双向数据通路，它规定了一条信令数据链路的物理、电气、功能特性和接入方法。采用数字传输通道时，在每个方向的传输速率为 64 kb/s。

2. 第二级(MTP-2)

MTP-2 是信令链路功能级，它规定了在一条信令链路上传送信令消息的功能以及相应程序。如：信号单元定界、信号单元定位、信号单元检错和纠错、信号重发控制、信令链路监视等。第二级和第一级共同保证信令消息在两个信令点之间的可靠传送。

3. 第三级(MTP-3)

MTP-3 是信令网功能级，它由信令消息处理和信令网管理两部分组成。信令消息处理功能是根据消息信号单元中的地址信息(即路由标记)，将信令传至合适的信令点或用户部分(见图 3.7)。信令网管理功能是对每一个信令路由和信令链路进行监视，当遇到故障时，完成信令网的重新组合；当遇到拥塞时，完成控制信令流量的功能及程序，以保证信令消息仍能可靠传送。

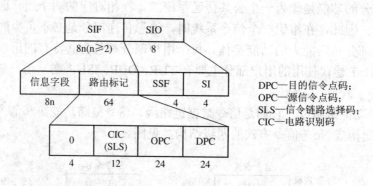

图 3.7   MSU 中的路由标记

4. 第四级 UP

UP 由不同的用户部分组成，每个用户部分定义了实现某一类用户业务所需的相关信令功能和过程。

3.3.3   No.7 信令系统结构

No.7 信令系统在开始发展时，主要考虑的是在数字电话网和采用电路交换方式的数据通信网中传送各种与电路有关的控制信息，因此只提出四个功能级的要求。但随着 ISDN 和 IN 的发展，不仅需要传送与电路接续有关的消息，而且需要传送与电路无关的端到端的信息，原来的四级结构不能满足要求，因此，要对 No.7 信令功能级结构做些调整。

调整后的 No.7 信令结构对四个功能级以及与 OSI 七层模型的关系都提出了要求，见图 3.8。与原四级结构相比，调整后增加了 SCCP 和 TCAP。

1. TUP

TUP 是 ITU-T 最早研究提出的用户部分之一。它规定了电话通信呼叫接续处理中所需的各种信令信息格式、编码及功能程序。主要是针对国际电话网的应用的，但也适合于国内电话网的使用。

TUP 将根据发端交换局呼叫接续处理要求，产生所需的消息信令并经 MTP 部分传送给接收端局；同时还接收由 MTP 部分传送过来的到达本端局的各种消息，分析处理后通知话路部分做出相应的处理。

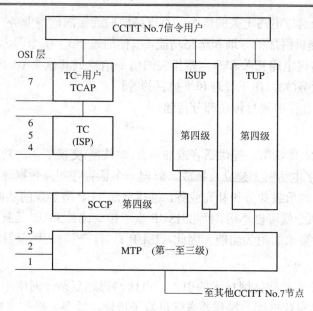

图 3.8　No.7 信令系统结构

常用 TUP 有如下信令消息：

(1) 初始地址消息(IAM：Initial Address Message)是前向信令，是为建立呼叫发出的第一个消息，消息中含有下一个交换局为建立呼叫、确定路由所需的全部或部分地址信息。

(2) 带附加信息的初始地址消息(IAI：Initial Address message with addition Information)是为建立呼叫发出的第一个前向信令，除含有下一个交换局为建立呼叫、确定路由所需的全部或部分地址信息外，还附加主叫用户的信息。

(3) 后续地址消息(SAM：Subsequent Address Message)是前向信令，是在 IAM 后发送的地址消息，用来传送剩余被叫电话号码。

(4) 地址全消息(ACM：Address Complete Message)是后向信令，表示收端局已收全呼叫至被叫用户所需的信息，消息中还可以含有被叫空闲和计费等附加信息。

(5) 应答信令(ANC：ANswer Signal Charge)是后向信令，表示被叫摘机应答，并且是计费应答。

(6) 前向拆线信令(CLF：CLear Forward)是发端局发出的前向释放电路信令。

(7) 释放监护信令(RLG：ReLease Guard)是收端局对 CLF 的响应。收端局收到 CLF 后立即释放话路，并发出 RLG。

2. SCCP

在四级结构中，SCCP 是用户部分之一。SCCP 的主要目标是要适配上层应用需求与 MTP-3 提供的服务之间不匹配的问题。

在四级结构中，MTP 存在如下缺陷：

(1) MTP 只使用目的信令点编码(DPC：Destination Point Code)进行寻址，DPC 的编码在一个信令网内有效，不能进行网间直接寻址。

(2) MTP 最多只支持 16 个用户部分，不能满足日益增多的新业务的需求。

(3) MTP 只能以逐段转发的方式传递信令，不支持端到端的信令传递。

(4) MTP 不能传递与电路无关的信令，不支持面向连接的信令业务。

SCCP 为 MTP 提供附加的寻址和选路功能，以便通过 No.7 信令网，在电信网中的交换局和专用中心之间传递电路相关和非电路相关的信令信息或其他类型的信息，建立无连接和面向连接的信令业务(如，用于管理和维护目的等)。

SCCP 的功能和过程由消息传递部分传递。

3. ISUP

ISUP 是在 ISDN 环境中，提供话音或非话音(如数据)交换所需的功能和程序。它定义了在 N-ISDN 或数字电话网上建立、释放、监视一个话音呼叫及数据呼叫所需的信令消息和协议，以支持基本的承载业务和补充业务，包括全部 TUP 所实现的功能。因此采用 ISDN 用户部分后，TUP 部分就可以不用，而由 ISUP 来承担。此外 ISUP 还具有支持非话呼叫和先进的 ISDN 业务所要求的附加功能。因此，ISUP 具有广阔的应用前景。

4. TCAP

随着移动通信技术和智能网技术的引入，电信网日趋复杂，网络中建立了许多独立于交换系统的数据库。对数据库的操作要求满足原子特性，即要么操作成功，要么操作失败，且失败操作不能改变数据库的状态。

事务处理能力(TC)是指网络中分散的一系列应用在相互通信时采用的一组规约和功能，它为访问网络中的数据库提供标准接口，是目前电信网提供智能网业务、支持移动通信和信令网的运行管理和维护等功能的基础。目前研究出来的 TC 用户有操作、维护和管理部分(OMAP)，移动应用部分(MAP)和智能网应用部分(INAP)。三部分分别定义了支持信令网管理的信令和协议，支持移动业务的信令和协议，支持智能网业务的信令和协议。·

TCAP 具有管理事务处理的能力，这一能力是通过标准的对话过程实现的。OMAP、MAP 等都利用 TCAP 来转移与应用有关的事务处理。如在运行管理中心和交换局之间收发运行管理数据，对移动电话设备的位置进行登记等。

当传送数据业务量较小而实时性很强的信息(例如对业务控制点的询问)时宜采用 SCCP 无连接服务，当信息的数据量很大但无实时性要求(如传递与业务量有关的统计数据和文件)时采用 SCCP 面向连接服务。

图 3.8 中，MTP 的第一级完成 OSI 第一层物理层的功能，第二级完成 OSI 第二层数据链路层的功能，第三级信令网功能级和 SCCP 一起完成 OSI 第三层网络层功能。TC 完成 OSI 第四层至第七层的功能，其中 TCAP 完成第七层应用层功能，中间业务部分 ISP 完成第四至六层(表示层、对话层、运输层)的功能，这部分协议 ITU-T 还在研究之中。

3.4　No.7 信令网

3.4.1　No.7 信令网的组成

No.7 信令网由信令点(SP：Signaling Point)、信令转接点(STP：Signaling Transfer Point)和连接信令点及信令转接点间的信令链路(SL：Signaling Link)组成。

信令网中既发送又接收信令消息的节点，称为信令点。它们可以是交换局、操作管理

和维护中心、服务控制点等。通常又把产生消息的信令点称为源信令点；把信令消息最终
到达的信令点称为目的地信令点。

将信令消息从一条信令链路转到另一条信令链路的信令点是信令转接点。在信令网中，
信令转接点有两种，一种是专用信令转接点，它只具有信令消息的转送功能，也称为独立
的信令转接点；一种是综合式信令转接点，它与交换局合并在一起，是具有信令点功能的
转接点。

信令链路是传送信令的通道。

3.4.2　信令工作方式

虽然信令网是一个与业务网相对独立的网络，但它终究是为业务网服务的。在一次电
话呼叫接续中，话路所经过的每一交换局都有相应的信令点或信令转接点通过信令链路传
送相应的信令信息并控制交换局的动作。

按照通话电路与信令链路的关系，信令工作方式可分为对应工作方式(也叫直联方式)
和准对应工作方式(也叫准直联方式)。

图 3.9 中交换局的设备分为两个逻辑实体，即交换网络和信令部分。连接交换网络的是
一组电路，其上传递的是业务信息；连接信令部分的是信令链路，其上传递的是为业务通
道建路和拆路的信令。两个交换局间如果有通信的可能性，就称它们具有信令关系。

1. 对应工作方式

两个相邻信令点之间对应某信令关系的信令消息通过直接连接那些信令点的链路组传
送，这种工作方式称为对应工作方式。

在这种工作方式下，两个交换局的信令消息通过一段直达的公共信道信令链来传送，
而且该信令链是专为连接两个交换局的电路群服务的，如图 3.9(a)所示。

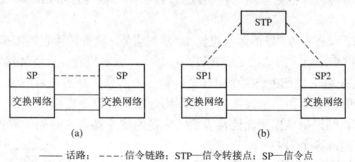

—— 话路；---- 信令链路；STP—信令转接点；SP—信令点

图 3.9　信令工作方式

(a) 对应方式；(b) 准对应方式

2. 准对应工作方式

在这种工作方式下，两个交换局之间的信令消息通过两段或两段以上串联的信令链路
传送，并且只允许通过预先确定的路径和信令转接点，如图 3.9(b)所示。

由图 3.9(b)可见，在准对应工作方式下，SP1 和 SP2 间的信令消息是通过 STP 转接的，
不是通过直达信令链路传送的。

信令网采用哪种信令方式，要依据信令网和话路网的实际情况来确定。当局间的话路

群足够大，从经济上考虑合理时，可以采用对应工作方式设置直达的信令链；当两个交换局之间的话路群较少，设置直达信令链路经济上不合理时，则可以采用准对应工作方式。

3.4.3　信令网的结构

1．信令网的分类

按网络结构的等级，信令网可分为无级信令网和分级信令网两类。

无级信令网是未引入信令转接点的信令网。在无级网中信令点间都采用直联方式，所有的信令点均处于同一等级。按照拓扑结构无级信令网有直线型、环状、格状、蜂窝状、网状网等几种结构类型。

无级信令网适合地理覆盖范围小、交换局少的国家或地区使用。

分级信令网是引入信令转接点的信令网。按照需要可以分成二级信令网和三级信令网(最多三级)。二级信令网是采用一级信令转接点的信令网；三级信令网是具有二级信令转接点的信令网。

分级信令网的一个重要特点是每个信令点发出的信令消息一般需要经过一级或 n 级信令转接点的转接。只有当信令点之间的信令业务量足够大时，才设置直达信令链路，以便使信令消息快速传递并减少信令转接点的负荷。

分级信令网具有容纳信令点多，增加信令点容易，信令路由多，容量大的特点。

分级信令网适合地理覆盖范围大的国家使用。对地理覆盖范围较大的本地网，可以使用二级信令网来满足大容量信令网的要求。

2．我国信令网的基本结构

我国地域广阔、交换局多，根据我国网络的实际情况，确定信令网采用三级结构。第一级是信令网的最高级，称高级信令转接点 HSTP；第二级是低级信令转接点 LSTP；第三级为信令点。

第一级 HSTP 设在各省、自治区及直辖市，成对设置，负责转接它所汇接的第二级 LSTP和第三级 SP 的信令消息。第二级 LSTP 设在地级市，成对设置，负责转接它所汇接的第三级 SP 的信令消息。第三级 SP 是信令网传送各种信令消息的源点或目的地点，各级交换局、运营维护中心、网管中心和单独设置的数据库均分配一个信令点编码。

第一级 HSTP 间采用 AB 平面连接方式。它是网状连接方式的简化形式，如图 3.10 所示。A 和 B 平面内部各个 HSTP 网状相连，A和 B 平面间成对的 HSTP 相连。在正常情况下，同一平面内的 STP 间连接不经过 STP 转接，只是在故障的情况下需要经由不同平面间的STP 连接时，才经过 STP 转接。这种连接方式对于第一水平级需要较多 STP 的信令网是比较节省的链路连接方式。但是由于两个平面间的连接比较弱，因而从第一水平级的整体来说。可靠性比网状连接时略有降低。但只要采取一定的冗余措施，也是完全可以的。

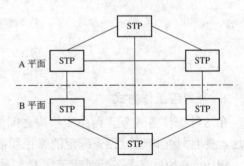

图 3.10　AB 平面连接方式

第二级 LSTP 至 LSTP 和未采用二级信令网的中心城市本地网中的第三级 SP 至 LSTP 间的连接方式采用分区固定连接方式。大、中城市两级本地信令网的 SP 至 LSTP 可采用按信令业务量大小连接的自由连接方式，也可采用分区固定连接方式。

分区固定连接方式是指本信令区内的信令点必须连接至本信令区的两个信令转接点，采用准直联工作方式。在工作中，本信令区内一个信令转接点故障时，它的信令业务负荷全部倒换至本信令区内的另一个信令转接点。如果出现两个信令转接点同时故障，则会全部中断该信令区的业务。

自由连接方式是随机地按信令业务量大小自由连接的方式。其特点是本信令区内的信令点可以根据它至各个信令点的业务量的大小自由连至两个信令转接点(本信令区的或另外信令区的)。按照这种连接方式，两个信令区间的信令点可以只经过一个信令转接点转接。另外，当信令区内的一个信令转接点故障时，它的信令业务负荷可能均匀地分配到多个信令转接点上，即使两个信令转接点同时故障，也不会全部中断该信令区的信令业务。

显然，自由连接方式比固定连接方式无论在信令网的设计方面，还是信令网的管理方面都要复杂得多。但自由连接方式确实大大地提高了信令网的可靠性。特别是近年来随着信令技术的发展，上述的技术问题也逐步得到解决，因而不少国家在建造本国信令网时，大多采用了自由连接方式。

3．信令点编码

信令点编码是为了识别信令网中各信令点(含信令转接点)，供信令消息在信令网中选择路由使用。由于信令网与话路网在逻辑上是相对独立的网络，因此信令网的编码与电话网中的电话号簿号码没有直接联系。信令点编码要依据信令网的结构及应用要求，实行统一编码，同时要考虑信令点编码的惟一性、稳定性、灵活性，要有充分的容量。

1) 国际信令网信令点编码

国际信令网信令点编码为 14 位。编码容量为 $2^{14} = 16\,384$ 个信令点。采用大区识别、区域网识别、信令点识别的三级编号结构，如图 3.11 所示。

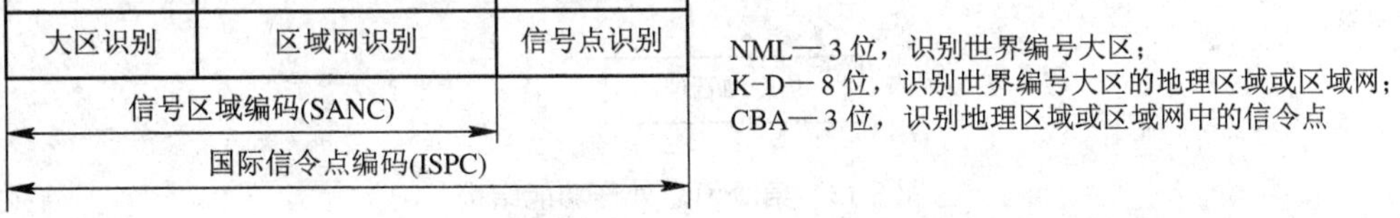

NML	KJIHGFED	CBA
大区识别	区域网识别	信号点识别

信号区域编码(SANC)

国际信令点编码(ISPC)

NML—3 位，识别世界编号大区；
K–D—8 位，识别世界编号大区的地理区域或区域网；
CBA—3 位，识别地理区域或区域网中的信令点

图 3.11　国际信令网的信令点编码结构

NML 和 K–D 两部分合起来称为信令区域编码(SANC)。

由于 CBA，即信令点识别为 3 位，因此，在该编码结构中，一个国家分配的国际信令点编码只有 8 个，如果一个国家使用的国际信令点超过 8 个，可申请备用的国际信令点编码。该备用编码在 Q.708 建议的附件中有规定。

2) 我国国内信令网的编码

我国于 1990 年制定的 No.7 技术规范中规定，全国 No.7 信令网的信令点采用统一的 24 位编码方案。依据我国的实际情况，将编码在结构上分为三级，即三个信令区，如图 3.12 所示。

主信令区编码	分信令区编码	信令点编码
主信令区识别	分信令区识别	信号点识别

图 3.12　国内信令网的信令点编码结构

这种编码结构，以我国省、直辖市为单位(个别大城市也列入其内)划分成若干主信令区(对应 HSTP)，每个主信令区再划分成若干分信令区(对应 LSTP)，每个分信令区含有若干个信令点。这样每个信令点(信令转接点)的编码由三部分组成：第一个 8 bit 用来识别主信令区；第二个 8 bit 用来识别分信令区；最后一个 8 bit 用来识别各分信令区的信令点。在必要时，一个分信令区编码和信令点的编码可相互调剂使用。

需要特别指出的是，国际接口局应分配两个信令点编码，其中一个是国际网分配的国际信令点编码，另一个则是国内信令点编码。

4. 信令路由及其选择

信令网的路由是指两个信令点间传送信令消息的路径。信令路由选择是 MTP 第三功能级——信令消息处理部分完成的功能。信令消息处理通过检查信令单元的路由标记及有关信息字段决定消息的传送方向。

1) 信令消息处理功能

信令消息处理部分可进一步分成三个子功能，分别是消息分配、消息识别和消息路由，如图 3.13 所示。

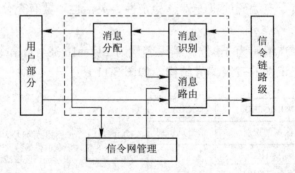

图 3.13　信令消息处理功能结构

消息识别功能根据 DPC 判定本信令点是否为信令消息的目的地。若是，交给消息分配功能，否则交给消息路由功能转发。

消息分配功能根据消息识别功能送来的 SIO 的编码来确定消息所属的用户部分，并传递给相应的用户。

消息路由功能根据 SI(业务指示字段)、DPC 和 SLS(信令链路选择码)选择一条合适的信令链路传送信令。具体选择过程如下：

(1) 根据 SIO 的内容来判定是哪类用户产生的消息，来选择相应的路由表。例如，电话用户部分产生的消息先根据 SI 的值选择 TUP 所对应的路由表，再根据 SIO 中的子业务字段(SSF)来选择不同呼叫所对应不同类型的路由表，如国内呼叫对应国内路由表，而国际呼叫则对应国际路由表。

(2) 根据 DPC 和路由分担原则，确定信令链路组。

(3) 根据 SLS，在某一确定的信令链路组中选择一条信令链路。

需要说明的是，信令的基本功能是控制电话网中一次呼叫的连接建立和释放，即电话用户信息的传递是面向连接的，但承担控制功能的信令消息是采用无连接的数据报方式，在信令网中独立地转发。由于采用直联或准直联方式，信令到某一目的地的路由是预先设置好的，因此信令的转发比标准的数据报转发效率高，信令网络的维护管理也相对简单。

2) 信令路由选择

为了保证信令网的可靠性，按照上述方法选择的信令传输路径会有多条，它们可分成两类，一类是正常路由(正常情况下信令业务流的路由)，另一类是迂回路由(信令链路或路由故障时传送信令业务流选择的路由)，见图 3.14。

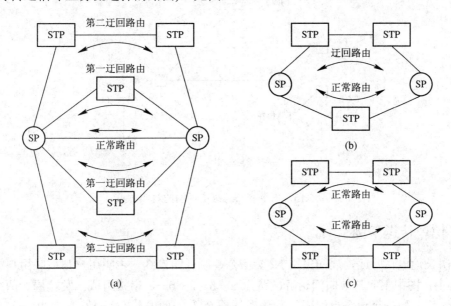

图 3.14　信令路由分类示例

(a) 正常路由为直联方式的路由；(b) 准直联信令路由的正常路由例 1；

(c) 准直联信令路由的正常路由例 2

信令路由选择的一般原则如下：

(1) 首先选择正常路由，当正常路由故障不能用时，再选择迂回路由。

(2) 信令路由中具有多个迂回路由时，迂回路由选择的先后顺序是首先选择优先级最高的第一迂回路由，当第一迂回路有故障不能用时，再选第二迂回路由，依此类推。

(3) 在迂回路由中，若有多个同一优先等级的路由(N)，它们之间采用负荷分担方式，每个路由承担整个信号负荷的 1 / N；若负荷分担的一个路由中一条信令链路有故障，应将它承担的信令业务换到采用负荷分担方式的其他信令链路上；若负荷分担的一个信令路由有故障时，应将信令业务倒换到其他路由。

3.5 信令网与电话网的关系

3.5.1 信令网与电话网的对应关系

目前我国电话网路等级为二级长途网(由 DC1 和 DC2 组成)加本地网，考虑到信令连接中转接次数、信令转接点的负荷以及可以容纳的信令点数量，结合我国信令区的划分和整个信令网的管理，HSTP 设置在 DC1(省)级交换中心的所在地，汇接 DC1 间的信令。LSTP 设置在 DC2(市)级交换中心所在地，汇接 DC2 和端局信令。端局、DC1 和 DC2 均分配一个信令点编码，见图 3.15。

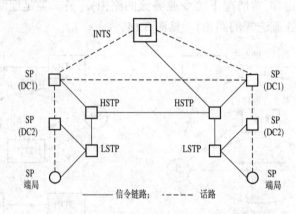

图 3.15 信令网与三级电话网的对应关系

3.5.2 信令传送举例

一次长途电话呼叫，局间采用 No.7 信令控制呼叫接续。主叫用户与被叫用户的连接见图 3.16(a)。图中主叫与被叫间话音电路由 a→b→c→d→e 串接组成。发端局、两个长途局和收端局均分配一个信令点编码，发端局与长途 1 局间的信令经 SP1→STP1→STP2→SP2 传送，目的是建立电路 b 的连接；长途 1 局和长途 2 局间的信令经 SP2→STP2→STP3→SP3 传送，以建立电路 c 的连接；长途 2 局与收端局间的信令经 SP3→STP3→SP4 传送，以建立电路 d 的连接。发端局与长途 1 局间呼叫信令流程见图 3.16(b) 。

图 3.16(b)的信令流程简要说明如下：

(1) SP1 将收到的部分被叫用户号码和转译出的主叫用户号码封装成 IAI 消息，经 STP1 和 STP2 送给 SP2；长途 1 局取出主叫号码，本次通话费用记在该用户名下。

(2) SP1 将剩余的被叫号码封装在 SAM 中，沿与 1 同样的信令链路，依次转发至 SP2。

(3) 至此长途 1 局收全被叫号码，并一直转送到收端局。收端局分析被叫，当被叫用户空闲，就送出 ACM，中间局将该信令依次转送到 SP2，SP2 将 ACM 经 STP2 和 STP1 送 SP1。

(4) 通过 1、2、3 步，发端局到长途 1 局的话音电路 b 已建立。其他各局间话路建立过程相同。当发端局到收端局的 a、b、c、d、e 各段电路均已建立，收端局就用 a→b→c→d→e 串接电路向主叫用户送回铃音，控制向被叫用户振铃。

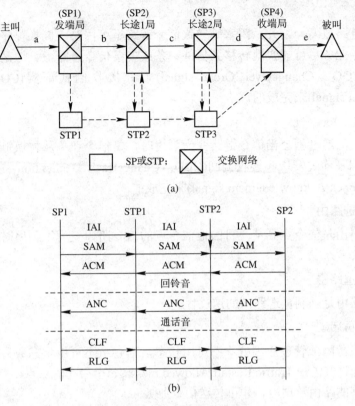

图 3.16　呼叫连接和信令流程

(a) 主被叫间话音电路和信令链路的连接关系；(b) 发端局和长途 1 局间信令流程

(5) 被叫摘机应答，收端局(SP4)将 ANC 依次送到 SP1，主、被叫用户用 a→b→c→d→e 串接电路通话，长途 1 局开始计费。

(6) 通话完毕主叫用户先挂机，SP1 送 CLF 到 SP2，通知长途 1 局主叫已结束呼叫。长途 1 局停止计费并拆除话路 b。长途 1 局拆除话路后，SP2 向 SP1 送 RLG，证实话路 b 已拆除。其他各段话路拆除方法相同。

3.6　No.7 信令网的管理

信令网管理是在信令网路出现故障或拥塞时，完成信令网的重新组合，保证信令网路正常工作。它由 MTP 第三个功能级来完成，包括信令业务管理、信令链路管理和信令路由管理三个功能过程。

3.6.1　信令业务管理

信令业务管理用于信令网故障时将信令业务从一条链路或路由转到一条或多条不同的链路和路由，或在信令网拥塞时减少信令业务传递。

信令业务管理功能包括倒换、倒回、强制重选路由、受控重选路由、信令点再启动、管理阻断和信令业务流量控制等。

1．倒换

由于信令链路故障、断开、闭塞等导致信令链路不可用时，倒换程序可保证把该信令链路传送的信令业务尽可能快地转移到另外一条或多条信令链路上。这是通过在替换链路上发送倒换(COO：ChangeOver Order signal)，并接收倒换证实(COA：ChangeOver Acknowledgment signal)来完成的。

2．倒回

倒回是倒换的逆过程。当信令链路变为可用时，将信令业务从替换链路上倒回到原先的链路上。倒回是通过发送和接收倒回(CBD：ChangeBack Declaration signal)和倒回证实(CBA：ChangeBack Acknowledgment signal)来完成的。

3．强制重选路由

强制重选路由是信令点到某一目的地信令点的信令路由变为不可用时，重选一条迂回路由的程序。

4．受控重选路由

受控重选路由是强制重选路由的逆过程。

5．信令点再启动

信令点由于故障或管理原因处于不可用状态，当它从不可用状态成为可用状态时，使用业务再启动允许(TRA：Traffic Restart Allowed message)来启动信令点，在接通足够的信令链路和更新足够的路由数据时，才可传送信令业务。

6．管理阻断

管理阻断的目的是用于维护和测试信令链路。管理阻断后，信令链路标志为"已阻断"，但第二级的链路状态并不改变。

7．信令业务流量控制

因故障或拥塞不能传送信令业务时，使用信令业务流量控制程序来限制信令业务源点的业务量。它是通过向源点发拥塞指示，源点减少信令发送实现的。

3.6.2　信令路由管理

信令路由管理只用于准对应信令网中，用来分配关于信令网状态信息。信令路由管理包括：禁止传递、允许传递、受限传递、受控传递、信令路由组测试和信令路由组拥塞测试。

1．禁止传递程序

当去往某目的地的某一信令转接点需要通知一个或多个邻近的信令点时，不能再经本信令转接点向该目的地传递消息时所执行的程序。它是通过发送传递禁止消息(TFP：TransFer Prohibited signal)实现的。若一个信令点收到了远端送来的TFP，就执行强制重选路由程序。

2．允许传递程序

当某一信令转接点需要通知一个或多个邻近的信令点，且已能够经本信令转接点向该目的地传递消息时所执行的程序。它是通过发送允许传递消息(TFA：TransFer Allowed signal)

实现的。若一个信令点收到了远端送来的 TFA，就执行受控重选路由程序。

3．受限传递程序

当去往某目的地的某一信令转接点，需要通知一个或多个邻近的信令点尽可能停止通过此信令转接点向该目的地传递有关业务时，执行受限传递程序。它是通过发送受限传递消息(TFR：TransFer Restricted signal)实现的。若一个信令点收到了远端送来的 TFR，则也执行受控重选路由程序。

4．受控传递程序

受控传递程序是在信令网中信令路由组发生拥塞时，由信令转接点发送表示信令路由组拥塞的信息给相邻信令点时使用的程序。它是通过受控传递消息(TFC：TransFer Flow Control)来实现的。

5．信令路由组测试程序

信令点使用该程序，以测试某目的地信令业务是否能经过邻近的信令转接点传送。当信令点从邻近的信令转接点收到一禁止传递消息 TFP 或受限传递消息 TFR 时，就每隔 30 秒钟向该信令转接点发送信令路由组测试程序(RST：signaling Router Set Test signal)，直到收到这个信令转接点送来的允许传递消息 TFA 为止。

6．信令路由组拥塞测试程序

源信令点利用信令路由组拥塞测试程序修改关于去某目的地的路由组的拥塞状态。目的是测试能否将具有某拥塞优先级或更高优先级的信令消息发送到那个目的地。

3.6.3 信令链路管理

信令链路管理功能用于控制本地连接的所有信令链路，包括信令链路的接通、恢复、断开等功能，提供建立和维持信令链路组正常工作的方法。当信令链路发生故障时，该功能就采取恢复信令链路组能力的行动。根据信令设备分配和重组的自动化程度，信令链路管理功能的管理过程有如下三种。

1．基本的信令链路管理过程

一条信令链路由预定的信令终端和信令数据链路组成，更换信令终端和信令数据链路时需人工介入，而无自动分配的能力。

2．信令终端自动分配的信令链路管理过程

一条信令链路由预定的信令数据链路和任一信令终端组成，当信令链路发生故障时，信令终端可自动更换。

3．信令数据链路和信令终端自动分配的信令链路管理过程

一条信令链路可选用一个信令链路组内的任一信令终端和任一信令数据链路，当信令链路发生故障时，信令终端和信令数据链路均可自动更换和重组。

在实际信令网络规划中，可选取以上三种信令链路管理过程中的一种或几种，如在国际网上一般选取第一种，但应注意，同一信令网上如存在不同的信令网管理过程时，同一信令链路两端应选取相同的过程。目前，我国国内 No.7 信令系统规定采用第一种方式。

3.6.4　信令网管理实例

1. 同一链路组内的倒换

图 3.17 中，信令点 A 和 B 之间的信令链路属于同一信令链路组。正常情况下，两条链路各承担 50%的信令业务。当链路 1 故障，全部业务由链路 2 传送，网络管理过程如下。

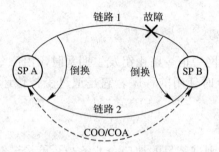

图 3.17　AB 链路 1 路障

信令点 A 发现链路 1 故障后，A 经链路 2 向 B 送 COO，B 同意倒换就送回 COA，这样 A 和 B 之间原来经链路 1 传送的信令就倒换到链路 2 上了。

2. 信令点与信令转接点之间链路故障

如图 3.18 所示网络，当 AB 链路故障，网络管理过程如下。

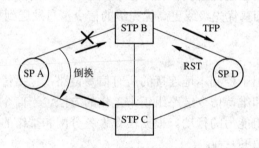

图 3.18　AB 链路故障

(1) A 倒换。执行延时倒换，将 AB 链路的业务倒换到 AC 上。

(2) B 点发传送禁止 TFP(A)至 D，通知 D 点所发目的地为 A 的信令业务不能经 B 转接。D 执行强制重选，将 DB 链路的业务换到 DC 上。

(3) D 点收到 B 送来的 TFP(A)后，每隔 30 秒钟向 B 发送一次 RST(A)，直到可通过 B 转接目的地为 A 的业务为止。

若 AB 链路恢复，则网络管理过程如下：

(1) B 向 D 发送允许传递 TFA(A)，D 停发至 B 点的 RST(A)，D 执行受控重选，将 DC 链路的业务换回到 DB 上。

(2) A 倒回。

3. 信令点再启动

如图 3.19 所示，若信令转接点 D 故障，D 不可用意味着 BD、CD、ED、FD 全部故障。则：

(1) F 倒换。由于 F 点没有通路向 D 发送 COO，故 F 向 E 发 COO，执行延时倒换，将 FD 倒换至 FE 上。

(2) B 点向 A、C 分别发送 TFP(D)，A、C 点执行强制重选路由程序。同时，A、C 收到 B 发来的 TFP(D)后，要定期向 B 发送 RST(D)。

(3) 同上，C 点向 A、B 两点发送 TFP(D)， A、B 执行强制重选路由程序，并定期向 C 发送 RST(D)。

(4) E 点向 B、C、F 广播发送 TFP(D)，B、C、F 向 E 点定期发送 RST(D)。

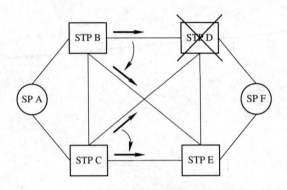

图 3.19　信令点再启动

若 D 点恢复，则：

(1) D 向 B、C、E、F 发信令点再启动消息 TRA。

(2) B、C、E、F 向 D 点发送信令点再启动消息 TRA，使 D 点重新恢复路由数据。

(3) F 执行延时倒回。

(4) E 向 B、C、F 发 TFA(D)，B 向 A、C 发 TFA(D)，C 向 A、B 发 TFA(D)。

(5) B、C 执行受控重选路由程序，将 BE 恢复到 BD，CE 恢复到 CD。

(6) B、A、C、F 停发 RST(D)。

思　考　题

1. 什么是信令? 为什么说它是通信网的神经系统?

2. 按照工作区域信令分为哪两类? 各自的功能特点是什么?

3. 按照功能信令分为哪几类?

4. 什么是随路信令? 什么是公共信道信令? 与随路信令相比，公共信道信令有哪些优点?

5. 什么是信令方式?

6. 画图说明信令在多段路由上的传送方式。

7. 信令的控制方式有几种? 各有何特点?

8. No.7 信令单元有几种? 它们是怎样组成的?

9. 简述 No.7 信令的功能级结构和各级功能。

10. 画图说明 No.7 信令与 OSI 分层模型的对应关系。

11. 信令网由哪几部分组成? 各部分的功能是什么?
12. 信令网有哪几种工作方式?
13. 画图说明我国信令网的等级结构。
14. 简述国际和国内信令点编号计划。
15. 什么是信令路由? 信令路由分哪几类? 路由选择原则是什么?
16. 我国信令网与电话网是如何对应的?

第 4 章 同 步 网

同步网负责为各种业务网提供定时。它是通信网正常运行的基础，也是保障各种业务网运行质量的重要手段。本章从同步网的概念开始，介绍了同步网设备，同步网技术，同步网结构和组成以及同步网的主要性能指标等。

4.1 概 述

同步是指信号之间在频率或相位上保持某种严格的特定关系，也就是它们相对应的有效瞬间以同一个平均速率出现。

在模拟通信网中，载波传输系统两端机间的载波频率需要同步，即收发终端机的载波频率应该相等或基本相等，并保持稳定，以保证接收端正确的复原信号。

数字通信的特点是将时间上连续的信号通过抽样、量化及编码变成时间上离散的信号，再将各路信号的传送时间安排在不同时间间隙内。为了分清首尾和划分段落，还要在规定数目的时隙间加入识别码组，即帧同步码，形成按一定时间规律排列的比特流，如 PCM 信息码。在通信网内 PCM 信息码的生成、复用、传送、交换及译码等处理过程中，各有关设备都需要相同速率的时标(Time Scale)去识别和处理信号，如果时标不能对准信号的最佳判决瞬间，则有可能出现误码，也就是数字设备要协调，且准确无误地运行就需要各时标具有相同的速率，即时钟同步。此外数字网的同步还包括帧同步。这是因为在数字通信中，对比特流的处理是以帧来划分段落的，在实现多路时分复用或进入数字交换机进行时隙交换时，都需要经过帧调整器，使比特流的帧达到同步，也就是帧同步。

数字网中的同步技术有以下几种：

(1) 接收同步：在点与点之间进行数字传输时，收端为了正确地再生所传递的信号，必须产生一个时间上与发端信号同步的、位于最佳取样判决位置的脉冲序列。因此，必须从接收信码中提取时钟信息，使其与接收信码在相位上同步。这种为了满足点对点通信的需要所提出的相位同步要求广泛用于数字传输之中。

(2) 复用同步：在数字信道上，为了提高信道利用率，通常采用时分多路复用的方式，将多个支路数字信号合路后在群路上传输，这称为数字复用。进行合路的这些支路信号，来自不同的地点，可能具有不同的相位，通常还可能具有不同的速率。为了使这些支路信号在群路信道上正确地进行合路，要求它们在群路信道上能同步运行。这种复用同步是线路上传输所必需的。

复用包括同步复用、准同步复用和非同步复用三种技术。同步复用将各支路信息依次插入群路时隙中，实现简单，传输效率高，已广泛应用于数字话路复用设备和 SDH 设备中。准同步复用采用码速调整技术，首先将支路速率进行调整。因此能将在一定频率容差范围内的各个支路信号复用成一个高速数字流，而不再像同步复用那样要求各支路信号之间的频率和相位严格同步，传输效率也较高，广泛应用于 PDH 数字群复用中。非同步复用采用多个二进制数码传送一个二进制数字信息的方法(如高速取样法、跳变沿编码法等)，因此各复用支路信号之间的频率和相位都不必同步。但信道的传输效率较低，一般只用在低速数据信号复用中。

(3) 交换同步：在一个由模拟传输和数字交换构成的混合网中，网内不存在交换同步问题。只有在数字传输和数字交换构成的综合数字网内，为了使到达网内各交换节点的全部数字流都能实现有效的交换，必须使到达交换节点的所有数字流的帧定位信号同步，这种数字交换中需要的同步称为交换同步。由于交换同步涉及到网中到达各交换节点的全部数字流，因此又称为网同步。本书重点讨论的就是网同步的基本概念及网同步技术。

4.2　网同步设备和定时分配链路

同步网由节点时钟设备和定时分配链路组成。此外还有同步网的监控管理网，用来保证同步网的正常运行。

4.2.1　节点时钟设备

节点时钟设备主要包括独立型定时供给设备和混合型定时供给设备。独立型节点时钟设备是数字同步网的专用设备，主要包括：铯原子钟、铷原子钟、晶体钟、大楼综合定时系统(BITS)以及由全球定位系统(GPS 和 GLONASS)组成的定时系统。混合型定时供给设备是指通信设备中的时钟单元，它的性能满足同步网设备指标要求，可以承担定时分配任务，如交换机时钟，数字交叉连接设备(DXC)等。

铯钟的长期稳定性非常好，没有老化现象，可以作为自主运行的基准源。但是铯钟体积大、耗能高、价格贵，并且铯素管的寿命为 5~8 年，维护费用大，一般在网络中只配置 1~2 组铯钟做基准钟。

铷钟与铯钟相比，长期稳定性差，但是短期稳定性好，并且体积小、重量轻、耗电少、价格低。利用 GPS 校正铷钟的长期稳定性，也可以达到一级时钟的标准，因此配置了 GPS 的铷钟系统常用作一级基准源。

晶体钟长期稳定性和短期稳定性比原子钟差，但晶体钟体积小、重量轻、耗电少，并且价格比较便宜，平均故障间隔时间长。因此，晶体钟在通信网中应用非常广泛。

4.2.2　定时分配

定时分配就是将基准定时信号逐级传递到同步通信网中的各种设备。定时分配包括局内定时分配和局间定时分配。

1. 局内定时分配

局内定时分配是指在同步网节点上直接将定时信号送给各个通信设备。即在通信楼内直接将同步网设备(BITS)的输出信号连接到通信设备上。此时，BITS 跟踪上游时钟信号，并滤除由于传输所带来的各种损伤，例如抖动和漂移，能重新产生高质量的定时信号，用此信号同步局内通信设备。

局内定时分配一般采用星型结构，如图 4.1 所示。从 BITS 到被同步设备之间的连线采用 2 Mb/s 或 2 MHz 的专线。

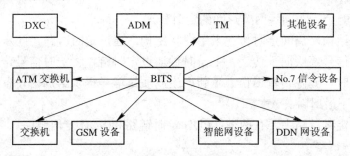

图 4.1　局内定时设备

在通信楼内需要同步的设备主要包括：程控交换机、异步传送模式交换机(ATM)、No.7信令转接点设备、数字交叉连接设备(DXC)、SDH 网的终端复用设备(TM)、分插复用设备(ADM)、DDN 网设备和智能网设备等。

这种星型结构的优点是：同步结构简单、直观、便于维护。缺点是外连线较多，发生故障的概率增大。同时，由于每个设备都直接连到同步设备上，这样就占用了较多的同步网资源。因此在实际网络中，对这种星型结构进行了一些改进。当局内的设备较多时，对同一类设备或组成系统的设备，可以通过业务线串接，也可以通过外同步接口连接，如图4.2 所示。

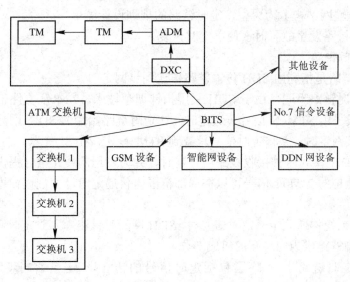

图 4.2　改进的局内定时分配

例如，局中有些 SDH 设备，包括 DXC、ADM、TM，组成局内传输系统，可以将 BITS的定时信号直接连到 DXC 设备的外时钟输入口，DXC 将同步网定时承载到业务线上，传递给 ADM、TM 等设备，这些设备从业务信号中提取定时。背靠背的 TM 之间，可以通过外时钟输入口和外时钟输出口相连来传递定时，也可以提供业务线传递定时。

另外，若局内有几个相同的设备(例如交换机)，并且有业务关系，那么，可以将一个交换机的外时钟输入口连到 BITS 上，其他交换机从相连的业务线中提取同步网定时。

这样连接的优点是：节省了同步网资源，降低了由于外连线带来的故障，方便了维护。

2. 局间定时分配

局间定时分配是指在同步网节点间的定时传递。

根据同步网结构，局间定时传递采用树状结构，通过定时链路在同步网节点间，将来自基准钟的定时信号逐级向下传递。上游时钟通过定时链路将定时信号传递给下游时钟。下游时钟提取定时，滤除传输损伤，重新产生高质量信号提供给局内设备，并再通过定时链路传递给它的下游时钟。

目前采用的定时链路主要有两种：PDH 定时链路和 SDH 定时链路。

1) PDH 定时链路

传统的同步网建立在 PDH 环境下，采用 PDH 的 2 Mb/s 通道传递同步网定时信号，定时链路包括 2 Mb/s 专线和 2 Mb/s 业务线。

传输系统对 2 Mb/s 信号进行正码速调整，比特复接至高次群(8 Mb/s、34 Mb/s、140 Mb/s 等)，通过 PDH 线路系统传递下去。传输设备不受该 2 Mb/s 时钟同步。因此，传输系统所引入的抖动和漂移损伤较小，PDH 传输设备的 2 Mb/s 通道适合传送同步网定时。同时，由于在同步网节点间无传输系统时钟介入，当定时链路发生故障时，下游时钟可以迅速发现故障，进入保持工作状态或倒换到备用参考定时信号，即可以很快地进行定时恢复。

PDH 传递同步网定时的特点如下：

(1) PDH 系统对同步网定时损伤小，适合长距离传递定时。

(2) PDH 传输网结构多为树型，定时链路的规划设计简单。

(3) 当定时链路发生故障时，便于定时恢复。

2) SDH 定时链路

SDH 定时链路是指利用 SDH 传输链路传送同步网定时。

与 PDH 定时链路不同，由于 SDH 采用指针调整技术，2 Mb/s 支路信号不适于传递同步网定时，一般采用 STM-N 信号传递定时。在定时链路始端的 SDH 网元通过外时钟信号输入口接收同步网定时，并将定时信号承载到 STM-N 上。在 SDH 系统内，STM-N 信号是同步传输的，SDH 网元时钟接收线路信号定时，并为发送的线路信号提供定时。特殊情况下经过再定时处理的 2 Mb/s 信号可以在局部范围内传递定时，大规模使用前，必须解决时延问题。

采用 SDH 系统传递同步网定时信号时，SDH 网元时钟将串入到定时链路中，这样 SDH 网元时钟和传输链路成为同步网的组成部分。

在 SDH 定时链路上，除了包括定时信号的传递，还包括同步状态信息(SSM：Synchronization Status Message)的传递。SSM 用于传递定时信号的质量等级。同步网中的节点时钟通过对 SSM 的解读获得上游时钟等级信息后，可对本节点时钟进行相应操作(例如跟踪倒换或转入保持状态)。

在 STM-N 接口中，复用段开销 S1 字节的第 5、6、7、8 bit 定义了不同的时钟质量等级，见表 4.1。在 2048 kb/s 接口，采用奇帧 TS0 的第 5～8 bit 承载 SSM 信息。2048 kb/s 接口的复帧结构见表 4.2，其 SSM 信息的定义同表 4.1。

表 4.1　STM-N 接口的 SSM 编码

S1(第 5~8 bit)	SDH 同步质量等级描述
0000	同步质量不知道(现有同步网)
0010	1 级时钟信号
0100	2 级时钟信号
1000	3 级时钟信号
1011	SDH 设备时钟信号(G.831)
1111	不应用作同步
其他	预留

表 4.2　2048 kb/s 接口 CRC-4 复帧结构

子复帧		帧编号	第 1~8 bit							
			1	2	3	4	5	6	7	8
复	1	0	C1	0	0	1	1	0	1	1
		1	0	1	A	Sa4	Sa5	Sa6	Sa7	Sa8
		2	C2	0	0	1	1	0	1	1
		3	0	1	A	Sa4	Sa5	Sa6	Sa7	Sa8
		4	C3	0	0	1	1	0	1	1
		5	1	1	A	Sa4	Sa5	Sa6	Sa7	Sa8
		6	C4	0	0	1	1	0	1	1
		7	0	1	A	Sa4	Sa5	Sa6	Sa7	Sa8
帧	2	8	C1	0	0	1	1	0	1	1
		9	1	1	A	Sa4	Sa5	Sa6	Sa7	Sa8
		10	C2	0	0	1	1	0	1	1
		11	1	1	A	Sa4	Sa5	Sa6	Sa7	Sa8
		12	C3	0	0	1	1	0	1	1
		13	E	1	A	Sa4	Sa5	Sa6	Sa7	Sa8
		14	C4	0	0	1	1	0	1	1
		15	E	1	A	Sa4	Sa5	Sa6	Sa7	Sa8

　　另外，由于 SDH 网复杂的网络结构和灵活的网络保护功能，使定时链路的规划设计变得复杂，同时给定时链路的恢复带来一些困难。因此采用 SDH 网传送同步定时信号要注意：

　　(1) SDH 网多采用环形结构，当上游定时链路故障时，会出现高级时钟受低级时钟同步的现象。

　　(2) 当同步网定时链路规划不合理，或定时参考信号的来源及时钟信号等级不明时，会在同步网内形成定时环。

　　(3) ITU-T 标准规定，基准定时链路上 SDH 网元时钟个数不能超过 60 个。这样定时传递距离就会受到限制。

4.3 网同步技术

网同步技术可分为两大类：准同步和同步。同步又有主从同步和互同步之分，它们又可分成各种不同的实施方法。同步的概念可用图 4.3 来加以说明。图中的圆圈代表网中的各交换节点，线条和箭头代表网中控制的来源和方向。交换节点中的同步控制信号来自线条中的时钟信号和节点本地时钟信号之间的相位差值，或者直接来自线条中的控制信号。

不同的同步技术对节点时钟的控制将采用不同的方法。

(1) 单向控制：对同步的控制仅在传输链路的一个方向上进行，或者说仅对链路的一侧有效，如图 4.3(b)、(c)、(d)所示。强制同步都是单向控制的。主从同步是网中指定一个主时钟节点，所有其他从时钟节点都受主时钟节点的控制；时间基准分配是从节点都接受时间基准的同步控制；外部基准是利用通信网外的基准时钟来控制网中所有的节点。

(2) 双向控制：网同步的控制在传输链路的两个方向上都使用，也就是链路两侧都受到控制。互同步方法中节点之间的控制是双向的，如图 4.3(e)、(f)所示。

(3) 单端控制：节点时钟的同步控制信号来自输入时钟信号和本地时钟信号的差值，也就是来自节点的本端。图 4.3(b)的主从同步必然是单端的，图 4.3(e)所示为单端互同步方式。

(4) 双端控制：节点时钟的同步控制信号除来自本端输入时钟信号和本地时钟的相位差值外，还将发送时钟信号对端所得到的相位差值通过线路传送到本端作为控制信号。因为控制信号利用了两端的相位差值，所以称为双端控制。双端技术可以抵消传输链路时延变化的影响，提高网络的同步质量，时间基准分配和双端互同步方式都采用了双端控制，如图 4.3(c)和(f)所示。图中除时钟信号传送线外，多了一条控制信号的传送线。

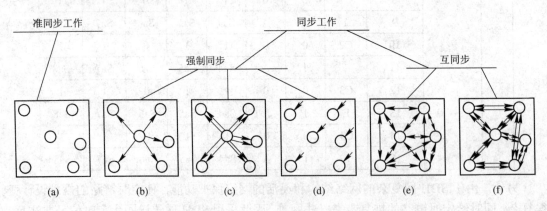

图 4.3 同步概念示意图

(a) 准同步；(b) 主从(单端，单向)；(c) 时间基准(双端，单向)；

(d) 外部基准(单向)；(e) 单端控制(双向)；(f) 双端控制

4.3.1 准同步

准同步方式中各交换节点的时钟彼此是独立的，但它们的频率精度要求保持在极窄的频率容差之中，网络接近于同步工作状态，通常称为准同步工作方式。

准同步工作方式的优点是网络结构简单，各节点时钟彼此独立工作，节点之间不需要有控制信号来校准时钟的精度。网络的增设和改动都很灵活，因此得到了广泛的应用。它特别适合于国际交换节点之间同步使用。各国军用战术移动通信网，为提高网同步的抗毁能力，也采用准同步方式工作。各国民用数字通信网，为提高网同步的可靠性，通常要求在所选用的网同步技术出现故障时利用准同步工作方式来过渡。

准同步方式有如下缺点：

(1) 节点时钟是互相独立的，不管时钟的精度有多高，节点之间的数字链路在节点入口处总是要产生周期性的滑动，这样对通信业务的质量有损伤。

(2) 为了减小对通信业务的损伤，时钟必须有很高的精度，通常要求采用原子钟，需要较大的投资，可靠性也差。为保证时钟的可靠性，节点时钟通常采用三台原子钟自动切换方式，这样将使时钟的管理维护费用增大。

采用准同步方式的网络，为了保证端到端的滑动速率符合要求，采用定期复位各节点输入口缓冲存储器的方法来实现同步。

4.3.2　主从同步

主从同步(Master Slave Synchronized)方式指数字网中所有节点都以一个规定的主节点时钟作为基准，主节点之外的所有节点或者是从直达的数字链路上接收主节点送来的定时基准，或者是从经过中间节点转发后的数字链路上接收主节点送来的定时基准，然后把节点的本地振荡器相位锁定到所接收的定时基准上，使节点时钟从属于主节点时钟，如图 4.4 所示。与图 4.3(b)的简单星型网方式相比，图 4.4 是一个由两级星型网组成的树型网。主从同步方式的定时基准由树型结构传输链路的数字信息来传送。

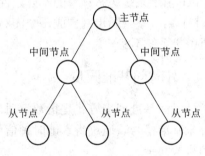

图 4.4　主从同步方式

主从同步方式的优点主要有：

(1) 避免了准同步网中固有的周期性滑动。

(2) 锁相环的压控振荡器只要求较低的频率精度，较准同步方式，大大降低了费用。

(3) 控制简单，特别适用于星型或树型网。

但主从同步方式也存在一些缺点，主要有如下几点：

(1) 系统采用单端控制，任何传输链路中的扰动都将导致定时基准的扰动。这种扰动将沿着传输链路逐段累积，影响网中定时信号的质量。为减小传输链路上日变化引起的定时基准相位扰动，从节点时钟的锁相环应采用带宽极窄的环路来滤除日变化的扰动。

(2) 一旦主节点基准时钟和传输链路发生故障，就会造成从节点定时基准的丢失，导致全系统或局部系统丧失网同步能力。为此，主节点基准时钟须采用多重备份手段以提高可靠性，而定时基准分配链路采用备用路由的时钟或者在从节点设置具有存储功能的松耦合锁相环路来实现同步。

主从同步方式由于优点多，而缺点又均可采取措施加以克服，因此广泛应用于公用电信网中。当数字网为分布式结构时，主从同步方式就不太合适了。

4.3.3　相互同步

相互同步(Mutually Synchronized)技术是指数字网中没有特定的主节点和时钟基准，网中每一个节点的本地时钟通过锁相环路受所有接收到的外来数字链路定时信号的共同加权控制。因此节点的锁相环路是一个具有多个输入信号的环路，而相互同步网构成将多输入锁相环相互连接的一个复杂的多路反馈系统。在相互同步网中各节点时钟的相互作用下，如果网络参数选择得合适，网中所有节点时钟最后将达到一个稳定的系统频率，从而实现了全网的同步工作。

相互同步方式必然是一个双向控制系统，它可以是单端或双端控制的。单端控制技术无法消除传输链路时延变化的影响，只适用于局部地区的小网；双端控制技术消除了传输链路时延变化的影响，可以用在相当大的区域网中。

互同步系统主要有如下优点：

(1) 当某些传输链路或节点时钟发生故障时，网络仍然处于同步工作状态，不需要重组网络，简化了管理工作。

(2) 可以降低节点时钟频率稳定度的要求，设备较便宜。

(3) 较好地适用于分布式网路。

互同步系统有如下缺点：

(1) 稳态频率取决于起始条件、时延、增益和加权系数等，因此容易受到扰动。

(2) 由于系统稳态频率的不确定性，因此很难与其他同步系统兼容。

(3) 由于整个同步网构成一个闭路反馈系统，系统参数的变化容易引起系统性能变坏，甚至引起系统不稳定。

4.3.4　外时间基准同步

外时间基准同步方式是指数字通信网中所有节点的时间基准依赖于该节点所能接收到的外来基准信号。通过将本地时钟信号锁定到外来时间基准信号的相位上，来达到全网定时信号的同步。

这种时间基准信号的频率精度很高(大都采用铯钟)，传输路径与数字信息通路无关。但是这种信号只有在外时间基准信号的覆盖区才能采用，非覆盖区就无法采用。同时，外时间基准信号还得采用专门的接收设备。

目前常用的外时间基准信号是 GPS(Globe Positioning System)或 GLONASS(Global Navigation Satellite System)系统。本节只介绍 GPS 系统。

1. GPS 系统概述

GPS(全球定位系统)是美国国防部组织建立并控制的卫星定位系统，它可以提供三维定位(经度、纬度和高度)、时间同步和频率同步，是一套覆盖全球的全方位导航系统。

早期的 GPS 系统主要用于导航定位，主要为美国军方服务。20 世纪 90 年代初，由于 GPS 接收机价格低廉，不向用户收取使用费，并且能够提供高性能的频率同步和时间同步，因此，GPS 开始在通信领域使用，并且随着近几年通信的迅猛发展，GPS 的应用也越来越广泛。

2. GPS 系统组成

GPS 系统可以分为三部分：GPS 卫星系统、地面控制系统和用户设备，如图 4.5 所示。

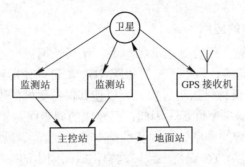

图 4.5　GPS 系统

1) GPS 卫星系统

GPS 卫星系统包括 24 颗卫星，分布在 6 个轨道上，其中 3 颗卫星作备用。每个轨道上平均有 3~4 颗卫星。每个轨道面相对于赤道的倾角为 55°，轨道平均高度为 20 200 km，卫星运行周期为 11 小时 58 分。这样，全球在任何时间、任何地点至少可以看到 4 颗卫星，最多可以看到 8 颗。每颗卫星上都载有铷钟，称为卫星钟，接受地面主钟的控制。

2) 地面控制系统

地面控制系统包括 1 个主控站(MCS：Master Control Station)、5 个监控站(MS：Monitor Station)和 3 个地面站(GA：Ground Antennas)。

监控站分布在不同地域，能够同时检测多达 11 颗卫星。监控站对收集来的数据并不做过多的处理，而将原始的测试数据和相关信息送给主控站处理。主控站根据收集来的数据估算出每个卫星的位置和时间参数，并且与地面基准相比对，然后形成对卫星的指令。这些新的数据和指令被送往卫星地面站，通过卫星地面站发送出去，卫星按这些新的数据和指令进行工作，并把有关数据发送给用户。在主控站中用于比对的同步基准由美国海军天文台控制，它是原子钟与协调世界时(UTC：Coordinated Universal Time)比对后的信号。这样就使卫星钟与 GPS 主时钟之间保持精确同步。

卫星发射的信号有两种，其中每一种用不同的频率发射：

L1 波段：1575.42 MHz，载有民用码(C/A 伪随机码)、军用码(P 伪随机码)和数据信息。

L2 波段：1227.26 MHz，仅供军用码(P 伪随机码)和数据信息使用。

3) 用户设备

用户设备指 GPS 接收机，包括天线、馈线和中央处理单元。其中中央处理单元由高稳晶振和锁相环组成，它对接收信号进行处理，经过一套严密的误差校正，使输出的信号达到很高的长期稳定性。定时精度能够达到 300 ns 以内。

在通信网中，常将 GPS 与铷钟配合使用，利用 GPS 的长稳特性，结合铷钟的短稳特性，得到准确度和稳定度都很高的同步信号。该信号可以作为基准源使用。

3. GPS 定位定时原理

要通过 GPS 进行定位，需要三维空间参数：经度、纬度和高度。这样，要进行定位则至少需要三颗卫星。

要进行定时，则需要知道本地的时钟与 GPS 主时钟的时刻差，同时还要测定用户的位置，要进行定时，至少需要四颗卫星。若用户已经知道了自己的确切位置，那么只接受一颗卫星的数据也可以定时。

4. GPS 在通信系统中的应用

频率同步是指信号的频率跟踪到基准频率上，使其长期稳定地与基准保持一致。但不要求起始时刻保持一致。这样，基准不一定跟踪 UTC，可以使用独立运行的铯钟组作为同步基准，也可以使用 GPS 对铯钟组进行校验，以使其保持更好的准确度。

传统的电信网主要要求频率同步，因此，已建成的同步网主要满足频率同步的要求。

时间同步不仅要求信号的频率锁定到基准频率上，使其长期稳定地与基准保持一致，而且要求信号的起始时刻与 UTC 保持一致。这样，时间同步的基准必须跟踪到 UTC 上。

在 CDMA 移动通信系统中，要求基站之间相对于 UTC 的时刻差＜±500 ns，由于地面传输的时延问题，时间基准不能像频率基准那样传输和分配，因此，目前不得不采用 GPS 技术，即在每个基站配置 GPS。

GLONASS 系统是前苏联紧跟美国 GPS 系统研究发展的卫星导航定位系统。其工作原理与 GPS 相似，但目前的应用没有 GPS 广泛。

4.3.5　通信楼综合定时供给系统

早期的数字同步网，用数字交换机的内部时钟作为节点时钟使用。随着数字通信网的发展，通信楼内安装的数字设备的种类和数量日益增加，所需要的基准定时信号的数量和类型也增多了，同时要求的时钟性能指标也提高了，因此有必要在同步节点或通信设备较多以及通信网的重要枢纽，单独设置时钟系统，这就是通信楼综合定时供给系统 (BITS)。其功能结构见图 4.6。

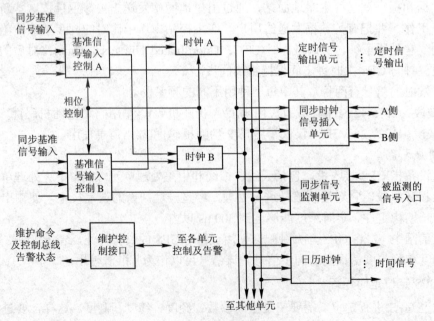

图 4.6　BITS 系统

1. 基准信号输入控制单元

基准信号输入控制单元应具有下列功能:

(1) 基准信号输入控制单元应有两个, 一个为主用, 一个为备用。主用发生故障时应能自动转备用, 维护工作需要时, 应能人工控制转备用。

(2) 基准信号输入口一般为 4 个, 可按 ITU-T G.703 建议的要求接 2048 kb/s 或 2.048 MHz 的信号, 有的可根据需要配接 5 MHz 或其他类型外基准信号。

(3) 应能对输入的基准信号预置优先顺序。

(4) 具有监测输入基准信号的功能, 监测的项目包括信号中断、帧失步、循环冗余校验、双极性破坏、告警指示及频率偏差等。

(5) 用"多数选择"的方法进行基准信号管理。对每个输入信号进行比较, 对合格的输入信号进行多数选择。对不合格(超出预先设定的阀值)的信号从参与多数选择的信号中删除。

(6) 部分或全部基准信号故障时应发出告警信号, 全部不可用时应使时钟进入保持方式, 当输入信号恢复正常后, 时钟应能重新输入基准同步。

(7) 通过维护控制接口可进行遥控。

2. 时钟

(1) 时钟应该有主用时钟和备用时钟, 故障时主用时钟应能自动转备用时钟, 需要时可将主用时钟人工转备用时钟。

(2) 按需要设置所需级别的时钟, 时钟的性能要求应符合有关的技术规范。

(3) 通过相位控制, 在输入基准信号或时钟转换时, 其输出的相位变化应不超出规定的要求, 并减小输入相位变化对输出相位的影响。

3. 定时信号输出

(1) 应能提供所需要的输出信号, 并有热备用, 一旦某个输出信号发生故障即转入备用。

(2) 如果需要, 可以扩展输出信号的数量和其他类型的信号。

4. 同步时钟信号插入单元

可以用本设备的频率对输入的 2048 kb/s 信号进行再定时, 定时后再传送。

5. 同步信号监测单元

(1) 对接入此单元的信号应对下列性能进行监视: 信号丢失、帧失步、循环冗余校验、双极性破坏等。

(2) 对某些参数, 如最大时间间隔误差(MTIE)、阿伦方差(AVAR)、时间方差(TVAR)等能进行测量, 并能送出监测报告。

6. 日历时钟

如果需要, 可以产生日历码, 输出日历时间信号。

7. 维护与控制接口

为了能够遥控及监测, BITS 应有通信接口, 能与运行支援系统(或网管系统)相连, 对设备的运行状态、告警及监测结果等自动输出或按命令送出报告。

4.3.6　数字同步网结构

利用上述基本网络同步技术,可采用下列结构组建同步网。

1. 全同步网

在全同步方式下,同步网接受一个或几个基准时钟控制。

当同步网内只有一个基准时钟时,同步网内的其他时钟就都同步到该基准时钟上,如图 4.7 所示。

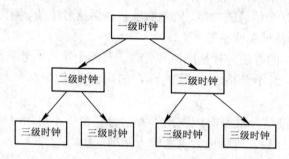

图 4.7　主从同步网

在这种类型的同步网中,最高一级时钟为符合 G.811 规定的性能的时钟, 即基准时钟,也称为一级时钟。它作为主钟为网络提供基准定时信号。该信号通过定时链路传递到全网。

二级时钟是它的从钟,从与之相连的定时链路提取定时,并滤除由于传输带来的损伤,然后将基准定时信号向下级时钟传递。三级时钟从二级时钟中提取定时,这样就形成了主从全同步网结构。

全同步网的另一种类型是在同步网中,存在着几个基准时钟,网络中的其他时钟接受这几个基准时钟的共同控制,典型结构如图 4.8 所示。

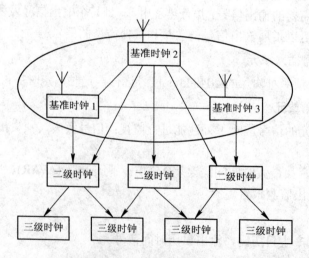

图 4.8　多基准全同步网

在这种结构的同步网中,存在着多个符合 G.811 建议的基准时钟。在基准时钟层面上,需要采用一定的方法对基准时钟进行校验,以保证基准时钟间的同步。目前,一般采用如下两种方法:

(1) 在所有的基准时钟上装配 GPS 接收机，使所有基准时钟通过 GPS 系统跟踪 UTC，保持与 UTC 一致的长期频率准确度，从而达到全网同步运行的目的。

(2) 在基准时钟层面上，基准时钟间采用类似互同步的方法，每个基准时钟都与其他基准时钟相连，并进行对比计算，以获得一个更为准确的综合频率基准。然后去调整每个基准时钟，使网络同步运行。

第二种方法比较复杂，首先要通过地面链路将基准时钟组成网络；其次要对基准时钟进行长期的性能监测；然后再通过一套复杂的算法对网络进行加权计算；最后再对各个基准时钟进行控制调整。其优点是：可靠性高，自主性强，不依赖于 GPS 等外界手段。

由于 GPS 的广泛应用，第一种方法被大量采用。其优点是实现方法简单，只需配备 GPS 接收机，并且成本低。但其缺点是可靠性低。由于 GPS 系统归美国政府所有，受控于美国国防部，对世界各地的 GPS 用户未有任何政府承诺，且用户只付了购买 GPS 接收机的费用，并未支付 GPS 系统的使用费用，因此这种方法的可靠性低、自主性差。

2. 全准同步网

在全准同步方式下，网内的所有时钟都独立运行，不接受其他时钟的控制。网络采用分布式结构，如图 4.9 所示。网络内时钟没有高级和低级之分，同步网以各个时钟为中心，划分为多个独立的同步区，各时钟负责本区内设备的同步。在各个时钟之间不需要定时链路的连接，没有局间定时分配。

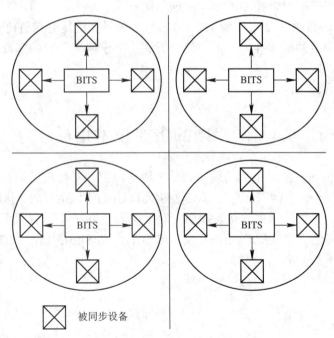

图 4.9 全准同步

全准同步网要求网内各个时钟都具有很高的准确度和稳定度，时钟具有相同的级别，以保证业务网的同步性能。因此全准同步网应用不太普遍，只有一些地域小的国家采用这种方式。当网络规模较大时，这种结构的网络不仅成本高，而且难以控制管理，网络的同步性能难以保证。

3．混合同步网

在混合同步方式下，将同步网划分为若干个同步区，每个同步区是一个子网，在子网内采用全同步方式，在子网间采用准同步方式，如图 4.10 所示。

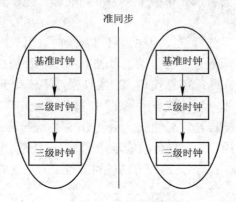

图 4.10　混合同步

在每个子网中，采用主从同步方式。一般设置一个基准时钟(为了提高网络的可靠性，在一个子网内也可以设置多个基准时钟)为网络提供基准定时。各级时钟提取定时，并逐级向下传递，在各个子网间采用准同步方式。

混合同步网与多基准时钟控制的全同步网的区别是：在全同步网内，各个基准时钟之间通过一定的方式(例如通过 GPS 跟踪 UTC 或各基准时钟间的比对调整)使各个基准时钟同步运行。全网具有很高的同步性能。而在混合方式下，子网与子网的基准时钟间不需要进行同步，它们是独立运行的。

4.4　同步网的主要技术指标

在一个由数字传输、复用和交换组成的数字通信网中，对所传送的数字信息会引入各种各样的数字传输损伤。为此国际电信标准化组织(ITU-T)建议用误码、抖动、漂移、滑动、延时和帧失步等来表示数字网中的传输损伤。对于网同步装置来说(包括节点时钟和帧调整器)，所引入的传输损伤将包括抖动(Jitter)、漂移(Drift)、滑动(Slip)和延时。ITU-T 建议 G.811、G.822 和 G.823 涉及了这方面的内容。

4.4.1　滑动

1．滑动的由来

图 4.11 是在交换局的输入端设置缓冲器的示意图。图中 A 局和 B 局的数字信号到达 C 局，它们的时钟信号频率分别为 f a、f b 和 f c，并且在同一基准频率上下略有偏差。C 局分别按 f a、f b 写缓冲器，按 f c 读缓冲器，当 f a、f b 和 f c 之间误差积累到一定程度时，在数字信号流中产生滑码。

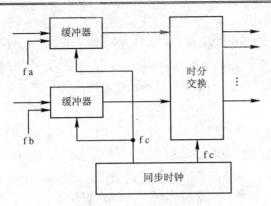

图 4.11 交换局输入端设置缓冲器示意图

首先以缓冲器的容量为 1 bit 为例来讨论滑码的产生。图 4.12 是由于时钟频率偏差引起滑码的示意图。在图 4.12(a)中，写时钟频率大于读时钟频率，这里时间轴上方是读时钟脉冲，下方是写时钟脉冲，写脉冲和读脉冲之间的时间间隔称为读写时差 Td。当 fa>fc 时，读写时差随时间增加而增加。当它超过 1 bit 时，则产生一次漏读现象，这时将丢失这个码元(在图中的第 7 个码元处)，同时读写时差将产生一个跳跃。图 4.12(b)是 fb<fc 的情况，当读写时差减少至 0 时则产生一次重读现象，这时将增加一个码元。这种码元的丢失或增加称为滑码，滑码是一种数字网的同步损伤。

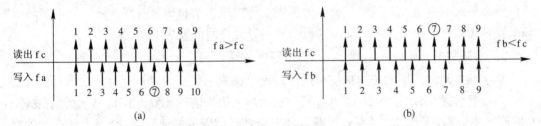

图 4.12 缓冲器容量为 1 bit 时的滑码

当缓冲器的容量为 1 bit 时，滑码一次丢失或增加的码元数为 1 bit，这时将引起帧失步，从而造成在失步期间全部信息码元的丢失。解决的方法是扩大缓冲器的容量。图 4.13 是缓冲器的容量为 1 帧时滑码产生的情况。图 4.13 中，fa>fc，即对于缓冲器是写得快而读得慢，缓冲器存储的码元逐渐增加，当增加至一帧时，将产生一次滑码，从而丢失 1 帧的码元。图 4.13(b)是 fb<fc 的情况，这时滑码一次，码元将增加 1 帧。

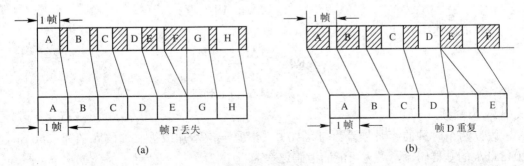

图 4.13 滑帧

在实际的数字交换机中，缓冲器的容量可为 1 帧或大于 1 帧，把滑码一次丢失或增加的码元数控制为 1 帧。这样做的优点有二：一是减少了滑码的次数，二是由于滑码一次丢失或增加的码元数量为 1 帧，防止了帧失步的产生。这种滑码一次丢失或增加一个整帧的码元常称为滑帧，由于滑码一次丢失或增加的码元数是确定的，因此也常称其为受控滑码。

2. 滑动的影响

滑动的影响是研究一个数字基群复用信号，因受控滑动造成数字信号成帧地丢失或重复时对各种通信业务性能的影响。一般来说，滑动对不同的通信业务会产生不同的效果，信息冗余度越高的系统，滑动的影响就越小。

滑码对语音的影响较小。一次滑码对于 PCM 基群将丢失或增加一个整帧，但对于 64 kb/s 的一路话音信号则丢失或增加一个取样值，这时感觉到的仅是轻微的卡嗒声。由于话音波形的相关性，因此能够有效地掩盖这种滑码的影响，对于电话而言可以允许每分钟滑码 5 次。

对于 PCM 系统中的随路信令而言，滑码将造成复帧失步。复帧失步后的恢复时间一般为 5ms。因此一次滑码将造成随路信号 5ms 的中断。对于公共信道信令，由于 ITU-T No.7 信号系统采用检错重发(ARQ)方式，发生滑码以后则要求发端将有关的信令重发一次，因此滑码将使呼叫接续的速度变慢，而不致造成接续的错误。

对于 64 kb/s 及中速的数据，滑码造成丢失或增加的数据可以为检错程序所发现，并要求前一级将此数据重发，虽然不会发生错误，但延迟了信息传送时间，降低了电路利用率。如果要求无效时间小于 1%～5%，则每小时可以允许滑码发生 1～7 次。

3. 滑码率的计算

数字网中滑动产生的传输损伤可用滑动速率来表示，也就是单位时间内滑动的次数。

当读写时差 T_d 大于 NT_0 (N 为滑码一次增加或丢失的码元数，T_0 是码元周期)或者小于 0 时就产生滑码，因此滑码速率也就是读写时差超过门限值的速率。设 f 表示基准时钟频率，Δf 表示时钟频率与基准频率之间的偏差，则 $\Delta f/f$ 是节点时钟频率的相对误差，$2\Delta f/f$ 是两个节点之间的最大频率相对误差，读写时差等于频率相对误差与时间的乘积。因此，两次滑码之间的时间间隔 T_s 可以表示为

$$T_s = \frac{NT_0}{2|\Delta f/f|}$$

$$= \frac{N}{2|\Delta f/f| \cdot f}$$

因此滑码速率 R_s 可以表示为

$$R_s = \frac{2|\Delta f/f| \cdot f}{N}$$

$$= 2|\Delta f/f| \cdot F_s$$

式中 F_s 为帧频。

假设两个时钟的相对频差为 1×10^{-11}，滑码一次增加或丢失的码元数为 256 bit，对 2048 kb/s 的基群码流，最大可能的滑码速率为

$$R_s = 2\Delta f/f \cdot F_s = 1/6\,250\,000\ s = 1/72.34\ 天$$

4.4.2　抖动和漂移

同步网定时性能的一项重要指标为抖动和漂移。数字信号的抖动定义为数字信号的有效瞬间在时间上偏离其理想位置的短期变化，而数字信号的漂移定义为数字信号的有效瞬间在时间上偏离其理想位置的长期变化，因此抖动和漂移具有同样性质，即从频率角度衡量定时信号的变化，通常把往复变化频率超过 10 Hz 的称为抖动，而将小于 10 Hz 的相位变化称为漂移。

在实际系统中，数字信号的抖动和漂移受外界环境和传输的影响，也受时钟自身老化和噪声的影响，一般在节点设备中对抖动具有良好的过滤功能，但是漂移是非常难以滤除的。漂移产生源主要包括时钟、传输媒介及再生器等，随着传递距离的增加，漂移将不断累积。

ITU-T 建议 G.823 规定了"基于 2048 kb/s"系列的数字网中抖动和漂移的控制，这对数字网抖动和漂移指标的制定和分配，数字网设备设计参数的确定，特别是网同步中帧调整器设计参数的确定有重要参考价值。

4.4.3　时间间隔误差

定时精度通常都用频率误差来表示，但对于交换机的定时精度，受到限制的是帧调整器中缓冲存储器溢出或取空的速度，显然用相位误差或时间误差来表示更合适。但是，相位误差与工作频率有关，而时间误差与工作频率无关，因此时间误差更适合于描述交换机节点的定时要求。同时，考虑到长期和短期的定时精度并不相同，又加入了测量时间间隔这一因素，因此定时要求将用时间间隔误差(TIE)这一概念来描述。

时间间隔误差是在特定的时间周期内，给定的定时信号与理想定时信号的相对时延变化，通常用 ns、μs 或单位时间间隔 UI 来表示。

考虑到在较长的测量周期内时间间隔误差主要是由定时信号的频率误差引起的，而在较短的测量周期内时间间隔误差主要是由定时信号的抖动和漂移等因素引起的。因此，时间间隔误差用频率误差和抖动(或漂移)成分的两项内容之和来描述：

$$TIE(s)= (\Delta f/f) \cdot s + \tau$$

其中，$\Delta f/f$ 为相对频偏，τ 为时间抖动和漂移，s 为观察时间。

4.5　我国的同步网

我国数字网的网同步方式是分布式的、多个基准时钟控制的全同步网。国际通信时，以准同步方式运行。其定时准确度可达 1×10^{-12}，全国数字同步骨干网网络组织示意图如图 4.14 所示。组网的方式是采用多基准的全同步网方案。

第一级是基准时钟，由铯(原子)钟或 GPS 配铷钟组成。它是数字网中最高等级的时钟，是其他所有时钟的惟一基准。在北京国际通信大楼安装三组铯钟，武汉长话大楼安装两组超高精度铯钟及两个 GPS，这些都是超高精度一级基准时钟(PRC: Primary Reference Clock)。

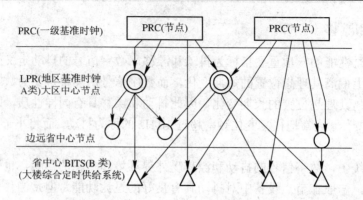

图 4.14　全国数字同步骨干网络组织示意图

第二级为有保持功能的高稳时钟(受控铷钟和高稳定度晶体钟)，分为 A 类和 B 类。上海、南京、西安、沈阳、广州、成都等六个大区中心及乌鲁木齐、拉萨、昆明、哈尔滨、海口等五个边远省会中心配置地区级基准时钟(LPR：Local Primary Reference，二级标准时钟)，此外还增配 GPS 定时接收设备，它们均属于 A 类时钟。全国 30 个省、市、自治区中心的长途通信大楼内安装的大楼综合定时供给系统，以铷(原子)钟或高稳定度晶体钟作为二级 B 类标准时钟。今后各省中心也逐步增配 GPS 做各地区基准信号源。

　　A 类时钟通过同步链路直接与基准时钟同步，并受中心局内的局内综合定时供给设备时钟同步。B 类时钟，应通过同步链路受 A 类时钟控制，间接地与基准时钟同步，并受中心内的局内综合定时供给设备时钟同步。

　　各省间的同步网划分为若干个同步区，(见图 4.15(a))。同步区是同步网的最大子网，可作为一个独立的实体对待。也可以接收与其相邻的另一个同步区的基准作为备用，见图 4.15(b)。

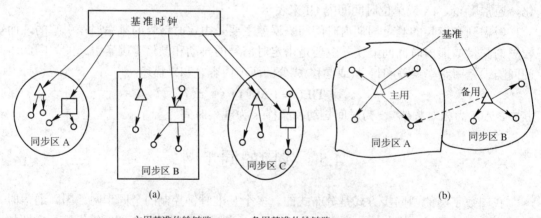

—— 主用基准传输链路；------ 备用基准传输链路；
△ 有二级A类时钟的长途交换中心；□ BITS；○ 有二级 B 类时钟的长途交换中心

图 4.15　同步区示意图

　　各省内设置在汇接局(Tm)和端局(C5)的时钟是第三级时钟，采用有保持功能的高稳定度晶体时钟，其频率偏移率可低于二级时钟。通过同步链路与第二级时钟或同等级时钟同步，需要时可设置局内综合定时供给设备。

第四级时钟是一般晶体时钟，通过同步链路与第三级时钟同步，设置在远端模块、数字终端设备和数字用户交换设备当中。

思 考 题

1. 什么是同步？数字网为什么需要同步？
2. 同步网传送定时基准的方法有哪些？
3. 数字网同步方式有几种？各有何特点？
4. 说明 BITS 的组成和各部分功能。
5. 利用基本的网同步方法，可以组成哪些结构同步网？
6. 数字同步网的技术指标有哪些？
7. 数字通信中的滑码是如何产生的？滑码对通信有什么影响？
8. 什么是抖动和漂移？它们的存在对数字通信系统有何影响？
9. 叙述我国同步网的等级和结构。

第5章　电话通信网

公用电话交换网(PSTN：Public Switching Telephone Network)是用来进行交互型话音通信的、开放电话业务的公众网，简称电话网。电话网作为世界上发展最早的通信网络，已经有100多年的历史，经历了从模拟网络到模数混合网再到综合数字网的发展过程。它同时也是普及率最高，业务量最大，覆盖范围最广的网络。

本章主要介绍电话网的构成要素，网中的核心设备(电话交换机的组成及工作原理)，电话网的网络结构，路由设置及路由选择，编号计划，计费方式，服务质量等，并给出了电话网中业务的实现过程。最后一节将介绍传统电话网非常重要的一个扩展：智能网的功能结构和工作原理。

5.1　电话网的基本概念

5.1.1　电话网的构成要素

从设备上讲，一个完整的电话网是由用户终端设备、交换设备和传输系统三部分组成的，如图5.1所示。

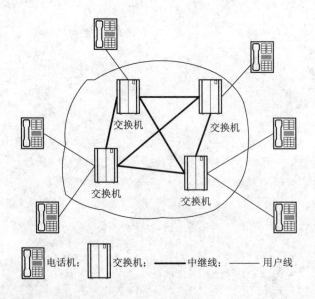

图 5.1　电话网的构成

1. 用户终端设备

电话网中的用户终端设备即电话机，是用户直接使用的工具，主要完成将用户的声音信号转换成电信号或将电信号还原成声音信号。同时，电话机还具有发送和接收电话呼叫的能力，用户通过电话机拨号来发起呼叫，通过振铃知道有电话呼入。用户终端可以是送出模拟信号的脉冲式或双音频电话机，也可以是数字电话机，还可能是各种传真机。

2. 交换设备

电话网中的交换设备称为电话交换机，主要负责用户信息的交换。它要按用户的呼叫要求给两个用户之间建立交换信息的通道，即具有连接功能。此外，交换机还具有控制和监视的功能。比如，它要及时发现用户摘机、挂机，还要完成接收用户号码、计费等功能。

3. 传输系统

传输系统负责在各交换点之间传递信息。在电话网中，传输系统包括用户线和中继线。用户线负责在电话机和交换机之间传递信息，而中继线则负责在交换机之间进行信息的传递。传输介质可以是有线的也可以是无线的，传送的信息可以是模拟的也可以是数字的，传送的形式可以是电信号也可以是光信号。

5.1.2　电话网的特点

1. 话音业务的特点

电话网的主要业务是话音业务，下面我们先来分析话音业务具有的特点，具体如下：

(1) 速率恒定且单一。用户的话音经过抽样、量化、编码后，都形成了 64 kb/s 的速率，网中只有这单一的速率。

(2) 话音对丢失不敏感。也就是说，话音通信中，可以允许一定的丢失存在，因为话音信息的相关性较强，可以通过通信的双方用户来恢复。

(3) 话音对实时性要求较高。话音通信中，双方用户希望像面对面一样进行交流，而不能忍受较大的时延。

(4) 话音具有连续性。通话双方一般是在较短时间内连续地表达自己的通信信息。

2. 电话网的特点

从设计思路上看，电话网一开始的设计目标很简单，就是要支持话音通信，因此话音业务的特点也就决定了电话网的技术特征。

归纳起来，电话网的特点有以下几点：

(1) 同步时分复用。在电话网中，广泛采用同步时分复用方式。它是将多个用户信息在一条物理传输媒介上以时分的方式进行复用，来提高线路利用率。在复用时，每个用户在一帧中只能占用一个时隙，且是固定的时隙，因此每个用户所占的带宽是固定的。这一点与话音通信的恒定速率是相适应的。

(2) 同步时分交换。在交换时，直接将一个用户所在时隙的信息同步地交换到对端用户所在时隙中，以完成两用户之间话音信息的交换。

(3) 面向连接。在用户开始呼叫时，要为两用户之间建立起一条端到端的连接，并进行资源的预留(预留时隙)。这样，在进行用户信息传输时，不需要再进行路由选择和排队过程，因此时延非常小。电路交换的基本过程包括呼叫建立、信息传输(通话)和连接释放三个阶段,如图 5.2 所示。

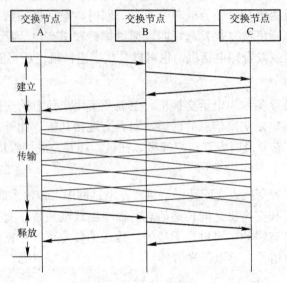

图 5.2　电路交换的基本过程

(4) 对用户数据透明传输。透明是指对用户数据不做任何处理,因为话音数据对丢失不敏感,因此网络中不必对用户数据进行复杂的控制(如差错控制、流量控制等),可以进行透明传输。

从以上几点可以看出,面向连接的电路交换方式是最适合于话音通信的。传统的电话网只提供话音业务,均采用电路交换技术。因此,电话网又叫做电路交换网,它是电路交换网的典型例子。

5.2　电话交换机

电话交换机是电话网中的核心设备。如上所述,电话交换机采用电路交换技术,其主要功能有接口功能、交换功能、信令功能和控制功能等,完成电话网中用户的接入、信息的交换、通信链路的建立与拆除等。现代的电话交换机采用存储程序控制的数字交换机,简称数字程控交换机。

5.2.1　交换机的硬件基本结构

数字程控交换机的硬件结构可划分为话路子系统和控制子系统两部分,如图 5.3 所示。

1. 话路子系统

话路子系统包括用户模块、远端用户模块、数字中继、模拟中继、信令设备、交换网络等部件。

1) 用户模块

用户模块通过用户线直接连接用户的终端设备,主要功能是向用户终端提供接口电路,完成用户话音的模/数、数/模转换和话务集中,以及对用户侧的话路进行必要的控制。

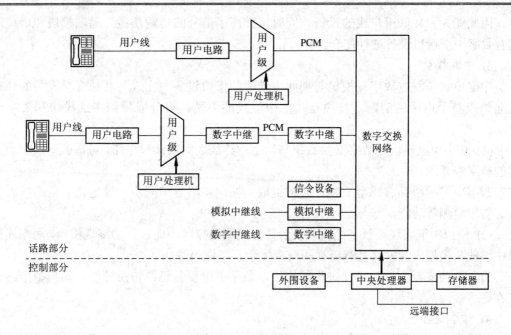

图 5.3　数字程控交换机硬件功能结构

用户模块包括两部分：用户电路和用户级。

(1) 用户电路(LC：Line Circuit)是数字程控交换机连接用户线的接口电路。目前电话网中绝大多数用户都是模拟用户，采用模拟用户电路。

数字交换系统模拟用户电路的功能可归纳为 BORSCHT，如图 5.4 所示。BORSCHT 的含义为 B：馈电；O：过压保护；R：振铃；S：监视；C：编译码；H：混合电路(2 / 4 线转换)；T：测试。

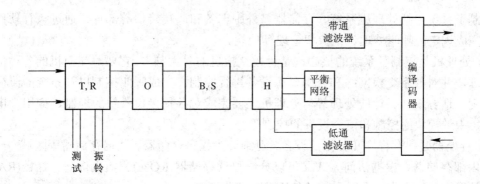

图 5.4　实现 BORSCHT 功能的用户电路

(2) 用户级完成话务集中的功能，一群用户经用户级后以较少的链路接至交换网络，来提高链路的利用率。

2) 远端用户模块

远端用户模块是现代程控数字交换机所普遍采用的一种外围模块，通常设置在远离交换局(母局)的用户密集的区域。它的功能与用户模块相同，但通常与母局间采用数字链路传输，因此能大大降低用户线的投资，同时也提高了信号的传输质量。远端模块和母局间需要有数字中继接口设备进行配合。

3) 中继模块

中继模块是程控数字交换机与局间中继线的接口设备，完成与其他交换设备的连接，从而组成整个电话通信网。按照连接的中继线的类型，可分成模拟中继模块和数字中继模块。

(1) 数字中继模块是数字交换系统与数字中继线之间的接口电路，可适配一次群或高次群的数字中继线。

数字中继模块具有码型变换、时钟提取、帧同步与复帧同步、帧定位、信令插入和提取、告警检测等功能。

(2) 模拟中继模块是数字交换系统为适应局间模拟环境而设置的终端接口，用来连接模拟中继线。模拟中继模块具有监视和信令配合、编译码等功能。

目前，随着全网的数字化进程的推进，数字中继设备已经普及应用，而模拟中继设备正在逐步被淘汰。

4) 信令设备

信令设备提供程控交换机在完成话路接续过程中所必需的各种数字化的信号音、接收双音多频话机发出的 DTMF 信号、接收和发送各种信令信息等。根据功能可以分为 DTMF 收号器、随路记发器信令的发送器和接收器、信号音发生器、No.7 信令系统的信令终端等设备。

5) 交换网络

交换网络是话路系统的核心，各种模块均连接在交换网络上。交换网络可在处理机控制下，在任意两个需要通话的终端之间建立一条通路，即完成连接功能。

2. 控制子系统

控制子系统包括处理机系统、存储器、外围设备和远端接口等部件，通过执行软件系统，来完成规定的呼叫处理、维护和管理等功能。

(1) 处理机是控制子系统的核心，是程控交换机的"大脑"。它要对交换机的各种信息进行处理，并对数字交换网络和公用资源设备进行控制，完成呼叫控制以及系统的监视、故障处理、话务统计、计费处理等。处理机还要完成对各种接口模块的控制，如用户电路的控制、中继模块的控制和信令设备的控制等。

(2) 存储器是保存程序和数据的设备，可细分为程序存储器、数据存储器等区域。一般指的是内部存储器，根据访问方式又可以分成只读存储器(ROM)和随机访问存储器(RAM)等，存储器容量的大小会对系统的处理能力产生影响。

(3) 外围设备包括计算机系统中所有的外围部件：输入设备包括键盘、鼠标等；输出设备包括显示设备、打印机等；此外也包括各种外围存储设备，如磁盘、磁带和光盘等。

(4) 远端接口包括到集中维护操作中心(CMOC：Centralized Maintenance & Operation Center)、网管中心、计费中心等的数据传送接口。

5.2.2　交换机的运行软件

1．运行软件的组成

运行软件又称联机软件，是指存放在交换机处理机系统中，对交换机的各种业务进行处理的程序和数据的集合。根据功能不同，运行软件系统又可分为操作系统、数据库系统和应用软件系统三部分，如图 5.5 所示。

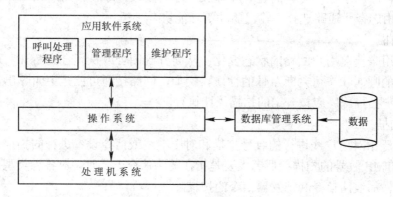

图 5.5　运行软件的组成

1）操作系统

操作系统是处理机硬件与应用程序之间的接口，用来对系统中的所有软硬件资源进行管理。程控交换机应配置实时操作系统，以便有效地管理资源和支持应用软件的执行。操作系统主要具有任务调度、通信控制、存储器管理、时间管理、系统安全和恢复等功能。

2）数据库系统

数据库系统对软件系统中的大量数据进行集中管理，实现各部分软件对数据的共享访问，并提供数据保护等功能。

3）应用软件系统

应用软件系统通常包括呼叫处理程序、维护和管理程序。

呼叫处理程序主要用来完成呼叫处理功能，包括呼叫的建立、监视、释放和各种新业务的处理。在这个过程中，要监视主叫用户摘机，接收用户拨号数字，进行号码分析，接通通话双方，监视双方状态，直到双方用户全部挂机为止。

维护和管理程序的主要作用是对交换机的运行状况进行维护和管理，包括及时发现和排除交换机软硬件系统的故障，进行计费管理，管理交换机运行时所需的数据，统计话务数据等功能。

4）数据

在程控交换机中，所有有关交换机的信息都是通过数据来描述的，如交换机的硬件配置、使用环境、编号方案、用户当前状态、资源(如中继、路由等)的当前状态、接续路由地址等。

根据信息存在的时间特性，数据可分为半固定数据和暂时性数据两类。

半固定数据用来描述静态信息，它有两种类型：一种是与每个用户有关的数据，称为用户数据；另一种是与整个交换局有关的数据，称为局数据，这些数据在安装时一经确定，一般较少变动，因此也叫做半固定数据。半固定数据可由操作人员输入一定格式的命令加以修改。

暂时性数据用来描述交换机的动态信息，这类数据随着每次呼叫的建立过程不断产生变化，呼叫接续完成后也就没有保存的必要了，如忙闲信息表、事件登记表等。

2. 呼叫处理程序

呼叫处理程序用于控制呼叫的建立和释放。呼叫处理程序包括用户扫描、信令扫描、数字分析、路由选择、通路选择、输出驱动等功能块。

1) 用户扫描

用户扫描用来检测用户回路的状态变化：从断开到闭合或从闭合到断开。从状态的变化和用户原有的呼叫状态可判断事件的性质。例如，回路接通可能是主叫呼出，也可能是被叫应答。用户扫描程序应按一定的扫描周期执行。

2) 信令扫描

信令扫描泛指对用户线进行的收号扫描和对中继线或信令设备进行的扫描。前者包括脉冲收号或 DTMF 收号的扫描；后者主要是指在随路信令方式时，对各种类型的中继线和多频接收器所做的线路信令和记发器信令的扫描。

3) 数字分析

数字分析的主要任务是根据所收到的地址信令或其前几位判定接续的性质，例如判别本局呼叫、出局呼叫、汇接呼叫、长途呼叫、特种业务呼叫等。对于非本局呼叫，从数字分析和翻译功能通常可以获得用于选路的有关数据。

4) 路由选择

路由选择的任务是确定对应于呼叫去向的中继线群，从中选择一条空闲的出中继线，如果线群全忙，还可以依次确定各个迂回路由并选择空闲中继线。

5) 通路选择

通路选择在数字分析和路由选择后执行，其任务是在交换网络指定的入端与出端之间选择一条空闲的通路。软件进行通路选择的依据是存储器中链路忙闲状态的映象表。

6) 输出驱动

输出驱动程序是软件与话路子系统中各种硬件的接口，用来驱动硬件电路的动作，例如驱动数字交换网络的通路连接或释放，驱动用户电路中振铃继电器的动作等。

5.2.3 交换机的交换原理

如前所述，交换机的作用包括接入、交换、信令和控制等功能。其中，交换功能是交换系统最重要的功能之一，也是最基本的功能。

交换功能是由交换网络在控制系统的控制下完成的。数字交换系统的交换过程，如图5.6 所示。

在数字交换机中，每个用户都占用一个 PCM 系统的一个固定的时隙，用户的话音信息就装载在这个时隙之中。例如在图 5.6 中的甲、乙两个用户，甲用户的发话信息或受话信息都是固定使用 PCM1 的时隙 10(TS10)，而乙用户的发话信息或受话信息都是固定使用 PCM2的 TS20。

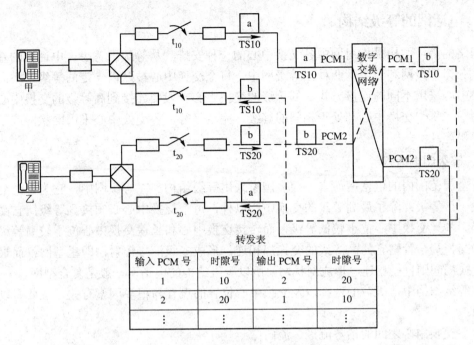

转发表

输入 PCM 号	时隙号	输出 PCM 号	时隙号
1	10	2	20
2	20	1	10
⋮	⋮	⋮	⋮

图 5.6 交换网络工作原理

当两用户要建立呼叫时，就要根据两用户所使用的 PCM 线号和时隙号，在交换网络的内部建立通路,使用户信息从网络入端沿着已建立的通道流向网络出端完成交换。交换网络的内部通路被称为连接，对连接的控制是通过一张叫做"转发表"的表格实现的。

如图 5.6 所示，当这两个用户互相通话时，甲用户的话音信息 a 在 TS10 时隙的时候由 PCM1 送至数字交换网络，数字交换网要按照输入 PCM 线号和时隙号查转发表，得到输出端的 PCM 线号和时隙号：PCM2 的 TS20，数字交换网络就将信息 a 交换到 PCM2 的 TS20 时隙上，这样在 TS20 时隙到来时，就可以将 a 取出送至乙用户。同样的，乙用户的话音信息 b 也必须在 TS20 时隙时由 PCM2 送至数字交换网络，数字交换网络将其交换到 PCM1 的 TS10 时隙上，而在 TS1 时隙到来时取出 b 送至甲用户，这样就完成了两用户之间的信息的交换。

如果是在两个或多个交换机之间通信，还需要一张"路由表"，选择路由表中的路由，可以建立交换机之间的连接，这方面的内容我们将在 5.4 节中介绍。

5.3 电话网的网络结构

网络结构是电话网的主要技术之一，它包括各个交换中心的位置、级别、选路规则，以及以一定规则连接交换中心的路由，以达到经济、合理、高效、优质的疏通用户之间的话务。

若用拓扑学来描述电话网，那么交换设备即为网中的节点，传输设备为网中的连线。电话网的网络结构即网中节点的级别设置以及它们之间的互连方式。网络结构的确定关系到网络所提供的服务质量、投资维护的费用，因此要选择合适的电话网结构。

5.3.1　电话网的等级结构

网络的等级结构是指对网中各交换中心的一种安排。从等级上考虑，电话网的基本结构形式分为等级网和无级网两种。等级网中，每个交换中心被赋以一定的等级，不同等级的交换中心采用不同的连接方式，低等级的交换中心一般要连接到高等级的交换中心。在无级网中，每个交换中心都处于相同的等级，完全平等，各交换中心采用网状网或不完全网状网相连。

1.　等级制电话网

就全国范围内的电话网而言，很多国家采用等级结构。在等级网中，它为每个交换中心分配一个等级；除了最高等级的交换中心以外，每个交换中心必须接到等级比它高的交换中心。本地交换中心位于较低等级，而转接交换中心和长途交换中心位于较高等级。低等级的交换局与管辖它的高等级的交换局相连，形成多级汇接辐射网即星型网；而最高等级的交换局间则直接相连，形成网状网。所以等级结构的电话网一般是复合型网。

在等级结构中，级数的选择以及交换中心位置的设置与很多因素有关，主要有以下几个方面：

- 各交换中心之间的话务流量、流向；
- 全网的服务质量，例如接通率、接续时延、传输质量、可靠性等；
- 全网的经济性，即网的总费用问题、交换设备和传输设备的费用比等；
- 运营管理因素；
- 另外还应考虑国家的幅员，各地区的地理状况，政治、经济条件以及地区之间的联系程度等因素。

2.　我国电话网结构

我国电话网目前采用等级制，并将逐步向无级网发展。早在 1973 年电话网建设初期，鉴于当时长途话务流量的流向与行政管理的从属关系互相一致，大部分的话务流量是在同区的上下级之间，即话务流量呈现出纵向的特点，原邮电部规定我国电话网的网络等级分为五级，包括长途网和本地网两部分。长途网由大区中心 C1、省中心 C2、地区中心 C3、县中心 C4 等四级长途交换中心组成，本地网由第五级交换中心即端局 C5 和汇接局 Tm 组成。等级结构如图 5.7 所示。

这种结构在电话网由人工到自动、模拟到数字的过渡中起了很好的作用，但在通信事业快速发展的今天，其存在的问题也日趋明显。就全网的服务质量而言，

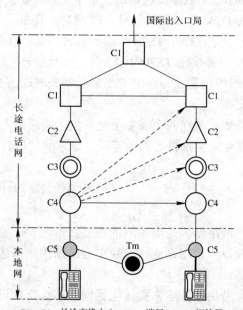

C1～C4—长途交换中心；C5—端局；Tm—汇接局

图 5.7　五级电话网结构

其问题主要表现为如下几个方面：

(1) 转接段数多。如两个跨地区的县用户之间的呼叫，须经 C2、C3、C4 等多级长途交换中心转接，接续时延长，传输损耗大，接通率低。

(2) 可靠性差。一旦某节点或某段电路出现故障，将会造成局部阻塞。

随着社会和经济的发展，电话普及率的提高，以及非纵向话务流量日趋增多，要求电话网的网络结构要不断地发生变化才能满足要求；电信基础网络的迅速发展使得电话网的网络结构发生变化成为可能，并符合经济合理性；同时，电话网自身的建设也在不断地改变着网络结构的形式和形态。目前，我国的电话网已由五级网向三级网过渡，其演变推动力有以下两个：

(1) 随着 C1、C2 间话务量的增加，C1、C2 间直达电路增多，从而使 C1 局的转接作用减弱，当所有省会城市之间均有直达电路相连时，C1 的转接作用完全消失，因此，C1、C2 局可以合并为一级。

(2) 全国范围的地区扩大本地网已经形成，即以 C3 为中心形成扩大本地网，因此 C4 的长途作用也已消失。

三级网网络结构如图 5.8 所示。三级网也包括长途网和本地网两部分，其中长途网由一级长途交换中心 DC1、二级长途交换中心 DC2 组成，本地网与五级网类似，由端局 DL 和汇接局 Tm 组成。

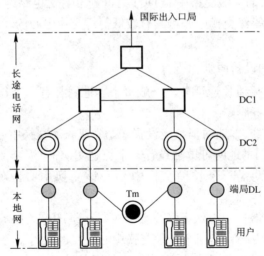

图 5.8　三级网等级结构图

5.3.2　国内长途电话网

长途电话网由各城市的长途交换中心、长市中继线和局间长途电路组成，用来疏通各个不同本地网之间的长途话务。长途电话网中的节点是各长途交换局，各长途交换局之间的电路即为长途电路。

1. 长途网等级结构

二级长途网的结构如图 5.9 所示。二级长途网由 DC1、DC2 两级长途交换中心组成，为复合型网络。

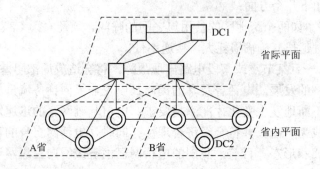

图 5.9　二级长途电话网网络结构

DC1 为省级交换中心，设在各省会城市，由原 C1、C2 交换中心演变而来，主要职能是疏通所在省的省际长途来话、去话业务，以及所在本地网的长途终端业务。

DC2 为地区中心，设在各地区城市，由原 C3、C4 交换中心演变而来，主要职能是汇接所在本地网的长途终端业务。

二级长途网中，形成了两个平面。DC1 之间以网状网相互连接，形成高平面，或叫做省际平面。DC1 与本省内各地市的 DC2 局以星状相连，本省内各地市的 DC2 局之间以网状或不完全网状相连，形成低平面，又叫做省内平面。同时，根据话务流量流向，二级交换中心 DC2 也可与非从属的一级交换中心 DC1 之间建立直达电路群。

要说明的是，较高等级交换中心可具有较低等级交换中心的功能，即 DC1 可同时具有DC1、DC2 的交换功能。

2. 长途交换中心的设置原则

长途交换中心用来疏通长途话务，一般每个本地网都有一个长途交换中心。在设置长途交换中心时应遵循以下原则：

省会(自治区、直辖市)本地网至少应设置一个省级长途交换中心，且采用可扩容的大容量长途交换系统。地(市)本地网可单独设置一个长途交换中心，也可与省(自治区)内地理位置相邻的本地网共同设置一个长途交换中心，该交换中心应使用大容量的长途交换系统。

随着长途业务量的增长，为保证网络安全可靠，经济有效地疏通话务，允许在同一本地网设置多个长途交换中心。当一个长途交换中心汇接的忙时话务量达到 6000～8000 Erl(或交换机满容量时)，且根据话务预测两年内该长途交换中心汇接的忙时话务量将达到12 000 Erl 以上时，可以设第二个长途交换中心；当已设的两个长途交换中心所汇接的长途话务量已达到 20 000 Erl 以上时，可安排引入多个长途交换中心。

直辖市本地网内设一个或多个长途交换中心时，一般均设为 DC1(含 DC2 功能)。省(自治区)本地网内设一个或两个长途交换中心时，均设为 DC1(含 DC2 功能)；设三个及三个以上长途交换中心时，一般设两个 DC1 和若干个 DC2。地(市)本地网内设长途交换中心时，所有长途交换中心均设为 DC2。

3. 无级长途网简介

无级网是指网中所有交换中心不分等级，完全平等，各长途交换机利用计算机控制可以在整个网络中灵活选择最经济、最空闲的通路，即在任何时候都可以充分利用网络中的空闲电路疏通业务。而且，在完成同样的接续中，可选择的路由及选择的顺序随时间或网中负荷的变化而变动。可以看出，无级网的优越性在于灵活性和自适应性，从而大大地提高了接通率。同时，网络结构的简单又使设计和管理简化，节省费用，降低投资。但它对网络的发达程度和设备之间的配合要求特别高，是网络运行的理想情况。

从 20 世纪 80 年代中期开始，一些发达国家的长途交换网络均进行了结构变革，采用了长途无级结构。美国在 1984 年成为世界上第一个在长途网上采用无级网的国家，从而打破了长途交换网分为若干级的传统网络组织原则。网络结构的简化提高了长途交换网的网络性能，从而使运营者从中获得了巨大的效益。但对于发展中国家来说，必须要有充分的时间和投资进行网络改造和技术更新，因此是一个长期的过程。

从我国长途电话网络结构的演变历史与发展趋势来看，总的目标和要求是一致的，都是为了使网络结构更加清晰、简化，使网络资源更加均衡合理，运行效率充分提高，使网络管理工作迈上新台阶，这也是网络的发展对网络等级结构发挥宏观指导作用的主要表现。根据无级网本身的特点和国外发展的经验，结合我国电话网规模庞大，各地话务负荷不均匀的特点，我国长话网络结构的发展趋势是无级网。但要实现无级网困难很大，应在网络组织工作中减少交换节点和机型，多开 DC1、DC2 两个平面上和平面之间的直达电路，积极创造条件，尽早与世界先进技术和网络接轨。

5.3.3　本地电话网

本地电话网简称本地网，是指在同一长途编号区范围内的所有终端、传输、交换设备的集合，用来疏通本长途编号区范围内任何两个用户间的电话呼叫。

1. 本地网的交换等级划分

本地网可以仅设置端局 DL，但一般是由汇接局 Tm 和端局 DL 构成的两级结构。汇接局为高一级，端局为低一级。

端局是本地网中的第二级，通过用户线与用户相连，它的职能是疏通本局用户的去话和来话业务。根据服务范围的不同，可以有市话端局、县城端局、卫星城镇端局和农话端局等，分别连接市话用户、县城用户、卫星城镇用户和农村用户。

汇接局是本地网的第一级，它与本汇接区内的端局相连，同时与其他汇接局相连，它的职能是疏通本汇接区内用户的去话和来话业务，还可疏通本汇接区内的长途话务。有的汇接局还兼有端局职能，称为混合汇接局(Tm / DL)。汇接局可以有市话汇接局、市郊汇接局、郊区汇接局和农话汇接局等几种类型。

2. 本地网等级结构

依据本地网规模大小和端局的数量，本地网结构可分为两种：网状网结构和二级网结构。

1) 网状网结构

网状网结构中仅设置端局，各端局之间个个相连组成网状网。网络结构如图 5.10 所示。

网状网结构主要适用于交换局数量较少，各局交换机容量大的本地电话网。现在的本地网中已很少用这种组网方式。

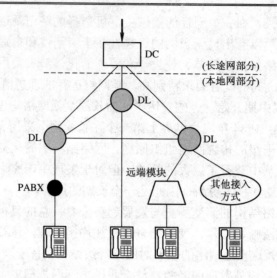

图 5.10　网状网结构的本地网

2) 二级网结构

本地电话网中设置端局 DL 和汇接局 Tm 两个等级的交换中心，组成二级网结构。二级网的基本结构如图 5.11 所示。

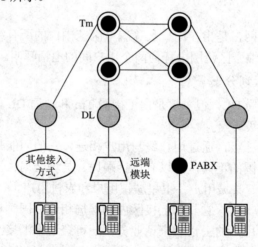

图 5.11　本地网二级网结构

二级网结构中，各汇接局之间个个相连组成网状网，汇接局与其所汇接的端局之间以星状网相连。在业务量较大且经济合理的情况下，任一汇接局与非本汇接区的端局之间或者端局与端局之间也可设置直达电路群。

在经济合理的前提下，根据业务需要在端局以下还可设置远端模块、用户集线器或用户交换机，它们只和所从属的端局之间建立直达中继电路群。

二级网中各端局与位于本地网内的长途局之间可设置直达中继电路群，但为了经济合理和安全、灵活地组网，一般在汇接局与长途局之间设置低呼损直达中继电路群，作为疏通各端局长途话务之用。

二级网组网时，可以采取分区汇接或集中汇接。当网上各端局间话务量较小时，可按二级网基本结构组成来、去话分区汇接方式的本地网。当各端局容量增加、局间话务流量增大时，在技术经济合理的条件下，为简化网络组织，可组成去话汇接方式、来话汇接方式或集中汇接方式的二级网。限于篇幅，这里不再详述，有兴趣的读者可查阅相关资料。

3. 电话网中用户的接入

电话网中用户的接入方式大致有传统双绞铜线接入、光纤接入、无线接入等几种，根据不同的适用场合用户可以采用不同的接入方法。

1) 传统铜线接入

目前我国绝大多数用户是通过双绞铜线接入交换机的，每个交换局的服务半径通常在 5 km 以内，城市密集区则为 2~3 km。从用户终端到交换局的配线架之间的线路一般称为用户线路。用户线路网的结构如图 5.12 所示，包括主干电缆、配线电缆和用户引入线三部分，用户线路网一般采用树形结构。

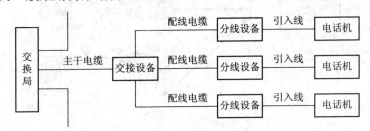

图 5.12 用户线路网结构图

这种传统的用户环路已经沿用了一百多年，特别适合于用户密集的城市地区。由于市话用户线的平均长度较短，且用户较密集，双绞铜线用户线的综合造价较低，因此在城市中采用这种有线接入方式是比较适合的。

为了提高用户线的利用率，降低用户线的投资，在本地网的用户线上可以采用一些延伸设备，包括远端模块、用户集线器、用户交换机等。这些设备一般装在离交换局较远的用户集中区，目的是为了集中用户线的话务量，提高线路设备的利用率和降低线路设备的成本，但仍属于传统双绞铜线接入方式。

传统双绞铜线接入的缺点在于：用户回路采用音频传输，其利用率很低；同时用户环路的传输距离和带宽受到很大的制约，其传输带宽不利于支持非话音业务，更难以支持宽带业务；当用户比较分散时，用户环路的费用明显上升，因此这种方式不大适合用户分散的情况，特别是地理环境复杂的农村，如山区等地方。当用户距离交换机超过 5 km 时，会遇到高环阻的困难，通话质量无法保证，必须引入光纤接入或无线接入的方式。

2) 无线用户环路

目前我国城市电话普及率比较高，而农村电话普及率则相对较低，农话市场存在着巨大的需求潜力。由于农村用户比较分散，用户线距离长，地形复杂，维护不便，因此传统有线接入难以解决或费用较高。而无线用户环路由于安装快捷，扩容方便，维护费用低等特点，适用于平原、丘陵、山区的农村通信，因此，近年来无线用户环路在我国得到了广泛应用。

无线用户环路是一种提供基本电话业务的数字无线接入系统，是目前应用最广泛的一种无线接入技术，从交换端局到用户终端可以部分或全部采用无线手段。其网络侧有标准的有线接入二线模拟接口或 2 Mb/s 数字接口，可直接与本地交换机相连；在用户侧与普通电话机相连，主要特点是以无线技术为传输媒介向用户提供固定终端业务服务。无线用户环路上的用户基本上是固定终端用户或移动性有限的终端用户。

　　无线用户环路由三部分组成，即由控制中心、基站和用户终端设备组成。无线用户环路一般与电话网相连并作为它的一部分。图 5.13 所示为无线用户环路的典型结构。

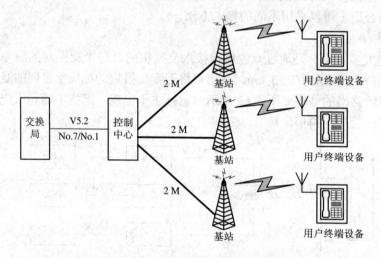

图 5.13　无线用户环路的典型结构

　　控制中心负责对无线信道进行分配，并提供系统与交换机之间的信令接口与语音转换；基站提供与用户终端设备相连的无线收发信道；用户终端用以连接各种通信终端设备，如电话、传真机等。

　　控制中心利用标准的 2 Mb/s 链路与基站连接，同时通过 V5.2 接口与本地交换机相连。控制中心具有灵活的局向设定功能，各基站可设置不同局向。同时，控制中心还用来保证各基站覆盖区域内用户号码与本地网中用户的编号保持一致。用户终端由天线和用户固定台构成，提供连接普通话机、传真机、调制解调器的 Z 接口，基站与用户终端之间采用无线接入方式。这样，可以经济地解决农村用户的接入，便于实现村村通电话。

　　3) 光纤接入系统方式

　　另外一种用户接入的方式是采用光纤接入系统。事实上，由于光传输技术的日趋成熟，光纤接入系统一般不仅仅用于电话接入，而是一个综合宽带接入系统，可以支持多种用户终端，如普通电话、数字数据网(DDN)和 CATV 等业务，近年来得到了极大的发展。关于宽带接入网见以后的章节，这里只介绍利用光纤进行电话用户的接入。

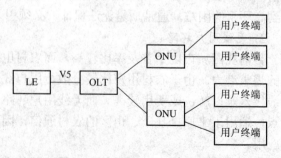

　　光纤接入系统的结构见图 5.14，主要包括光线路终端(OLT)、光网络单元(ONU)等部分。

图 5.14　光纤接入系统结构图

OLT 通过 V5 接口与本地交换机相连，通过光纤与 ONU 相连，它将交换机提供的电话业务经过光传输系统透明地传输至 ONU。ONU 提供与用户终端的接口，支持用户的业务。

从技术上比较，V5 接口接入系统较之传统的远端模块有诸多优点，因此，即使只有话音业务，很多分散的地方或小区仍采用 V5 接口接入系统来替代远端交换模块。

5.3.4 国际电话网

1. 国际电话网

国际电话网由国际交换中心和局间长途电路组成，用来疏通各个不同国家之间的国际长途话务。国际电话网中的节点称为国际电话局，简称国际局。用户间的国际长途电话通过国际局来完成，每一个国家都设有国际局。各国际局之间的电路即为国际电路。

2. 国际电话网络结构

国际网的网络结构如图 5.15 所示，国际交换中心分为 CT1、CT2 和 CT3 三级。各 CT1 局之间均有直达电路，形成网状网结构，CT1 至 CT2，CT2 至 CT3 为辐射式的星状网结构，由此构成了国际电话网的复合型基干网络结构。除此之外，在经济合理的条件下，在各 CT 局之间还可根据业务量的需要设置直达电路群，如图 5.15 所示。

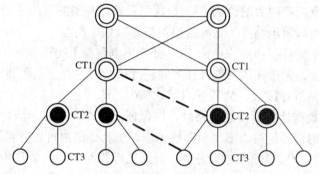

图 5.15 国际电话网结构

CT1 和 CT2 只连接国际电路，CT1 局是在很大的地理区域汇集话务的，其数量很少。在每个 CT1 区域内的一些较大的国家可设置 CT2 局。CT3 局连接国际和国内电路，它将国内和国际长途局连接起来，各国的国内长途网通过 CT3 进入国际电话网，因此 CT3 局通常称为国际接口局，每个国家均可有一个或多个 CT3 局。我国是大国，在北京和上海设置了两个国际局，并且根据业务需要还可设立多个边境局，疏通与港澳等地区间的话务量。

国际局所在城市的本地网端局与国际局间可设置直达电路群，该城市的用户打国际长途电话时可直接接至国际局，而与国际局不在同一城市的用户打国际电话则需要经过国内长途局汇接至国际局。

5.4 路 由 选 择

电话网中，当任意两个用户之间有呼叫请求时，网络要在这两个用户之间建立一条端到端的话音通路。当该通路需要经过多个交换中心时，交换机要在所有可能的路由中选择一条最优的路由进行接续，即进行路由选择。它负责将呼叫从源接续到宿，是任何一个网络的体系、规划和运营的核心部分。

5.4.1　路由的概念及分类

1. 路由的概念

电话网中的路由，是指在电话网中，源节点和目的节点之间建立的一个传送信息的通路。它可以由单段链路组成，也可以由多段链路经交换局串接而成。而所谓链路，是指两个交换中心节点间的一条直接电路或电路群。如图 5.16 所示，AB、BC 均为链路，交换局 A、B 之间的路由由单段链路 AB 组成，交换局 B、C 之间的路由由单段链路 BC 组成，而交换局 A、C 之间的路由则由链路 AB、BC 经交换局 B 串接而成。

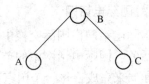

图 5.16　路由示意图

2. 路由的分类

电路是根据不同的呼损指标进行分类的。所谓呼损，简单讲，是指在用户发起呼叫时，由于网络或中继的原因导致电话接续失败，这种情况叫做呼叫被损失，简称呼损。它可以用损失的呼叫占总发起呼叫数的比例来描述(这只是表述呼损的方法之一)。按链路上所设计的呼损指标不同，可以将电路分为低呼损电路群和高效电路群。

低呼损电路群上的呼损指标应小于 1%，低呼损电路群上的话务量不允许溢出至其他路由。所谓不允许溢出，是指在选择低呼损电路进行接续时，若该电路拥塞，不能进行接续，也不再选择其他电路进行接续，故该呼叫就被损失，即产生呼损。因此，在网络规划过程中，要根据话务量数据计算所需的电路数，以保证满足呼损指标。而对于高效电路群则没有呼损指标，其上的话务量可以溢出至其他路由，由其他路由再进行接续。

路由也可以相应地按照呼损进行分类，分为低呼损路由和高效路由，其中低呼损路由包括基干路由和低呼损直达路由。若按照选择顺序分，则有首选路由和迂回路由。

1) 基干路由

基干路由由具有上下级汇接关系的相邻等级交换中心之间以及长途网和本地网的最高等级交换中心(指 C1 局、DC1 局或 Tm)之间的低呼损电路群组成。基干路由上的低呼损电路群又叫基干电路群。电路群的呼损指标是为保证全网的接续质量而规定的，应小于 1%，且话务量不允许溢出至其他路由。

2) 低呼损直达路由

直达路由是指由任意两个交换中心之间的电路群组成的，不经过其他交换中心转接的路由。低呼损直达路由由任意两个等级的交换中心之间的低呼损直达电路组成。两交换中心之间的低呼损直达路由可以疏通两交换中心间的终端话务，也可以疏通由这两个交换中心转接的话务。

3) 高效直达路由

高效直达路由由任意两个等级的交换中心之间的高效直达电路组成。高效直达路由上的电路群没有呼损指标，其上的话务量可以溢出至其他路由。同样地，两交换中心之间的高效直达路由可以疏通其间的终端话务，也可以疏通由这两个交换中心转接的话务。

4) 首选路由与迂回路由

当某一交换中心呼叫另一交换中心时，对目标局的选择可以有多个路由。其中第一次选择的路由称为首选路由，当首选路由遇忙时，就迂回到第二路由或者第三路由。此时，第二路由或第三路由称为首选路由的迂回路由。迂回路由一般是由两个或两个以上的电路群转接而成的。

对于高效直达路由而言，由于其上的话务量可以溢出，因此必须有迂回路由。

5) 最终路由

当一个交换中心呼叫另一交换中心，选择低呼损路由连接时不再溢出，由这些无溢出的低呼损电路群组成的路由，即为最终路由。最终路由可能是基干路由，也可能是低呼损直达路由，或部分基干路由和低呼损直达路由。

5.4.2　路由选择

1. 路由选择概述

路由选择也称选路(Routing)，是指一个交换中心呼叫另一个交换中心时在多个可能的路由中选择一个最优的。对一次呼叫而言，直到选到了可以到达目标局的路由，路由选择才算结束。

电话网的路由选择可以采用等级制选路和无级选路两种结构。所谓等级制选路是指路由选择是在从源节点到宿节点的一组路由中依次按顺序进行，而不管这些路由是否被占用。无级选路是指从源节点到宿节点的一组路由，在路由选择过程中，这些路由可以互相溢出而无先后顺序。

路由选择时，有固定路由选择计划和动态路由选择计划两种。固定选路计划是指交换机的路由表一旦生成后在相当长的一段时间内保持不变，交换机按照路由表内指定的路由进行选择。若要改变路由表，须人工进行参与。而动态选路计划是指交换机的路由表可以动态改变，通常根据时间、状态或事件而定，如每隔一段时间或一次呼叫结束后改变一次。这些改变可以是预先设置的，也可以是实时进行的。

2. 路由选择原则

不论采用什么方式进行选路，都应遵循一定的基本原则，主要有以下几方面：

(1) 要确保信息传输质量和信令信息的可靠传输；

(2) 有明确的规律性，确保路由选择中不会出现死循环；

(3) 一个呼叫连接中串接的段数应尽量少；

(4) 不应使网络设计或交换设备过于复杂；

(5) 能在低等级网络中疏通的话务量，尽量不在高等级交换中心疏通。

5.4.3　固定等级制选路规则

在等级制网络中，一般采用固定路由计划，等级制选路结构，即固定等级制选路。下面以我国电话网为例，介绍固定等级制选路规则。

1．长途网路由选择

我国长途网采用等级制结构，选路也采用固定等级制选路。这里，请注意区分这两个不同的概念，等级制结构是指交换中心的设置级别，而等级制选路则是指在从源节点到宿节点的一组路由中依次按顺序进行选择。依据有关体制，在我国长途网上实行的路由选择规则有：

(1) 网中任一长途交换中心呼叫另一长途交换中心时所选路由局向最多为三个。

(2) 路由选择顺序为先选直达路由，再选迂回路由，最后选最终路由。

(3) 在选择迂回路由时，先选择直接至受话区的迂回路由，后选择经发话区的迂回路由。所选择的迂回路由，在发话区是从低级局往高级局的方向(即自下而上)，而在受话区是从高级局往低级局的方向(即自上而下)。

(4) 在经济合理的条件下，应使同一汇接区的主要话务在该汇接区内疏通，路由选择过程中遇低呼损路由时，不再溢出至其他路由，路由选择即终止。

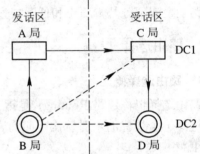

图 5.17 长途网路由选择示例

如图 5.17 所示的网络，按照上面的选路规则，B 局到 D、C 局的路由选择分别如下：

(1) B 局到 D 局有如下的路由选择顺序。

① 先选直达路由 B 局→D 局；

② 若直达路由全忙，再依次选迂回路由 B 局→C 局→D 局；

③ 最后选最终路由 B 局→A 局→C 局→D 局，路由选择结束。

(2) B 局到 C 局有如下的路由顺序：

① 先选直达路由 B 局→C 局；

② 若直达路由全忙，再选迂回路由 B 局→A 局→C 局，路由选择结束。此时，只有一条迂回路由，该迂回路由也是最终路由。

最后得到 B 局的路由表如表 5.1 所示。

表 5.1　B 局的路由表

终端局	直达路由	第一迂回路由	第二迂回路由
D	B→D	B→C→D	B→A→C→D
C	B→C	B→A→C	—

2．本地网路由选择

本地网路由选择规则如下：

① 先选直达路由，遇忙再选迂回路由，最后选基干路由。在路由选择中，当遇到低呼损路由时，不允许再溢出到其他路由上，路由选择结束。

② 数字本地网中，原则上端到端的最大串接电路数不超过三段，即端到端呼叫最多经过两次汇接。当汇接局间不能个个相连时，端至端的最大串接电路数可放宽到四段。

③ 一次接续最多可选择三个路由。

1) 网状网结构

网状网结构中，各端局之间都有低呼损直达电路相连，因此，端到端的来去话都由两端局间的低呼损直达路由疏通。

2) 二级网结构

如图 5.18 所示的网络，端局 A 呼叫端局 B 时，路由有如下选择顺序。

① 选高效直达路由 A→B；

② 直达路由全忙时，选迂回路由 A→Tm2→B；

③ 选迂回路由 A→Tm1→Tm2→B，选路结束。

A 局的路由表见表 5.2。

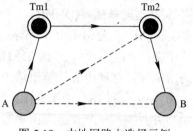

图 5.18　本地网路由选择示例

表 5.2　A 局的路由表

终端局	直达路由	第一迂回路由	第二迂回路由
B	A→B	A→Tm2→B	A→Tm1→Tm2→B

5.4.4　其他选路方法简介

1. 固定无级选路

根据相关技术体制，结合我国电话网络组织和运行管理的实际情况，长途二级网中将分别在省际交换中心 DC1 之间(高平面)以及省内的 DC2 之间(低平面)引入"固定无级"选路方式。"固定无级"是指选路计划采用"固定"，选路结构在同一平面采用"无级"的一种选路规则。这样，在平面内选路时，平面上的任一交换中心在满足一定原则条件时，均可作为其他两个交换中心之间迂回路由的转接点，并且呼叫在同一平面上所经的路由串接段数最多为 2。即在高平面内，各省的 DC1 可作为其他省的 DC1 之间迂回路由的转接点，发端局至目标局间的呼叫可以通过其他的 DC1 局进行迂回，并且这个迂回路由是预先确定好的，固定不变的；在低平面上，DC2 可作为省内其他 DC2 之间设置迂回路由的转接点，疏通少量的省内转接话务，低平面内发端局至目标局间的呼叫可以通过其他的 DC2 局进行迂回，这个迂回路由同样是预先确定好的，是固定的。

实施无级固定选路的基本条件是同一平面上各交换节点形成网状网。目前高平面已经具备了这个条件，有望在近期实现固定无级选路。低平面大部分省份目前还不具备这个条件，只有个别经济发达地区的省份，实现了 DC2 之间的网状相连，有望实现低平面无级固定选路。

2. 动态选路

动态路由选择是根据网络当前的状态信息进行选路的。这种状态信息可以是提前预设的，也可以是当时对网络进行测量的结果，前者的路由表是周期的，每隔一段时间(如一小时或 10 分钟等)改变一次，后者的路由表是由交换机根据测量结果实时进行改变的。

西方发达国家从 20 世纪 80 年代起就开始研究动态路由，比较典型的动态路由选择方法有动态无级选路(DNHR：Dynamic Non-Hierarchical Routing)、实时网络选路(RTNR：RealTime Network Routing)、动态受控选路(DCR：Dynamically Controlled Routing)、动态迂

回选路(DAR：Dynamic Alternate Routing)等。这些方法中有的采用预设的路由表，有的采用实时的路由表。我国对电话网动态路由选择的研究开始得比较晚，国内在这方面的研究基本上还处于学习理解和分析各种模型的阶段。这里我们对动态选路作简单介绍。

1) 动态无级选路(DNHR)

美国 AT&T 公司于 1987 年在美国长途网中用动态路由取代了原来的固定选路，使得网络效率提高，网络费用下降。DNHR 实现的前提是无级网(如二级网的高平面)。它采用了集中的路由表，并利用公共信道信令 CCS 从全网各个节点来收集和分配路由信息。

图 5.19 为 DNHR 的示意图，表 5.3 为 A 局到 B 局的路由。每一个交换机到其他节点的路由都有两类：一个直达路由和若干条迂回路由。如图 5.19 所示，节点 A 的迂回路由表中列出了当直达路由故障或全忙时从 A 点到 B 点可选的双链路的迂回路由 A→C→B，A→D→B 等，最多可以有 14 个迂回路由。在路由选择时，首先选择直达路由，若直达路由全忙，再按顺序选择表中的迂回路由。当第一条阻塞时，溢出到第二条路由，再次阻塞时，溢出到第三条路由，以此类推，直到选到一条可用的路由。在使用 DNHR 的网络中，具有曲回控制的能力。所谓曲回，是公共信道信令的一种消息功能，它允许将已阻塞的呼叫返回给发起

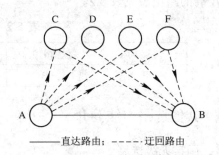

——直达路由；－－－－迂回路由

图 5.19　DNHR 示意图

方的交换机，以便在其他路由上进行迂回选路。在选择某一条路由时，若中间节点发现链路阻塞，不能进行接续时，可通知网络，网络再将该消息通知发端交换机，发端交换机选择路由表中的下一路由接续该呼叫。

表 5.3　A→B 局的路由

直达路由	第一迂回路由	第二迂回路由	…
A→B	A→C→B	A→D→B	…

路由表中迂回路由的顺序不是确定不变的，而是动态变化的，路由表的更新可以每小时进行一次。路由表中迂回路由顺序的设置有一个原则：尽量把业务分配给负荷较轻的路由，这依赖于网络对当时业务负荷的预测。显然，这种路由方法成功与否与业务量的预测是否准确有很大关系，对于小网络，业务量预测比较简单，而对于大型网络，业务量预测是非常困难的，这也是这种路由方法的缺点和问题所在。

2) 动态迂回选路(DAR)

英国电信公司 BT(British Telecom)使用动态迂回选路方法。动态迂回选路是一种自适应的选路策略，它选择迂回路由时是随机的，而不是事先确定好的。在 DAR 方法中，同样首选直达路由，当直达路由全忙或故障时，溢出的话务量由迂回路由进行迂回。先选上一次接续成功的迂回路由，若成功，则由该迂回路由进行接续，并且在下次选择时仍先选该路由；若该迂回路由阻塞，再随机选择一个新的路由。

由此可见，在 DAR 中路由选择时，正常情况下始终锁定在一个成功的迂回路由上，直到这个路由失败。一旦该路由失败，立即搜索其他的路由。这可以看作是一种带学习的选

路策略：若选择成功，则下次被选择的概率为 1；若不成功，则下次被选择的概率为 0。经过足够长的一段时间后，每一个迂回路由都会被选中同样的次数。

3) 实时网络选路(RTNR)

RTNR 也是一种自适应选路的方法，1991 年 AT&T 公司在网络中实现了 RTNR，取代了 DNHR，进一步改善了网络性能，从而带来更大的经济效益。RTNR 中不再进行集中选路，但公共信道信令 CCS 仍然在网络中起着重要的作用。RTNR 中的路由表每次呼叫变化都是实时的。

像前两种方法一样，在 RTNR 中，仍然首选直达路由。若直达路由不能完成此次接续时，发端交换机通过 CCS 和终端交换机交换信息，终端交换机把所有与其相连链路的忙闲情况报告给发端交换机，发端交换机再和自己所连的链路进行比较，从中选择一条到终点的最小负荷路由(LLR：Least-Loaded Route)。

5.5 编 号 计 划

所谓编号计划，是指在本地网、国内长途网、国际长途网，以及一些特种业务、新业务等中的各种呼叫所规定的号码编排和规程。自动电话网的编号计划是使自动电话网正常运行的一个重要规程，交换设备应能适应各项接续的编号要求。

电话网的编号计划是由 ITU-T E.164 建议规定的。

5.5.1 编号原则

电话网的编号原则如下：

(1) 编号计划应给本地电话与长途电话的发展留有充分余地；

(2) 合理安排编号计划，使号码资源运用充分；

(3) 编号计划应符合 ITU-T 的建议，即从 1997 年开始，国际电话用户号码的最大位长为 15 位，我国国内有效电话用户号码的最大位长可为 13 位，结合我国的实际情况，目前我国实际采用了最大为 11 位的编号计划；

(4) 编号计划应具有相对的稳定性；

(5) 编号计划应使长途、市话自动交换设备及路由选择的方案简单。

5.5.2 编号方案

1. 第一位号码的分配使用

第一位号码的分配规则如下：

① "0" 为国内长途全自动冠号；

② "00" 为国际长途全自动冠号；

③ "1" 为特种业务、新业务及网间互通的首位号码；

④ "2"～"9" 为本地电话首位号码，其中，"200"、"300"、"400"、"500"、"600"、"700"、"800" 为新业务号码。

2．本地网编号方案

在一个本地电话网内，采用统一的编号，一般情况下采用等位制编号，号长根据本地网的长远规划容量来确定，但要注意本地网号码加上长途区号的总长不超过 11 位(目前我国的规定)。

本地电话网的用户号码包括两部分：局号和用户号。其中局号可以是 1～4 位，用户号为 4 位。如一个 7 位长的本地用户号码可以表示为

$$PQR \quad + \quad ABCD$$
$$局号 \qquad\quad 用户号$$

在同一本地电话网范围内，用户之间呼叫时拨统一的本地用户号码。例如直接拨 PQRABCD 即可。

3．长途网编号方案

1) 长途号码的组成

长途呼叫即不同本地网用户之间的呼叫。呼叫时需在本地电话号码前加拨长途字冠"0"和长途区号，即长途号码的构成为

$$0+长途区号+本地电话号码$$

按照我国的规定，长途区号加本地电话号码的总位数最多不超过 11 位(不包括长途字冠"0")。

2) 长途区号编排

长途区号一般采用固定号码系统，即全国划分为若干个长途编号区，每个长途编号区都编上固定的号码。长途编号可以采用等位制和不等位制两种。等位制适用于大、中、小城市的总数在一千个以内的国家，不等位制适用于大、中、小城市的总数在一千个以上的国家。我国幅员辽阔，各地区通信的发展很不平衡，因此采用不等位制编号，采用 2、3 位的长途区号。

(1) 首都北京，区号为"10"。 其本地网号码最长可以为 9 位。

(2) 大城市及直辖市，区号为 2 位，编号为"2X"，X 为 0～9，共 10 个号，分配给 10 个大城市。如上海为"21"，西安为"29"等。这些城市的本地网号码最长可以为 9 位。

(3) 省中心、省辖市及地区中心，区号为 3 位，编号为"$X_1X_2X_3$"，X_1 为 3～9(6 除外)，X_2 为 0～9，X_3 为 0～9。如郑州为"371"，兰州为"931"等。这些城市的本地网号码最长可以为 8 位。

(4) 首位为"6"的长途区号除 60、61 留给台湾外，其余号码为 62X～69X 共 80 个号码作为 3 位区号使用。

长途区号采用不等位的编号方式，不但可以满足我国对号码容量的需要，而且可以使长途电话号码的长度不超过 11 位。显然，若采用等位制编号方式，如采用两位区号，则只有 100 个容量，满足不了我国的要求；若采用三位区号，区号的容量是够了，但每个城市的号码最长都只有 8 位，满足不了一些特大城市的号码需求。

4．国际长途电话编号方案

国际长途呼叫时需在国内电话号码前加拨国际长途字冠"00"和国家号码，即

$$00+ 国家号码 + 国内电话号码$$

其中国家号码加国内电话号码的总位数最多不超过 15 位(其中不包括国际长途字冠 "00")。国家号码由 1~3 位数字组成,根据 ITU-T 的规定,世界上共分为 9 个编号区,我国在第 8 编号区,国家代码为 86。

5.6 电话网的业务及计费方式

5.6.1 电话网的主要业务性能

电话网作为全球普及率最高的网络,它要给用户提供方便、快速的电话业务。如本地网电话业务、长途电话业务等基本电话业务。同时,程控交换机的使用,电话网和智能网的结合,使得电话网还可以给用户提供一些电话网上的补充业务和增值业务。

1．基本电话业务

电话网的任务是要给用户提供电话业务,它要保证全球任意两用户之间能够互相进行话音通信。具体讲,电话网提供的基本业务有:本地网业务、国内和国际长途全自动直拨业务、半自动长途电话业务、用户交换机业务、各种特服呼叫等,并向用户提供与公用网中移动用户间的呼叫。

2．补充服务

现代的电话网中使用程控交换机,它采用存储程序控制,因此可以很方便地给用户提供各种新业务,以满足用户的各种新业务的需求,它实质上是程控交换机提供的补充服务。它可以提供如缩位拨号、热线服务等多项新业务。

3．其他业务

除了上面提到的基本业务和补充业务外,电话网还可以提供一些增值业务,如语音信息服务、语音信箱等。目前是数据业务迅速发展的时期,电话网还大量提供以拨号方式接入计算机互联网的业务,大部分的家庭用户采用这一方式接入 Internet。

4．电话基本业务的实现过程

前面我们介绍了我国电话网的结构、路由设置及路由选择等内容,那么,在用户的一次通话过程中,这些内容如何体现呢?下面我们以一对用户的具体通话过程来说明基本电话业务的实现过程。

假设主叫用户(1 号用户)在西安,被叫用户(2 号用户)在北京,被叫用户号码为 010-23456789。以全自动直拨为例来说明,其处理过程如下。

1) 主叫用户摘机,发出呼叫请求

一次呼叫处理过程是从主叫用户摘机开始的。首先 1 号用户摘机,该摘机动作对应的是用户回路的状态由断开到接通的变化,这种变化被 1 号用户所在的本地网端局(A 局)交换机识别出后,激活呼叫处理进程,根据主叫用户对应的用户线的物理连接位置(设备码),检索和分析主叫用户数据,以区分用户的用户线类别、话机类别等信息,这些信息对于一个呼叫的处理是必不可少的。

2) 交换机送出拨号音，准备收号

在对主叫用户的上述分析结束后，如果判定这是一个可以继续的呼叫，交换机 A 就寻找一个空闲的收号器并把它连接到主叫用户回路上去，同时连接的还有作为提示的拨号音。

3) 收号

主叫用户拨出被叫用户号码 01023456789，由连接在用户环路上的收号器进行接收、存储，并将号首报告给呼叫处理程序中的数字分析程序进行分析，呼叫处理程序在收到首位号码后应断开拨号音。

4) 号码分析和路由选择

交换机 A 根据用户所拨的被叫号码进行分析，分析结果为长途呼叫，则交换机 A 查找它的路由表，选择一条空闲的至西安长途局(B 局)的出局路由。

5) 接通至被叫用户，向被叫用户振铃

在 A 局，预占主叫用户和选定的出局中继间的通路，同时通过局间信令占用 A 局和 B 局之间的一条局间中继，并向 B 局传送被叫用户的地址信息 01023456789，B 局分析长途区号，分析结果为北京长途，则 B 局以类似的方式(通过局间中继和信令)将被叫用户的地址信息 23456789 传送到北京长途局 C 局，并进行通路的预占。C 局对本地号码 23456789 进行分析，确定被叫所在的本地端局 D 局，并将该呼叫接续到 D 局，也要进行通路的预占。

D 局根据收到的被叫号码 23456789 分析 2 号用户的忙闲情况，若用户空闲，而且允许被呼入，则应预占入局中继和 2 号用户间的一条话路，并向 2 号用户环路发送铃流，以使 2 号用户话机振铃，通知 2 号用户有呼叫到来，同时通过局间中继向主叫用户送回铃音，以通知主叫用户当前呼叫所处的状态。

6) 被叫应答，通话

当 2 号用户听到振铃音后，摘机应答。这个动作引起 2 号用户环路的状态变化会被 D 局交换机检测到，并通知呼叫处理程序，断开向 2 号用户发送的铃流及向主叫用户回送的回铃音，接通预占的主、被叫之间的通路。此时 A 局会根据计费类别的需要启动计费程序。

此时 1 号用户↔A 局↔B 局↔C 局↔D 局↔2 号用户之间的通话话路建立，两用户进行通话，同时对 1 号用户进行计费。

7) 话终释放

通话结束后，可能是 1 号用户先挂机，也可能是 2 号用户先挂机。假设 1 号用户挂机，则首先由 A 局检测到，A 局将该信息通过 B、C 局报告给 D 局，D 局向 2 号用户送忙音，同时 A 局停止向 1 号用户计费，开始进行拆除话路。

2 号用户挂机后，通话彻底结束，拆除 1 号用户－A 局－B 局－C 局－D 局－2 号用户之间的通话话路。

以上给出的是一个简化的长途呼叫的例子，实际的呼叫处理过程会复杂得多，还需要对呼叫过程中可能出现的其他各种事件进行处理，如主叫用户逾权呼叫、久不拨号、空号、中途挂机、被叫忙、久叫不应、话终久不挂机等。

在这个过程中，有几点需要说明的地方请注意：

● 1 号用户↔A 局，2 号用户↔D 局之间是用户线路；A 局↔B 局，C 局↔D 局之间是长市中继线；B 局↔C 局是长途电路。

- 在 B 局选择到 C 局的长途电路时，遵守长途路由的选择原则。西安到北京有直达路由时，应首选直达路由，若直达路由全忙，可经其他 DC1 局进行转接。
- 在 A 局↔B 局，C 局↔D 局之间时，也许要经过本地网汇接局进行转接。

5.6.2 电话网的计费系统

电话网的计费方式是电话网的一项重要内容。对于电信运营商来讲，通信网络的基本建设以及日常的运营费用，都必须从用户的话费中支付。因此，一个良好的计费系统要保证通信网络建设的投资得到回报，并且给用户一个公平的计费原则。

通话的话费主要由三个因素决定：通话次数、通话时长和通话的距离。在一个通话时长内，计费的基本时间单位及距离的计算取决于交换机和计费设备，还与电话网的结构有关。不同类型的业务可以采用不同的计费方式。

1．本地网计费方式

本地电话网内用户的通话采用复式计次方式，即按通话时长和通话距离进行计费，常用的有计次表方式和本地详细话单方式，在呼叫的发端局完成，由公用脉冲发生器发出的周期性脉冲来控制。基本原理是：被叫一旦应答就在主叫用户的计费表中记录一次，以后每隔一定的时间(如 3 分钟)就在主叫用户计费表中记录一次，直到用户挂机。这样，通话的次数和每次通话的时长均统一为累计次数。

计次表方式中，每次呼叫只是根据时长和局向选择来累计主叫用户对应的计次软表的数值，而不保留详细通话记录。

本地详细话单方式称为本地自动计费方式(LAMA：Local Automatic Message Accounting)，它是指计费设备装在端局内，用户的通话由发端端局进行计费。对于每次通话均保留详细的通话记录，包括主、被叫号码，通话的起始时间，通话时长等内容，无疑这种方法更为详实，能够向用户提供原始话单。为提高电信服务质量，越来越多的本地网开始采用 LAMA 计费方式，目前本地网电话、郊区直拨电话和农话的计费采用 LAMA 方式已是非常普遍的。

此外，有些国家和地区也采用包月制的方式，这种方式是非常简单的。

本地网计费特点如下：

- 若要考虑通话距离的影响，可以根据通话距离的不同采用不同的费率。
- 计次的时间可以调整。如我国电话网中现行的计费方案为 3 分 1 分制，即被叫一旦应答，以 3 分钟起算，以后每隔 1 分钟记录一次，两者的费率不同(如头 3 分钟 0.18 元，后面每分钟 0.1 元)。
- 本地网计费一般不考虑时段(忙时和闲时)的影响。

2．长途网计费方式

国内长途自动电话呼叫只对主叫用户计费。长途计费也可按通话时长和通话距离计费。若不考虑通话距离的影响，则脉冲发生器每隔一定的时间(如 6 秒钟)对主叫用户计费一次；若要考虑通话距离的影响，则脉冲发生器的时间间隔可以随通话距离而改变，距离越长，脉冲间隔越短。

长途自动电话计费通常采用集中的详细话单方式，称为集中式自动计费方式(CAMA: Centralized Automatic Message Accounting)，是指长途计费设备集中装在长途局内，用户的长途通话由发端长途局进行集中计费。这种方式中，发端端局需向发端长途局发送主叫用户号码。

CAMA 可由发端长话局自动记录与通话有关的详细数据，如主叫号码、被叫号码、通话日期与通话时长等，因此可列出详细的话费清单。长途计费中，可以根据发话时间、通话时长和通话距离来确定费率、折扣、基本话费和相应的附加费用等。

国际长途自动电话的计费也按通话距离和通话时长来计算。与国际局在同一城市的用户的国际长途去话由国际局负责计费，与国际局不在同一城市的用户的国际长途去话由该城市的长话局负责计费。

不同主叫用户其计费方式也有所不同。有的用户免费，有的用户定期收费，如每月一次按话单收费，有的立即收费，如营业厅、旅馆等。有的用户如有特殊需要在用户处进行计费(如营业点)，可以在用户处设置高频计次表，频率通常为 16 kHz。在通话过程中由交换局计费设备向用户计次表送计费脉冲。

就计费数据的采集而言，存在脱机计费方式和联机计费方式，前者是定期将保存在交换机侧存储介质(如磁带、光盘等)上的计费数据采集，进行统一的处理；后者则通过数据链路对交换机产生的计费数据进行实时或准实时的数据采集。无疑，后者更加符合现代电信服务质量的要求，能够较好地解决实时计费，即时查询和话费智能监控等用户关心的问题。

5.7　电话网的服务质量

电话网的服务质量是由用户使用业务时所感受到的满意程度来衡量的，同时也反映了网络向用户提供通信能力的性能。决定电话业务质量的主要因素，一个是传输质量，它反映了通话话音的质量；另一个是接续质量，反映了网络给用户的接通率及接续中的时延。

5.7.1　传输质量及指标的分配

传输质量是表示在给定的条件下，信号经网络的设备传送到接收端时再现其原有信号的程度，它对电话业务的影响表现在通话质量方面。用户在打电话时希望电话网能够有一定的质量保证。电话接通以后，用户希望不困难地听清楚对方说什么，同时让对方听清楚自己所讲的话。这就要求用户听到的语音信号要有一定的音量，并且要清晰，还要尽量与对方的实际音质相接近。具体地讲，电话业务传输质量的好坏，主要体现在以下三个方面：

- 响度：反映通话的音量；
- 清晰度：反映通话的可懂度，是指受话人收听一串无连贯意义的音节时，能正确听懂的百分数；
- 逼真度：反映音色特性的不失真程度。

这些是由很多因素造成的，对于传输系统而言，有电路的衰减特性、失真、回波、振鸣、串音、杂音等原因。

1. 响度参考当量

ITU-T 建议用响度参考当量来度量传输质量。响度参考当量是评定响度的参数，采用主观评定法来度量传输质量，它反映了包括传输系统、交换系统和终端话机在内的一个完整连接的话音响度性能。

在进行响度参考当量的评定时，是将被测的实际传输系统与标准传输系统进行比较，由训练有素的两人担任。一人用相同音量对两个送话器念测量语句，另一个人收听并调节标准系统中的衰耗器，直到从两个受话器中听到的音量相同。这个衰耗值就是响度参考当量，其单位为分贝(dB)。参考当量可以是正值也可以是负值，正值表示被测系统比标准系统的响度小，负值表示被测系统比标准系统的响度大。目前国际上用的标准参考系统叫做 NOSFER 系统，放在日内瓦 ITU-T 实验室内。

一个通话连接的全程参考当量(ORE)包括以下三部分：

● SRE：用户系统发送参考当量。它是指从用户话机送话器到所接端局交换点的参考当量，包括用户话机、用户线和馈电电桥三部分。

● RRE：用户系统接收参考当量。它是指从受话用户所接端局的交换点到用户话机受话器的参考当量。

● α：两端局之间各传输设备和交换设备在 f=800 Hz 或 f=1020 Hz 时的传输衰减。

2. 全程传输损耗

一个通话连接的全程传输损耗是由用户线、交换局以及局间中继线在 f=800 Hz 时的传输损耗之和，它不包括用户话机的影响。

3. 全程参考当量及传输损耗的分配

1) 本地网全程参考当量及全程传输损耗的分配

我国规定，本地网用户之间通话，采用全数字局，数字传输时，全程参考当量应不大于 22 dB(市内接续不大于 18.5 dB)，全程传输损耗应不大于 22 dB(市内接续不大于 18.5 dB)。参考当量和全程传输损耗的分配如图 5.20 所示。

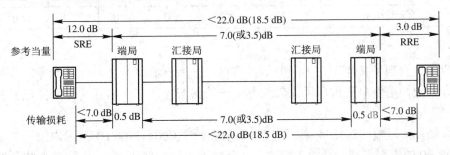

图 5.20　本地网全程参考当量及传输损耗的分配

2) 长途网全程参考当量及传输损耗的分配

我国规定，长途网任何两用户之间通话，采用全数字局，数字传输时，全程参考当量应不大于 22.0 dB，全程传输损耗应不大于 22.0 dB。参考当量的分配如图 5.21 所示。

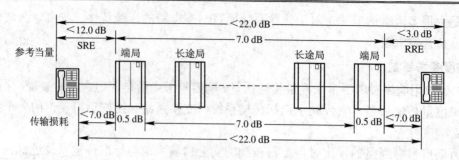

图 5.21　长途网全程参考当量及传输损耗的分配

4. 杂音

杂音是指在话路中存在的各种无用信号。它们可能来自于传输通路中各个部件，数字电话交换网的杂音主要来自于模拟设备部分以及数模转换的模拟侧部分，包括热噪声、长途电路杂音、交换机杂音和电力线感应杂音等。

对于数字程控交换机而言，对任一单频(特别是抽样频率及其倍频)进行测量，单频杂音不应超过-50 dBm0p(相对零电平点的绝对功率电平)。在忙时非杂音计功率电平(测量频宽30～20 000 Hz)应不大于-40 dBm0p，相当于功率为 0.1 μW。交换机在忙时脉冲杂音的平均次数在 5 分钟内超过-35 dBm0p 的脉冲杂音应不多于 5 次。但在每一个 5 分钟内脉冲杂音电平在-33～-25 dBm0p 之间允许出现的次数可为 6 次，脉冲杂音电平在-35～-33 dBm0p 之间允许出现的次数可为 20 次。

对于用户线，由于热杂音和线对间串音在用户线上引起杂音，因此在话机端测量应不超过-70 dBmp。

对于电力线感应杂音，由于电力线的磁感应或静电感应在用户话机(接收时)线路端产生的杂音计电动势，对国际通话应不超过 1 mV，对国内通话应不超过 2 mV。

对于数字通路，若采用 PCM 系统，则在 f=800 Hz 和 f=1020 Hz 处，用正弦信号进行测量，总的杂音应满足表 5.4 的要求。

表 5.4　杂音的指标

输入电平(dBm0)	0	-10	-20	-30	-40	-50
信噪比(dB)	33.0	33.0	33.0	33.0	27.0	22.0

5. 串音

串音即用户收到了其他用户之间的话音信息，分为可懂串音和不可懂串音。不可懂串音作为杂音处理，可懂串音破坏了通信双方用户的保密性。对于串音，有串音防卫度的指标要求。

二线音频端的近端和远端串音防卫度，要求在频率 700～1100 Hz 范围内的一个正弦波信号以 0 dBm0 的电平加到一个输入口时，在其他通道的端口(近端或远端)处所收到的串音电平不超过-65 dBm0。

对于用户线，要求在 f=1020 Hz 时同一配线点的两对用户线之间的串音衰减应不小于70 dB。

6. 误码

数字网传输过程中，由于受到各种因素的影响，在传输过程中可能会有差错产生，如将 "0" 传成 "1"，将 "1" 传成 "0"，就产生了误码。误码对数字通信系统会有一定的影响，但不同的业务受到的影响是不同的。对于电话业务而言，由于采用 PCM 编码，编码的冗余度较高，因此受误码的影响较小，将产生喀哩啪啦的噪声。但若用电话网来传输数据业务，误码会造成数据的重传，最终表现为产生了时延。

ITU-T 建议用误码时间率来衡量误码性能。误码时间率是指在一段时间(T_L)内确定的误码率(BER)超过某一门限(BERth)的各个时间间隔(T_0)的平均周期百分数。T_L 即总的统计时间，与具体的应用有关，作为暂定的参考，一般取一个月左右。而根据 BERth 和 T_0 取值的不同，形成不同的误码度量参数，包括严重误码秒百分数(%SES)、劣化分钟百分数(%DM)、误码秒百分数(%ES)和无误码百分数(%EFS)。

如果取 T_0=1 秒，平均误码率门限 BERth=1×10^{-3}，BER 大于 BERth 的 1 秒时间，称为严重误码秒。当数字连接中出现连续 10 个或 10 个以上的严重误码秒时，则称该连接处于不可用时间之内，反之则处于可用时间之内。

如果取 T_0=1 分钟，BERth=1×10^{-6}，BER 大于 BERth 的一分钟时间称为劣化分钟。在计算劣化分钟数时，要扣除测量期间出现的所有严重误码秒，然后再将其余的以秒为单位的测量间隔，每 60 个分成一组，得到分钟测量间隔。

如果取 T_0=1 秒，BERth=0，即在每个测量的秒间隔内，出现误码的 1 秒时间称为误码秒。反之，不发生误码的 1 秒时间称为无误码秒。与劣化分钟的计算相同，在计算误码秒百分数时，也要在总的测量统计时间内扣除不可用时间。

ITU-T 的建议中要求：%SES<0.2%，%DM<10%，%ES<8%。这个要求是针对全程数字连接而言的，包括国际间的通信过程。换而言之，一个端到端的连接，其中各部分的误码性能指标的累积不应超过上述要求。

5.7.2　接续质量及指标的分配

接续质量是指在给定条件下用户发出呼叫时网络能够提供业务能力的程度。它主要包括接续呼损和呼叫时延两项质量参数。

1. 接续呼损

1) 概述

呼损的概念在 5.4.1 节中已提及，在此不再赘述。下面考虑呼损和交换局内设备数量之间的关系。可以想像，如果交换局内各种设备(包括交换设备和传输设备)都有富余，则当用户发起呼叫时，就不会存在呼损或呼损非常小。但这将使得局内设备的利用率非常低，网络成本很高。反之，若交换局内各种设备数量很少，则当用户发起呼叫时，呼损会很大，而局内设备的利用率非常高，网络成本大大降低。因此，呼损是在接续质量和网络成本之间的一种折衷。对接续呼损指标的分配、网络规划和设计、路由设置等都有重要意义。

2) 全程呼损指标分配

如何将全程呼损指标合理地分配到全程接续中的各项设备上，称为呼损分配。

(1) 数字长途电话网的全程呼损应≤0.054，如图 5.22 所示。

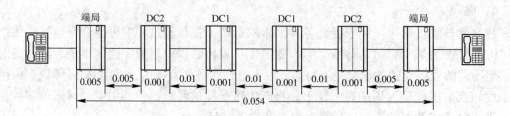

图 5.22 长途电话的全程呼损分配

(2) 数字本地电话网的全程呼损应≤0.042，如图 5.23 所示。

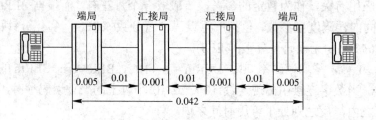

图 5.23 本地电话的全程呼损分配

(3) 如果在本地呼叫连接中经过三个汇接局时，则呼损应≤0.053，如图 5.24 所示。

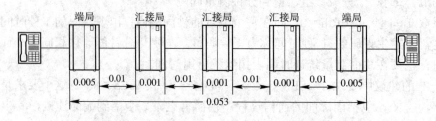

图 5.24 经过三个汇接局的本地电话的呼损分配

2. 接续时延

接续时延是指在一次电话接续过程中，由交换设备进行接续和传递相关信令所引起的时间延迟。接续时延是衡量网络服务质量的一个指标，一般用拨号前时延和拨号后时延两个参数来衡量。

拨号前时延是从主叫用户摘机至听到拨号音瞬间的时间间隔。

拨号后时延是用户或终端设备拨号结束到网络作出响应的时间间隔，即拨号结束至送出回铃音或忙音之间的时间间隔。

对于数字程控交换机，ITU-T 建议中的拨号前时延指标、拨号后时延指标应满足表 5.5 和表 5.6 的要求。

表 5.5 拨号前的时延要求

拨号前时延	参考负荷	高负荷
平均值	≤400 ms	≤800 ms
超过 0.95 概率的值	600 ms	1000 ms

表 5.6　拨号后的时延要求

拨号后时延	参考负荷	高负荷
平均值	≤650 ms	≤1000 ms
不超过 0.95 概率的值	900 ms	1600 ms

5.8　智　能　网

智能网(IN：Intelligent Network)是在原有电信网络的基础上，为快速提供新业务而设置的独立于业务的附加网络结构。智能网中相关业务的业务逻辑完全由电信运营商控制，使得运营商可以更加有效地开发和控制业务，新业务也可以快速地引入到电信网中，并能根据用户的需求进行修改和部署，而不再完全依赖设备供应商来提供新业务，它的基本概念和体系结构对下一代网络的结构产生了深远的影响。

本节将重点介绍智能网的基本概念、体系结构、能力范围以及智能网未来的演进方式。

5.8.1　背景

电信业务的实现方式与电信网的体系结构紧密相关，而结构的变化往往是由业务需求的变化导致的。

20 世纪 60 年代中期以前是机电式交换机时代，业务逻辑主要在交换系统中以硬件布线逻辑的方式实现，电信运营商要引入新业务、变更业务逻辑，必须依赖设备提供商对所有的交换系统的硬件结构进行改动，如果设备来自多个制造商，情况将变得异常复杂。这样，一个新业务常常不能在一个电信运营商的全部服务区内部署实施，用户在不同的城市、省区，不能得到相同的服务。同时因为改动的成本太高、实施的周期太长，所以业务一旦配置实施，即使用户不满意，也很难进行改动。在那个时代，电信网提供的业务就是电话、电报、数据业务等，各自由相应的专业网实现，几乎不提供任何新业务。

20 世纪 70 年代初，SPC(Stored Program Control)交换系统出现并广泛部署使用，业务逻辑从硬件实现改为由存储程序来实现，修改或增加相应的软件就可引入新业务、变更业务逻辑，这比以前修改硬件容易得多，同时软件本身的灵活性和实现复杂控制逻辑的能力，为复杂智能新业务的引入打下了坚实的基础。但这一阶段，在电信领域中业务逻辑的概念并未被明确化，业务和特定业务在逻辑概念上没有被区分开，实现上也绑定在一起。引入一个新业务，必须在每一个交换节点中部署相应的业务逻辑软件，这涉及到修改全网的交换软件，工作量可想而知，修改后全网一致性能否保证也是个问题。

1976 年，公共信道信令的引入，是对业务实现方式产生重大影响的另一事件。传统电信网提供业务的另一个特点是采用随路信令方式，即呼叫建立和监视信令与话音占用同样的信道，一旦终端用户忙，呼叫建立时分配的所有的中继都将浪费。公共信道信令最大的贡献在于：信令在独立的 No.7 信令网上传递，交换系统之间承载话音信号的公共中继不再负担信令的传递，信令系统从交换系统中独立出来，两者可以各自独立地变化而互不影响。新业务的引入所需的信令支持可以方便地在信令网上实现，甚至有些新业务直接就可在信令网上实现(主叫显示、短消息)，信令信道和话音信道的分离也使得实时交互业务的实现成为可能。但新业务对难于部署实施的问题依然没有很好地解决。

20世纪80年代中期，为在全美国快速部署800业务，又不对原有电信基础结构做过大改动，Bellcore提出了智能网的概念。智能网的设计目标主要有如下三个：

(1) 提供一种结构使得可以在电信网中快速、平滑、简单地引入新业务。

(2) 业务的提供应独立于设备提供商，电信运营商可通过标准的接口提供新业务，而不再像以前那样依赖于设备制造商。

(3) 为适应未来对业务的爆炸性增长的需求，第三方服务提供商应可以通过智能网为用户提供各类业务。

在实现上，其思想很简单，就是将特定业务的业务控制逻辑从交换系统的基本呼叫处理软件中分离出来，运行在一个叫做业务控制节点(SCP：Service Control Point)的独立网络节点中。智能网的引入，第一次将业务逻辑从交换系统中分离出来，从而在一定程度上解决了电信网新业务引入的瓶颈，降低了引入成本，使得未来网络中实现智能化服务、个性化服务成为可能。

5.8.2 智能网的总体介绍

智能网是在现有电信网、SS7信令网和大型集中数据库的基础上构建的。在智能网中，原有的交换机仅完成基本电信业务的呼叫处理、业务交换和业务接入功能，新的智能业务的业务控制功能和相关业务逻辑转移至业务控制节点，交换机通过SS7接口与SCP相连，并受其控制。由于业务控制功能集中在少数SCP上，增改新业务只涉及SCP，在大型集中数据库内增加业务数据和用户数据，使得新业务快速生成和部署不再困难。

智能网一般由业务控制节点、业务交换节点、智能外设、业务管理系统、业务生成环境等几部分组成，如图5.25所示。

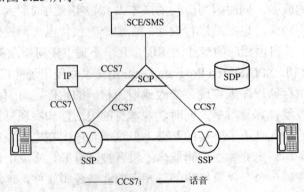

图5.25 智能网的总体结构

1. 业务交换节点

业务交换节点(SSP：Service Switching Point)是电信网与智能网的连接点，一个SSP包含呼叫控制功能和业务交换功能。其中呼叫处理功能负责接收用户呼叫、执行呼叫建立、呼叫保持、呼叫释放等基本接续功能。业务交换功能负责接收、识别出智能网呼叫，与SCP进行通信，并对SCP的请求做出响应，允许SCP中的业务逻辑影响呼叫处理的结果。通常SSP以数字程控交换机为基础，再配以相应的软硬件和SS7系统接口组成。

2. 业务控制节点

业务控制节点是智能网的核心部分，它负责存储用户数据和业务逻辑，接收 SSP 的查询请求，根据请求执行相应业务逻辑程序、查询数据库、进行各种译码，向 SSP 发回呼叫控制指令，实现各种各样的智能呼叫。SCP 与 SSP、SMS 之间通过标准接口进行通信。通常 SCP 由大、中型计算机系统和大型实时数据库系统构成。

3. 业务管理系统

业务管理系统(SMS：Service Management System)实现 IN 系统的管理，一般具有五种功能：业务逻辑管理、业务数据管理、用户数据管理、业务检测、业务量管理。实施管理的一般过程是在业务生成环境上创建新业务的业务逻辑并由业务提供者将其输入到 SMS 中；SMS 再将其加载到 SCP，完成新业务的开通。另外通过控制终端 SMS 可以接受管理人员的业务控制指令进行业务逻辑的修改等工作。通常 SMS 也是一个通用计算机系统。

4. 信令转节点

信令转节点 STP 实质上是 SS7 网的组成部分，在智能网中，STP 负责 SSP 与 SCP 之间的信令传递。

5. 智能外设

智能外设(IP：Intelligent Peripheral)是协助完成智能网业务的专用资源。通常是具有语音合成、播放语音通知、语音识别等功能的物理设备，它可以是独立的，也可以是 SSP 的一部分，它可以接受 SCP 的控制，也可以执行 SCP 指定的操作。

6. 业务创建环境

智能网的主要目标之一，就是便于新业务的开发，业务创建环境(SCE：Service Creation Environment)为用户提供按需设计业务的开发环境，一般 SCE 都为业务设计者提供了可视化的编程环境，用户可以利用预定义的标准元件设计新业务的业务逻辑，定义相应的业务数据。完成设计后，利用 SCE 的仿真验证工具进行测试，以保证它不会对已有电信业务构成损害。最后将业务逻辑传给 SMS，完成一次业务的创建工作。从某种意义上来说，SCE 才是智能网的真正灵魂，没有 SCE 按需定制业务的灵活性，智能的特点也就无从体现。

下面以 800 业务为例说明智能网的工作原理，如图 5.26 所示。

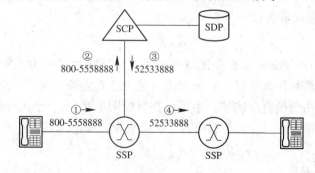

图 5.26　IN 网 800 业务示意图

① 用户拨打 800 业务号码；

② SSP 识别智能业务，挂起当前呼叫，向 SCP 查询 800 业务号码；

③ SCP 查询数据库后向 SSP 返回译码结果(被叫的真实号码);
④ SSP 根据被叫的真实号码继续执行呼叫处理,直至接通被叫。

5.8.3　智能网的国际标准

关于智能网的国际和地区性标准主要有两个,一个是 Bellcore 提出的,目前为北美国家所遵循的先进智能网标准 AIN;另一个是由 ITU-T 建议的智能网能力集 1 系列标准 CS-1(Capability Set 1)。

IN CS-1 标准发布于 1992 年,当时主要借鉴了 AIN release 1 标准,主要内容包含在 Q.12xx 系列中。CS-1 主要支持电话网中的 A 类智能业务,其业务具有以下特点:

(1) 单用户:由一个用户启动且只影响一个用户;
(2) 单端:不需要端到端间传递控制信息;
(3) 单控制点:业务逻辑之间不交互,也即一个业务只由一个业务逻辑控制;
(4) 单承载能力:只有一种媒体。

除了 CS-1 外,ITU-T 的智能网后续能力集主要致力于支持移动性以及 IN 与其他网络(移动通信网、Internet、B-ISDN 等)的互连上。1997 年 ITU-T 推出了 CS-2,它主要研究智能网的网间互连以及网间业务,可实现智能业务的漫游,如全球虚拟专网(GVPN),网间被叫集中付费(IFPH)等。目前 ITU-T 正在进行 CS-3、CS-4 的研究,其主要目标除了对业务能力进行进一步增强外,还对 IN 与 Internet、下一代移动通信网、B-ISDN 的相互连接融合进行了研究。

5.8.4　智能网的概念模型

智能网概念模型在 Q.1200 建议中描述,它是用来描述和设计智能网体系结构的一种框架。智能网的基本结构必须能够适应业务不断增长和变化的需求,新的技术也应该可以被自然地引入到智能网中来取代老的技术,以改善服务性能。采用分层的概念模型可以使全世界以一种统一的方式来发展智能网,保证每一阶段新的标准都具有后向兼容性。

如图 5.27 所示,概念模型包含四个平面:业务平面、全局功能平面、分布功能平面和物理平面。四个平面呈现了智能网所提供能力的不同抽象形式,使得人们可以从不同的角度来观察、理解智能网和智能业务。

1. 业务平面

业务平面(Service Plane)从业务使用者的角度出发描述了智能网业务的表现形式及特征,它只说明业务具有什么性能、特征,而与实现方式无关。通常业务平面定义的业务既可以用传统的方法在交换机中实现,也可以在智能网中实现,无论何种实现方式,对业务使用者来说都是没有差别的,也是透明的。该层主要完成全球智能网业务概念的统一定义,屏蔽实现的具体方式。

1) 业务和业务特征

在业务平面中引入了业务特征(Service Feature)的概念,业务特征是业务平面中最小的描述单位,一个业务可由一个或多个业务特征组合而成,每个业务包含的业务特征分为两类:核心业务特征和任选业务特征,其中核心业务特征是必备的,而任选业务特征可按需

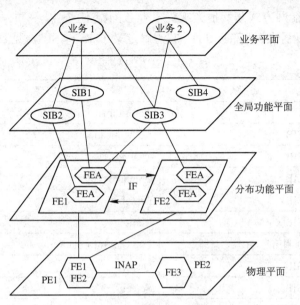

图 5.27 智能网的概念模型

选用，用来进一步增强业务能力。在 ITU-T IN CS-1 中，业务平面上共定义了 25 种业务，38 种业务属性。例如，被叫集中付费业务可表示为

被叫集中付费＝"公用一个号码"＋"反向计费"＋"登记呼叫记录"＋……

其中等式左侧表示业务，右侧表示该业务具有的属性。IN CS-1 定义了 25 种业务。

2) 主要智能业务

除了前面的被叫集中付费 800 业务外，下面介绍一些具有代表性的智能网业务：

(1) 记账卡业务(Accounting Card Calling)。使用此业务用户需先向电信部门申请一个账号，存入一定金额。此后即可使用任何一部话机发起各种呼叫，通话费均自动记账。每次通话用户需先拨入个人账号及密码，经核对无误后才能拨入目的地号码发起呼叫。

(2) 虚拟专用网(VPN: Virtual Private Network)。该业务可利用电信网的公共资源组建 VPN，VPN 内部仍然可以按照用户的专用编号方案(PNP: Private Numbering Plan)进行呼叫。

(3) 广域网用户集中交换机(WAC: Wide Area Centrex)。WAC 业务通过公用网箱地理位置分散的用户群提供 PABX 型业务。用户无需购买 PABX，就可享受其一切功能。

2. 全局功能平面

全局功能平面(GFP: Global Functional Plane)主要面向业务的设计者。在这个平面上，智能网被看作一个统一的整体，ITU-T 在该平面上定义了标准可重用的基本构件块集合，即 SIB(Service Independent Building Block)集合。业务设计者需要用 SIB 对业务平面的业务及业务特征进行详细设计，SIB 本身与具体业务无关，如何通过多个 SIB 来定义一个业务，则通过全局业务逻辑 GSL 实现。

全局功能平面主要包含以下内容：SIB、基本呼叫处理(BCP)和全局业务逻辑(GSL)等。

1) SIB

SIB 是与标准化的业务无关的构件块，它是在把业务分解成最基本的业务单元的基础上提出的。每次构建新业务只需将 SIB 按业务需要组合起来，因而可以快速、灵活、可靠地

创建新业务，这是智能网方式与其他方式提供业务的根本区别。

为支持 CS-1 的业务及其特征，ITU-T 明确定义了 15 种 SIB，见表 5.7。

表 5.7 SIB 的种类

名 称	英 文 名
1 算法 SIB	Algorithm
2 鉴权 SIB	Authentication
3 计费 SIB	Charge
4 比较 SIB	Compare
5 分配 SIB	Distribution
6 限制 SIB	Limit
7 记录呼叫信息 SIB	Log Call Information
8 排队 SIB	Queue
9 筛选 SIB	Screen
10 业务数据管理 SIB	Service Data Management
11 状态通知 SIB	Status Notification
12 翻译 SIB	Translate
13 用户交互作用 SIB	User Interaction
14 核对 SIB	Verify
15 基本呼叫处理 SIB	Basic Call Process(BCP)

通常一个业务包含多个业务特征，一个业务特征由多个 SIB 定义，尽管已定义了 15 种 SIB，但实际应用中都会增加一些 SIB，以方便智能业务的实现。

ITU-T 建议中采用图形化的方法描述 SIB，如图 5.28 所示。

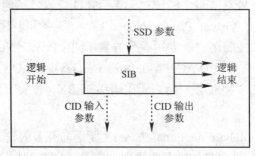

图 5.28 SIB 的图形表示

每个 SIB 由一个逻辑入口，一个或几个逻辑出口来表示。图中的虚线表示流入流出 SIB 的数据参数，每个 SIB 需要两类参数，一类为动态参数，称为呼叫实例数据(CID)，其数据随每次具体的呼叫而变化；另一类是静态参数，称为业务支持数据(SSD)，主要是 SIB 在描述业务属性时所需的数据参数。

2) 基本呼叫处理(BCP)

基本呼叫处理(BCP)是一个特殊的 SIB，位于 SSP 中，负责提供基本的呼叫处理能力，同时也处理智能呼叫。对于智能呼叫，BCP 采用检测点触发机制，触发相应智能业务逻辑，此后 BCP 根据 SCP 中业务逻辑发来的控制命令进行接续处理。BCP 包含一个启动点(POI)和多个返回点(POR)，从 POI 上发出的消息将激活 SCP 中的某个业务逻辑，POR 则返回了 SCP 发给 SSP 的各种呼叫控制命令，这两点共同构成了 SSP 中的 BCP 与 SCP 中的 GSL 之间交互的接口。

3) 全局业务逻辑 GSL

根据确定的业务及业务特征将相关 SIB 组合链接起来，就得到了该业务的全局业务逻辑。GSL 描述了 SIB 之间的链接顺序，各个 SIB 所需的数据，以及用于返回 BCP 的返回点 POR 等。图 5.29 中给出了一个采用 SIB 定义全局业务逻辑的图例。

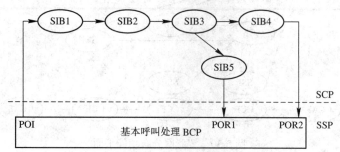

图 5.29　采用 SIB 描述全局业务逻辑

3. 分布功能平面

全局功能平面中定义的每个 SIB 都可以完成一个独立的功能，但并没有说明它们具体应由智能网的哪一部分设备来实现，并且 SIB 描述系统整体功能结构粒度也太小，难以理解。

分布功能平面(DFP：Distriuted Functional Plane)从网络设计者配置实施 IN 的角度出发，用更大的粒度对智能网的各种功能加以划分。在该平面中定义了一组功能实体(FE：Functional Entity)，每个功能实体又由一组功能实体动作 FEA 组成，它们完成一部分特定的功能，如呼叫控制功能、业务控制功能等，每个 FEA 又是由一组 SIB 来实现的。各个 FE 之间采用标准信息流 IF 进行联系。所有这些标准信息流就构成了智能网的应用程序接口协议，目前这些信息流采用 SS7 中的 TCAP 协议进行传输。

1) 功能实体的类型

如图 5.30 所示，分布功能平面中有以下功能实体：

(1) 呼叫接入控制功能 CCAF：通常位于终端呼叫设备中，如话机、PABX 等。

(2) 呼叫控制功能 CCF：通常位于交换设备中，处理基本呼叫连接，并具有访问智能网功能的触发机制。

(3) 业务交换功能 SSF：CCF 与 SCF 之间的接口，负责处理 CCF 和 SCF 之间的通信，并进行两者之间的消息格式转换。

(4) 业务控制功能 SCF：智能网的核心功能，包含 IN 的业务逻辑，它通过给 CCF、SSF、SDF、SRF 发控制指令来实现对智能网业务的控制。

(5) 业务数据功能 SDF：IN 中的数据库，用来存放业务和用户数据，供 SCF 实时查询、修改。

(6) 专用资源功能 SRF：实现智能网中智能外设应具有的功能。

(7) 业务生成环境功能 SCEF：根据用户需求生成新业务的业务逻辑，并对该业务逻辑进行验证和模拟，以保证网络的安全。

(8) 业务管理功能 SMF：完成对 IN 设备、业务、数据等的全部管理功能。

(9) 业务管理接入功能 SMAF：为业务管理者提供对 SMF 进行操作的接口。

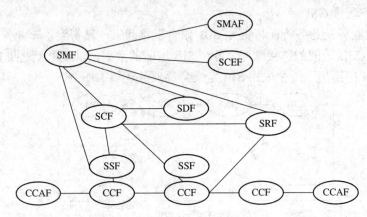

图 5.30　智能网分布功能平面

2) 功能实体之间的接口

智能网应用部分(INAP：Intelligent Network Application Part)是 IN 中各功能实体之间信息交互的标准协议，INAP 又通过 SS7 的 TCAP 传送，INAP 作为 TCAP 的用户部分位于 SS7 协议栈的第七层。

但目前，INAP 只定义了 SSF 与 SCF 和 SCF 与 SRF 之间的接口规范，SCF 之间和 SCF 与 SDF、SMF 等之间目前都采用专用内部接口。

3) IN 的呼叫模型

呼叫模型是 SSP 创建、保持、清理一个基本呼叫处理过程的一般表示，IN 中的 CCF 实现了基本呼叫处理能力，与传统交换机呼叫处理最大的不同在于 CCF 配备了检测点机制，并且允许将一个正在处理的呼叫暂时挂起。其基本呼叫状态模型如图 5.31 所示，按照该模型实现的功能就是 BCP。

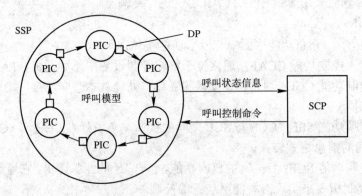

图 5.31　智能网中的呼叫模型

呼叫模型由呼叫点(PIC:Point In Call)、检测点(DP:Detection Point)、转移过程和事件组成。

PIC 表示一个呼叫从开始到结束的过程中一个动作或稳定状态；DP 位于两个 PIC 之间，在这些点上 BCP 可以检测到特定的呼叫事件，挂起当前呼叫，并能通过 SSF 向 SCF 发出相应的业务请求；转移过程表示 BCP 从一个 PIC 到另一个 PIC 的正常流向；事件则引起这种转移过程。

4. 物理平面

物理平面(PP：Physical Plane)描述了分布功能平面中的功能实体可以在哪些物理节点中实现。一个物理节点可以包含一个到多个功能实体，但一个功能实体只能位于一个节点中。此处的物理节点就是前面介绍的 SSP、SCP、IP、SMS 等。一种可能的物理结构如图 5.32 所示。智能网中，SCP 与 SMS、SMS 与 SCE 间，使用 X.25/FR/DDN 数据链路传递信息，而 SCP 与 SSP、SCP 与 IP(实现 SRF 功能)间则使用 No.7 信令数据链路传递信息。要注意的是，SCP 与 SSP、IP 之间传递的是电路无关信令消息，采用 INAP；而 SSP 与 IP 之间传递的是电路相关信令消息，故可使用 ISUP，实际中，如果 SSP 与 IP 合设，则 SSP 与 IP 之间可以采用内部接口。

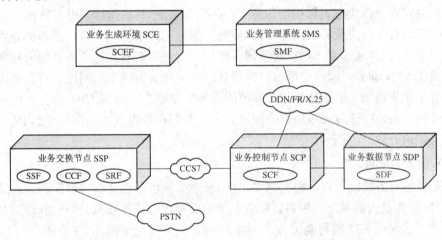

图 5.32 智能网一种可能的物理结构

5.8.5 我国智能网的结构

1. 网络结构

智能网本质上不是一个网，而是一个支持将新业务、新能力快速灵活地引入到现有电信网中的业务支撑结构，这种体系结构是通过在现有的电信网中增加智能网设备来实现的。在 CS-1 中，主要的智能网设备包括 SSP、SCP、SDP、SMP、SCE、IP 等。现有的电话网、ISDN 网、移动通信网等可通过 SSP 接入智能网中以获得各项智能网业务。图 5.33 是我国的智能网结构。

鉴于我国电信网规模大，各地区业务开展很不平衡，我国智能网采用以 SCP 为基础的网络结构，相应地 SCP、SSP、SMS、IP 等可根据业务发展的需要来灵活的设置。根据开放的业务类型和业务开放范围的不同，目前我国智能网由三部分组成，即国际部分、国内部分、省内或本地网部分。

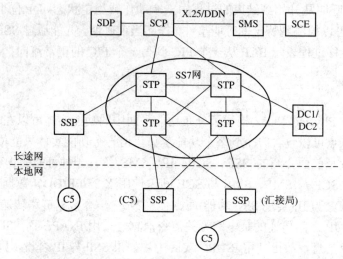

图 5.33   全国 IN 网络结构示意图

国际部分将在全国集中设置用于国际 IN 业务的 SCP, 目前国际部分开放的主要有三种业务: 国际被叫集中付费业务、国际 VPN 业务、国际记账卡呼叫业务。国内部分将在全国集中设置用于国内 IN 业务的 SCP, 目前国内部分开放的主要有三种业务: 国内被叫集中付费业务、国内 VPN 业务、国内记账卡呼叫业务。目前在省内或本地网部分将在省内或本地网集中设置用于省内 IN 业务的 SCP, 开放的业务主要有个人通信 UPT 业务、电子投票业务、大众呼叫业务、广域网集中用户交换机业务。今后在省内或本地网开放的 IN 业务也可能在全国范围内开放。

2. IN 设备的配置

SSP 是智能业务的接入点, 根据需要, 在 IN 业务量小的地区, 可以配置在长途交换中心; 而在 IN 业务量大的城市, 则可以配置在本地交换中心或汇接局处。SSP 作为全国智能网的一部分, 它通过 SS7 网与全国各个 SCP 相连, 负责疏通全国的 IN 业务。

SCP 是 IN 的核心, 它通常设置在 No.7 信令便于通达的地点, 目前全国 SCP 设置在 HSTP 所在地城市。在业务量较小时, 可以设置混合型 SCP, 即一个 SCP 同时处理多种 IN 业务, 在业务量增大时, 可设置单一业务 SCP, 例如 300 业务 SCP 和 800 业务 SCP 等。

总的来看, 无论设置在国际局、长途局还是本地局的 SSP 都应能通过 SS7 网络连至任意一个 SCP 上, 但目前由于国际智能网应用规程 INAP 与国内智能网应用规程 INAP 之间并不兼容, 因此国内 SSP 还不能与国际 SCP 互通。

3. 编号计划和路由

1) 编号计划

对于 IN 业务, 为了识别用户发起的是何种 IN 业务和业务特征, 以及方便 SSP 寻址相应的 SCP, 也需要对各种 IN 业务和业务特征安排相应的号码。举例如下:

被叫集中付费业务由三部分组成, 即接入码+数据库标识码+用户代码, 其中接入码为 800, 数据库标识码为三位 KN_1N_2, 用户代码为四位 ABCD, 例如 800-858-2897。SSP 根据用户拨打的 $800KN_1N_2$, 确定相应的 SCP 和 SDP, SDP 再将 KN_1N_2ABCD 翻译成相应的公网用户号码, 最后由 SCP 发给 SSP, SSP 根据此号码建立接续。

我国记账卡业务号码也由三部分组成：接入码(300)+数据库标识码(KN_1N_2)+卡号(18 位)。

VPN 业务号码由四部分组成：接入码(600)+数据库标识码(N_1N_2)+VPN 群号+群内分机号。

2) IN 的路由

对于各种智能业务，用户至 SSP 的路由选择基本原则是就近接入 SSP，而 SSP 至 SCP 的路由选择则根据相应的接入码加上数据库标识码来进行，例如：

被叫集中付费业务：$800KN_1N_2$。

记账卡业务：$300KN_1N_2$。

VPN 业务：$600(N)N_1N_2$。

而 SSP 在收到 SCP 的指令之后，对呼叫路由的选择与电话网的规则完全相同。

4. 典型业务的信令流程

这里我们以很有代表性的记账卡业务呼叫时的信令流程为例来说明智能网业务不同于普通电话业务的处理流程，如图 5.34 所示。

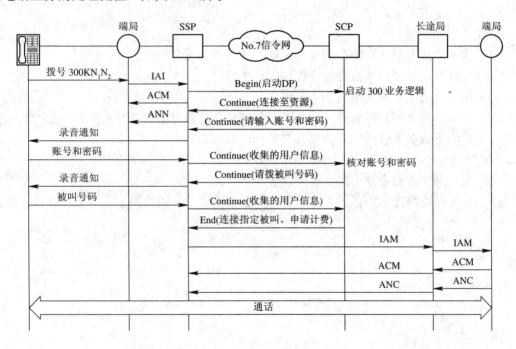

图 5.34　300 业务信令流程示例

我们假设是一个固定用户拨打 300 业务，SSP 设置在长途局，并且智能外设 IP 与 SSP 设在一起。要注意的是除了 SSP 与 SCP 之间使用的是 INAP/TCAP 信令外，其他部分均使用 TUP 或 ISUP 信令。为方便起见，我们只给出了一个被简化的呼叫流程，这样做并不影响对 IN 业务处理过程的理解，过程解释如下：

① 主叫用户可在任意一个 DTMF 话机上摘机拨号：$300KN_1N_2$，主叫所在端局识别到主叫用户所拨的业务接入码 $300KN_1N_2$，就将呼叫接至所属 SSP，也就是将主叫号码 P'Q'A'B'C'D' 通过 IAI 消息送到 SSP。

② SSP 识别到这是一个记账卡呼叫,就向发端局发送 ACM 消息和应答免费消息 ANN, 完成用户到 SSP 的接续。

③ 同时 SSP 根据数据库标识码 KN$_1$N$_2$,通过 No.7 信令网向指定的 SCP 发送带有 "启动 DP" 操作的 TCAP 消息 Begin,启动 SSP 与 SCP 间的一次结构化对话过程。

④ SCP 启动 300 业务逻辑,向 SSP 发送带有 "连接至资源" 及 "提示并收集用户信息" 操作的 Continue 消息。

⑤ SSP 收到上述命令后,将该呼叫接至智能外设 IP,向用户发送录音通知,提示用户输入账号、密码,SSP 再将收集到的用户输入数据,用 Continue 消息传送给 SCP。

⑥ SCP 核对账号和密码,确认正确后,由送出 Continue 消息进一步提示用户拨被叫用户号码,并接收回送的收集信息。

⑦ SCP 向 SSP 发送 "连接" 和 "申请计费操作",命令 SSP 将该呼叫接通至用户指定的被叫,并说明对本次呼叫应怎样计费。

⑧ SSP 通过 TUP/ISUP 消息建立到被叫的接续,通话开始。

思 考 题

1. 构成电话网时都有哪些必备的要素?各自的作用是什么?
2. 电话交换机中为什么要包含模拟用户电路?
3. 简要说明电路交换机的基本组成结构。
4. 电话交换机的运行软件包括几部分?其中运行最频繁的是什么?
5. 请简述我国电话网的结构及各交换中心的职能。
6. 当前,电话网的用户入网有哪几种方式?各适用于什么场合?
7. 电话网中的路由分为哪几类?设置在什么地方?
8. 什么是选路计划?什么是选路结构?在分级网上可以采用无级路由选择结构吗?为什么?
9. 如图所示长途网,请给出从 A 局到 C 局所有可能的路由选择顺序。

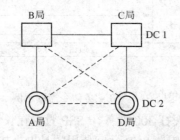

—— 基干路由;----- 高效直达路由

图 5.35 思考题 9 图

10. 简要说明在电话网中的动态路由选择策略。
11. 目前在公用电话网上,对于电话呼叫有哪些计费方式,各自有哪些特点?
12. 什么是呼损?呼损、业务量、设备数量之间有何关系?

13. 误码百分数有哪几种？请分别论述。

14. 电话网的服务质量有哪几方面？对于数字网，主要指标有哪些？

15. 电话业务的传输质量好坏体现在哪几方面？如何进行评定？

16. 智能网概念模型的组成是什么，为什么要引入概念模型？

17. 什么是智能网的业务特征？

18. SIB 的作用是什么，都有哪些类型？

19. 简述智能网物理平面的组成结构，以及各功能实体的作用和相互关系。

20. 比较基本电话业务与智能网业务实现方式的差异。

21. 试描述 800 业务的全局业务逻辑。

22. 　INAP 在智能网中起什么作用，它与 SS7 有何关系？

23. 智能网业务编号由哪几部分组成？

第6章　移动通信网

20世纪80年代以来，移动通信得到了突飞猛进的发展。这是因为移动通信可以满足人们无论在何时何地，无论是固定还是移动，都可以进行通信的愿望。移动通信网是现代通信网中用户增长最快的网络，也是现代通信网的重要组成部分。在移动通信网中，由于要满足用户的移动性，因此它有着与固定通信不同的特点。

本章主要介绍移动通信网的基本概念、基本技术、网络结构，简单介绍了第一代模拟移动通信系统，着重介绍了第二代数字移动通信系统中的典型代表：GSM系统和窄带CDMA系统，其中包括系统结构、关键技术、呼叫接续、移动性管理等。同时还介绍了卫星移动通信系统，它是陆地移动通信系统的有益补充。最后简单介绍了第三代移动通信系统，给出了第四代移动通信系统的概念。

6.1　移动通信的基本概念及发展历史

6.1.1　移动通信的基本概念

移动通信是指通信的一方或双方可以在移动中进行的通信过程，也就是说，至少有一方具有可移动性。可以是移动台与移动台之间的通信，也可以是移动台与固定用户之间的通信。移动通信满足了人们无论在何时何地都能进行通信的愿望，上个世纪80年代以来，特别是90年代以后，移动通信得到了飞速的发展。

相比固定通信而言，移动通信不仅要给用户提供与固定通信一样的通信业务，而且由于用户的移动性，其管理技术要比固定通信复杂得多。同时，由于移动通信网中依靠的是无线电波的传播，其传播环境要比固定网中有线媒质的传播特性复杂，因此，移动通信有着与固定通信不同的特点。

1. 移动通信的特点

(1) 用户的移动性。要保持用户在移动状态中的通信，必须是无线通信，或无线通信与有线通信的结合。因此，系统中要有完善的管理技术来对用户的位置进行登记、跟踪，使用户在移动时也能进行通信，不因为位置的改变而中断。

(2) 电波传播条件复杂。移动台可能在各种环境中运动，如建筑群或障碍物等，因此电磁波在传播时不仅有直射信号，而且还会产生反射、折射、绕射、多普勒效应等现象，从而产生多径干扰、信号传播延迟和展宽等。因此，必须充分研究电波的传播特性，使系统具有足够的抗衰落能力，才能保证通信系统正常运行。

(3) 噪声和干扰严重。移动台在移动时不仅受到城市环境中的各种工业噪声和天然电噪声的干扰，同时，由于系统内有多个用户，因此，移动用户之间还会有互调干扰、邻道干扰、同频干扰等。这就要求在移动通信系统中对信道进行合理的划分和频率的再用。

(4) 系统和网络结构复杂。移动通信系统是一个多用户通信系统和网络，必须使用户之间互不干扰，能协调一致地工作。此外，移动通信系统还应与固定网、数据网等互连，整个网络结构是很复杂的。

(5) 有限的频率资源。在有线网中，可以依靠多铺设电缆或光缆来提高系统的带宽资源。而在无线网中，频率资源是有限的，ITU 对无线频率的划分有严格的规定。如何提高系统的频率利用率是移动通信系统的一个重要课题。

2．移动通信的分类

移动通信的种类繁多，其中陆地移动通信系统有：蜂窝移动通信、无线寻呼系统、无绳电话、集群系统等。同时，移动通信和卫星通信相结合产生了卫星移动通信，它可以实现国内、国际大范围的移动通信。

(1) 集群移动通信。集群移动通信是一种高级移动调度系统。所谓集群通信系统，是指系统所具有的可用信道为系统的全体用户共用，具有自动选择信道的功能，是共享资源、分担费用、共用信道设备及服务的多用途和高效能的无线调度通信系统。

(2) 公用移动通信系统。公用移动通信系统是指给公众提供移动通信业务的网络。这是移动通信最常见的方式。这种系统又可以分为大区制移动通信和小区制移动通信，小区制移动通信又称蜂窝移动通信。

(3) 卫星移动通信。利用卫星转发信号也可实现移动通信。对于车载移动通信可采用同步卫星，而对手持终端，采用中低轨道的卫星通信系统较为有利。

(4) 无绳电话。对于室内外慢速移动的手持终端的通信，一般采用小功率、通信距离近、轻便的无绳电话机。它们可以经过通信点与其他用户进行通信。

(5) 寻呼系统。无线电寻呼系统是一种单向传递信息的移动通信系统。它是由寻呼台发信息，寻呼机收信息来完成的。

6.1.2　移动通信的发展历史

移动通信可以说从无线电通信发明之日就产生了。早在 1897 年，马可尼所完成的无线通信试验就是在固定站与一艘拖船之间进行的，距离为 18 海里(1 海里=1852 米)。

现代移动通信的发展始于 20 世纪 20 年代，而公用移动通信是从 20 世纪 60 年代开始的。公用移动通信系统的发展已经经历了第一代(1G)和第二代 (2G)，并将继续朝着第三代(3G)和第四代(4G)的方向发展。

1．第一代移动通信系统(1G)

第一代移动通信系统为模拟移动通信系统，以美国的 AMPS(IS-54)和英国的 TACS 为代表，采用频分双工、频分多址制式，并利用蜂窝组网技术以提高频率资源利用率，克服了大区制容量密度低、活动范围受限的问题。虽然采用频分多址，但并未提高信道利用率，因此通信容量有限；通话质量一般，保密性差；制式太多，标准不统一，互不兼容；不能提供非话数据业务；不能提供自动漫游。因此，已逐步被各国淘汰。本章将简单介绍 AMPS系统和 TASC 系统。

2．第二代移动通信系统(2G)

第二代移动通信系统为数字移动通信系统，是当前移动通信发展的主流，以 GSM 和窄带 CDMA 为典型代表。第二代移动通信系统中采用数字技术，利用蜂窝组网技术。多址方式由频分多址转向时分多址和码分多址技术，双工技术仍采用频分双工。2G 采用蜂窝数字移动通信，使系统具有数字传输的种种优点，它克服了 1G 的弱点，话音质量及保密性能得到了很大提高，可进行省内、省际自动漫游。但系统带宽有限，限制了数据业务的发展，也无法实现移动的多媒体业务。并且由于各国标准不统一，无法实现全球漫游。近年来又有第三代和第四代的技术和产品产生。

目前采用的 2G 系统主要有：

(1) 美国的 D-AMPS，是在原 AMPS 基础上改进而成的，规范由 IS-54 发展成 IS-136 和 IS-136HS，1993 年投入使用。它采用时分多址技术。

(2) 欧洲的 GSM 全球移动通信系统，是在 1988 年完成技术标准制定的，1990 年开始投入商用。它采用时分多址技术，由于其标准化程度高，进入市场早，现已成为全球最重要的 2G 标准之一。

(3) 日本的 PDC，是日本电波产业协会于 1990 年确定的技术标准，1993 年 3 月正式投入使用。它采用的也是时分多址技术。

(4) 窄带 CDMA，采用码分多址技术，1993 年 7 月公布了 IS-95 空中接口标准，目前也是重要的 2G 标准之一。

本章将重点介绍 GSM 系统和窄带 CDMA 系统。

6.2　基本技术和网络结构

6.2.1　移动通信网的系统构成

一个典型移动通信网由移动业务交换中心 MSC、基站 BS、中继传输系统、移动台 MS、操作维护中心 OMC 和一些数据库组成，如图 6.1 所示。

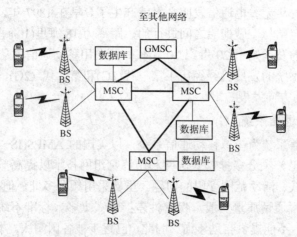

图 6.1　移动通信网的组成

移动业务交换中心之间、移动业务交换中心和基站之间通过中继线相连，基站和移动台之间为无线接入方式，移动交换中心又与存储用户信息的数据库相连，同时移动交换中心又通过关口局与其他网络(如电话通信网)相连，实现移动网与其他网络用户之间的互通。

1．移动业务交换中心 MSC

移动业务交换中心 MSC(Mobile-services Switching Centre)是蜂窝通信网络的核心。MSC负责本服务区内所有用户的移动业务的实现，具体讲，MSC 有如下作用：

- 信息交换功能：为用户提供终端业务、承载业务、补充业务的接续；
- 集中控制管理功能：无线资源的管理，移动用户的位置登记、越区切换等；
- 通过关口 MSC 与公用电话网相连。

2．基站 BS

基站 BS(Base Station)负责和本小区内移动台之间通过无线电波进行通信，并与 MSC 相连，以保证移动台在不同小区之间移动时也可以进行通信。采用一定的多址方式可以区分一个小区内的不同用户。

3．移动台 MS

移动台 MS(Mobile Station)即手机或车载台。它是移动网中的终端设备，要将用户的话音信息进行变换并以无线电波的方式进行传输。

4．中继传输系统

在 MSC 之间、MSC 和 BS 之间的传输线均采用有线方式。

5．数据库

移动网中的用户是可以自由移动的，即用户的位置是不确定的。因此，要对用户进行接续，就必须要掌握用户的位置及其他的信息，数据库即是用来存储用户的有关信息的。数字蜂窝移动网中的数据库有归属位置寄存器(HLR: Home Location Register)、访问位置寄存器(VLR: Visitor Location Register)、鉴权认证中心(AUC: Authentic Center)、设备识别寄存器(EIR: Equipment Identity Register)等。

6.2.2 移动通信网的覆盖方式

移动通信的信号传播依靠的是无线电波的传播，移动通信网的结构与其无线覆盖方式是相适应的，其覆盖方式可分为大区制和小区制。

1．大区制

所谓大区制，是指由一个基站(发射功率为 50～100 W)覆盖整个服务区，该基站负责服务区内所有移动台的通信与控制。大区制的覆盖半径一般为 30～50 km。

采用这种大区制方式时，由于采用单基站制，没有重复使用频率的问题，因此技术问题并不复杂。只需根据所覆盖的范围，确定天线的高度，发射功率的大小，并根据业务量大小，确定服务等级及应用的信道数。但也正是由于采用单基站制，因此基站的天线需要架设得非常高，发射机的发射功率也要很高。即使这样做，也只可保证移动台收到基站的信号，而无法保证基站能收到移动台的信号。因此这种大区制通信网的覆盖范围是有限的，只能适用于小容量的网络，一般用在用户较少的专用通信网中，如早期的模拟移动通信网

IMTS(Improved Mobile Telephone Service)中即采用大区制。

2．小区制

小区制是指将整个服务区划分为若干小区，在每个小区设置一个基站，负责本小区内移动台的通信与控制。小区制的覆盖半径一般为 2～10km，基站的发射功率一般限制在一定的范围内，以减少信道干扰。同时还要设置移动业务交换中心，负责小区间移动用户的通信连接及移动网与有线网的连接，保证移动台在整个服务区内，无论在哪个小区都能够正常进行通信。

由于是多基站系统，因此小区制移动通信系统中需采用频率复用技术。在相隔一定距离的小区进行频率再用，可以提高系统的频率利用率和系统容量，但网络结构复杂，投资巨大。尽管如此，为了获得系统的大容量，在大容量公用移动通信网中仍普遍采用小区制结构。

公用移动通信网在大多数情况下，其服务区为平面形，称为面状服务区。这时小区的划分较为复杂，最常用的小区形状为正六边形，这是最经济的一种方案。由于正六边形的网络形同蜂窝，因此称此种小区形状的移动通信网为蜂窝网。蜂窝状服务区如图 6.2 所示。

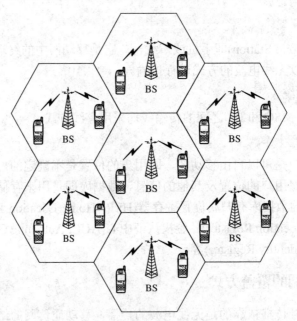

图 6.2　蜂窝状服务区示意图

目前公用移动通信系统的网络结构均为蜂窝网结构，称为蜂窝移动通信系统，因此以下只介绍蜂窝移动通信系统。

6.2.3　移动通信网中的基本技术

1．多址方式

当把多个用户接入一个公共的传输媒质实现相互间通信时，需要给每个用户的信号赋以不同的特征，以区分不同的用户，这种技术称为多址技术。众所周知，移动通信是依靠无线电波的传播来传输信号的，具有大面积覆盖的特点。因此网内一个用户发射的信号其他用户均可接收到所传播的电波。网内用户如何能从播发的信号中识别出发送给自己的信号就成为建立连接的首要问题。在蜂窝通信系统中，移动台是通过基站和其他移动台进行通信的，因此必须对移动台和基站的信息加以区别，使基站能区分是哪个移动台发来的信号，而各移动台又能识别出哪个信号是发给自己的。要解决这个问题，就必须给每个信号赋以不同的特征，这就是多址技术要解决的问题。多址技术是移动通信的基础技术之一。

多址方式的基本类型有：频分多址方式(FDMA: Frequency Division Multiple Access)、时分多址方式(TDMA: Time Division Multiple Access)、空分多址方式(SDMA: Space Division Multiple Access)、码分多址方式(CDMA: Code Division Multiple Access)等。目前移动通信系统中常用的是 FDMA、TDMA、CDMA 以及它们的组合。

下面将分别介绍 FDMA、TDMA 和 CDMA。

1) 频分多址方式(FDMA)

FDMA 是指把通信系统可以使用的总频带划分为若干个占用较小带宽的频道，这些频道在频域上互不重叠，每个频道就是一个通信信道，分配给一个用户使用，如图 6.3 所示。

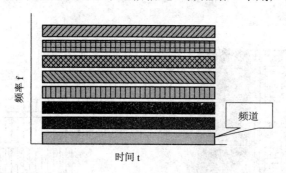

图 6.3　FDMA 示意图

在通信时，不同的移动台占用不同频率的信道进行通信。因为各个用户使用不同频率的信道，所以相互没有干扰。FDMA 的信道每次只能传递一个电话，并且在分配成语音信道后，基站和移动台就会同时连续不断地发射信号，在接收设备中使用带通滤波器只允许指定频道里的能量通过，滤除其他频率的信号，从而将需要的信号提取出来，而限制临近信道之间的相互干扰。由于基站要同时和多个用户进行通信，基站必须同时发射和接收多个不同频率的信号；另外，任意两个移动用户之间进行通信都必须经过基站的中转，因而必须占用四个频道才能实现双向通信。

FDMA 是最经典的多址技术之一，在第一代蜂窝移动通信网(如 TACS、AMPS 等)中使用了频分多址。这种方式的特点是技术成熟，对信号功率的要求不严格。但是在系统设计中需要周密的频率规划，基站需要多部不同载波频率的发射机同时工作，设备多且容易产生信道间的互调干扰，同时，由于没有进行信道复用，信道效率很低。因此现在国际上蜂窝移动通信网已不再单独使用 FDMA，而是和其他多址技术结合使用。

2) 时分多址方式(TDMA)

TDMA 是把时间分成周期性的帧，每一帧再分割成若干时隙(无论帧或时隙都是互不重叠的)，每一个时隙就是一个通信信道，如图 6.4 所示。

TDMA 中，给每个用户分配一个时隙，即根据一定的时隙分配原则，使各个移动台在每帧内只能按指定的时隙向基站发射信号。在满足定时和同步的条件下，基站可以在各时隙中接收到各移动台的信号而互不干扰。同时，基站发向各个移动台的信号都按顺序安排在预定的时隙中传输，各移动台只要在指定的时隙内接收，就能在合路的信号中把发给它的信号区分出来。这样，同一个频道就可以供几个用户同时进行通信，相互没有干扰。

在 TDMA 通信系统中，小区内的多个用户可以共享一个载波频率，分享不同时隙，这样基站只需要一部发射机，可以避免像 FDMA 系统那样因多部不同频率的发射机同时工作而产生的互调干扰；但系统设备必须有精确的定时和同步来保证各移动台发送的信号不会在基站发生重叠，并且能准确地在指定的时隙中接收基站发给它的信号。

TDMA 技术广泛应用于第二代移动通信系统中。在实际应用中，综合采用 FDMA 和 TDMA 技术的，即首先将总频带划分为多个频道，再将一个频道划分为多个时隙，形成信道。例如 GSM 数字蜂窝标准采用 200 kHz 的 FDMA 频道，并将其再分割成 8 个时隙，用于 TDMA 传输，如图 6.5 所示。

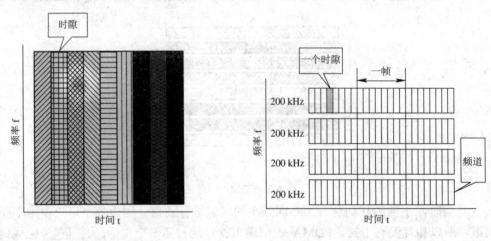

图 6.4　TDMA 示意图　　　　　　图 6.5　FDMA/TDMA 示意图

3) 码分多址方式(CDMA)

CDMA 技术采用了扩频通信的概念，它是在扩频的基础上实现的，因此在介绍 CDMA 之前，先介绍扩频的概念。

(1) 扩频的概念。众所周知，对于时域上的脉冲信号，其脉冲宽度越窄，频谱就越宽。那么，如果用所需要传送的信号信息去调制很窄的脉冲序列，就可以将信号的带宽进行扩展。所谓扩频调制，就是指用所需要传送的原始信号去调制窄脉冲序列，使信号所占的频带宽度远大于所传原始信号本身需要的带宽。其逆过程称为解扩，即将这个宽带信号还原成原始信号。这个窄脉冲序列称为扩频码。如果用这样一种扩频后的无线信道来传送无线信号，则由于信号扩展在非常宽的带宽上，因此来自同一无线信道的用户干扰就很小，使得多个用户可以同时分享同一无线信道。

实现扩频的方式有三种：直接序列扩频、跳频、跳时。其中 CDMA 系统中常用直接序列扩频方式，它是指在发送端直接用一个宽带的扩频码序列和原始信号相乘，以扩展信号的带宽，而在接收端则用相同的扩频码和宽带信号相乘进行解扩，从中还原出原始的信息，如图 6.6 所示。只有知道该扩频码序列的接收机才能够对收到的信号进行解扩，并恢复出原

始数据。我们把原始信息的速率称为信息速率，而把扩频码的速率称为码片速率，用 chip
表示。

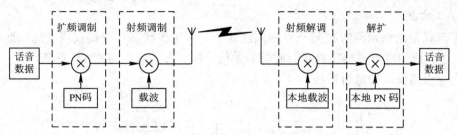

图 6.6　直接序列扩频实现框图

(2) CDMA 中的码序列。大家知道，在信息传输过程中，各种信号之间的差别越大越
好，这样相互之间不易发生干扰，也就不会发生误判。要实现这一目标，最理想的信号形
式是类似白噪声的随机信号，但真正的随机信号或白噪声是不能重复和再现的，实际应用
中是用周期性的码序列来逼近它的性能的。CDMA 中采用伪随机序列(称为 PN 码)作为扩频
码，因为伪随机序列具有近似白噪声的特性，所以具有良好的相关性。CDMA 系统中采用
的伪随机码有 m 序列、Walsh 函数等。

(3) CDMA。CDMA 通信系统中，所有用户
使用所有频率和所有时间上都是重叠的。系统用
不同的正交编码序列来区分不同的用户，如图
6.7 所示。

CDMA 中，不同的移动台共同使用一个频
率，但是每个移动台都被分配带有一个独特的码
序列，与所有别的码序列都不相同，所以各个用
户之间没有干扰。在发送时，信号信息和该用户
的码序列相乘进行扩频调制，在接收端，接收器
使用与发端同样的码序列对宽带信号进行解扩，

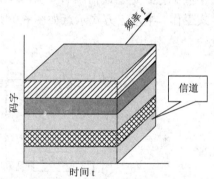

图 6.7　CDMA 示意图

恢复出原始信号，而其他使用不同码型的信号因为和接收机本地产生的码型不同而不能被
解调。这种多址技术因为是靠不同的码序列来区分不同的移动台，所以叫做码分多址
技术。

实际应用中，也是综合采用 FDMA 和 CDMA 技术的，即首先将总频带划分为多个频道，
再将一个频道按码字分割，形成信道。例如窄带 CDMA 中，采用 1.25 MHz 的 FDMA 频道，
将其再进行码字的分割，形成 CDMA 信道。

CDMA 蜂窝移动通信系统与 FDMA 系统或 TDMA 系统相比具有更大的系统容量，更
高的话音质量以及抗干扰、保密等优点，因而近年来得到各个国家的普遍重视和关注。在
第三代数字蜂窝移动通信系统中，无线传输技术将采用 CDMA 技术。

由上可见，蜂窝结构的通信系统特点是通信资源的重用。频分多址系统是频率资源的
重用；时分多址系统是时隙资源的重用；码分多址系统是码型资源的重用。在实际应用中，
一般是多种多址方式的结合使用。如 GSM 系统中，是 FDMA/TDMA 的结合使用；窄带 CDMA
系统(IS-95)和 3G 中的宽带码分多址(WCDMA)中，采用的则是 FDMA/CDMA 方式。

2. 双工方式

移动通信系统的工作方式可以分为单工方式、半双工方式和全双工方式。

1) 单工方式

单工方式是指通信双方在某一时刻只能处于一种工作状态：或接收或发送，而不能同时进行收发，通信双方需要交替进行收信和发信。单工方式示意如图 6.8 所示。单工方式一般用于点对点通信，如对讲系统。

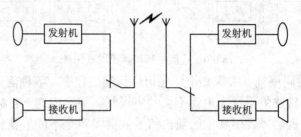

图 6.8 单工方式示意图

2) 半双工方式

半双工方式是指通信中有一方(常指基站)可以同时收发信息，而另一方(移动台)则以单工方式工作。半双工方式示意如图 6.9 所示。半双工方式常用于专用移动通信系统，如调度系统。

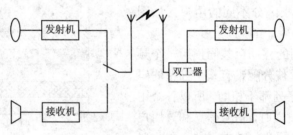

图 6.9 半双工方式示意图

3) 全双工方式

全双工方式是指通信双方均可同时进行接收和发送信息。这种方式适用于公用移动通信系统，是广泛应用的一种方式，如图 6.10 所示。

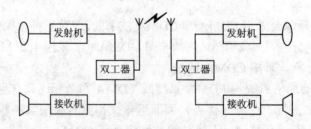

图 6.10 全双工方式示意图

在双工通信中，需要有一定的技术来区分双向的信道，也就是说，凡是双向通信，总需要一定的双工制式。蜂窝网使用的有两种双工制式，即频分双工(FDD: Frequency Division Duplex)和时分双工(TDD: Time Division Duplex)。

(1) FDD 中利用两个不同的频率来区分收发信道。即对于发送和接收两种信号，采用不同的频率。如移动台到基站采用一种频率(称为上行信道),基站到移动台采用另一种频率(称为下行信道)。

(2) TDD 中利用同一频率但两个不同的时间段来区分收发信道。即对于发送和接收两种信号,采用不同的时间。

6.2.4 移动通信网网络结构

不同技术的移动通信网,其网络的拓扑结构是不同的。第一代移动通信采用模拟技术,其网络是依附于公用电话网的,是电话网的一个组成部分;而第二代移动通信采用数字技术,其网络结构是完全独立的,不再依附于公用电话网。下面以我国 GSM 网为例来说明移动网的网络结构。

全国 GSM 移动通信网是多级结构的复合型网络。为了在网络中均匀负荷,合理利用资源,避免在某些方向上产生的话务拥塞,在网络中设置移动汇接中心 TMSC。全国 GSM 移动电话网按大区设立一级汇接中心、各省内设立二级汇接中心、移动业务本地网设立移动端局,构成三级网络结构。三级网络结构组成了一个完全独立的数字移动通信网络。移动网和固定网之间的通信是通过移动关口局 GMSC 来进行转接的。

中国移动的 GSM 网设置 8 个一级移动汇接中心,分别设于北京、沈阳、南京、上海、西安、成都、广州、武汉,一级汇接中心为独立的汇接局(即不带客户,只有至基站的接口,只作汇接),相互之间以网状网相连。

省内 GSM 移动通信网由省内的各移动业务本地网构成,省内设若干个移动业务汇接中心(即二级汇接中心),汇接中心之间为网状网结构,汇接中心与移动端局之间成星状网。根据业务量的大小,二级汇接中心可以是单独设置的汇接中心,也可兼作移动端局(与基站相连,可带客户)。移动端局应与省内二级汇接中心相连。

全国可划分为若干个移动业务本地网。每个移动业务本地网中应设立一个 HLR。移动业务本地网通过二级汇接中心接入省内 GSM 移动网,从而接入 GSM 全国移动网。

6.3 GSM 系 统

GSM 即全球移动通信系统(Global System for Mobile Communication),其历史可以追溯到 1982 年,当时,北欧四国向 CEPT(Conference Europe of Post and Telecommunications)提交了一份建议书,要求制定 900 MHz 频段的欧洲公共电信业务规范,以建立全欧统一的蜂窝系统。1986 年决定制定数字蜂窝网标准,同时在巴黎对不同公司、不同方案的八个系统进行了现场试验和比较。1987 年 5 月选定窄带 TDMA 方案,并于 1988 年颁布了 GSM 标准,也称泛欧数字蜂窝通信标准。GSM 标准对该系统的结构、信令和接口等给出了详细的描述,而且符合公用陆地移动通信网(PLMN:Public Land Mobile Network)的一般要求,能适应与其他数字通信网(如 PSTN 和 ISDN)的互连。1991 年 GSM 系统正式在欧洲问世,网络开通运行。现阶段,GSM 包括两个并行的系统:GSM900 和 DCS1800,这两个系统功能相同,主要是频率不同。GSM900 工作在 900 MHz,DCS1800 工作在 1800 MHz。

GSM 蜂窝通信网作为世界上首先推出的数字蜂窝通信系统,其自身的优点如下:

(1) 频谱效率高。由于采用了高效调制器，信道编码、交织、均衡和话音编码等技术，使系统有较高的频谱效率。

(2) 容量大。由于每个信道传输带宽为 200 kHz，使得同频复用载干比(载波功率与干扰功率之比)降低至 9 dB，故 GSM 系统同频复用模式缩小，每小区的可用信道数为 12.5 个，大大高于模拟移动网。

(3) 话音质量高。GSM 系统中，只要在门限值以上，话音质量总是达到相同的水平而与传输质量无关。

(4) 安全性：通过鉴权认证，加密和 TMSI 号码的使用达到安全的目的。

(5) 在业务方面有一定优势，如可以实现智能业务和国际漫游等。

我国自从 1992 年在嘉兴建立和开通第一个 GSM 演示系统，并于 1993 年 9 月正式开放业务以来，全国各地的移动通信系统中大多采用 GSM 系统，使得 GSM 系统成为目前我国最成熟和市场占有量最大的一种数字蜂窝系统。

6.3.1　系统网络结构及接口

GSM 数字蜂窝通信系统的主要组成部分可分为移动台、基站子系统和网络子系统，如图 6.11 所示。基站子系统(BSS)由基站收发台(BTS)和基站控制器(BSC)组成；网络子系统由移动交换中心(MSC)和操作维护中心(OMC)以及归属位置寄存器(HLR)、访问位置寄存器(VLR)、鉴权认证中心(AUC)和设备标志寄存器(EIR)等组成。

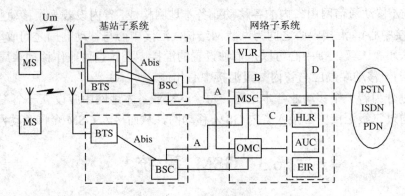

图 6.11　GSM 网络结构

1. 移动台(MS)

移动台是移动网中的用户终端，包括移动设备(ME: Mobile Equipment)和移动用户识别模块 SIM 卡(Subscriber Identity Module，通常称为 SIM 卡)。

2. 基站系统(BSS: Base Station System)

基站系统(BSS)负责在一定区域内与移动台之间的无线通信。一个 BSS 包括一个基站控制器(BSC: Base Station Controller)和一个或多个基站收发台(BTS: Base Transceiver Station)两部分组成。

1) 基站收发台(BTS)

BTS 是 BSS 的无线部分，受控于基站控制器 BSC，包括无线传输所需要的各种硬件和软件，如发射机、接收机、天线、连接基站控制器的接口电路以及收发台本身所需要的检测和控制装置等。它完成 BSC 与无线信道之间的转换，实现 BTS 与 MS 之间通过空中接口的无线传输及相关的控制功能。

2) 基站控制器(BSC)

BSC 是 BSS 的控制部分，处于基站收发台 BTS 和移动交换中心 MSC 之间。一个基站控制器通常控制几个基站收发台，主要功能是进行无线信道管理、实施呼叫和通信链路的建立和拆除，并为本控制区内移动台越区切换进行控制等。

3. 网络子系统(NSS: Network SubSystem)

网络子系统主要包含 GSM 系统的交换功能和用于用户数据与移动性管理、安全性管理所需的数据库功能，它对 GSM 移动用户之间通信和 GSM 移动用户与其他通信网用户之间通信起着管理作用。NSS 由一系列功能实体构成，各功能实体之间和 NSS 与 BSS 之间都通过 No.7 信令系统互相通信。

(1) 移动交换中心 MSC 是蜂窝通信网络的核心，如 6.2 节所述，它为本 MSC 区域内的移动台提供所有的交换和信令功能。

(2) 网关 MSC(GMSC：Gateway MSC)是完成路由功能的 MSC，它在 MSC 之间完成路由功能，并实现移动网与其他网的互连。

(3) 归属位置寄存器 HLR 是一种用来存储本地用户信息的数据库。在移动通信网中，可以设置一个或若干个 HLR，这取决于用户数量、设备容量和网络的组织结构等因素。每个用户都必须在某个 HLR(相当于该用户的原籍)中登记。登记的内容主要有：

● 用户信息：如用户号码、移动设备号码等；

● 位置信息：如用户的漫游号码、VLR 号码、MSC 号码等，这些信息用于计费和用户漫游时的接续。这样可以保证当呼叫任一个不知处于哪一个地区的移动用户时，均可由该移动用户的 HLR 获知它当时处于哪一个地区，进而建立起通信链路。

● 业务信息：用户的终端业务和承载业务信息、业务限制情况、补充业务情况等。

(4) 访问位置寄存器 VLR 是一个用于存储进入其覆盖区的用户位置信息的数据库。当移动用户漫游到新的 MSC 控制区时，由该区的 VLR 来控制。当移动台进入一个新的区域时，首先向该地区的 VLR 申请登记，VLR 要从该用户的 HLR 中查询，存储其有关的参数，并要给该用户分配一个新的漫游号码(MSRN)，然后通知其 HLR 修改该用户的位置信息，准备为其他用户呼叫此移动用户时提供路由信息。移动用户一旦由一个 VLR 服务区移动到另一个 VLR 服务区时，移动用户则重新在新的 VLR 上登记，原 VLR 将取消临时记录的该移动用户数据。一般的，一个 MSC 对应一个 VLR，记作 MSC/VLR。

(5) 鉴权认证中心 AUC 与 HLR 相关联，是为了防止非法用户接入 GSM 系统而设置的安全措施。AUC 可以不断为用户提供一组参数(包括随机数 RAND、符号响应 SRES 和加密键 Kc 三个参数)，该参数组可视为与每个用户相关的数据，在每次呼叫的过程中可以检查系统提供的和用户响应的该组参数是否一致，以此来鉴别用户身份的合法性，从而只允许有权用户接入网络并获得服务。AUC 只与它相关的 HLR 之间进行通信。

(6) 设备识别寄存器 EIR 是存储移动台设备参数的数据库，用于对移动设备的鉴别和监视，并拒绝非法移动台入网。

(7) 操作和维护中心(OMC: Operation & Maintenance Center)对全网中每一个设备实体

进行监控和操作,实现对 GSM 网内各种部件的功能监视、状态报告、故障诊断、话务量的统计和计费数据的记录与传递等功能。

4．接口

移动业务的国际漫游要求各个厂家生产的移动设备之间必须能够进行互通。因此,GSM 系统在制定技术规范时就对其子系统之间及各功能实体之间的接口和协议作了比较具体的定义,使不同供应商提供的 GSM 系统基础设备能够符合统一的 GSM 技术规范而达到互通、组网的目的。

GSM 系统的主要接口有 A 接口、Abis 接口和 Um 接口等。

(1) A 接口定义为网络子系统(NSS)与基站子系统(BSS)之间的通信接口,从系统的功能实体来说,就是移动业务交换中心(MSC)与基站控制器(BSC)之间的互连接口,其物理链接通过采用标准的 2.048 Mb/s 的 PCM 数字传输链路来实现。此接口传递的信息包括移动台管理、基站管理、移动性管理和接续管理等。

(2) Abis 接口定义为基站子系统的两个功能实体基站控制器 BSC 和基站收发信台(BTS)之间的通信接口,用于 BTS 与 BSC 之间的远端互连,物理链接通过采用标准的 2.048 Mb/s 或 64 kb/s 的 PCM 数字传输链路来实现。

(3) Um 接口(空中接口)定义为移动台 MS 与基站收发台 BTS 之间的通信接口,用于移动台与 GSM 系统的固定部分之间的互通,其物理链接通过无线方式实现。此接口传递的信息包括无线资源管理,移动性管理和接续管理等。

此外还有网络子系统内部接口,这里只作简单叙述:

- B 接口:MSC 和与它相关的 VLR 之间的接口;
- C 接口:MSC 和 HLR 之间的接口;
- D 接口:HLR 和 VLR 之间的接口;
- E 接口:MSC 之间的接口;
- G 接口:VLR 之间的接口;
- H 接口:HLR 和 AUC 之间的接口。

6.3.2　移动通信网中的几种号码

移动通信中,由于用户的移动性,需要有多种号码对用户进行识别、登记和管理。下面介绍几种常用的号码。

1．移动台号簿号码(MSISDN)

MSISDN 即通常人们所说的呼叫某一用户时所使用的手机号码,其编号计划独立于 PSTN / ISDN 编号计划,编号结构为

$$CC + NDC + SN$$

其中 CC 为国家码(如中国为 86),NDC 为国内地区码,SN 为用户号码,号码总长不超过 15 位数字。

2．国际移动用户标识号(IMSI:International Mobile Subscriber Identification)

这是网络惟一识别一个移动用户的国际通用号码,对所有的 GSM 网来说它是惟一的,并尽可能保密。移动用户以此号码发出入网请求或位置登记,移动网据此查询用户数据。

此号码也是 HLR 和 VLR 的主要检索参数。根据 GSM 建议，IMSI 最大长度为 15 位十进制数字。具体分配如下：

$$\text{MCC} + \text{MNC} + \text{MSIN/NMSI}$$
$$3 \text{ 位数字} \quad 1 \text{ 或 } 2 \text{ 位数字} \quad 10\text{-}11 \text{ 位数字}$$

MCC：移动国家码，3 位数字，如中国的 MCC 为 460。

MNC：移动网号，最多 2 位数字，用于识别归属的移动通信网。

MSIN：移动用户识别码，用于识别移动通信网中的移动用户。

NMSI：国内移动用户识别码，由移动网号和移动用户识别码组成。

IMSI 编号计划国际统一，由 ITU-T E.212 建议规定，以适应国际漫游的需要。它和各国的 MSISDN 编号计划互相独立，这样使得各国电信管理部门可以随着移动业务类别的增加独立发展其自己的编号计划，不受 IMSI 的约束。

每个移动台可以是多种移动业务的终端(如话音、数据等)，相应地可以有多个 MSISDN，但是 IMSI 只有一个，移动网据此受理用户的通信或漫游登记请求，并对用户计费。IMSI 由电信经营部门在用户开户时写入移动台的 EPROM。当任一主叫按 MSISDN 拨叫某移动用户时，终接 MSC 将请求 HLR 或 VLR 将其翻译成 IMSI，然后用 IMSI 在无线信道上寻呼该移动用户。

3. 国际移动台设备标识号(IMEI：International Mobile Equipment Identification)

IMEI 是惟一标识移动台设备的号码，又称移动台电子串号。该号码由制造厂家永久性地置入移动台，用户和网络运营部门均不能改变它，其作用是防止有人使用非法的移动台进行呼叫。

根据需要，MSC 可以发指令要求所有的移动台在发送 IMSI 的同时发送其 IMEI，如果发现两者不匹配，则确定该移动台非法，应禁止使用。在 EIR 中建有一张"非法 IMEI 号码表"，俗称"黑表"，用以禁止被盗移动台的使用。

ITU-T 建议 IMEI 的最大长度为 15 位。其中，设备型号占 6 位，制造厂商占 2 位，设备序号占 6 位，另有 1 位保留。我国数字移动网即采用此结构。

4. 移动台漫游号码(MSRN：Mobile Station Roaming Number)

这是系统分配给来访用户的一个临时号码，供移动交换机路由选择使用。移动台的位置是不确定的，它的 MSISDN 中的移动网号和 H1H2H3 只反映它的原籍地。当它漫游进入另一个移动交换中心业务区时，该地区的移动系统必须根据当地编号计划赋予它一个 MSRN，经由 HLR 告知 MSC，MSC 据此才能建立至该用户的路由。当移动台离开该区后，访问位置寄存器(VLR)和归属位置寄存器(HLR)都要删除该漫游号码，以便再分配给其他移动台使用。MSRN 由被访地区的 VLR 动态分配，它是系统预留的号码，一般不向用户公开。

5. 临时移动用户识别码(TMSI：Temporary Mobile Subscriber Identities)

为了对 IMSI 保密，在空中传送用户识别码时用 TMSI 来代替 IMSI。TMSI 是由 VLR 给用户临时分配的，只在本地有效(即在该 MSC/VLR 区域内有效)。

6.3.3　信道类型及时隙结构

1. 逻辑信道

GSM 通信系统中，根据所传输的信息不同，将逻辑信道分为业务信道(TCH: Traffic Channel)和控制信道(CCH: Control Channel)。

1) 业务信道 TCH

业务信道传输编码的话音或用户数据，按速率的不同分为全速率业务信道(TCH/F)和半速率业务信道(TCH/H)。

2) 控制信道 CCH

控制信道传输各种信令信息。控制信道分为以下三类：

(1) 广播信道(BCCH)：一种一点到多点的单方向控制信道，用于基站向移动台的下行方向。BS 在 BCCH 中向所有 MS 广播一系列的信息，用于移动台入网、位置登记和呼叫建立(如同步信息)。

(2) 公共控制信道(CCCH)：一种一点对多点的双向控制信道，用于传送呼叫接续阶段所必需的各种信令信息。其中，CCCH 又可以分为以下三种：

● 随机接入信道(RACH)：上行信道，用于移动台在申请入网时，向基站发送入网请求信息。

● 接入允许信道(AGCH)：下行信道，用于基站向移动台发送指配专用控制信道 DCCH 的信息。

● 寻呼信道(PCH)：下行信道，传送基站对移动台的寻呼信息。

(3) 专用控制信道(DCCH)：一种"点对点"的双向控制信道，其用途是在呼叫接续阶段和在通信进行当中，在移动台和基站之间传输必需的控制信息。

2. 物理信道

GSM 系统采用时分多址、频分多址、频分双工方式(TDMA、FDMA、FDD)。采用频段为：上行 890～915MHz，下行 935～960 MHz；双工间隔 45 MHz。首先在 25 MHz 的频段内进行频分复用，分为 125 个载频，载频间隔为 200 kHz；再在每个载频上进行时分复用，分为 8 个时隙。这样，共有 1000 个物理信道，根据需要分给不同的用户使用，移动台在特定的频率上和时隙内，向基站传输信息，基站也在相应的频率上和相应的时隙内，以时分复用方式向各个移动台传输信息。

下面给出 GSM 系统的时隙结构，如图 6.12 所示。GSM 的帧结构分为帧、复帧、超帧、超高帧。

在 GSM 中，基本的无线资源单位是一个时隙(Slot)，每个时隙含 156.25 个码元，占 15/26 ms (576.9 μs)，传输速率为 1625/6≈270.833 kb/s。

每一个 TDMA 基本帧(Frame)含 8 个时隙，共占 60/13≈4.615 ms。

多个 TDMA 基本帧构成复帧(Multiframe)，其结构有如下两种：

(1) 26-帧的复帧，即含 26 帧的复帧，其周期为 120 ms，这种复帧主要用于承载 TCH 业务信道。

(2) 51-帧的复帧，即含 51 帧的复帧，其周期为 3060/13≈235.385 ms，用于承载控制信道、BCCH、CCCH 和 DCCH 等。

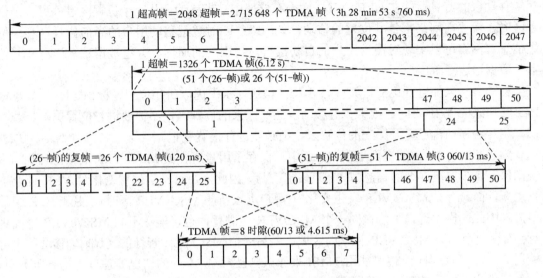

图 6.12　GSM 系统的时隙结构示意图

多个复帧又构成超帧(Super Frame)，它是一个连贯的 51×26TDMA 帧，即一个超帧可以是包括 51 个 26-帧的复帧，也可以是包括 26 个 51-帧的复帧。超帧的周期均为 1326 个 TDMA 帧，即 6.12 秒。

多个超帧构成超高帧(Hyper Frame)。它是帧结构最长的重复周期，包括 2048 个超帧，周期为 12 533.76 秒，即 3 小时 28 分 53 秒 760 毫秒。用于加密的话音和数据，超高帧每一周期包含 2 715 648 个 TDMA 帧，这些 TDMA 帧按序编号，依次从 0 至 2 715 647。

6.3.4　呼叫接续与移动性管理

与固定网一样，移动通信网最基本的作用是给网中任意用户之间提供通信链路，即呼叫接续。但与固定网不同的是，在移动网中，由于用户的移动性，就必须有一些另外的操作处理功能来支持。当用户从一个区域移动到另外一个区域时，网络必须发现这个变化，以便接续这个用户的通信，这就是位置登记。当用户在通信过程中从一个小区移动到另一个小区时，即越区切换时，系统要保证用户的通信不中断。这些位置登记、越区切换的操作，是移动通信系统中所特有的，我们把这些与用户移动有关的操作称为移动性管理。下面介绍 GSM 系统中典型的呼叫接续、位置登记、越区切换等操作过程。

1. 位置登记

在介绍具体的位置登记过程之前，先介绍两个概念：

(1) 位置区：移动台不用进行位置更新就可以自由移动的区域，可以包含几个小区。当呼叫某一移动用户时，由 MSC 可以追踪移动台究竟处于所在位置区的哪个小区。位置区标识(LAI：Location Area Identifier)是在广播控制信道 BCCH 中广播的。

(2) MSC 区：由该 MSC 所控制的所有基站的覆盖区域组成。一个 MSC 区可以包含几个位置区。

　　位置登记过程是指移动通信网对系统中的移动台进行位置信息的更新过程，它包括旧位置区的删除和新位置区的注册两个过程。

　　移动台的信息存储在 HLR、VLR 两个存储器中。当移动台从一个位置区进入另一个位置区时，就要向网络报告其位置的移动，使网络能随时登记移动用户的当前位置，利用位置信息，网络可以实现对漫游用户的自动接续，将用户的通话、分组数据、短消息和其他业务数据送达漫游用户。

　　移动台一旦加电开机后，就搜寻 BCCH 信道，从中提取所在位置区标识(LAI)。如果该 LAI 与原来的 LAI 相同，则意味着移动台还在原来的位置区，不需要进行位置更新；若不同，意味着移动台已离开原来的位置区，则必须进行位置登记。

　　为了减少对 HLR 的更新过程，HLR 中只保存了用户所在的 MSC/ VLR 的信息，而 VLR 中则保存了用户更详细的信息(如位置区的信息)。因此，在每一次位置变化时 VLR 都要进行更新，而只有在 MSC/ VLR 发生变化时(用户进入新的 MSC/ VLR 区时)才更新 HLR 中的信息。因此，位置登记可能在同一个 MSC/VLR 中进行，也可能在不同 MSC/ VLR 之间进行。而用户由一个 MSC/VLR 管辖的区域进入另一个 MSC/VLR 管辖的区域时，移动用户可能用 IMSI 来标识自己，也可能用 TMSI 来标识自己。这些不同的情况处理过程均有所不同。这里给出比较典型的两种位置登记过程。

　1) 移动台用 IMSI 来标识自己时的位置登记和删除

　　当移动台用 IMSI 来标识自己时，仅涉及用户新进入区域的 VLR 和用户所注册的 HLR。具体过程如图 6.13 所示。当移动台进入某个 MSC/VLR 控制的区域时，MS 通过 BS 向 MSC 发出位置登记请求消息。若 MS 用 IMSI 标识自己，则新的 VLR 在收到 MSC "更新位置区" 的消息后，可根据 IMSI 直接判断出该 MS 的 HLR 地址。VLR 给该 MS 分配漫游号码 MSRN，并向该 HLR 发送 "更新位置区" 的消息。HLR 收到后，将该 MS 的当前位置记录在数据库中，同时用 "插入用户数据" 消息将该 MS 的相关用户数据发送给 VLR。当收到 VLR 发来的 "用户数据确认" 消息后，HLR 回送 "位置更新确认" 消息，然后 VLR 通过 MSC 和 BS 向 MS 回送确认消息，位置更新过程结束。

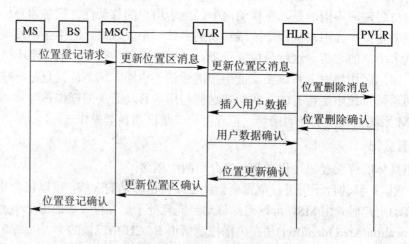

图 6.13　移动台用 IMSI 来标识自己时的位置登记和删除

在上述过程的同时，HLR 还向原来的 VLR(图中的 PVLR)发送"位置删除消息"，要求 PVLR 删除该用户的用户数据，PVLR 完成删除后，发送"位置删除确认"消息给 HLR。

2) 移动台用 TMSI 来标识自己时的位置登记和删除

当移动台进入一个新的 MSC/VLR 区域时，若 MS 用原来的 VLR(PVLR)分配给它的临时号码 TMSI 来标识自己，则新的 VLR 在收到 MSC"更新位置区"的消息后，不能直接判断出该 MS 的 HLR。如图 6.14 所示，新的 VLR 要求原来的 PVLR"发送身份识别信息"(Send ID Entification)消息，要求得到该用户的 IMSI，PVLR 用"身份识别信息响应"(Send ID Entification ACK)消息将该用户的 IMSI 送给新的 VLR，VLR 再给该用户分配一个新的 TMSI，其后的过程与图 6.13 一样。

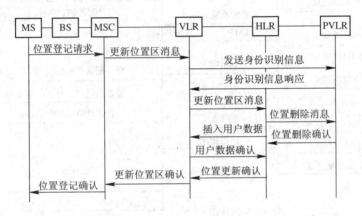

图 6.14　移动台用 TMSI 来标识自己时的位置登记和删除

2. 呼叫接续

图 6.15 给出一次成功的移动用户呼出的接续过程，可以概括为以下的步骤：

(1) 首先移动台与基站之间建立专用控制信道。MS 在"随机接入信道(RACH)"上，向 BS 发出"请求分配信令信道"信息，申请入网；若 BS 接收成功，就给这个 MS 分配一个"专用控制信道(DCCH)"，用于在后续接续中 MS 向 BS 传输必需的控制信息；并在"准许接入信道"(AGCH)上，向 MS 发送"指配信令信道"消息。

(2) 完成鉴权和有关密码的计算。MS 收到"指配信令信道"消息后，利用"专用控制信道(DCCH)"和 BS 建立起信令链路，经 BS 向 MSC 发送"业务请求"信息。MSC 向有关的 VLR 发送"开始接入请求"信令。VLR 收到后，经过 MSC 和 BS 向 MS 发出"鉴权请求"，其中包含一随机数，MS 按规定算法对此随机数进行处理后，向 MSC 发回"鉴权响应"信息。若鉴权通过，承认此 MS 的合法性，VLR 就给 MSC 发送"置密模式"命令，由 MSC 向 MS 发送"置密模式"指令。MS 收到后，要向 MSC 发送"置密模式完成"的响应信息。同时 VLR 要向 MSC 发送"开始接入请求应答"信息。VLR 还要给 MS 分配一个 TMSI 号码。

(3) 呼叫建立过程。MS 向 MSC 发送"建立呼叫请求"信息。MSC 收到后，向 VLR 发出"要求传送建立呼叫所需的信息"指令。如果成功，MSC 即向 MS 发送"呼叫进展"的信令，并向 BS 发出分配无线业务信道的"信道指配"指令，要求 BS 给 MS 分配无线信道。

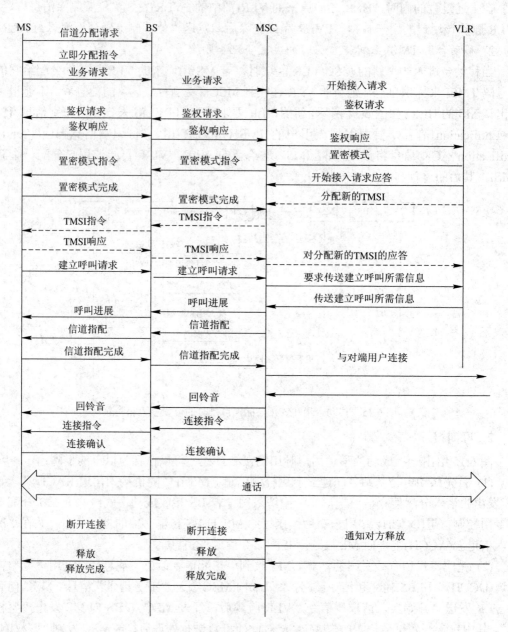

图 6.15　呼叫接续过程

(4) 建立业务信道。如果 BS 找到可用的业务信道(TCH)，即向 MS 发出"信道指配"指令，当 MS 得到信道时，向 BS 和 MSC 发送"信道指配完成"的信息。MSC 把呼叫接续到被叫用户所在的移动网的 MSC 或固定网的交换局，并和对方建立信令联系。若对方用户可以接受呼叫，则通过 BS 向 MS 送回铃音。当被叫用户摘机应答后，MSC 通过 BS 向 MS 送"连接"指令，MS 则发送"连接确认"进行响应，即进入通话状态。

(5) 话终挂机。通话结束，当 MS 挂机时，MS 通过 BS 向 MSC 发送"断开连接"消息，MSC 收到后，一方面向 BS 和 MS 发送"释放"消息，另一方面与对方用户所在网络联系，以释放有线或无线资源；MS 收到"释放"消息后，通过 BS 向 MSC 发送"释放完成"消息，此时通信结束，BS 和 MS 之间释放所有的无线链路。

3. 越区切换

越区切换是指当通话中的移动台从一个小区进入另一个小区时，网络能够把移动台从原小区所用的信道切换到新小区的某一信道，而保证用户的通话不中断。移动网的特点就是用户的移动性，因此，保证用户的成功切换是移动通信网的基本功能之一，也是移动网和固定网的重要不同点之一。

越区切换可能有两种不同的情况：

(1) 同一 MSC 内的基站之间的切换，称为 MSC 内部切换(Intra-MSC)。这又分为同一 BSC 控制区内不同小区之间(Intra-BSS)的切换和不同 BSC 控制区内(Inter-BSS)小区之间的切换。

(2) 不同 MSC 的基站之间的切换，称为 MSC 间切换(Inter-MSC)。

越区切换是由网络发起，移动台辅助完成的。MS 周期性地对周围小区的无线信号进行测量，及时报告给所在小区，并送给 MSC。网络会综合分析移动台送回的报告和网络所监测的情况，当网络发现符合切换条件时，进行越区切换的有关信令交换，然后释放原来所用的无线信道，在新的信道上建立连接并进行通话。

1) MSC 内部切换(Intra-MSC)的过程

一个成功的 Intra-MSC 切换过程如图 6.16 所示。

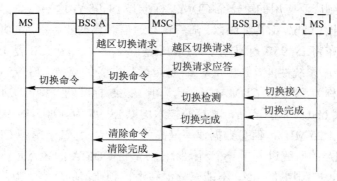

图 6.16　Intra-MSC 切换过程

MS 周期性地对周围小区的无线信号进行测量，并及时报告给所在小区。当信号强度过弱时，该 MS 所在的基站(BSS-A)就向 MSC 发出"越区切换请求"消息，该消息中包含了 MS 所要切换的小区列表。MSC 收到该消息后，就开始向新基站(BSS B)转发该消息，要求新基站分配无线资源，BSS B 开始分配无线资源。

BSS B 若分配无线信道成功，则给 MSC 发送"切换请求应答"消息。MSC 收到后，通过 BS 向 MS 发"切换命令"，该命令中包含了由 BSS B 分配的一个切换参考值，包括所分配信道的频率等信息。MS 将其频率切换到新的频率点上，向 BSS B 发送"切换接入(Handover-Access)"消息。BSS B 检测 MS 的合法性，若合法，BSS B 发送"切换检测(Handover-Detect)"消息给 MSC。同时，MS 通过 BSS-B 送"切换完成"给 MSC，MS 与 BSS-B 正常通信。

当 MSC 收到"切换完成"消息后，通过"清除命令(Clear-Command)"释放 BSS-A 上的无线资源，完成后，BSS-A 送"清除完成"给 MSC。至此，一次切换过程完成。

2) MSC 之间切换(Inter-MSC)的过程

MSC 之间切换的基本过程与 Intra-MSC 的切换基本相似，所不同的是，由于是在 MSC 之间进行的，因此，移动用户的漫游号码要发生变化，要由新的 VLR 重新进行分配。因此，这里不再给出详细的过程。

6.4 CDMA 系统

6.4.1 CDMA 系统概述

1. CDMA 技术的发展历程及标准

CDMA 系统，即采用 CDMA 技术的数字蜂窝移动通信系统，简称 CDMA 系统。它是在扩频通信技术上发展起来的。由于扩频技术具有抗干扰能力强、保密性能好的特点，20 世纪 80 年代就在军事通信领域获得了广泛的应用。为了提高频率利用率，在扩频的基础上，人们又提出了码分多址的概念，利用不同的地址码来区分无线信道。

CDMA 技术的标准化经历了几个阶段。IS-95 是 CDMA 系列标准中最先发布的标准，而真正在全球得到广泛应用的第一个 CDMA 标准是 IS-95A，这一标准支持 8 kb/s 编码话音服务，后来又推出 13 kb/s 话音编码器。随着移动通信对数据业务需求的增长，1998 年 2 月，美国高通公司宣布将 IS-95B 标准用于 CDMA 基础平台上。IS-95B 是 IS-95A 的进一步发展，可提供 CDMA 系统性能，并提供对 64 kb/s 数据业务的支持。IS-95A 和 IS-95B 均有一系列标准，其总称为 IS-95。CDMA one 是基于 IS-95 标准的各种 CDMA 产品的总称，即所有基于 CDMA one 技术的产品，其核心技术均以 IS-95 为标准。IS-95 建议的 CDMA 技术扩频带宽约为 1.25 MHz，信息数据速率最高为 13kb/s，它属于窄带 CDMA 范畴。

目前，CDMA 的研究进入了一个新的阶段。窄带 CDMA 的缺点是传输能力有限，不能提供多媒体业务，扩频增益不高，不能充分地利用扩频通信的优点。为此，ITU 制定了第三代移动通信的标准，统称为 IMT-2000(开始的名称是 FPLMTS，欧洲叫 UMTS)。IMT-2000 空中接口的设计目标是在移动台高速运动时，用户的最高速率要达到 144 kb/s，更高可达到 384 kb/s；在有限的覆盖区域内，移动台以一定的速率运动时，用户的速率最高可达到 2 Mb/s，包括提供 Internet 接入、电视会议和其他宽带业务。这种 CDMA 系统称为宽带 CDMA 系统，其中最具代表性的技术是 WCDMA、CDMA2000 和 TD-SCDMA 技术。

自 1995 年美国通信工业协会(TIA)正式颁布窄带 CDMA 标准 IS-95A 以来，CDMA 技术得到了迅速发展。在 3G 标准中，将采用 CDMA 作为空中接口标准，这也进一步确立了 CDMA 为商业移动通信网的主流方向。1995 年 9 月，世界上第一个商用 CDMA 移动网在香港地区开通，1996 年在韩国汉城附近开通世界上最大的商用 CDMA 网，新加坡的 CDMA 个人通信网于 1997 年开通，这也是亚洲第一个 CDMA 个人通信网。

2001 年 12 月 31 日，中国联通 CDMA 网在全国开通运营。CDMA 移动通信系统是继模拟系统和 GSM 系统之后，备受人们关注的移动通信系统，除了技术本身的优势之外，重要的是国际电信联盟已将 CDMA 定为未来的移动通信的统一标准之一。

本节中我们主要介绍 IS-95 标准。

2．CDMA 蜂窝移动通信网的特点

CDMA 数字蜂窝系统是在 FDMA 和 TDMA 技术的基础上发展起来的，与 FDMA 和 TDMA 相比，CDMA 具有许多独特的优点，其中一部分是扩频通信系统所固有的，另一部分则是由软切换和功率控制等技术所带来的。CDMA 移动通信网是由扩频、多址接入、蜂窝组网和频率再用等几种技术结合而成的，因此它具有抗干扰性好，抗多径衰落，保密安全性高和同频率可在多个小区内重复使用的优点，所要求的载干比(C/I)小于 1，容量和质量之间可做权衡取舍等属性。这些属性使 CDMA 比其他系统有以下重要的优势。

(1) 系统容量大。这里做一个简单的比较：考虑总频带为 1.25 MHz，FDMA(如 AMPS)系统每小区的可用信道数为 7；TDMA(GSM)系统每小区的可用信道数为 12.5；CDMA (IS-95)系统每小区的可用信道数为 120。同时，在 CDMA 系统中，还可以通过话音激活检测技术进一步提高容量。理论上 CDMA 移动网容量比模拟网大 20 倍，实际要比模拟网大 10 倍，比 GSM 要大 4～5 倍。

(2) 保密性好。在 CDMA 系统中采用了扩频技术，可以使通信系统具有抗干扰、抗多径传播、隐蔽、保密的能力。

(3) 软切换。CDMA 系统中可以实现软切换。所谓软切换，是指先与新基站建立好无线链路之后才断开与原基站的无线链路。因此，软切换中没有通信中断的现象，从而提高了通信质量。

(4) 软容量。CDMA 系统中容量与系统中的载干比有关，当用户数增加时，仅仅会使通话质量下降，而不会出现信道阻塞现象。因此，系统容量不是定值，而是可以变动的。这与 CDMA 的机理有关。因为在 CDMA 系统中，所有移动用户都占用相同带宽和频率。我们打个比方，将带宽想像成一个大房子，所有的人将进入惟一的一个大房子。如果他们使用完全不同的语言，就可以清楚地听到同伴的声音，而只受到一些来自别人谈话的干扰。在这里，屋里的空气可以被想像成宽带的载波，而不同的语言即被当作编码，我们可以不断地增加用户，直到整个背景噪音限制住了我们。如果能控制住每个用户的信号强度，在保持高质量通话的同时，我们就可以容纳更多的用户了。

(5) 频率规划简单。用户按不同的序列码区分，所以相同 CDMA 载波可在相邻的小区内使用，网络规划灵活，扩展简单。

6.4.2　CDMA 网络结构及信道类型

1．CDMA 网络结构

CDMA 网中的功能实体和相互间的接口见图 6.17。从图中可看出 CDMA 网络结构与 GSM 网相似，因此，这里不再赘述其各部分的功能。

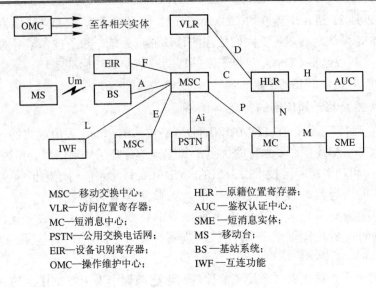

MSC—移动交换中心;　　　　　HLR—原籍位置寄存器;
VLR—访问位置寄存器;　　　　AUC—鉴权认证中心;
MC—短消息中心;　　　　　　SME—短消息实体;
PSTN—公用交换电话网;　　　MS —移动台;
EIR—设备识别寄存器;　　　　BS —基站系统;
OMC—操作维护中心;　　　　IWF —互连功能

图 6.17　CDMA 系统结构

2. CDMA 系统的逻辑信道

CDMA 系统采用的是频分双工 FDD 方式,即收发采用不同的载频。从基站到移动台方向的链路称为正向链路或下行链路,从移动台到基站方向的信道称为反向链路或上行链路。由于上下行链路传输的要求不同,因此上下行链路上信道的种类及作用也不同。

(1) 正向链路中的逻辑信道包括正向业务信道(F-TCH)、导频信道(PiCH)、同步信道(SyCH)和寻呼信道(PaCH)等。

① 导频信道(PiCH: Pilot Channel):基站在此信道发送导频信号(其信号功率比其他信道高 20 dB),供移动台识别基站并引导移动台入网。

② 同步信道(SyCH: Synchronization Channel):基站在此信道发送同步信息供移动台建立与系统的定时和同步。一旦同步建立,移动台就不再使用同步信道。

③ 寻呼信道(PaCH: Paging Channel):基站在此信道寻呼移动台,发送有关寻呼指令及业务信道指配信息。当有用户呼入移动台时,基站就利用此信道来寻呼移动台,以建立呼叫。

④ 正向业务信道(F-TCH: Forward Traffic Channel):用于基站到移动台之间的通信,主要传送用户业务数据,同时也传送随路信令。例如功率控制信令信息、切换指令等就是插入在此信道中传送的。

(2) 反向链路中的逻辑信道由反向业务信道(B-TCH)和接入信道(AcCH)等组成。

① 反向业务信道(B-TCH: Backward Traffic Channel):供移动台到基站之间通信,它与正向业务信道一样,用于传送用户业务数据,同时也传送信令信息,如功率控制信息等。

② 接入信道(AcCH: Access Channel):一个随机接入信道,供网内移动台随机占用,移动台在此信道发起呼叫或对基站的寻呼信息进行应答。

6.4.3　CDMA 系统的关键技术

CDMA 系统中的关键技术包括以下几种:

(1) 同步技术——捕获与跟踪；

(2) Rake 接收；

(3) 功率控制；

(4) 软切换。

1. 同步技术

PN 码序列同步是扩频系统特有的，也是扩频技术中的难点。CDMA 系统要求接收机的本地伪随机码 PN 序列与接收到的 PN 码在结构、频率和相位上完全一致，否则就不能正常接收所发送的信息，接收到的只是一片噪声。若 PN 码序列不同步，即使实现了收发同步，也不能保持同步，也无法准确可靠地获取所发送的信息数据。因此，PN 码序列的同步是 CDMA 扩频通信的关键技术。

CDMA 系统中的 PN 码同步过程分为 PN 码捕获和 PN 码跟踪两部分。

PN 码序列捕获指接收机在开始接收扩频信号时，选择和调整接收机的本地扩频 PN 序列相位，使它与发送端的扩频 PN 序列相位基本一致(码间定时误差小于 1 个码片间隔)，即接收机捕捉发送的扩频 PN 序列相位，也称为扩频 PN 序列的初始同步。捕获的方法有多种，如滑动相关法、序贯估值法及匹配滤波器法等，滑动相关法是最常用的方法。

PN 码跟踪则是自动调整本地码相位，进一步缩小定时误差，使之小于码片间隔的几分之一，达到本地码与接收 PN 码频率和相位精确同步。

2. Rake 接收技术

移动通信信道是一种多径衰落信道，Rake 接收技术就是分别接收每一路的信号进行解调，然后叠加输出达到增强接收效果的目的，这里多径信号不仅不是一个不利因素，反而在 CDMA 系统中变成了一个可供利用的有利因素。

3. 功率控制

功率控制技术是 CDMA 系统的核心技术。CDMA 系统是一个自扰系统，所有移动用户都占用相同带宽和频率，"远近效用"问题特别突出。CDMA 功率控制的目的就是克服"远近效用"，使系统既能维持高质量通信，又不对其他用户产生干扰。功率控制分为正向功率控制和反向功率控制，反向功率控制又可分为仅有移动台参与的开环功率控制和移动台、基站同时参与的闭环功率控制。

1) 反向开环功率控制

小区中的移动台接收并测量基站发来的导频信号，根据接收的导频信号的强弱估计正确的路径传输损耗，并根据这种估计来调节移动台的反向发射功率。若接收信号很强，表明移动台距离基站很近，移动台就降低其发射功率，否则就增强其发射功率。小区中所有的移动台都有同样的过程，因此，所有移动台发出的信号在到达基站时都有相同的功率。开环功率控制有一个很大的动态范围，根据 IS-95 标准，它要达到正负 32 dB 的动态范围。

反向开环功率控制方法简单、直接，不需要在移动台和基站之间交换信息，因而控制速度快并节省开销。对于某些情况，例如车载移动台快速驶入或驶出地形起伏区或高大建筑物遮蔽区而引起的信号强度变化是十分有效的。

2) 反向闭环功率控制

闭环功率控制的设计目标是使基站对移动台的开环功率估计迅速做出纠正，以使移动台保持最理想的发射功率。

对于信号因多径传播而引起的瑞利衰落变化，反向开环功率控制的效果不好。因为正向传输和反向传输使用的频率不同，IS-95 中，上下行信道的频率间隔为 45 MHz，大大超过信息的相干带宽，它使得上行信道和下行信道的传播特性成为相互独立的过程，因而不能认为移动台在前向信道上测得的衰落特性，就等于反向信道上的衰落特性。为了解决这个问题，可以采用反向闭环功率控制。由基站检测来自移动台的信号强度，并根据测得的结果，形成功率调整指令，通知移动台增加或减小其发射功率，移动台根据此调整指令来调节其发射功率。实现这种办法的条件是传输调整指令的速度要快，处理和执行调整指令的速度也要快。一般情况下，这种调整指令每毫秒发送一次就可以了。

3) 正向功率控制

正向功率控制是指基站调整对每个移动台的发射功率。其目的是对路径衰落小的移动台分派较小的前向链路功率，而对那些远离基站的和误码率高的移动台分派较大的前向链路功率，使任一移动台无论处于小区中的什么位置，收到基站发来的信号电平都恰好达到信干比所要求的门限值。在正向功率控制中，移动台监测基站送来的信号强度，并不断地比较信号电平和干扰电平的比值，如果小于预定门限，则给基站发出增加功率的请求。

4．软切换

与我们前面介绍的 FDMA 系统和 GSM 系统不同，CDMA 系统中越区切换可分为两大类：软切换和硬切换。

1) 软切换

软切换是 CDMA 系统中特有的。在软切换过程中，移动台与原基站和新基站都保持着通信链路，可同时与两个(或多个)基站通信。在软切换中，不需要进行频率的转换，而只有导频信道 PN 序列偏移的转换。软切换在两个基站覆盖区的交界处起到了业务信道的分集作用，这样可大大减少由于切换造成的通话中断，因此提高了通信质量。同时，软切换还可以避免小区边界处的"乒乓效应"(在两个小区间来回切换)。

2) 更软切换

更软切换是指在一个小区内的扇区之间的信道切换。因为这种切换只需通过小区基站便可完成，而不需通过移动业务交换中心的处理，故称之为更软切换。

3) 硬切换

硬切换是指在载波频率不同的基站覆盖小区之间的信道切换。在 CDMA 系统中，一个小区中可以有多个载波频率。例如在热点小区中，其频率数要多于相邻小区。因此，当进行切换的两个小区的频率不同时，就必须进行硬切换。在这种硬切换中，既有载波频率的转换，又有导频信道 PN 序列偏移的转换。在切换过程中，移动用户与基站的通信链路有一个很短的中断时间。

6.4.4　呼叫处理及移动性管理

1．越区切换

CDMA 软切换是移动台辅助的切换。移动台要及时了解各基站发射的信号强度来辅助基站决定何时进行切换，并通过移动台与基站的信息交换来完成切换。下面给出在同一个

MSC 内的切换过程。

(1) 移动台首先搜索所有导频信号并测量它们的强度，测量导频信号中的 PN 序列偏移，当某一导频强度大于某一特定值(上门限)时，移动台认为此导频的强度已经足够大，能够对其进行正确解调。若尚未与该导频对应的基站相联系时，它就向原基站发送一条导频强度测量消息，将高于上门限的导频信号的强度信息报告给基站，并将这些导频信号作为候选导频。原基站再将移动台的报告送往移动交换中心，移动交换中心则让新的基站安排一个前向业务信道给移动台。

(2) 移动交换中心通过原小区基站向移动台发送一个切换导向的消息。

(3) 移动台依照切换导向的指令跟踪新的目标小区的导频信号，将该导频信号作为有效导频，开始对新基站和原基站的正向业务信道同时进行解调。同时，移动台在反向信道上向新基站发送一个切换完成的消息。这时，移动台除仍保持与原小区基站的链路外，与新小区基站也建立了链路。此时移动台同时与两基站进行通信。

(4) 随着移动台的移动，当原小区基站的导频信号强度低于某一特定值(下门限)时，移动台启动切换定时器开始计时。

(5) 切换定时器到时，移动台向基站发送一个导频强度测量消息。

(6) 基站接收到导频强度测量消息后，将此消息送至 MSC，MSC 再返回相应切换指示消息，基站将该切换指示消息发给移动台。

(7) 移动台依照切换指示消息拆除与原基站的链路，保持与新基站的链路。而原小区基站的导频信号由有效导频变为邻近导频。这时，就完成了越区软切换的全过程。

更软切换是由基站完成的，并不需要 MSC 的参与。

实际上，在实际系统运行时，可能同时有软切换、更软切换和硬切换。例如，一个移动台处于一个基站的两个扇区和另一个基站交界的区域内，这时将发生软切换和更软切换。若处于三个基站交界处，又会发生三方软切换。上面两种软切换都是基于具有相同载频的各方容量有余的条件下，若其中某一相邻基站的相同载频已经达到满负荷，MSC 就会让基站指示移动台切换到相邻基站的另一载频上，这就是硬切换。在三方切换时，只要另两方中有一方的容量有余，都优先进行软切换。也就是说，只有在无法进行软切换时才考虑使用硬切换。当然，若相邻基站恰巧处于不同 MSC，这时即使是同一载频，也要进行硬切换。

2. 位置登记

位置登记又称为注册(Register)，是移动台向基站报告自己的位置、状态、身份等特性的过程。通过登记，当要建立一个移动台的呼叫时，基站能有效地寻呼移动台并发起呼叫。CDMA 系统中可以支持多种注册。

CDMA 系统位置登记的基本处理过程与 GSM 系统基本类似，故略去。

3. 呼叫处理

移动台通话是通过业务信道和基站之间互相传递信息的。但在接入业务信道时，移动台要经历一系列的呼叫处理状态，包括系统初始化状态、系统空闲状态、系统接入状态，最后进入业务信道控制状态。

(1) 移动台呼叫处理状态如图 6.18 所示。

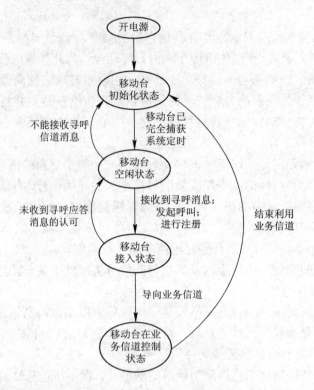

图 6.18　移动台呼叫处理状态

① 移动台初始化状态。移动台接通电源后就进入"初始化状态"。在此状态中，移动台不断地检测周围各基站发来的导频信号，各基站使用相同的引导 PN 序列，但其偏置各不相同，移动台只要改变其本地 PN 序列的偏置，很容易测出周围有哪些基站在发送导频信号。移动台比较这些导频信号的强度，即可捕获导频信号。此后，移动台要捕获同步信道，同步信道中包含有定时信息，当对同步信道解码之后，移动台就能和基站的定时同步。

② 移动台空闲状态。移动台在完成同步和定时后，即由初始化状态进入"空闲状态"。在此状态中，移动台要监控寻呼信道。此时，移动台可接收外来的呼叫或发起呼叫，还可进行登记注册，接收来自基站的消息和指令。

③ 系统接入状态。如果移动台要发起呼叫，或者要进行注册登记，或者接收呼叫时，即进入"系统接入状态"，并在接入信道上向基站发送有关的信息。这些信息可分为两类：一类属于应答信息(被动发送)；一类属于请求信息(主动发送)。

④ 移动台在业务信道控制状态。当接入尝试成功后，移动台进入业务信道状态。在此状态中，移动台和基站之间进行连续的信息交换。移动台利用反向业务信道发送语音和控制数据，通过正向业务信道接收语音和控制数据。

(2) 基站呼叫处理比较简单，主要包括以下处理：

① 导频和同步信道处理。在此期间，基站发送导频信号和同步信号，使移动台捕获和同步到 CDMA 信道，此时移动台处于初始化状态。

② 寻呼信道处理。在此期间，基站发送寻呼信号。同时移动台处于空闲状态，或系统接入状态。

③ 接入信道处理。在此期间，基站监听接入信道，以接收来自移动台发来的消息。同时，移动台处于系统接入状态。

④ 业务信道处理。在此期间，基站用正向业务信道和反向业务信道与移动台交换信息。同时，移动台处于业务信道状态。

6.5　卫星移动通信系统

6.5.1　卫星移动通信概述

1．卫星通信系统

卫星通信是指利用人造地球卫星作为中继站来转发或反射无线电波，在两个或多个地球站之间进行的通信。

卫星通信实质是微波中继技术和空间技术的结合。一个卫星通信系统是由空间分系统、地球站群、跟踪遥测及指令分系统和监控管理分系统四大部分组成的，如图 6.19 所示。其中有的直接用来进行通信，有的用来保障通信的进行。

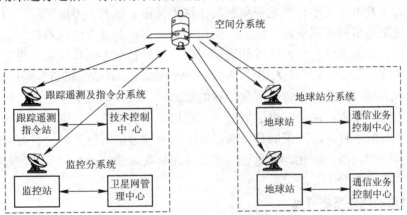

图 6.19　卫星通信系统的基本组成

1) 空间分系统

空间分系统即通信卫星，通信卫星内的主体是通信装置，另外还有星体的遥测指令、控制系统和能源装置等。

通信卫星的作用是进行无线电信号的中继，最主要的设备是转发器(即微波收、发信机)和天线。一个卫星的通信装置可以包括一个或多个转发器。它把来自一个地球站的信号进行接收、变频和放大，并转发给另一个地球站，这样将信号在地球站之间进行传输。

2) 地球站群

地球站群一般包括中央站(或中心站)和若干个普通地球站。中央站除具有普通地球站的通信功能外，还负责通信系统中的业务调度与管理，对普通地球站进行监测控制以及业务转接等。

地球站具有收、发信功能，用户通过它们接入卫星线路，进行通信。地球站有大有小，业务形式也多种多样。一般来说，地球站的天线口径越大，发射和接收能力越强，功能也越强。

3) 跟踪遥测及指令分系统

跟踪遥测及指令分系统也称为测控站，它的任务是对卫星跟踪测量，控制其准确进入静止轨道上的指定位置；待卫星正常运行后，定期对卫星进行轨道修正和位置保持。

4) 监控管理分系统

监控管理分系统也称为监控中心，它的任务是对定点的卫星在业务开通前、后进行通信性能的监测和控制，例如对卫星转发器功率、卫星天线增益以及各地球站发射的功率、射频频率和带宽、地球站天线方向图等基本通信参数进行监控，以保证正常通信。

2．卫星移动通信的概念

卫星移动通信系统是指利用人造地球通信卫星上的转发器作为空间链路的一部分进行移动业务的通信系统。根据通信卫星轨道的位置可分为覆盖大面积地域的同步卫星通信系统和由多个卫星组成的中低轨道卫星通信系统。通常移动业务使用 UHF、L、C 波段。

20 世纪 80 年代以来，随着数字蜂窝网的发展，地面移动通信得到了飞速的发展，但受到地形和人口分布等客观因素的限制，地面固定通信网和移动通信网不可能实现在全球各地全覆盖，如海洋、高山、沙漠和草原等成为地面网盲区。这一问题现在不可能解决，而且在将来的几年甚至几十年也很难得到解决。这不是由于技术上不能实现，而是由于在这些地方建立地面通信网络耗资过于巨大。而相比较而言，卫星通信有着良好的地域覆盖特性，可以快捷、经济地解决这些地方的通信问题，正好是对地面移动通信进行的补充。20世纪 80 年代后期，人们提出了个人通信网(PCN: Personal Communication Network)的新概念，实现个人通信的前提是拥有无缝隙覆盖全球的通信网，只有利用卫星通信技术，才能真正实现无缝覆盖这一要求，从而促进了卫星移动通信的发展。总之，卫星移动通信能提供不受地理环境、气候条件、时间限制和无通信盲区的全球通信网络，解决目前任何其他通信系统都难以解决的问题，因此，卫星通信作为地面移动通信的补充和延伸，在整个移动通信网中起着非常重要的作用。

3．卫星移动通信系统分类

自 1982 年 Inmarsat(国际移动卫星组织)的全球移动通信网正式提供商业通信以来，卫星移动通信引起了世界各国的浓厚兴趣和极大关注，各国相继提出了许多相同或不相同的系统，卫星移动通信系统呈现出多种多样的特点。其中比较著名的有 Motorola 公司的Iridium(铱)系统、Qualcomm 等公司的 Globalstar(全球星)系统、Teledesic 等公司提出的Teledesic 系统，以及 Inmarsat 和其他公司联合提出的 ICO(中轨道)系统。

从卫星轨道来看，卫星移动通信系统一般可分为静止轨道和低轨道两类。

1) 静止轨道卫星移动通信系统(GEO)

静止轨道系统即同步卫星系统，卫星的轨道平面与赤道平面重合，卫星轨道离地面高度为 35 800 km，卫星运行与地球自转方向一致。从地面上看，卫星与地球保持相对静止。静止轨道卫星移动通信系统是卫星移动通信系统中最早出现并投入商用的系统，国际卫星移动组织(Inmarsat)于 1982 年正式运营的第一个卫星移动通信系统——Inmarsat 系统就是一个典型的代表。此后，又相继出现澳大利亚的 MOBILESAT 系统、北美的 MSS 系统等。由于静止轨道高，传输路径长，信号时延和衰减都非常大，因此多用于船舶、飞机、车辆等移动体，不适合手持移动终端的通信。

2) 低轨道卫星移动通信系统(LEO)

低轨道卫星移动通信系统采用低轨道卫星群组成星座来转发无线电波。低轨道系统的轨道距地面高度一般为 700～1500 km，因而信号的路径衰耗小，信号时延短，可以实现海上、陆地、高空移动用户之间或移动用户与固定用户之间的通信，它可以实现手持移动终端的通信，因此 LEO 是未来个人通信中必不可少的一部分。典型的 LEO 有已停用的铱星系统(Iridium)和目前正在使用的 Globalstar 系统、Teledesic 系统等。

6.5.2 典型低轨道卫星移动通信系统

要使用体积小、功率低的手持终端直接通过卫星进行通信，就必须使用低轨道卫星，因为若是用静止轨道卫星，则由于轨道高，传输路径长，信号的传输衰减和延时都非常大，因此要求移动终端设备的天线直径大，发射功率大，难以做到手持化。只有使用低轨卫星，才能使卫星的路径衰减和信号延时减少，同时获得最有效的频率复用。尽管各低轨道卫星系统细节上各不相同，但目标则是一致的，即为用户提供类似蜂窝型的电话业务，实现城市或乡村的移动电话服务。本小节中介绍最典型的几种低轨道卫星移动通信系统。

1. 铱星系统

铱星系统是最早投入商用的低轨道系统，采用 66 颗低轨卫星以近极地轨道运行，轨道高度为 780 km。铱星系统是一个由 20 家通信公司和工业公司组成的国际财团，官方名称为铱 LLC。铱星系统从 1987 年到 1998 年 5 月共发射了 72 颗卫星(其中 6 颗备用星)，并于 1998 年 11 月正式商业运营。铱系统实现了移动手机直接上星的通信，为用户提供了话音、数据、寻呼以及传真等业务。铱星系统具有星际电路，并具有星上处理和星上交换功能。这些特点使铱星系统的性能极为先进，但同时也增加了系统的复杂性，提高了系统的成本。铱星系统虽然在技术上具有先进性，但由于市场运营策略失误，资费策略失误(每部手机大约3000 美元，国内通话每分钟约 1.27～2 美元)等原因，导致铱星系统在正式运营 16 个月之后，即 2002 年 5 月，停止向用户提供服务，铱星公司宣布破产。

2. 全球星系统

全球星系统(简称 GS 系统)也是低轨道系统，但与铱星系统不同，全球星系统的设计者采用了简单的、低风险的，因而更便宜的卫星。星上既没有星际电路，也没有星上处理和星上交换，所有这些功能，包括处理和交换均在地面上完成。全球星系统设计简单，仅仅作为地面蜂窝系统的延伸，从而扩大了移动通信系统的覆盖，因此降低了系统投资，而且也减少了技术风险。全球星系统由 48 颗卫星组成，均匀分布在 8 个轨道面上。轨道高度为1414 km。

全球星系统的主要特点有：由于轨道高度仅为 1414 km，因此，用户几乎感受不到话音时延；通信信道编码为 CDMA 方式，抗干扰能力强，通话效果好。全球星系统可提供的业务种类包括话音、数据(传输速率可达 9.6 kb/s)、短信息、传真、定位等。

2000 年 5 月全球星系统在中国正式运营。用户使用全球星双模式手机，可实现在全球范围内任何地点任何个人在任何时间与任何人以任何方式的通信，即所谓的全球个人通信。

1) 系统构成

如图 6.20 所示，全球星系统包括卫星子系统、地面子系统、用户终端三部分，并与地面公众网和专用网连网。

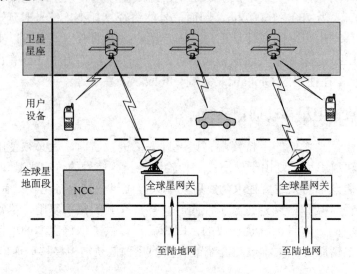

图 6.20　全球星系统的网络结构

(1) 卫星子系统。卫星子系统由 48 颗卫星加 8 颗备用星组成。这些卫星分布在 8 个倾角为 52°的圆形轨道平面上，每个轨道平面 6 颗卫星，另还有 1 颗备用星。轨道高度约为 1414 km，传输时延和处理时延小于 300 ms，因此，用户几乎感觉不到时延。每颗卫星输出功率约为 1000 W，有 16 个点波束，2800 个双工话音信道或数据信道，总共有 268 800 个信道。话音传输速率有 2.4 kb/s、4.8 kb/s、9.6 kb/s 三种，数据传输速率为 7.2 kb/s(持续流量)。每个业务区总有 2~4 颗卫星加以覆盖，每颗卫星能与其用户保持 17min 的连接，然后通过软切换转移到另一卫星上。卫星采用 CDMA 制式，带宽为 1.23MHz，基本采用 IS-95 标准。其优点是可以与地面系统 CDMA One 兼容，带来技术上的方便。

(2) 地面子系统。地面子系统由控制中心(NCC)和关口(GW)组成。NCC 配有备用设备，由地面操作控制中心(GOCC)、卫星操作控制中心(SOCC)和发射控制操作设施(TCF)组成，负责管理 GS 系统的地面接续，如 GW 和数据网的操作，同时监视 8 颗卫星的运行。GOCC 管理 GS 的地面设施，执行网络计划，分配信道，计费管理等。SOCC 管理和控制卫星发射工作，并经常检测卫星在轨道上的运行，予以监控。GW 是地面站，每一个站可同时与 3 颗卫星通信。GW 承担转接全球星系统和地面公网(PSTN/PLMN)的任务。它把来自不同卫星或同一卫星的不同数据流信号组合在一起，以提供无缝隙的覆盖。它把卫星网和地面公网连接起来，每一个用户终端可通过一颗或几颗卫星(利用 CDMA 的分集接收技术)和一个关口站实现与全球任何地区的通信。关口站包括射频分系统、CDMA 分系统、管理分系统、交换分系统和遥测控制单元等。

全球星关口站的最大覆盖半径为 2000 km，在中国建三个关口站即可覆盖全国。三个关口站的最佳建站地址为北京、广州、兰州。关口站的空中信道最少为 80 条，最大为 1000 条；用户容量最小为 1 万个，最大为 10 万个，三个关口站最终可容纳 30 万个用户。

(3) 用户终端。使用全球星系统业务的用户终端设备，包括手持式、车载式和固定式。

手持式终端有三种模式：全球星单模、全球星/GSM 双模、全球星/CDMA/AMPS 三模。手持机包括两个主要部件：SIM 卡、SM 卡及无线电话机；车载终端包括一个手持机和一个卡式适配器；固定终端包括射频单元(RFU)、连接设备和电话机，它有住宅电话、付费电话和模拟中继三种。

2) 频率计划及多址方式

全球星系统关口站和卫星之间的馈线链路使用 C 频段，关口站到卫星的上行链路使用 5091～5250 MHz，卫星到关口站的下行链路使用 6875～7055 MHz。

全球星系统用户终端和卫星之间的用户链路使用 L、S 频段，用户终端到卫星上行链路使用 1610～1626.5 MHz，卫星到用户终端下行链路使用 2483.5～2500 MHz。

全球星系统的多址方式采用 FDMA+CDMA 方式。首先将 16.5 MHz 的上行带宽和下行带宽分成 13 个 1.25 MHz 的无线信道；再在每个无线信道上进行码分多址，用以区分各个用户。

3) 呼叫建立过程

卫星移动通信中，也需要对用户的位置进行登记。在全球星系统中是由归属关口站和本地服务关口站来完成的，这类似于地面蜂窝网 HLR、VLR 的作用，这里我们仍将归属关口站称为 HLR。全球星系统的号码结构为：网号 1349，号码共 11 位，为 $1349H_1H_2H_3ABCD$，其中 $H_1H_2H_3$ 为归属关口站识别号。

下面给出接续的例子。

(1) 当固定用户或地面公用移动网的用户呼叫全球星用户时，通过关口局接续到就近的全球星关口站 GW1 查询路由进行接续，关口站分析 $H_1H_2H_3$ 号码，到相应的 HLR 查询移动用户的路由信息，根据用户的不同位置进行接续，下面给出固定用户呼叫全球星用户时的例子：

① 若被叫用户当前位置在 GW1，则直接寻呼该用户完成相应的接续，如图 6.21 所示。

图 6.21　被叫用户在 GW1 的接续

② 若被叫用户当前位置在另一关口站 GW2，则通过专用直达线路将呼叫接续到 GW2，如图 6.22 所示。

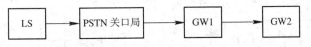

图 6.22　被叫用户在另一关口站 GW2 的接续

③ 如果被叫用户漫游到 PLMN 网中，则将呼叫接续到 PLMN 关口局，在 PLMN 网中接续，如图 6.23 所示。

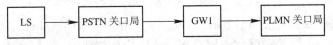

图 6.23　被叫用户漫游到 PLMN 网时的接续

(2) 全球星用户呼叫固定用户或地面公用移动网的用户时，就近进入固定网或地面公用移动网的关口局，由固定网或地面公用移动网进行接续，后续接续过程同固定网或公用移动网内的接续。

(3) 全球星用户呼叫全球星用户,始发关口站 GW1 在全球星网中查询用户的路由信息。根据用户的不同位置进行接续,具体接续过程同(1)。

6.6　第三代移动通信系统

公用移动通信网从上个世纪 60 年代发展至今已有 40 多年。在这 40 多年中,经历了从大区制到蜂窝系统,从模拟系统到数字系统的发展。在一、二代中,主要的业务需求是话音通信,因此通信系统的设计目标是提供话音通信。但随着社会经济的发展,人们对通信的需求越来越多样化,不再满足于单一的话音通信,用户还希望得到更高速率的业务,甚至是多媒体业务。同时,由于第二代系统中各种模式不能互相兼容,因此不能实现全球漫游。这些因素推动了移动通信的进一步发展,移动通信将继续向第三、四代发展下去。

6.6.1　第三代移动通信系统(3G)概述

1. 3G 的概念及目标

早在 1985 年 ITU-T 就提出了第三代移动通信系统的概念,最初命名为 FPLMTS(未来公共陆地移动通信系统),后来考虑到该系统将于 2000 年左右进入商用市场,工作的频段在 2000 MHz,且最高业务速率为 2000 kb/s,故于 1996 年正式更名为 IMT-2000(International Mobile Telecommunication-2000)。第三代移动通信系统的目标是能提供多种类型、高质量的多媒体业务;能实现全球无缝覆盖,具有全球漫游能力;与固定网络的各种业务相互兼容,具有高服务质量;与全球范围内使用的小型便携式终端在任何时候任何地点进行任何种类的通信。为了实现上述目标,对第三代无线传输技术(RTT)提出了支持高速多媒体业务(高速移动环境:144 kb/s,室外步行环境:384 kb/s,室内环境:2 Mb/s)的要求。

2. 3G 的系统结构

图 6.24 为 ITU 定义的 IMT-2000 的功能子系统和接口。从图中可以看到,IMT-2000系统由终端(UIM+MT)、无线接入网(RAN)和核心网(CN)三部分构成。

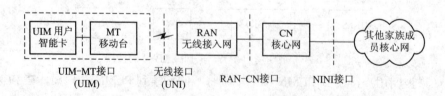

图 6.24　IMT-2000 的功能子系统和接口

终端部分完成终端功能,包括用户识别模块 UIM 和移动台 MT,UIM 的作用相当于GSM 中的 SIM 卡。无线接入网完成用户接入业务的全部功能,包括所有与空中接口相关的功能,以使核心网受无线接口影响很小。核心网由交换网和业务网组成,交换网完成呼叫及承载控制所有功能,业务网完成支撑业务所需功能,包括位置管理。

UNI 为移动台与基站之间的无线接口。RAN-CN 为无线接入网与核心网(即交换系统)之间的接口。NNI 为核心网与其他 IMT-2000 家族核心网之间的接口。

无线接口的标准化和核心网络的标准化工作对 IMT-2000 整个系统和网络来说,将是非常重要的。

6.6.2 3G 的标准化

3G 的标准化分为无线传输技术(RTT)和核心网技术的标准化。

1. 无线接口的标准化

1999 年 10 月 25 日到 11 月 5 日在芬兰召开的 ITU-T G8/1 第 18 次会议通过了 IMT-2000 无线接口技术规范建议,最终确立了 IMT-2000 所包含的无线接口技术标准。将无线接口的标准明确为如下表所示五个标准。

CDMA 技术	FDD	CDMA DS 对应 WCDMA,采用直接序列扩频技术,称为 WCDMA
		CDMA MC 对应 CDMA2000,只含多载波方式
	TDD	CDMA TDD 对应 TD-SCDMA(低码片速率)和 UTRA TDD(高码片速率)
TDMA 技术	FDD	TDMA SC 对应 UWC-136
	TDD	FDMA/TDMA 对应 DECT

上述五个名称,ITU 又进一步简化为 IMT-DS、IMT-MC、IMT-TD、IMT-SC 和 IMT-FT。见图 6.25,可以说,IMT-2000 的地面无线接口标准由五个标准构成。其中,WCDMA、CDMA2000 和 TD-SCDMA 为三种主流技术。

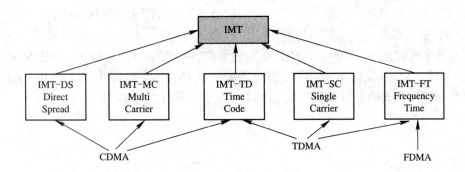

图 6.25 IMT-2000 地面无线接口标准

2. 核心网的标准化

从核心网的角度看,发展演进分为两个阶段:第一阶段主要采用了在第二代两大核心网 GSM MAP 和 ANSI-41 的基础上,引入第三代移动通信无线接入网络,通过电路交换和分组交换并存的网络实现电路型话音业务和分组数据业务,充分体现了网络平滑演进的思想。第二阶段是建立纯 IP 网。

1) GSM 核心网的演进

3GPP 主要制定基于 GSM MAP 核心网,WCDMA 和 CDMA TDD 为无线接口的标准,称为 UTRA。

　　3GPP 标准的制定分为 99 年版本(R99)和 2000 年版本(R00)。99 年版本的核心网基于演进的 GSM MSC 和 GPRS GSN，电路与分组交换节点逻辑上是分开的；而无线接入网(RAN)则是全新的，见图 6.26。

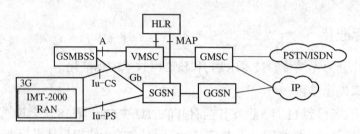

Gb—BBS与SGSN之间的接口；
Iu(Interface of UMTS)—接入网RAN和核心网CN之间的接口

图 6.26　基于演进的 GSM 核心网的第三代系统

　　从图中可以看出,核心网基于 GSM 的电路交换网络(MSC)和分组交换网络(GPRS)平台,以实现第二代向第三代网络的平滑演进。通过无线接入网络新定义的 Iu 接口,与核心网连接。Iu 接口包括支持电路交换业务的 Iu-CS 和支持分组交换的 Iu-PS 两部分,分别实现电路和分组型业务。

　　在 2000 版本(R00)中,初步提出了基于 IP 的核心网结构,将传输、控制和业务分离,目前主要集中在核心网方面,未来的 IP 化将从核心网 CN 逐步延伸到无线接入网 RAN 和终端 UE。

　　2) ANSI-41 核心网的演进

　　3GPP2 主要制定基于 ANSI-41 核心网,CDMA2000 为无线接口的标准。

　　3GPP2 的标准化也是分阶段进行的,而且第二代与第三代之间无论无线接入还是核心网部分都是平滑过渡的。 1999 年 3GPP2 完成了 CDMA2000-1X(单载波)和 CDMA2000-3X(多载波)无线接口的标准。A 接口在原来的基础上新增加了支持移动 IP 的 A10、A11 协议,核心网部分则引入新的分组交换节点 PDSN 接入 IP 网络,以支持 IP 业务,同时电路型业务仍然由原来的 MSC 支持,如图 6.27 所示。

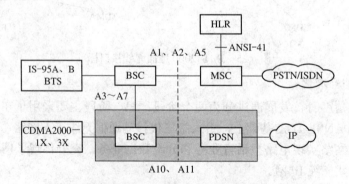

图 6.27　基于 ANSI-41 网的 CDMA2000 系统

新定义的 A10、A11 接口采用 IP 协议。

6.6.3 3G 的应用及关键技术

1．3G 的应用

IMT-2000 能提供至少 144 kb/s 的高速大范围的覆盖(希望能达到 384 b/s)，同时也能对慢速小范围提供 2 Mb/s 的速率。3G 提供新的应用主要有如下一些领域：Internet，一种非对称和非实时的服务；可视电话则是一种对称和实时的服务；移动办公室能提供 E-mail、WWW 接入、Fax 和文件传递服务等。3G 系统能提供不同的数据率，将更有效地利用频谱。3G 不仅能提供 2G 已经存在的服务，而且还引入新的服务，使其对用户有更大的吸引力。

2．3G 的关键技术

1) 初始同步与 Rake 接收技术

CDMA 通信系统接收机的初始同步包括 PN 码同步、符号同步、帧同步和扰码同步等。CDMA2000 系统采用与 IS-95 系统相类似的初始同步技术，即通过对导频信道的捕获建立 PN 码同步和符号同步，通过同步信道的接收建立帧同步和扰码同步。WCDMA 系统的初始同步则需要通过"三步捕获法"进行，即通过对基本同步信道的捕获建立 PN 码同步和符号同步，通过对辅助同步信道的不同扩频码的非相干接收，确定扰码组号等，最后通过对可能的扰码进行穷举搜索，建立扰码同步。

同我们在 IS-95 中所介绍的一样，3G 中 Rake 接收技术也是一项关键技术。为实现相干形式的 Rake 接收，需发送未经调制的导频信号，以使接收端能在确知已发数据的条件下估计出多径信号的相位，并在此基础上实现相干方式的最大信噪比合并。WCDMA 系统采用用户专用的导频信号，而 CDMA2000 下行链路采用公用导频信号，用户专用的导频信号仅作为备选方案用于使用智能天线的系统，上行信道则采用用户专用的导频信道。

2) 高效信道编译码技术

采用高效信道编码技术是为了进一步改进通信质量。在第三代移动通信系统主要提案中(包括 WCDMA 和 CDMA2000 等)，除采用与 IS-95 CDMA 系统相类似的卷积编码技术和交织技术之外，还建议采用 TURBO 编码技术及 RS-卷积级联码技术。

3) 智能天线技术

智能天线技术也是 3G 中的一项非常重要的技术。智能天线包括两个重要组成部分：一是对来自移动台发射的多径电波方向进行入射角(DOA)估计，并进行空间滤波，抑制其他移动台的干扰；二是对基站发送信号进行波束形成，使基站发送信号能够沿着移动台电波的到达方向发送回移动台，从而降低发射功率，减少对其他移动台的干扰。智能天线技术能够起到在较大程度上抑制多用户干扰，从而提高系统容量的作用。其困难在于由于存在多径效应，每个天线均需一个 Rake 接收机，从而使基带处理单元复杂度明显提高。

4) 多用户检测技术

多用户检测就是把所有用户的信号都当成有用信号而不是干扰信号来处理，消除多用户之间的相互干扰。使用多用户检测技术能够在极大程度上改善系统容量。

5) 功率控制技术和软切换

功率控制技术和软切换已经在窄带 CDMA 中详细介绍过了，这里不再赘述。

思 考 题

1. 移动通信中为什么要采用复杂的多址接入方式？多址方式有哪些？它们是如何区分每个用户的？

2. GSM 中控制信道的不同类型有哪些？它们分别在什么场合使用？

3. CDMA 通信系统中为什么可以采用软切换？软切换的优点是什么？

4. GSM 中，移动台是以什么号码发起呼叫的？

5. 假设 A、B 都是 MSC，其中与 A 相连的基站有 A1、A2，与 B 相连的基站有 B1、B2，那么把 A1 和 B1 组合在一个位置区内，把 A2 和 B2 组合在一个位置区内是否合理？为什么？

6. 构成一个数字移动通信网的数据库有哪些？分别用来存储什么信息？

7. 从网络结构看，数字移动网与模拟移动网的区别是什么？

8. 在移动卫星通信中，为什么要采用低轨道卫星才能实现终端手持化？

9. 详细说明 VLR、HLR 中存储的信息有哪些，为什么所存储的信息不同？

10. CDMA 中的关键技术有哪些？

11. 卫星移动通信系统的组成有哪些部分？

12. 移动通信中，要实现全双工，可以采用哪些制式？

第 7 章 分组交换网

公用分组交换数据网(PSPDN: Packet Switching Public Data Network)是采用分组交换技术,给用户提供低速数据业务的数据通信网。1976 年, ITU-T 正式公布了著名的 X.25 建议,为公用数据通信的发展奠定了基础。X.25 建议是数据终端设备(DTE: Data Terminal Equipment)与数据电路终端设备(DCE: Data Circuit-terminating Equipment)之间的接口协议,它使得不同的数据终端设备能接入不同的分组交换网。由于 X.25 协议是分组交换网中最主要的一个协议,因此,有时把分组交换网又叫做 X.25 网。

现在看来,X.25 技术有些过时了,这是由于网络给分组附加的控制信息较多,协议和控制复杂,因此传统的分组交换网信息传输时延较大,很难满足高速、实时业务的需要。要说明的是,X.25 虽然有些过时,但它是所有基于分组技术的理论基础,如帧中继技术、ATM 技术等。在 X.25 中提出的动态统计时分复用的概念、分组的概念、虚电路的概念等,都对后续技术的发展有着不可磨灭的贡献。因此,准确理解分组交换和 X.25,对于理解现有的基于分组概念的其他技术是非常重要的。

本章主要介绍分组交换网,包括网络构成、网络结构、X.25 技术及我国的公用分组交换数据网。

7.1 分组交换的基本概念和网络结构

分组交换(PS: Packet Switching)技术的研究是从 20 世纪 60 年代开始的,当时,电路交换技术已经得到了极大的发展。电路交换技术适合于话音通信,但随着计算机技术的发展,人们越来越多地希望多个计算机之间能够进行资源共享,即进行数据业务的交换。进行数据通信时,电路交换技术的缺点越来越明显:固定占用带宽、线路利用率低、通信的双方终端必须以相同的数据率进行发送和接收等。所有这些都表明电路交换不适合于进行数据通信。因此大约从 20 世纪 60 年代末 70 年代初,人们开始研究一种新形式的、适合于进行远距离数据通信的技术——分组交换。

7.1.1 分组交换原理

分组交换的基本思想是把用户要传送的信息分成若干个小的数据块,即分组(Packet),这些分组长度较短,并具有统一的格式,每个分组有一个分组头,包含用于控制和选路的有关信息。这些分组以"存储－转发"的方式在网内传输,即每个交换节点首先对收到的分组进行暂时存储,检测分组传输中有无差错,分析该分组头中有关选路的信息,进行路由选择,并在选择的路由上进行排队,等到有空闲信道时转发给下一个交换节点或用户终端。

分组交换的设计初衷是为了进行数据通信，其设计思路截然不同于电路交换。分组交换的技术特点可以归纳如下：

(1) 动态统计时分复用。为了适应数据业务突发性强的特点，分组交换在线路上采用了动态统计时分复用的技术传送各个分组，每个分组都有控制信息，使多个终端可以同时按需进行共享资源，因此提高了传输线路(包括用户线和中继线)的利用率。

(2) 存储转发。在数据通信中，通信双方往往是异种终端。为了适应这种特点，分组交换中采用了存储转发方式，因此不必像电路交换那样，通信双方的终端必须具有同样的速率和控制规程，从而可以实现不同类型的数据终端设备(不同的传输速率、不同的代码、不同的通信控制规程等)之间的通信。

(3) 差错控制和流量控制。数据业务的可靠性要求较高，因此分组交换在网络内中继线和用户线上传输时采用了逐段独立的差错控制和流量控制，使得网内全程的误码率可达 10^{-11} 以下，提高了传送质量，可以满足数据业务的可靠性要求。

1. 统计时分复用

正如绪论中所介绍的，在数字传输中，为了提高数字通信线路的利用率，可以采用时分复用方法。而时分复用有同步时分复用和统计时分复用两种。分组交换中采用了统计时分复用的概念，它在给用户分配资源时，不像同步时分那样固定分配，而是采用动态分配，即按需分配，只有在用户有数据传送时才给它分配资源，因此线路的利用率较高。

分组交换中，执行统计复用功能的是通过具有存储能力和处理能力的专用计算机——信息接口处理机(IMP)来实现的，IMP 要完成对数据流进行缓冲存储和对信息流的控制功能，来解决各用户争用线路资源时产生的冲突。当用户有数据传送时，IMP 给用户分配线路资源，一旦停发数据，则线路资源另做它用。图 7.1 所示为 3 个终端采用统计时分方式共享线路资源的情况。

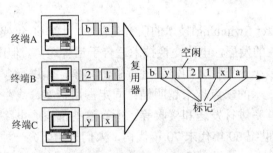

图 7.1　统计时分复用

我们来看看具体的工作过程。来自终端的各分组按到达的顺序在复用器内进行排队，形成队列。复用器按照 FIFO 的原则，从队列中逐个取出，并向线路上发送。当存储器空时，线路资源也暂时空闲，当队列中又有了新的分组时，进行发送。图 7.1 中，起初 A 用户有 a 分组要传送，B 用户有 1、2 分组要传送，C 用户有 x 分组要传送，它们按到达顺序进行排队：a、x、1、2，因此在线路上的传送顺序为：a、x、1、2，然后终端均暂时无数据传送，则线路空闲。后来，终端 C 有 y 分组要送，终端 A 有 b 分组要送，则线路上又顺序传送 y 分组和 b 分组。这样，在高速传输线上，形成了各用户分组的交织传输。这些用户数据的区分不是像同步时分复用那样靠位置来区分,而是靠各个用户数据分组的"标记"来区分的。

统计时分复用的优点是可以获得较高的信道利用率。由于每个终端的数据使用一个自己独有的"标记",可以把传送的信道按照需要动态地分配给每个终端用户,从而提高了传送信道的利用率。这样每个用户的传输速率可以大于平均速率,最高时可以达到线路的总的传输能力。如线路总的速率为 9.6 kb/s,3 个用户信息在该线路上进行统计时分复用,平均速率为 3.2 kb/s,而一个用户的传输速率最高时可以达到 9.6 kb/s。

统计时分复用的缺点是会产生附加的随机时延和丢失数据的可能。这是由于用户传送数据的时间是随机的,若多个用户同时发送数据,则需要进行竞争排队,引起排队时延;若排队的数据很多,引起缓冲器溢出,则会有部分数据被丢失。

2. 逻辑信道

在上述统计时分复用中,对各个用户的数据信息使用标记来区分。这样,在一条共享的物理线路上,实质上形成了逻辑上的多条信道。如图 7.1 中,在高速的传输线上形成了分别为三个用户传输信息的逻辑上的子信道。我们把这种形式的子信道称为逻辑信道,用逻辑信道号(LCN: Logical Channel Number)来标识。逻辑信道号由逻辑信道群号及群内逻辑信道号组成,二者统称为逻辑信道号 LCN。图 7.2 给出了逻辑信道的形成过程。

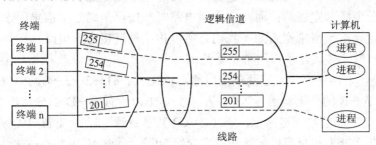

图 7.2　逻辑信道的形成过程

逻辑信道的特点如下:

(1) 由于分组交换采用动态复用方法,因此在终端每次呼叫时,根据当时实际情况分配 LCN。要说明的是同一个终端可以同时通过网络建立多个数据通路,它们之间通过 LCN 来进行区分。对同一个终端而言,每次呼叫可以分配不同的逻辑信道号,但在同一次呼叫连接中,来自某一个终端的数据的逻辑信道号应该是相同的。

(2) 逻辑信道号是在用户至交换机或交换机之间的网内中继线上可以分配的,代表子信道的一种编号资源,每一条线路上逻辑信道号的分配是独立进行的。也就是说,逻辑信道号并不在全网中有效,而是在每段链路上局部有效,或者说,它只具有局部意义。网内的节点机要负责出入线上逻辑信道号的转换。

(3) 逻辑信道号是一种客观的存在。逻辑信道总是处于下列状态中的某一种:"准备好"状态、"呼叫建立"状态、"数据传输"状态、"呼叫清除"状态。

7.1.2　虚电路与数据报

如前所述,在分组交换网中,来自各个用户的用户数据被分成一个个分组,这些分组将从源点出发，沿着各自的逻辑信道，经过网络达到终点。分组在通过数据网时有两种方式，虚电路(VC: Virtual Circuit)方式和数据报(DG: Datagram)方式，两种方式各有其特点，可以适应不同业务的需求。

1．虚电路方式

所谓虚电路方式，就是指两终端用户在相互传送数据之前要通过网络建立一条端到端的逻辑上的虚连接，称为虚电路。一旦这种虚电路建立以后，属于同一呼叫的数据均沿着这一虚电路传送，当用户不再发送和接收数据时，清除该虚电路。在这种方式中，用户的通信需要经历连接建立、数据传输、连接拆除三个阶段，也就是说，它是面向连接的方式。

需要强调的是，分组交换中的虚电路和电路交换中建立的电路不同，在分组交换中，以统计时分复用的方式在一条物理线路上可以同时建立多个虚电路，两个用户终端之间建立的是虚连接，而电路交换中，是以同步时分方式进行复用的，两用户终端之间建立的是实连接。在电路交换中，多个用户终端的信息在固定的时间段内向所复用的物理线路上发送信息，若某个时间段某终端无信息发送，其他终端也不能在分配给该用户终端的时间段内向线路上发送信息。而虚电路方式则不然，每个终端发送信息没有固定的时间，它们的分组在节点机内部的相应端口进行排队，当某终端暂时无信息发送时，线路的全部带宽资源可以由其他用户共享。换句话说，建立实连接时，不但确定了信息所走的路径，同时还为信息的传送预留了带宽资源；而在建立虚电路时，仅仅是确定了信息所走的端到端的路径，但并不一定要求预留带宽资源。我们之所以称这种连接为虚电路，正是因为每个连接只有在发送数据时才排队竞争占用带宽资源。

如图 7.3 所示，网中已建立起两条虚电路，VC1：A→1→2→3→B，VC2：C→1→2→4→5→D。所有 A→B 的分组均沿着 VC1 从 A 到达 B，所有 C→D 的分组均沿着 VC2 从 C到达 D，在 1−2 之间的物理链路上，VC1、VC2 共享资源。若 VC1 暂时无数据可送时，则网络将所有的传送能力和交换机的处理能力交给 VC2，此时 VC1 并不占用带宽资源。

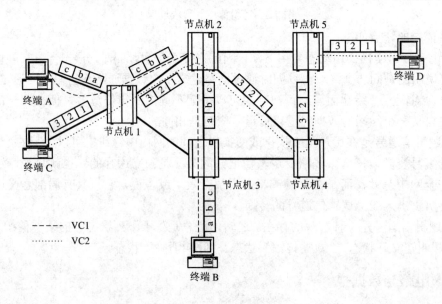

图 7.3　虚电路示意图

虚电路的特点如下：

(1) 虚电路的路由选择仅仅发生在虚电路建立的时候，在以后的传送过程中，路由不再改变，这可以减少节点不必要的通信处理。

(2) 由于所有分组遵循同一路由，这些分组将以原有的顺序到达目的地，终端不需要进行重新排序，因此分组的传输时延较小。

(3) 一旦建立了虚电路，每个分组头中不再需要有详细的目的地址，而只需有逻辑信道号就可以区分每个呼叫的信息，这可以减少每一分组的额外开销。

(4) 虚电路是由多段逻辑信道构成的，每一个虚电路在它经过的每段物理链路上都有一个逻辑信道号，这些逻辑信道级连构成了端到端的虚电路。

(5) 虚电路的缺点是当网络中线路或者设备发生故障时，可能导致虚电路中断，必须重新建立连接。

(6) 虚电路适用于一次建立后长时间传送数据的场合，其持续时间应显著大于呼叫建立时间，如文件传送、传真业务等。

虚电路分为两种：交换虚电路(SVC：Switching Virtual Circuit)和永久虚电路(PVC：Permanent Virtual Circuit)。

交换虚电路(SVC)是指在每次呼叫时用户通过发送呼叫请求分组来临时建立虚电路的方式。如果应用户预约，由网络运营者为之建立固定的虚电路，就不需要在呼叫时再临时建立虚电路，而可以直接进入数据传送阶段，称之为 PVC。这种情况一般适用于业务量较大的集团用户。

2. 数据报方式

在数据报方式中，交换节点将每一个分组独立地进行处理，每一个数据分组中都含有终点地址信息，当分组到达节点后，节点根据分组中包含的终点地址为每一个分组独立地寻找路由，因此同一用户的不同分组可能沿着不同的路径到达终点，在网络的终点需要重新排队，组合成原来的用户数据信息。

如图 7.4 所示，终端 A 有三个分组 a、b、c 要送给 B，在网络中，分组 a 通过节点 2 进行转接到达节点 3，b 通过 1、3 之间的直达路由到达节点 3，c 通过节点 4 进行转接到达节点 3，由于每条路由上的业务情况(如负荷量、时延等)不尽相同，三个分组的到达不一定按照顺序，因此在节点 3 要将它们重新排序，再送给 B。

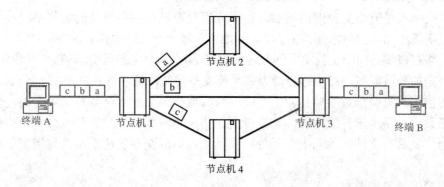

图 7.4　数据报方式示意图

数据报的特点如下：

(1) 用户的通信不需要建立连接和清除连接的过程，可以直接传送每个分组，因此对于短报文通信效率比较高。

(2) 每个节点可以自由地选路，可以避开网中的拥塞部分，因此网络的健壮性较好。对于分组的传送比虚电路更为可靠，如果一个节点出现故障，分组可以通过其他路由传送。

(3) 数据报方式的缺点是分组的到达不按顺序，终点需重新排队；并且每个分组的分组头要包含详细的目的地址，开销比较大。

(4) 数据报的使用场合：数据报适用于短报文的传送，如询问/响应型业务等。

7.1.3　分组交换网

分组交换网的主要功能是转接、传送接入网络的各类计算机和终端的信息。利用分组交换网可以开通多种新业务，如电子信箱、电子数据互换、可视图文、智能用户电报、传真、数据库检索等业务。

1. 分组交换网的构成

公用分组交换网的基本组成如图 7.5 所示，它由分组交换机 PS、分组集中器 PCE、网络管理中心 NMC、终端和数据传输设备及相关协议组成。

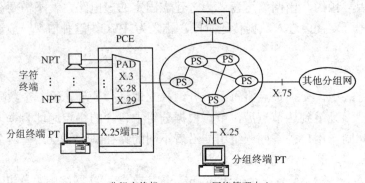

PS — 分组交换机；NMC — 网络管理中心；
PAD — 分组拆装设备；

图 7.5　分组交换网的组成

1) 分组交换机(PS：Packet Switching)

分组交换机是分组交换网的核心。根据分组交换机在网中所处的地位不同，可分为转接分组交换机(PTS)、本地交换机(PLS)、本地和转接合一交换机(PTLS)等。PTS 不接用户，所有的线路端口都是用于交换机之间互连的中继端口，仅用于局间的转接，其通信容量大，每秒能处理的分组数多，路由选择能力强，能支持的线路速率高；PLS 大部分端口用于用户终端的接入，只有少数端口作为中继端口与其他交换机相连，其通信容量小，每秒能处理的分组数少，路由选择能力弱，能支持的线路速率较低。本地和转接合一交换机既具有转接功能，又具有本地接入功能。另外，国际出入口局交换机用于与其他国家分组交换网的互连。

分组交换机的主要功能如下：

(1) 为网络的基本业务即交换虚电路、永久虚电路及可选补充业务等提供支持，在完成对用户服务的同时，收集呼叫业务量、分组业务量、资源利用率等数据。

(2) 进行路由选择，以便在两个终端之间选择一条合适的路由，并生成转发表；进行流量控制和差错控制，以保证分组的可靠传送。

(3) 转发控制，在数据传输时，按交换机中的转发表进行分组的转发。

(4) 实现 X.25、X.75 等多种协议。

(5) 完成局部的维护运行管理、故障报告与诊断、计费与一些网络的统计等功能。

(6) 分组交换机自身控制功能。交换机可对自身的各个部分测试，如发生故障，即把故障信息存入硬盘，由网络管理中心对交换机系统进行重新配置。

2) 网络管理中心(NMC: Network Management Center)

网络管理中心是管理分组交换网的工具，用以保证全网有效协调的运行，更好地发挥网络性能，并在部分通信线路及交换机发生故障的时候仍能在性能稍稍降低的条件下正常运行；同时为网络管理者及用户提供友好与方便的服务。其管理功能包括：

(1) 网络故障管理：提供对网络设备故障的快速响应和预防性维护能力，包括跟踪和诊断故障、测试网络设备和部件、故障原因提示和对故障的查询及修复。

(2) 网络配置管理：生成用户端口，定义和管理网络拓扑结构，网络软件硬件配置和网络业务类型，并对它们进行动态控制。

(3) 网络性能管理：收集和分析网络中数据流的流量、速率、流向和路径的信息。

(4) 网络计费管理：收集有关网络资源使用的信息，用于网络的规划、预算，并提供用户记账处理系统所需的计费数据。

(5) 网络安全管理：建立、保持和加强网络访问时所需的网络安全级别和准则。

3) 数据终端

分组交换网的数据终端有两类：分组终端和非分组终端。

(1) 分组终端(PT)。PT 是具有 X.25 协议接口的分组终端，即具有分组处理能力，可以直接接入分组交换网。例如带 X.25 规程的计算机、专用终端、规程转换器等设备都是分组终端。

(2) 非分组终端(NPT)。NPT 不具有 X.25 协议接口，即不具有分组处理能力，不能直接进入分组交换网，必须经过分组装拆设备 PAD 转换才能接入分组交换网。非分组终端的种类很多，如带有异步通信接口的计算机、电传机、可视图文终端等。

4) 分组集中器(PCE: Packet Concentrate Equipment)

分组集中器又称用户集中器，大多是既有交换功能又有集中功能的设备。它是将多个低速的用户终端进行集中，用 1 条或 2 条高速的中继线路与节点机相连，这样可以大大节省线路投资，提高线路利用率。分组集中器适用于用户终端较少的城市或地区，也可用于用户比较集中而线路比较紧缺的大楼或小区。分组集中器是公用分组网上的末端设备之一。分组终端和非分组终端都可以接入 PCE，分组终端通过 PCE 的 X.25 端口接入，而对于非分组终端，要通过 PCE 内的分组装拆设备(PAD: Packet Assembler and Disassembler)来接入。

PAD 的功能是将 NPT 所使用的用户协议与 X.25 协议进行转换。发送时，将 NPT 发出的字符通过 PAD 组装成 X.25 的分组形式，送入交换机；在接收时，将来自交换机的 X.25 的分组进行拆卸，以用户终端所要求的字符形式送给终端。ITU-T 专门对 PAD 制定了一组建议，称为 X.3/X.28/X.29，即 3X 建议。其中，X.3 描述 PAD 功能及其控制参数；X.28 描述 PAD 到本地字符终端的协议；X.29 描述 PAD 到远端 PT 或 PAD 之间的协议。

　　5) 传输线路

　　传输线路是构成分组交换网的主要组成部分之一。交换机之间的中继传输线路主要有两种形式：一种是 PCM 数字信道，速率为 64 kb/s、128 kb/s、2 Mb/s 等；另一种是模拟信道利用调制解调器转换为数字信道，速率为 9.6 kb/s、48 kb/s、64 kb/s 等。用户线路也有两种形式，一种是数字数据电路，另一种是模拟电话用户线加装调制解调器。

　　6) 相关协议

　　有关分组交换网的协议包括 X.25、X.75 等协议。其中 X.25 协议是数据终端设备 DTE 与数据电路终接设备 DCE 之间的接口协议。所谓 DCE，是指传输线路上的终接设备。在物理上，如果是模拟传输线路，则 DCE 就是 Modem；若是数字传输线路，则 DCE 就是多路复用器或者数字信道接口设备。DCE 从功能上来讲，属于网络设备。因此可以说，X.25 是 DTE 和分组交换网之间的接口规程；X.75 是分组交换网之间互连时的网间接口协议。对于分组交换网的内部协议，没有统一的国际标准，而是由各个厂家自行规定的。

　　2. 网络的外部服务和内部操作

　　分组交换网的一个重要特点是它使用的是数据报还是虚电路。事实上，在网络内部和接口处可以采用不同的方式。

　　在用户和网络的接口处，网络可能会提供面向连接的虚电路服务或无连接的数据报服务。使用虚电路服务时，终端需要执行呼叫请求，以建立与其他终端的逻辑连接。所有提交到网络上的分组都要标识为属于某个特定的逻辑连接，并且按顺序编号，由网络负责将分组按顺序传递到终端，我们将这种类型的服务称为外部虚电路服务。而使用数据报服务时，网络只愿意独立地处理各个分组，并且有可能无法按顺序、可靠地将这些分组交付到终端，我们称这种类型的服务为外部数据报服务。

　　在网络内部，既可以采用虚电路方式，也可以采用数据报方式。我们将这种操作称为内部虚电路操作或数据报操作。

　　这样，总共有四种组合：

　　(1) 外部虚电路，内部虚电路：当用户请求一条虚电路时，就会构造一条经过网络的专用路由，所有分组沿该路由前进。

　　(2) 外部虚电路，内部数据报：网络分别处理每个分组。因此，同一条外部虚电路上的不同分组可能会选择不同的路由。不过，如果需要，网络会在目的节点处将这些分组缓存起来，这样它们就可以按照正确的顺序交付到目的终端。

　　(3) 外部数据报，内部数据报：从用户和网络这两个角度来看，每个分组都是被独立处理的。

　　(4) 外部数据报，内部虚电路：外部用户看不到任何连接的迹象，因为网络只是简单地每次发送一个分组。然而网络在源节点与终节点之间建立了一条逻辑连接，用来传递分组，并且还可能长期保留此类连接，以满足未来需求。

　　对于使用 X.25 协议的公用分组交换网而言，给用户提供的是面向连接的外部虚电路服务。但在网络内部，每个厂家不尽相同，既可以采用虚电路方式，也可以采用数据报方式。下面我们介绍这两种组合的实现方式。

(1) 虚电路方法。采用这种方法时，需要先进行呼叫建立过程，在沿着该路径的所有节点机里建立连接状态。后续的每个分组都沿着这一建好的连接从通信的源点传送到终点，因此，每个分组在网络内部都是按顺序到达终端节点机的。

(2) 数据报方法。另外一种方法是建立一个无连接的网络，但是在连向端节点的节点机中增加一些代码，附加的代码有点像提供端到端服务的运输层协议。在源节点和终节点之间建立一个连接，它们之间的端到端服务保证了发送的分组可以按顺序被终节点接收，且可保证不被丢失，也不重复，或者乱序。但在网络内部传送这些分组时，可能经过不同的路由，终节点会暂时保留每个分组，直到在它前面的分组都已到达。然后送给终端。这种方法的一个典型例子是我国分组交换网 CHINAPAC 中使用的北方电信的 DPN-100 分组交换机。

7.2 X.25 协 议

X.25 协议是由 ITU-T 在 1976 年首次通过的，并于 1980 年、1984 年、1988 年作了多次修改，增添了许多可选业务。其中在 1984 年的修改中，取消了数据报方式，仅提供虚电路方式。因此，现在所说的 X.25 协议都指的是虚电路方式。它为利用分组交换网的数据传输系统在 DTE 和 DCE 之间交换数据和控制信息规定了一个技术标准，为 DTE 和网络之间建立对话和交换数据提供一些共同的规程。这些规程包括数据传输通路的建立、保持和释放，数据传输的差错控制和流量控制，防止网络发生拥塞，确保用户数据通过网络的安全，向用户提供尽可能多而且方便的服务。

7.2.1 协议分层结构

X.25 协议分为三层：物理层、数据链路层和分组层。它们分别和 OSI 的下三层相对应，如图 7.6 所示。

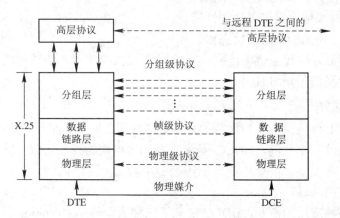

图 7.6 X.25 的协议结构

第一层为物理层，定义了 DTE 和 DCE 之间建立物理信息传输通路的过程，可以采用 X.21、X.21bis 以及 V 系列等建议。物理层提供了一条传送比特流的管道，进行比特传输。第二层为数据链路层，是在物理层提供的双向的比特传输管道上实施信息传输的控制，X.25

的数据链路层采用了高级数据链路控制规程(HDLC：High-level Data Link Control)的子集平衡型链路接入协议(LAPB：Link Access Procedures Balanced)作为它的数据链路层的规程。第三层为分组层，X.25 的分组层对应于 OSI 的网络层，二者叫法不同，但其功能是一致的。分组层是利用链路层提供的服务在 DTE-DCE 接口上交换分组。它是将一条数据链路按动态时分复用的方法划分为许多个逻辑信道，允许多台计算机或终端同时使用高速的数据信道，以充分地利用逻辑链路的传输能力和交换机资源，实现通信能力和资源的按需分配。

7.2.2　物理层

物理层定义了 DTE 和 DCE 之间建立、维持、释放物理链路的过程，包括机械、电气、功能和规程等特性。

X.25 的物理层接口采用 ITU-T X.21、X.21bis 和 V 系列建议。而 X.21bis 和 V 系列建议实际上是兼容的，因此可以认为是两种接口。其中 X.21 建议用于数字传输信道，接口线少，可定义的接口功能多，是较理想的接口标准。但考虑到目前仍在大量使用模拟信道传输数据的实际情况，ITU-T 又制定了 X.21bis 接口标准，它与 V.24 或 RS-232 兼容，主要用于模拟传输信道。

X.25 物理层就像是一条输送信息的管道，它不执行重要的控制功能。控制功能主要由链路层和分组层来完成。

7.2.3　数据链路层

数据链路层规定了在 DTE 和 DCE 之间的线路上交换帧的过程。链路层规程要在物理层的基础上执行一些控制功能，以保证帧的正确传送。链路层的主要功能有：

(1) 在 DTE 和 DCE 之间有效地传输数据；
(2) 确保接收器和发送器之间信息的同步；
(3) 监测和纠正传输中产生的差错；
(4) 识别并向高层协议报告规程性错误；
(5) 向分组层通知链路层的状态。

数据链路层处理的数据结构是帧。X.25 的链路层采用了高级数据链路控制规程 HDLC 的帧结构，下面我们先介绍 HDLC。

1. HDLC 简介

HDLC 是由 ISO 定义的面向比特的数据链路协议的总称。面向比特的协议是指传输时，以比特作为传输的基本单位，HDLC 是最重要的数据链路控制协议，它的传输效率较高，能适应数据通信的发展，因此广泛地应用在公用数据网上。同时，它还是其他许多重要数据链路控制协议的基础。

为了满足各种应用的需要，HDLC 定义了三种类型的站点(Station)、两种链路配置及三种数据传送模式。

1) 站点的类型
所谓站，是指链路两端的通信设备，HDLC 定义的三种站如下：
(1) 主站：负责控制链路的操作。主站只能有一个，由主站发出的帧称为命令。

(2) 从站：在主站的控制下操作。从站可以有多个，由从站发出的帧称为响应。主站为链路上的每个从站维护一条独立的逻辑链路。

(3) 复合站：兼具主站和从站的特点。复合站发出的帧可能是命令，也可能是响应。

2) 链路配置

(1) 非平衡配置：由一个主站和一个或多个从站组成，可以是点到点链路，也可以是点到多点链路。

(2) 平衡配置：由两个复合站组成，只能是点到点链路。

3) 数据传送模式

(1) 正常响应方式：适用于非平衡配置，只有主站才能启动数据传输，从站只有在收到主站发给它的命令帧时，才能向主站发送数据。

(2) 异步平衡方式：适用于平衡配置，任何一个复合站都可以启动数据传输过程，而不需要得到对方复合站的许可。

(3) 异步响应方式：适用于非平衡配置，在主站没有发来命令帧时，从站可以主动向主站发送数据，但主站仍负责对链路的管理。

LAPB 采用平衡配置方式，用于点到点链路，采用异步平衡方式来传输数据。

2. LAPB 的帧结构

LAPB 采用了 HDLC 的帧结构，如图 7.7 所示。

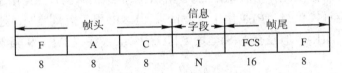

图 7.7　LAPB 的帧结构

1) 标志(F)

F 为帧标志，编码为 01111110。F 为帧的限定符，所有的帧都应以 F 开始和结束。一个标志可作为一个帧的结束标志，同时也可以作为下一帧的开始标志；F 还可以作为帧之间的填充字符，当 DTE 或 DCE 没有信息要发送时，可连续发送 F。

正常情况下，为了防止在其他字段出现伪标志码，要进行插 0/删 0 操作，即在发送站将 5 个连 1 之后插入一个 0；在接收端，再进行相反的操作，将 5 个连 1 之后的 0 删掉。但是，如果发送方想要放弃正在发送的帧，则发送 7～15(包括 7，不包括 15)个连 1 来表示，即当接收端检测到大于等于 7 但小于 15 个连 1 之后，就放弃收到的帧。而如果出现 15 个以上的连 1，则表示该链路进入空闲状态。

2) 地址字段(A)

地址字段由一个 8 bit 组组成。在 HDLC 中点到多点的链路上，该字段表示的是送出响应信息的从站的地址。在 LAPB 中，是点到点的链路，它表示的总是响应站的地址，其作用是用于区分两个传输方向上的命令帧/响应帧，即它表示的是命令帧的接收者和响应帧的发送者的地址。

3) 控制字段(C)

控制字段由一个 8 bit 组组成，主要作用是指示帧的类型。LAPB 控制字段的分类格式如表 7.1 所示。

表 7.1　LAPB 的帧类型

控制字段比特	8	7	6	5	4	3	2	1
信息帧(I 帧)	N(R)			P	N(S)			0
监控帧(S 帧)	N(R)			P/F	S	S	0	1
无编号帧(U 帧)	M	M	M	P/F	M	M	1	1

(1) 信息帧(I 帧：Information frame)。由帧头、信息字段 I 和帧尾组成。I 帧用于传输高层用户的信息，即在分组层之间交换的分组，分组包含在 I 帧的信息字段中。I 帧的 C 字段的第 1 个比特为"0"，这是识别 I 帧的惟一标志，第 2~8 bit 用于提供 I 帧的控制信息，其中包括发送顺序号 N(S)，接收顺序号 N(R)，探寻位 P。其中 N(S)是所发送帧的编号，以供双方核对有无遗漏及重复。N(R)是下一个期望正确接收帧的编号，发送 N(R)的站用它表示已正确接收编号为 N(R)以前的帧，即编号到 N(R)-1 的全部帧已正确接收。I 帧可以是命令帧，也可以是响应帧。

(2) 监控帧(S 帧：Supervisory frame)没有信息字段，它的作用是用来保护 I 帧的正确传送。监控帧的标志是 C 字段的第 2、1 位为"01"，SS 用来进一步区分监控帧的类型。监控帧有三种：接收准备好(RR)，接收未准备好(RNR)和拒绝帧(REJ)。RR 用于在没有 I 帧发送时向对端发送肯定证实信息，REJ 用于重发请求，RNR 用于流量控制，通知对端暂停发送 I 帧。监控帧带有 N(R)，但没有 N(S)。第 5 bit 为探寻/最终位 P/F。S 帧既可以是命令帧，也可以是响应帧。

(3) 无编号帧(U 帧：Unnumbered frame)的作用不是用于实现信息传输的控制，而是用于实现对链路的建立和断开过程的控制。识别无编号帧的标志是 C 字段的第 2、1 位为"11"。第 5 bit 为 P/F 位，M 用于区分不同的无编号帧，其中包括：置异步平衡方式(SABM)、断链(DISC)、已断链方式(DM)、无编号确认(UA)、帧拒绝(FRMR)等。其中，SABM、DISC 分别用于建立链路和断开链路，均为命令帧，后三种为响应帧，其中 UA 和 DM 分别为对前两个命令帧的肯定和否定响应，FRMR 表示接收到语法正确但语义不正确的帧，它将引起链路的复原。

所有的帧都含有探寻/最终比特(P/F)。在命令帧中，P/F 位为探寻(P)，如 P=1，就是向对方请求响应帧；在响应帧中，P/F 位为最终(F)，如 F=1，表示发送的这个帧是一个对命令帧的响应结果。后面将详细介绍 P/F 位的功能。

表 7.2 列出了 LAPB 中帧的种类及作用。

4) 信息字段(I)

信息字段是为传输用户信息而设置的，它用来装载分组层的数据分组，其长度可变。在 X.25 中，长度限额一般装一个分组长度，即 128 字节或 256 字节。

5) 帧校验序列(FCS)

每个帧的尾部都包含一个 16 bit 的帧校验序列(FCS)，用来检测帧的传送过程是否有错。FCS 采用循环冗余码，可以用移位寄存器实现。

表7.2 帧 的 类 型

分类	名 称	缩写	命令/响应帧(C/R)	作 用
信息帧		I 帧	C/R	传输用户数据
监控帧	接收准备好	RR	C/R	向对方表示已经准备好接收下一个 I 帧
	接收未准备好	RNR	C/R	向对方表示"忙"状态, 这意味着暂时不能接收新的 I 帧
	拒绝帧	REJ	C/R	要求对方重发编号从 N(R) 开始的 I 帧
无编号帧	置异步平衡方式	SABM	C	用于在两个方向上建立链路
	断链	DISC	C	用于通知对方, 断开链路的连接
	已断链方式	DM	R	表示本方已与链路处于断开状态, 并对 SABM 做否定应答
	无编号确认	UA	R	对 SABM 和 DISC 的肯定应答
	帧拒绝	FRMR	R	向对方报告出现了用重发帧的办法不能恢复的差错状态, 将引起链路的复原

3. 链路操作过程

数据链路层的操作分为三个阶段：链路建立、信息传输和链路断开。

1) 链路建立

DTE 通过发送连续的标志(F)来表示它能够建立数据链路。

原则上 DTE 或 DCE 都可以启动数据链路的建立, 但通常是由 DTE 启动的。在开始数据链路建立之前, DCE 或 DTE 都应当启动链路断开过程, 以确保双方处于同一阶段。DCE 还能主动发起 DM 响应帧, 要求 DTE 启动链路建立过程。

以 DTE 发起过程为例。如图 7.8 所示, DTE 通过向 DCE 发送置异步平衡方式(SABM)命令启动数据链路建立过程, DCE 接收到后, 如果认为它能够进入信息传送阶段, 将向 DTE 回送一个 UA 响应帧, 数据链路建立成功; DCE 接收到后, 如果它认为不能进入信息传送阶段, 它将向 DTE 回送一个 DM 响应帧, 数据链路未建立。

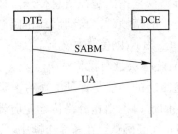

图 7.8 链路建立过程

为了区分 DCE 主动发送的要求 DTE 启动建链的 DM 帧和作为对 DTE 发来的 SABM 的否定证实的 DM 帧, 一般要求 SABM 命令帧置 P=1, DCE 的响应帧 UA 或 DM 的 F bit 为 1。这样根据收到 DM 的 F bit 是否为 1 即可知道其含义, 从而做出不同的处理。

2) 信息传输

当链路建立之后, 就进入信息传输阶段, 在 DTE 和 DCE 之间交换 I 帧和 S 帧。双方都可以通过 I 帧开始发送用户数据, 帧的序号从 0 开始。I 帧的 N(S) 和 N(R) 字段是用于支持流量控制和差错控制的序号。LAPB 在发送 I 帧序列时, 会按顺序对它们编号, 并将序号放在 N(S) 中, 这些编号以 8 还是 128 为模, 取决于使用的是 3 bit 序号还是 7 bit 序号。N(R) 是对接收到的 I 帧的确认。有了 N(R), LAPB 就能够指出自己希望接收的下一个 I 帧的序号。

S 帧同样也用于流量控制和差错控制。其中，接收就绪(RR)帧通过指出希望接收到的下一个帧来确认接收到的最后一个 I 帧。在接收端无 I 帧发送时就需要使用 RR 帧。接收未准备就绪(RNR)帧和 RR 帧一样，都可用于对 I 帧的确认，但它同时还要求对等实体暂停 I 帧的传输。当发出 RNR 的实体再次准备就绪之后，会发送一个 RR。REJ 的作用是指出最后一个接收到的 I 帧已经被拒绝，并要求重发以 N(R)序号为首的所有后续 I 帧。

3) 链路断开过程

链路断开过程是一个双向的过程，任何一方均可启动拆链操作。这既可能是由于 LAPB 本身因某种错误而引起的中断，也可能是由于高层用户的请求。以 DTE 发起为例，如图 7.9 所示，若 DTE 要求断开链路，它向 DCE 发送 DISC 命令帧，DCE 若原来处于信息传输阶段，则用 UA 响应帧确认，即完成断链过程；若 DCE 原来已经处于断开阶段，则用 DM 响应帧确认。基于和建链同样的考虑，要求 DISC 命令帧置 P=1，其对应的响应帧 UA 或 DM 置 F=1。拆链后要通知第三层用户，说明该连接已经中止。所有未被确认的 I 帧都会丢失，而这些帧的恢复工作则由高层负责。

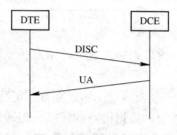

图 7.9　链路断开过程

4) 链路恢复

链路恢复指的是在信息传送阶段收到协议出错帧或者 FRMR 帧，即遇到无法通过重发予以校正的错帧时，自动启动链路建立过程，使链路恢复初始状态，两端发送的 I 帧和 S 帧的 N(S)和 N(R)值恢复为零。

5) 链路层控制操作举例

链路层的功能是保证 I 帧的正确传输，而 I 帧的传输控制是通过帧的顺序编号和确认、链路层的窗口机制和链路传输定时器等功能来实现的。

(1) 帧的确认。在每个 I 帧中，既有 N(S)，又有 N(R)，因此 I 帧一方面可以表示自己所发送帧的序号，另一方面可以对对方的帧进行确认。如果有 I 帧发送，通常都是用 I 帧确认；如果要对对方的帧进行确认，而自己又没有需要发送的数据，则采用 S 帧(RR 或 RNR)来进行确认。I 帧和 S 帧中的 N(R)表示编号为 N(R)-1 及以前的帧均已正确接收。为了提高传输效率，可以在连续接收多个 I 帧之后，对于顺序号正确的多个 I 帧进行一次确认，确认帧的 N(R)等于正确接收的最后一个帧的 N(S)加 1。帧的确认过程的例子如图 7.10(a)所示。

图 7.10(b)显示了有忙状态存在的情况。导致这种状态的原因可能是由于接收端处理 I 帧的速度不如 I 帧数据到达的速度快。此时接收端缓存器会填满，它不得不使用 RNR 命令帧来要求发送端停止发送 I 帧。当忙状态清除后，DTE 返回一个 RR 帧，这时来自 DCE 的 I 帧传输可以继续进行。

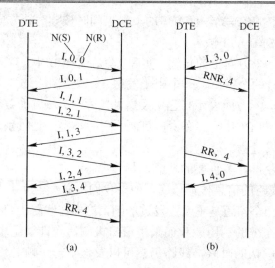

图 7.10　帧的确认过程

(a) 双向数据交换；(b) 出现忙的情况

(2) 链路层窗口。在数据链路上对信息流进行控制，经常采用的方法是滑动窗口(Sliding Window)控制。窗口控制的主要作用是在数据链路上限制发送帧的最大数目。

采用窗口控制协议时，要求通信的两节点设置窗口，这种窗口实质上是一个缓冲区，采用循环队列的方式。发送端的发送窗口用于保存已发送但未确认的帧，在发送一个帧的同时，将该帧存入缓冲区，当收到相应的确认后再从缓冲区中清除。接收端的接收窗口则指示准备接收的帧的序号。发送端每发送一帧，就在缓冲区中保存一帧，当缓冲区满时，发送端不能继续发送帧。在接收到确认信号以后，已证实的帧从缓冲区中清除，则又可以进行后续帧的传输。

链路层窗口是由系统参数 K 定义的，它表示 DTE 或 DCE 可以发送的未被证实的顺序编号 I 帧的最大数量，也称为窗口尺寸。K 的最小值为"1"，最大值为"模数−1"(对于模 8 的情况即为"7")。对于模 8 的情况，I 帧的顺序编号总是由 0~7 这 8 个数字循环，我们可以把窗口看作是由一个圆的连续的八等分扇面组成，如图 7.11 所示。每个 1/8 圆代表一个序号，并按顺时针方向编号，图中我们假定窗口尺寸 K=3，最后接收到的 I 帧或 S 帧的 N(R)=6，表示发送的编号为 5 及以前的帧已正确接收。我们把最后收到的帧的 N(R) 号作为窗口下沿，则

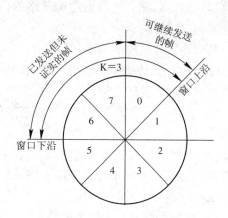

图 7.11　滑动窗口的描述

窗口的上沿=N(R)+K−1=0(模 8)(注意：此 N(R) 是接收到的帧的 N(R)，而不是发送帧中的 N(R))，表示可以发送的 I 帧的编号是 6、7、0。如果现在编号为 6、7 的 I 帧已经发送，则还可以继续发送编号为 0 的 I 帧。当发送的 I 帧的 N(S) 等于窗口的上沿时即停止发送(相当于窗口关闭)，待接收到新的 I 帧或 S 帧，N(R) 大于上一次的 N(R)，则窗口的下沿按顺时针

方向移到新的 N(R)(例如 N(R)=7)，而窗口的上沿也同时按顺时针方向移动(例如上沿=1)，此时又可以继续发送 N(S)=1 的 I 帧了。

以上我们讨论的是一个方向上的传输。实际上，在 LAPB 中，DTE 和 DCE 之间是进行双向通信的，即每端都有两个窗口，一个用于发送，一个用于接收，因此，在每个 I 帧中，都既有 N(S)，又有 N(R)，一方面表示自己所发送帧的序号，一方面要对对方的帧进行确认。

在接口两侧的 DTE 和 DCE 中都有窗口机制，它并不是一种特别的硬设备，而是实现 I 帧传输的顺序控制的逻辑过程。

利用窗口机制可以获得许多重要的功能，具体如下：

(1) 有效地提高了线路的信息传输效率。如果我们发送一个 I 帧，等待对方给予确认之后才决定是继续发送下一个帧还是重发刚发过的帧，这样在线路上将会有许多空闲的时间，线路传输能力不能得到充分的利用。我们采用窗口机制，允许发送多个未被确认的帧，这样在等待对已发送帧的确认的时候，线路仍然可以发送下一个帧，使线路的传输能力得到了充分的发挥。

(2) 保证了信息传输的正确性。窗口机制和帧的顺序编号密切结合，对于接收到的帧的确认，除了根据帧检验(FCS)结果给予肯定或否定确认之外，严格检查帧的顺序号的正确性，防止漏帧或重帧现象的发生，保证了信息传输的安全性。

(3) 窗口机制为 DCE 和 DTE 提供了非常有效的流量控制手段。DCE 或 DTE 可以通过停止或延缓发送确认帧的办法，停止或延缓对方 I 帧的发送，达到控制信息流量的目的。

7.2.4 分组层

X.25 的分组层利用链路层提供的服务在 DTE-DCE 接口上交换分组。它是将一条逻辑链路按统计时分复用的方法划分为许多个逻辑信道，允许多台计算机或终端同时使用高速的数据信道，以充分地利用逻辑链路的传输能力和交换机资源，实现通信能力和资源的按需分配。

具体讲，分组层的功能如下：

(1) 在 X.25 接口为每个用户呼叫提供一个逻辑信道，并通过逻辑信道号 LCN 来区分同每个用户呼叫有关的分组；

(2) 为每个用户的呼叫连接提供有效的分组传输，包括顺序编号，分组的确认和流量控制过程；

(3) 提供交换虚电路 SVC 和永久虚电路 PVC，提供建立和清除交换虚电路连接的方法；

(4) 监测和恢复分组层的差错。

1. 分组格式

X.25 的分组层定义了每一种分组的类型和功能。分组的格式如图 7.12 所示，它由分组头和分组数据两部分组成。

图 7.12 分组格式

1) 通用格式识别符 GFI

GFI 包含 4 bit，为分组定义了一组通用功能。GFI 的格式如图 7.13 所示。

8	7	6	5
Q	D	S	S

图 7.13 GFI 的格式

其中，Q 比特用来区分传输的分组包含的是用户数据还是控制信息，前者 Q=0，后者 Q=1。D 比特用来区分数据分组的确认方式，D=0 表示数据分组由本地确认(DTE-DCE 接口上确认)， D=1 表示数据分组进行端到端(DTE-DTE)确认。SS=01 表示按模 8 方式工作，SS=10 表示按模 128 方式工作。

2) 逻辑信道群号 LCGN 和逻辑信道号 LCN

逻辑信道群号 LCGN 和逻辑信道号 LCN 共 12 bit，用于区分 DTE-DCE 接口上许多不同的逻辑信道。X.25 分组层规定一条数据链路上最多可分配 16 个逻辑信道群，各群用 LCGN 区分；每群内最多可有 256 条逻辑信道，用信道号 LCN 区分。除了第 0 号逻辑信道有专门的用途外(为所有虚电路的诊断分组保留)，其余 4095 条逻辑信道可分配给虚电路使用。

3) 分组类型识别符

由一个 8 bit 组组成，用来区分各种不同的分组。X.25 的分组层共定义了四大类 30 个分组。分组类型如表 7.3 所示。

表 7.3 X.25 的分组类型

类　　型		DTE-DCE	DCE-DTE	功　　能
呼叫建立分组		呼叫请求 呼叫接受	入呼叫 呼叫连接	建立 SVC
数据传送分组	数据分组	DTE 数据	DCE 数据	传送用户数据
	流量控制分组	DTE　RR DTE　RNR DTE　REJ	DCE　RR DCE　RNR	流量控制
	中断分组	DTE 中断 DTE　中断证实	DCE 中断 DCE 中断证实	加速传送重要数据
	登记分组	登记请求	登记证实	申请或停止可选业务
恢复分组	复位分组	复位请求 DTE 复位证实	复位指示 DCE 复位证实	复位一个 VC
	重启动分组	重启动请求 DTE 重启动证实	重启动指示 DCE 重启动证实	重启动所有 VC
	诊断分组		诊断	诊断
呼叫清除分组		清除请求 DTE 清除证实	清除指示 DCE 清除证实	释放 SVC

2. 分组层操作过程

分组层定义了 DTE 和 DCE 之间传输分组的过程。分组层的操作分为三个阶段：呼叫建立、数据传输和呼叫清除。

如前所述，X.25 支持两类虚电路连接：交换虚电路(SVC)和永久虚电路(PVC)。SVC 要在每次通信时建立虚电路，而 PVC 是由运营商设置好的，不需要每次建立。因此，对于 SVC，分组层的操作包括三个阶段；而对于 PVC，只有数据传输阶段的操作。

1) SVC 呼叫建立过程

当主叫 DTE1 想要建立虚呼叫时，它就在至交换机 A 的线路上选择一个逻辑信道(图中为 253)，发送"呼叫请求"分组，格式如图 7.14 所示。该"呼叫请求"分组中包含了可供分配的高端 LCN 和被叫 DTE 地址。

GFI				LCGN			
LCN							
0	0	0	0	1	0	1	1
主叫 DTE 地址长度				被叫 DTE 地址长度			
被叫 DTE 地址							
被叫 DTE 地址				0	0	0	0
主叫 DTE 地址							
主叫 DTE 地址				0	0	0	0
其他信息							

图 7.14　呼叫请求分组格式

前三个字节为分组头，GFI、LCGN、LCN 的意义如前所述，第三个字节分组类型识别符为 00001011，表示这是一个呼叫请求分组。在数据部分包含有详细的被叫 DTE 地址和主叫 DTE 地址。

正常的呼叫建立过程如图 7.15 所示。呼叫请求分组发送到本地 DCE，由本地 DCE 将该分组转换成网络规程格式，而且通过网络交换到远端 DCE，由远端 DCE 将网络规程格式的呼叫请求分组转换为"入呼叫"分组，并发送给被叫 DTE，该分组中包含了可供分配的低端的 LCN。"呼叫请求"分组和"入呼叫"分组分别从高端和低端选择 LCN 是为了防止呼叫冲突。远端 DCE 选择的 LCN 和主叫 DTE 选择的 LCN 可以不同。

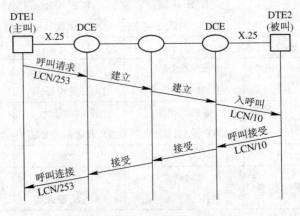

图 7.15　呼叫建立过程

被叫 DTE 通过发送"呼叫接受"分组表示同意建立虚电路，该分组中的 LCN 必须与"入呼叫"分组中的 LCN 相同。远端 DCE 接收到"呼叫接受"分组之后，通过网络规程传送到本地 DCE，本地 DCE 发送"呼叫连接"分组到主叫 DTE，表示网络已完成虚电路的建立过程，"呼叫连接"分组中的 LCN 与"呼叫请求"分组中的 LCN 相同。主叫 DTE 接收到"呼叫连接"分组之后，表示主叫 DTE 和被叫 DTE 之间的虚电路已建立，可以进入数据传输阶段。

在被叫 DTE 不想接受呼叫的情况下，它可以通过发送"清除请求"分组表示拒绝，这将导致本地 DCE 向主叫 DTE 发送"清除指示"分组，该分组中包含了原因字段，说明虚呼叫的清除是由被叫 DTE 引起的。然后主叫 DTE 发送"清除证实"分组给本地 DCE，再传递给被叫 DTE。如果是由于网络的原因不能建立虚呼叫，则本地 DCE 向主叫 DTE 发送"清除指示"分组，并包含了清除的原因，主叫 DTE 向本地 DCE 回送"清除证实"分组。

2) 数据传输阶段

当主叫 DTE 和被叫 DTE 之间完成了虚呼叫的建立之后，就开始了数据传输阶段，DTE 和 DCE 对应的逻辑信道就进入数据传输状态。此时，在两个 DTE 之间交换的分组包括数据分组、流量控制分组和中断分组。

无论是 PVC，还是 SVC，都有数据传输阶段。在数据传输阶段，交换机的主要作用是逐个转发分组。由于虚电路已经建立，属于该虚电路的分组将顺序沿着这条虚电路进行传输，此时分组头中将不再需要包含目的地的详细地址，而只需要有逻辑信道号即可。在每个交换节点上，要将分组进行存储，然后再进行转发。转发是指根据分组头中的 LCN 查相应的转发表，找到相应的出端口和出端的 LCN，用该 LCN 替换分组头中的入端口 LCN，然后将分组在指定的出端口进行排队，等到有空闲资源时，将分组传送至线路上。

数据分组有三个重要参数：P(S)、P(R)和 M，置于分组头的分组类型识别符中，如图 7.16 所示。其中，比特 1 恒为 0，表示这是一个数据分组。

8 7 6	5	4 3 2	1
P(R)	M	P(S)	0

图 7.16 分组类型识别符

P(S)和 P(R)分别为数据分组发送序号和接收序号，其作用同链路层中的 N(S)和 N(R)，是分组层流量控制和重发纠错的基础。流量控制机制和链路层一样，也是采用滑动窗口技术，标准的窗口大小为 2。如果主叫 DTE 希望改变此值，可在呼叫建立时和被叫进行协商，这是一项可选业务功能。需要注意的是，虽然分组层和链路层都有流量控制功能，且采用相同的机制，但是分组层控制的是某一个逻辑信道的流量，链路层控制的是 DTE-DCE 接口上总的流量。

M 比特称为后续数据比特，用于用户报文分段，将报文分段后形成几个分组、最后一个分组的 M=0，表示报文的结束；其他分组的 M=1，表示还有后续分组。

3) SVC 的呼叫清除过程

在虚呼叫任何一端的 DTE 都能够清除呼叫，而且呼叫也可以由网络清除。呼叫清除规程将导致与该呼叫有关的所有网络信息被清除，所有网络资源被释放。

呼叫清除的过程如图 7.17 所示。主叫 DTE 发送"清除请求"分组，该分组通过网络到达远端 DCE，远端 DCE 发"清除指示"分组到被叫 DTE，被叫 DTE 用"清除证实"分组予以响应。该"清除证实"传到本地 DCE，本地 DCE 再发送"清除证实"到主叫 DTE。完成清除规程之后，虚呼叫所占用的所有逻辑信道都被释放。

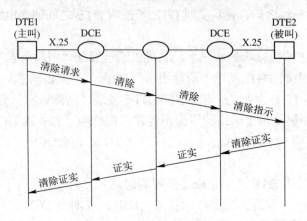

图 7.17　呼叫清除过程

4) 分组层恢复规程

X.25 定义了在呼叫建立和数据传输阶段发生问题时所使用的一组恢复规程。有的规程只影响到一个虚呼叫，有的规程会影响到所有呼叫。恢复规程包括复位规程、再启动规程、诊断分组规程和清除规程。下面只介绍前两种规程。

(1) 复位规程。复位指的是出现协议错误、终端不相容等无法通过重发校正的差错时，使虚电路回到其刚刚建立时的状态，此时 P(S)=P(R)=0。虚呼叫的复位通常只是在出现严重差错的情况下使用，因为它可能导致两个方向上的虚电路的数据丢失。此时虚电路仍为数据传送状态。

(2) 再启动规程。再启动指的是 DTE 或网络发生严重故障时清除接口上所有 SVC，复位所有 PVC。此时该接口上所有虚电路成为准备状态。

7.3　路　由　选　择

7.3.1　路由选择概述

在选择路由方法时，需要考虑以下几方面的问题：

(1) 路由选择准则：即以什么参数作为路由选择的基本依据，可以分为两类：以路由所经过的跳数为准则或以链路的状态为准则。其中以链路的状态为准则时，可以考虑链路的距离、费用、时延等。路由选择的结果应该使得路由准则参数最小，因此可以有最小跳数法、最短距离法、最小费用法、最小时延法等。

(2) 路由选择协议：依据路由选择的准则，在相关节点之间进行路由信息的收集和发布的规程和方法。路由参数是从来不变化的(静态配置的)、周期性变化的或动态变化的等；路由信息的收集和发布可以集中进行(由网络中心统一进行)收集，也可以由各节点自己从邻节点进行收集。

(3) 路由选择算法：即如何获得一个准则参数最小的路由。这个计算可以由网络中心统一计算，然后发送到各个节点(集中式)，也可以由各节点根据自己的路由信息进行计算(分布式)。

7.3.2 路由选择方法

1. 确定型算法

1) 扩散式路由选择

扩散式路由选择又称为洪泛法(Flooding)，是欧洲 RAND 公司提出的军用分组交换网采用的路由选择方法。其基本思想是，当节点机收到一个分组后，只要该分组的目的节点不是本节点，就将此分组转发到全部(或部分)邻接节点。扩散式分为完全扩散和选择扩散两种。

完全扩散式除了输入分组的那条链路之外，向所有输出链路同时发送分组。而选择扩散则是向着分组的目的地方向选择几条链路发送分组。最终该分组必会到达目的节点，而且最早到达的分组历经的必定是一条最佳路由，由其他路径陆续到达的同一分组将被目的节点丢弃。为了避免分组在网络中传送时发生环路，任何中间节点发现同一分组第二次进入时，即予以丢弃。

洪泛法十分简单，不需要路由表，且不论网络发生什么故障，它总能自动找到一条路由到达目的地，可靠性很高。但它会造成网络中无效负荷的剧增，导致网络拥塞。因此这种方法一般只用在可靠性要求特别高的军事网络中。

2) 随机路由选择

在这种方法中，当节点收到一个分组后，除了输入分组的那条链路之外，按照一定的概率从其他链路中选择某一链路发送分组。选择第 i 条链路的概率 P_i 如下：

$$P_i = \frac{C_i}{\sum_j C_j}$$

式中，C_i 是第 i 条链路的容量，$\sum_j C_j$ 是所有候选链路容量的总和。

随机式路由选择同洪泛法一样，不需要使用网络路由信息，并且在网络故障时，分组也能到达目的地，网络具有良好的健壮性。同时，路由选择是根据链路的容量进行的，这有利于通信量的平衡。但这种方法的缺点是显然的，所选的路由一般并不是最优的，因此网络必须承担的通信量负荷要高于最佳的通信量负荷。

3) 固定路由表算法

这是静态路由法中最常用的一种。其思想是：在每个节点上事先设置一张路由表，表中给出了该节点到达各终点的路由的下一个节点。当分组到达该节点并需要转发时，即可按它的目的地查路由表，将分组转发至下一节点，下一节点再继续进行查表、选路、转发，直到将分组转发至终点。在这种方式中，路由表是在整个系统进行配置时生成的，并且在此后的一段时间内保持不变。

这种算法简单，当网络拓扑结构固定不变并且业务量也相对稳定时，采用此法比较好。

但它不能适应网络的变化，一旦被选路由出现故障，就会影响信息正常传送。

固定路由表算法的一种改进方法是在表中提供一些预备的链路和节点，即给每个节点提供到各目的节点的可替代的下一个节点。这样，当链路或节点故障时，可选择替代路由来进行数据传输。

下面给出固定路由表算法的例子。图 7.18(c)为网络结构，表 7.4 为网络控制中心计算得到的全网的路由表。该表列出了所有节点到各个目的节点所确定的发送路由。实际上，对于每一个网络节点仅需存储其中相应的一列即可。图 7.18(a)、(b)分别为节点 1 和节点 4 的路由表。

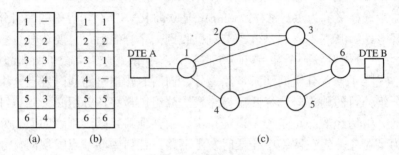

图 7.18　固定路由选择示例

(a) 节点 1 的路由表；(b) 节点 4 的路由表；(c) 网络结构

表 7.4　全 网 路 由 表

		终 节 点					
		1	2	3	4	5	6
源节点	1	—	2	3	4	3	4
	2	1	—	1	4	4	3
	3	1	2	—	2	5	6
	4	1	2	1	—	5	6
	5	3	4	3	6	—	6
	6	4	3	3	4	4	—

我们来看具体的路由选择过程。如图 7.18(c)所示，假设源节点为 1 号节点，终节点为 6 号节点。

1 号节点机收到 DTE A 的呼叫请求时，判断出被叫终端与 6 号节点机相连，故选路的目的地为 6 号节点机。1 号节点查询自己的路由表，即图 7.18(a)，得知 1 号到 6 号的下一节点(转接节点)是 4 号节点，故将呼叫请求转发至 4 号节点。4 号节点再进行选路，查询路由表，即图 7.18(b)，得到 6 号的路由为直达路由，因此直接转发至 6 号节点，由 6 号节点机进行接续。

2. 自适应路由选择

自适应路由选择(Adaptive Routing)技术是指路由选择的判决随网络条件的变化而改变。事实上在所有的分组交换网络中，都使用了某种形式的自适应路由选择技术。影响路由选择判决的主要条件有：

(1) 故障：当一个节点或一条中继线发生故障时，它就不能被用作路由的一部分。

(2) 拥塞：当网络的某部分十分拥塞时，最好让分组绕道而行，而不是从发生拥塞的区域中穿过。

到目前为止，自适应路由选择策略是使用最普遍的，其原因如下：

(1) 从网络用户的角度来看，自适应路由选择策略能够提高网络性能。

(2) 自适应路由选择策略能够有助于拥塞控制，由于自适应路由选择策略趋向于平衡负荷，因此它能够拖延严重拥塞的发作。

自适应路由选择策略的以上这些好处与网络的设计是否优秀以及负荷的本质有关。总的说来，要想获得良好的实际效果的确是一项极其复杂的任务。大多数主要的分组交换网络，如 ARPANet、TYMnet 等，都至少经历过一次对其路由选择策略的重大调整。

限于篇幅，本节对自适应路由选择不再详细介绍，有兴趣的读者请参阅有关资料。

3．最短路径算法

在路由选择中，要依据一定的算法来计算最小参数的路由，即最佳路由。这里最佳的路径并不一定是物理长度最短，最佳的意思可以是长度最短，也可能是时延最小或者费用最低等，若以这些参数为链路的权值，则一般称权值之和最小的路径为最短路径。一般地，在分组网中采用时延最小的路径为最短路径。常用的求最短路径的方法有两种：Dijkstra 算法和 Bellman-Ford。这两种算法在其他课程中已有详细介绍，这里不再赘述。

7.4　流量控制与拥塞控制

流量控制是分组交换网中必备的一项功能，其控制机理也相当复杂。我们知道，在分组交换网中，用户发送数据的时间和数量具有随机性；而网络总是由有限的资源所组成，这些有限的资源包括网络节点内的信息缓冲器、节点处理器、输入/输出链路等。若对数据不加任何控制措施，就可能出现网内数据流严重不均，有些节点和链路上的数据超过了节点的存储和处理能力，或者超过了链路的传输能力，导致网络的拥塞。这种现象可以用城市中的交通堵塞来比拟。因此，必须采取相应的措施进行流量控制，防止网络出现拥塞；一旦出现拥塞，要及时地进行控制，减轻网络的负荷，使网络逐渐恢复到正常状态。

7.4.1　流量控制的作用

流量控制具有如下三个主要功能：

(1) 防止由于网络和用户过载而导致网络吞吐量的下降和传送时延的增加。

拥塞将会导致网络吞吐量的迅速下降和传送时延的迅速增加，严重影响网络的性能。图 7.19 表示网络阻塞对吞吐量和时延的影响，同时也表示网络阻塞对数据流施加控制之后的效果。在理想情况下，网络的吞吐量随着负荷的增加而线性增加，直到达到网络的最大容量时，吞吐量不再增大，成为一条直线。实际上，当网络负荷比较小时，各节点分组的队列都很短，节点有足够的缓冲器接收新到达的分组，导致相邻节点中的分组输出也较快，使网络吞吐量和负荷之间基本上保持了线性增长的关系。当网络负荷增大到一定程度时，节点中的分组队列加长，造成时延迅速增加，并且有的缓存器已占满，节点将丢弃继续到达的分组，造成分组的重传增多，从而使吞吐量下降，因此吞吐量曲线的增长速率随着输入负载的增大而逐渐减小。尤其严重的是，当输入负载达到某一数量之后，由于重发分组的增加大量挤占节点队列，网络吞吐量将随负载的增加而下降，这时网络进入严重拥塞状态。当负载增大到一定程度时，吞吐量下降为零，称为网络死锁(Deadlock)。此时分组的时延将无限增加。

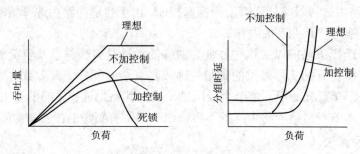

图 7.19　分组吞吐量、时延与输入负荷的关系

如果有流量控制，吞吐量将始终随输入负载的增加而增加，直至饱和，不再出现拥塞和死锁现象。从图中可以看出，由于采用流量控制要增加一些系统开销，因此，其吞吐量将小于理想曲线的吞吐量，分组时延将大于理想情况，这点在输入负载较小时尤其明显。可见，流量控制的实现是有一定代价的。

(2) 避免网络死锁。

网络面临的一个严重的问题是死锁，它的产生如上所述。实际上，它也可能在负荷不重的情况下发生，这可能是由于一组节点没有可用的缓冲器而无法转发分组引起的。死锁有直接死锁、间接死锁和装配死锁三种类型。

(3) 网络及用户之间的速率匹配。

用于防止网络或用户侵害其余的用户。一个简单的例子是一条 56 kb/s 的数据链路访问低速的键盘或打印机，除非有流量控制，否则该数据链路将完全吞没键盘或打印机。同样，低速的节点处理与高速的线路之间也必须进行速率匹配，以避免拥塞。

7.4.2　流量控制的层次

分组交换网的流量控制可以分层次进行。如图 7.20 所示，大致可以划分为四级。

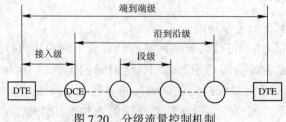

图 7.20　分级流量控制机制

1) 段级

段级是对相邻节点间转发信息的流量控制，其目的是防止出现局部的节点缓冲区拥塞和死锁。其根据是对相邻两个节点之间总的流量进行控制还是对其间每条虚电路的流量分别进行控制，段级还可划分为链路段级和虚电路段级。其中，链路段级由数据链路层协议

完成，虚电路段级由分组层协议完成。

2) 沿到沿级

沿到沿级是指从网络源节点至网络目的节点之间的控制，其作用是防止终节点缓冲区出现拥塞，由分组层协议完成。

3) 接入级

接入级是指从 DTE 到网络源节点之间的控制，其作用是控制从外部进入网络的通信量，防止网络内产生拥塞，由数据链路层协议完成。

4) 端到端级

端到端级是指从源 DTE 到目的 DTE 之间的控制，其作用是保护目的端，防止用户进程缓冲器溢出，由高层协议完成。

7.4.3　流量控制方法

在不同的层次上，需要有不同的流量控制方法，本小节将介绍在分组网中常用的流量控制方法。

1. 滑动窗口机制

该方法可用于 DTE 和邻接的源节点机之间。基本原理如前所述，主机发送分组的序号必须在发送窗口之内，否则就要等待，直到源节点机发来新的确认后才可发送。在网络内部，不管通信子网采用虚电路工作方式还是数据报工作方式，只要目的 DTE 接收缓冲没有释放，源 DTE 就必须等待，只有从目的端获得新的确认时才可发送。也就是说，源 DTE 在数据链路层要等待源节点机的应答才能发送，而在分组层要等目的 DTE 的应答才能发送，否则就要等待。

2. 缓冲区预约方式

该方法可用于源节点到目的节点之间的流量控制。源节点在发送数据信息之前，要为每个报文在目的节点预约缓冲区，只有目的节点有一个或多个分组缓冲区时，源节点才可发送。在预约的缓冲区用完后，要等接收节点再次分配缓冲区后，才继续发送数据。若通信子网采用虚电路工作方式，则一旦建立了一条虚电路，就说明目的节点有了基本的缓冲，在数据传送阶段用流量控制分组进行控制。如果通信子网采用数据报工作方式，则源节点在发送之前先发缓冲访问分组，当收到接收主机返回的缓冲分配信息后，才可发送数据，这样可以避免由于接收端无足够的缓冲区而引起的拥塞。

3. 许可证法

许可证法适用于 DTE 到网络源节点之间的流量控制。其基本原理是设置一定数量的"许可证"在网中随机地巡回游动，当终端向网络发送分组时，必须向源节点申请取得一张许可证，如果源节点暂时没有许可证，则该终端必须等待，不能发送分组。当得到一张许可证后，将许可证和数据分组一起传送，到达终点后，要交出所持的许可证，使它重新在子网内巡回游动，以被其他终端使用。

7.4.4　拥塞控制方法

已经有大量用于分组交换网络拥塞控制的控制机制，常用的有如下几种：

(1) 从拥塞的节点向一些或所有的源节点发送一个控制分组。这种分组所具有的作用是停止或延缓源节点传输分组的速率,从而限制网络中的分组总数量。这种方法的缺点是会在拥塞期间向网络增添额外的通信量。

(2) 依据路由选择信息。有些路由选择算法可以向其他节点提供链路的时延信息,它会影响路由选择的结果。这个信息也可以用来影响新分组产生的速率,以此进行拥塞控制。这种方法的缺点是不能迅速调整全网的拥塞现象。

(3) 利用端对端的探测分组。此类分组具有一个时间戳,可用于测量两个端点之间的时延,利用时延信息来控制拥塞。这种过程的缺点也增加了网络的开销。

(4) 允许节点在分组经过时在分组上添加拥塞信息,它有两种方法:

① 反向拥塞指示:节点在与拥塞方向反向的分组上添加此类信息,这个信息会很快到达源节点。这样源节点就可以减少网络中的分组流。

② 正向拥塞指示:节点在向着拥塞方向前进的分组上添加此类信息。目的节点在收到这个分组时,或者请求源节点调整其负荷,或者通过反方向发送的分组(或应答)向源节点返回这个信号。

7.5 ChinaPAC 网

ChinaPAC 网即中国公用分组交换数据网,给用户提供分组交换业务。ChinaPAC 网络目前已覆盖到全国所有县以上城市及部分发达的乡镇,用户可以就近以专线方式或电话拨号方式入网。ChinaPAC 已为中国外汇交易中心计算机网络、交通银行管理信息系统、中国人民银行证券磁卡网络等提供了分组交换网络平台。

7.5.1 ChinaPAC 网简介

1. ChinaPAC 网的结构

ChinaPAC 网根据业务流量、流向、行政区域管理和运营管理等因素,可将全网分为三级,即国家骨干网、省级网和本地网。

1) 国家骨干网

国家骨干网采用加拿大北方电信的 DPN-100 设备,由设置在各省、自治区和直辖市的 32 个骨干网节点组成,根据业务的分布、流量、流向等因素,选定北京、上海、沈阳、武汉、成都、西安、广州、南京为骨干汇接节点。骨干汇接节点之间采用完全网状结构相连,其他骨干节点采用不完全网状结构相连。一般情况下,每个骨干节点应至少与两个其他骨干节点相连,其中至少与一个骨干汇接节点相连。另外,设北京、上海为国际出入口局,广州为港澳出入口局。

ChinaPAC 骨干网于 1993 年 9 月建成,网络采用集中式管理,网管中心设在北京的一个分组交换中心内。

国家骨干网节点负责其所属的省级网节点的业务汇接,以及转接骨干节点之间的业务。其中骨干汇接节点还负责汇接从属于它的各省的骨干节点的业务,骨干网节点一般不直接提供用户接入服务。

ChinaPAC 骨干网可与法国、美国、日本、韩国、香港等国家和地区的公用分组网直接相连，并可通达近 40 个国家和地区。

2) 省级网

省级网由设置在各省、自治区和直辖市内的省内节点组成，节点的数量和设置地点需根据网络结构和业务组织管理的需要来确定。在省内，也可以根据需要选定适当的节点作为省内汇接节点，各节点之间采用不完全网状结构，其他节点与省内汇接节点相连，每个省内节点应至少与两个其他节点相连，省内节点与骨干网节点之间的电路段一般不超过两个。

省级网节点负责其所属的本地网节点的业务汇接，以及转接省内各节点之间的业务。在没有组建本地网的地方，省级网节点还负责用户的业务接入。

3) 本地网

在省内一些发达的城市和地区可以组建本地网。本地网由本地节点组成，负责所在区域的数据用户的业务接入，完成本地交换功能。

2. ChinaPAC 网的业务

ChinaPAC 网可以给用户提供基本业务、用户任选业务，以及一些新业务和基于该网络上的增值业务。

1) 基本业务

基本业务指网络向所有用户提供的基本业务，其中有交换虚电路业务(SVC)和永久虚电路业务(PVC)两种。

2) 任选用户业务

ChinaPAC 网除提供上述基本业务外，还可提供多种任选的用户业务，这些任选用户业务是执行基本业务操作时所附加的业务。它是根据用户要求提供的，不同用户可以选择不同的功能。任选的用户业务可包括出呼叫禁止、入呼叫禁止、闭合用户群、反向计费认可、呼叫转移等业务。

3. 网络编号

ChinaPAC 编号计划采用 ITU-T X.121 建议，分组网编号位长最多为 15 位，其格式如图 7.21 所示。

$$X_0 \ X_1 \ X_2 \ X_3 \ X_4 \ X_5 \ X_6 \ X_7 \ X_8 \ X_9 \ X_{10} \ X_{11} \ X_{12} \ X_{13} \ X_{14}$$

前缀　　国家代码　　网号　　用户号码　　子地址号

图 7.21　公用分组交换网的号码组成

其中 X_0 是呼叫前缀，国际呼叫时我国采用 0。$X_1X_2X_3$ 用于识别各个国家或地区，称为国家代码，我国为 460。X_4 用于识别国内的各个网络，称为网号，其中 $X_4=3$ 表示 ChinaPAC 网。$X_5X_6X_7X_8X_9X_{10}X_{11}X_{12}$ 为网内公用分组网的用户号码，统一采用 8 位等位编号。无论本地呼叫或国内长途呼叫，用户号码均由 8 位十进制数字组成，其中，X_5X_6 表示公用分组网的编号区；$X_7X_8/ X_7X_8X_9$ 表示同一编号区所属的节点交换机号；$X_9X_{10}X_{11}X_{12} / X_{10}X_{11}X_{12}$ 表示每个节点交换机的端口号。$X_{13} X_{14}$ 是子地址号，作为 DTE 内部的进一步寻址使用，公用分组网上节点交换机等设备对用户的子地址不做识别和处理，只进行透明传输。

7.5.2　ChinaPac 网与 PSTN 的互连

众所周知，电话网是目前世界上普及率最高的网络，因此，出于经济和安装方面的考虑，多数数据终端经电话网接入分组网。电话网和分组网的互连比较简单，应用也最普及。在互连时，电话网把分组网特定的一些端口作为它的用户，并分配给它们电话号码。用户要利用调制解调器通过电话网接入分组网。

如前面所介绍的，电话网采用的编号方案按 ITU-T E.164 建议标准，而公用分组网的编号方案按 ITU-T X.121 建议标准操作。二者编号不同，网内的控制信令也不一样，故两网互连时需要进行地址和信令转换，验证 DTE 身份号码和完成计费功能。

1．非分组型终端(NPT)接入

非分组型终端(NPT)接入电话网时采用 X.28 协议，如图 7.22 所示。

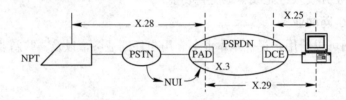

图 7.22　非分组终端经电话网接入公用分组交换网

连接电话网的数据用户呼叫分组网的用户时，需要进行两次呼叫，如图 7.23 所示。首先，主叫 DTE 经电话网呼叫分组网时，先呼叫分组网连接在电话网指定端口(Modem)的电话网号码，若接通了，分组网会自动向用户的数据终端发送网络接通提示，若未接通，电话网送出忙音。在得到接通响应后，再呼叫被叫用户，并向网络(这里即为 PAD)提供"网络用户识别符 NUI"，这是用户向网络申请服务时分配给用户终端的"口令"。网络验证 NUI为合法后送出呼叫请求分组，建立虚电路，并在接通时开始计费。

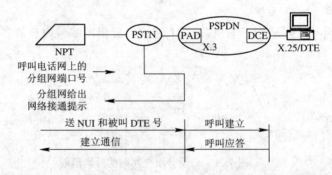

图 7.23　NPT 经电话网呼叫分组网用户时的呼叫建立过程

2．分组终端(PT)接入

分组终端接入分组网时，按照 ITU-T X.32 建议标准进行操作，如图 7.24 所示。

PT 经电话网呼叫分组网的用户时，接入过程与非分组终端(NPT)类似，但不再需要PAD，而是直接由交换机进行操作(包括对被叫的呼叫和主叫的身份验证)。一旦完成了终端到分组网的连接，终端和网络之间就按照 X.25 协议工作，建立虚电路，并进行数据的传输。

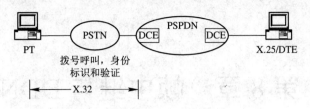

图 7.24 分组终端经电话网接入公用分组交换网

思 考 题

1. 统计时分复用和同步时分复用的区别是什么？哪个更适合于进行数据通信？为什么？

2. 试从优点、缺点、适用场合等方面比较虚电路和数据报方式。

3. 什么是逻辑信道？什么是虚电路？二者有何区别与联系？

4. 比较电路交换中的电路和分组交换中的虚电路的不同点。

5. PAD 的功能是什么？分组终端接入分组网时需要 PAD 吗？

6. SVC 是如何建立的？PVC 又是如何建立的？

7. 为什么说 X.25 现在有些过时？请从 X.25 的背景、设计思路、发展、优缺点等几方面进行分析。

8. LAPB 帧分为哪几种类型？各自的作用是什么？

9. LAPB 帧中的 N(S)、N(R) 起什么作用？举例说明二者在帧传输时的控制作用。

10. 假设无流量控制，某时刻发送端的 N(S) 计数器的值为 2，发送端给接收端发送了 6 个 I 帧，如果第 6 个 I 帧的 P 位置 1，则从接收点返回的 N(R) 计数器值为多少？

11. Modem 是 DTE 还是 DCE？

12. 虚电路方式下数据分组中是否含有目的地址？这样有什么优点？

13. 流量控制的目的是什么？流量控制有几个层次？

14. 分组网中常用的流量控制和拥塞控制方法有哪些？

15. 在 X.25 的分组级有哪两种差错恢复过程？二者有什么区别？

16. 分组集中器完成什么功能？

17. 利用统计时分复用技术，单独一个用户所用的最大传输速率是多少？

第 8 章　帧中继与 DDN

帧中继是分组交换网的升级换代技术,与 X.25 协议相比,帧中继仅完成物理层和数据链路层的功能,不再进行逐段流量控制和差错控制,大大提高了网络传输效率。DDN 是利用数字信道传输数据信号的数据传输网,DDN 与帧中继一样,用于高速数据传递和网络互连,不同之处在于,帧中继是基于分组交换的高速网络的互连技术,DDN 是基于电路交换的高速网络的互连技术。本章主要介绍帧中继、DDN 的工作原理、组网技术,以及如何进行网络互连等内容。

8.1　帧中继技术

8.1.1　帧中继技术的发展背景

由于分组交换技术在降低通信成本、提高通信的可靠性和灵活性方面的巨大成功,促使 20 世纪 70 年代中期以后的数据通信网几乎全部采用这一技术。随着技术的进步,分组交换网的性能也在不断提高,数据分组通过交换机的传输时延从几百毫秒减少到几毫秒。但随着 ISDN 的提出,人们对数据通信的速率及实时性提出了更高的要求,而原有的建立在模拟通信网上的分组交换网能力几乎已达到极限,因此,人们又研究新的分组交换技术以适应新的传输和交换的要求。

20 世纪 80 年代以来,数字通信、光纤通信以及计算机技术取得了飞速的发展,计算机终端的智能化和处理能力不断提高,使得端系统完全有能力完成原来由分组网络所完成的功能。例如,端系统可以进行差错纠正等。此外,分布在不同地域的局域网(LAN)之间的互连成为实际的需要。针对这些问题以及高性能光纤传输媒体的大量使用的事实,提出了新的快速分组传输处理技术——帧中继。

帧中继设计思想非常简单,将 X.25 协议规定的网络节点之间、网络节点和用户设备之间每段链路上的数据差错重传控制推到网络边缘的终端来执行,网络只进行差错检查,从而简化了节点机之间的处理过程。

8.1.2　帧中继的参考模型

以 X.25 为代表的分组数据转发从源点到终点的每一步都要进行大量的处理,在每一节点都要对数据信息进行存储和处理,建立帧头、帧尾,并检查数据信息是否有误码。与 X.25 相反,帧中继只使用物理层和数据链路层的一部分执行它的交换功能。图 8.1 为开放系统互连(OSI)、电路交换方式(TDM)、X.25 和帧中继协议参考模型的示意图。从图 8.1 中可以看到,采用 TDM 技术的电路交换方式仅完成物理层的功能,而 X.25 协议完成低三层的功能。

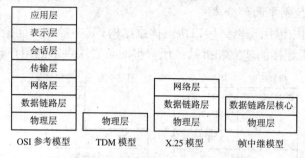

图 8.1　协议参考模型比较示意图

8.1.3　帧中继技术的特点

这里只介绍与 X.25 相比帧中继具有的特点，具体如下。

1) 数据传送阶段协议大为简化

X.25 协议包括 OSI 模型的低三层，其数据传送单元为分组，分组的寻址和选路由第三层通过逻辑信道号(LCN)完成。帧中继协议只包含 OSI 模型的最低二层，而且第二层只保留其核心功能，称为数据链路核心协议。其传送数据单元为帧，帧的寻址和选路由第二层通过数据链路连接标识(DLCI)完成。

图 8.2(a)、(b)分别示出 X.25 和帧中继的分层协议功能。由图可见，X.25 交换沿着分组传输路径，每段都有严格的差错控制机制，网络协议处理负担很重，而且为了重发差错，发送出去的分组在尚未证实之前必须在节点中暂存。帧中继则十分简单，各节点无须差错处理功能，数据帧发送后无须保存。

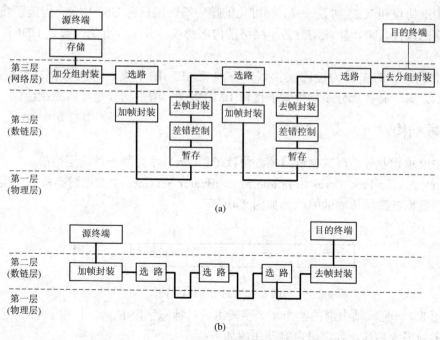

图 8.2　X.25 和帧中继的分层协议功能

(a) X.25 的分层协议功能；(b) 帧中继的分层协议功能

2) 用户平面和控制平面的分离

图 8.3 所示为帧中继用户网络接口协议体系结构。其中控制平面指的是信令的处理和传送，该信令用于逻辑连接的建立和拆除；用户平面负责端到端的用户数据传送。

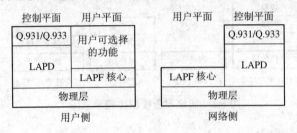

图 8.3　帧中继用户网络接口协议体系结构

控制平面：用于帧方式承载业务的控制平面类似于电路交换中的共路信令，其中控制信息使用的是独立的逻辑通道。在数据链路层，使用具有差错控制和流量控制的 LAPD 协议，通过 D 通道提供用户和网络之间的可靠数据链路控制服务。这种数据链路业务用于 Q.933 控制信令信息的交换。

用户平面：用于端用户之间信息传输的用户平面协议是 LAPF，其中帧中继只使用了它的核心功能，在用户之间提供了单纯的数据链路层的帧传输服务(没有差错控制和流量控制)。

8.2　帧中继协议

帧中继协议和 X.25 协议一样，标准化的帧中继协议只是 UNI 协议，规定了帧中继终端接入网络的规程。NNI 协议均为各个网络的内部协议，并未标准化，都是 UNI 协议的某种变形。

帧中继协议的主体为链路层协议，它是 LAPF 的子集，称为数据链路层核心协议 (DL-core)。另一必备部分是本地管理接口(LMI)协议，增强部分是呼叫控制协议。

8.2.1　帧结构

帧中继承载业务使用数据链路核心协议(DL-core) 作为数据链路层协议，并透明地传递 LAPF(Link Access Procedures to Frame Mode Bearer Services)中数据链路核心子层的用户数据。它在数据链路层传输的帧结构如图 8.4 所示。

标志	地址	信息帧	校验序列	标志
F	A	I	FCS	F

图 8.4　帧中继的帧结构图

从图 8.4 可见，帧中继的帧由 4 个字段组成：标志字段 F、地址字段 A、信息字段 I 和帧校验序列字段 FCS。各字段内容及作用如下：

(1) 标志字段 F 是一个特殊的比特组 01111110，它的作用是标志一帧的开始和结束。

(2) 地址字段 A 的主要用途是标识同一通路上的不同数据链路的连接。它的长度默认为

2 字节，可以扩展到 3 或 4 字节。其格式如图 8.5 所示。在地址字段里通常包含地址字段扩展比特 EA、命令/响应指示比特 C/R、帧丢弃指示比特 DE、前向显式拥塞通知比特 FECN、后向显式拥塞通知比特 BECN、数据链路连接标识符 DLCI，以及 DLCI 扩展/控制指示比特 D/C。

　　(3) 信息字段 I 包含的是用户数据，可以是任意的比特序列，其长度必须是整数个字节。

　　(4) 帧校验序列 FCS 字段是一个 16 bit 的序列，用以检测数据传输过程中的差错。

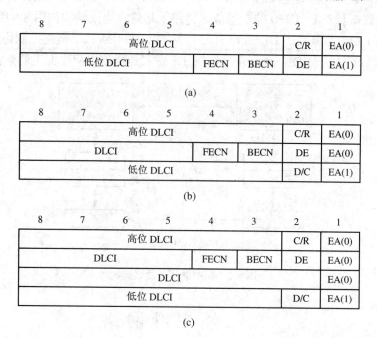

图 8.5　帧中继地址字段格式

(a) 2 字节地址字段；(b) 3 字节地址字段；(c) 4 字节地址字段

　　帧中继的帧结构和 HDLC 帧有两点重要的不同：一是，帧不带序号，其原因是帧中继不要求接收证实，也就没有链路层的纠错和流量控制功能；二是，没有监视(S)帧，因为帧中继的控制信令使用专用通道(DLCI=0)传送。

8.2.2　帧中继相关协议

1．DL-core 协议功能

DL-core 协议用以支持帧中继数据传送，其功能十分简单。主要包括：

① 帧定界、定位和透明传送；

② 利用 DLCI 进行帧复用和分路；

③ 检验帧不超长、不过短，且为 8 bit 的整数倍；

④ 利用 FCS 检错，如发现有错，则丢弃；

⑤ 利用 FECN 和 BECN 通知被叫用户和主叫用户网络发生拥塞；

⑥ 利用 DE 位实现帧优先级控制。

2．LMI 管理协议

帧中继为计算机用户提供高速数据通道，因此帧中继网提供的多为 PVC 连接。任何一对用户之间的虚电路连接都是由网络管理功能预先定义的，如果数据链路出现故障，LMI 管理协议负责将故障状态的变化及 PVC 的调整通知用户。

3．呼叫控制协议

呼叫控制协议的功能是建立和释放 SVC。SVC 呼叫控制协议和 LMI 管理协议均属高层信令协议。协议消息在 DLCI=0 的专用信令链路上传送，协议结构如图 8.6 所示。其中数据链路层协议为 LAPF，即除了 DL-core 外还包括 DL-control(数字链路控制协议)。在帧中继网络边缘的端系统才会有 DL-control 实体，用来建立和释放用户平面上的数据链路层连接。

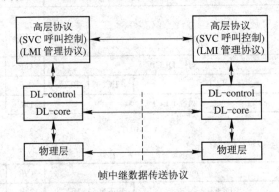

图 8.6　帧中继信令协议结构

8.3　帧　中　继　网　络

8.3.1　网络组成

帧中继网根据网络的运营、管理和地理区域等因素可分为三层：国家骨干网、省内网和本地网，网络组织如图 8.7 所示。

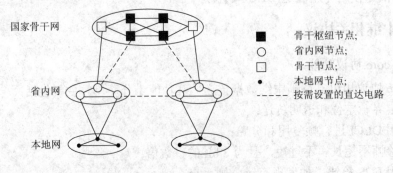

图 8.7　帧中继网络组织

1．国家骨干网

国家骨干网由各省省会城市、直辖市的节点组成，覆盖全国共 31 个节点。目前采用不完全网状结构，随着业务的不断发展及线路情况的改善，国家骨干网的结构可逐渐过渡为完全网状结构。

国家骨干网提供国内长途电路和国际电路，其节点应具备以下主要功能：

(1) 汇接功能；

(2) 帧中继 PVC 业务功能；

(3) 网络间接口(NNI)功能；

(4) 动态分配带宽功能；

(5) 拥塞管理功能。

2．省内网

省内网由设置在省内地市的节点组成，节点之间采用不完全网状连接。

省内网提供省内长途电路和出入省的电路。省内网节点负责汇接从属于它的本地网的业务，转接省内节点间的业务，同时可提供用户接入业务，其主要功能如下：

(1) 汇接功能；

(2) 帧中继 PVC 业务功能；

(3) 用户网络接口功能；

(4) 动态分配带宽的功能；

(5) 拥塞管理功能。

3．本地网

在省内城市、地区、县等可根据需求组建本地网，由本地的节点采用不完全网状连接。本地网负责转接本地网节点间的业务，提供用户接入业务，其节点功能与省内网节点功能一样。

8.3.2　帧中继的网络管理

帧中继的网络管理可分为带宽管理、PVC 管理和拥塞管理等。

1) 带宽管理

因为帧中继实现了带宽资源的动态分配，在某些用户不传送数据时，允许其他用户占用其带宽，所以必须对全网的带宽进行控制和管理。帧中继网络通过为用户分配带宽控制参数(如网络与用户约定的用户信息传送速率 CIR 等)，对每条虚电路上传送的用户信息进行监视和控制，实施带宽管理，合理地利用带宽资源。

2) PVC 管理

永久虚电路(PVC)管理指在接口间交换一些询问和状态信息帧，以使双方了解对方的 PVC 状态情况。PVC 管理包括用于用户网络接口(UNI)的 PVC 管理协议和用于网络间接口(NNI)的 PVC 管理协议。其主要内容有接口是否依然有效、各 PVC 当前的状态和 PVC 的增加或删除等。

3) 拥塞管理

由于帧中继网络节点机不进行流量控制，当输入的数据业务量超过网络负荷时，网络会发生拥塞。造成的后果是大量用户信息得不到及时处理，甚至被丢失，而且网络的吞吐量下降，用户信息传输时延加长。因此帧中继网络要进行拥塞管理，具体措施如下：

(1) 拥塞控制策略。在网络发生轻微拥塞的情况下，为防止网络性能的进一步恶化，使网络恢复正常运行状态，而采取拥塞控制，包括终点控制和源点控制。

① 终点控制策略：网络中节点机将前向传送帧的 FECN 比特置"1"，以传送拥塞通知，虚电路终点的用户终端应采取相应措施，以缓解拥塞状态。

② 源点控制策略：网络中节点机将后向传送的帧的 BECN 比特置"1"进行传送，以通知其他节点机直至虚电路源点用户终端，使其降低信息传送速率，以缓解拥塞状态。

(2) 拥塞恢复策略。拥塞恢复策略是指在网络发生严重拥塞的情况下，为减少数据流量，以减轻拥塞，使网络恢复到正常状态的策略。网络内节点机除采用源点或终点控制策略发出拥塞通知外，还要将 DE 比特置"1"的帧丢弃。

(3) 终端拥塞管理。终端拥塞管理是指用户终端在接收到拥塞通知后，降低其数据信息以提交速率的管理。这样在减轻网络负荷的同时，也可以减少自己在传送的信息中因拥塞而造成的帧丢失，从而提高了信息的传输效率。

下面重点讨论拥塞控制策略。

1) 帧中继拥塞控制的目标与方法

ITU-T 的建议书 I.370 定义的帧中继的拥塞控制的目标如下：

(1) 使帧的丢弃最少；

(2) 以高的概率和小的方差维持一个商定的服务质量；

(3) 在各个用户之间公平地分配网络资源；

(4) 限制拥塞向其他网络和这些网络中的元素扩散的速率；

(5) 对帧中继网络中其他系统的交互和影响最小；

(6) 在发生拥塞时，对每一条帧中继连接来说，服务质量的变化应最小。例如，在发生拥塞时，个别的逻辑连接服务质量不应突然变坏。

拥塞控制对于帧中继特别重要，因为帧处理模块能使用的工具是非常有限的。由于帧中继协议着眼于尽量提高网络的吞吐量和效率，因此，帧处理模块就无法控制从用户或从相邻的帧处理模块发来的帧，也不能使用典型的滑动窗口技术进行流量控制。

拥塞控制实际上是通过网络和用户共同负责来实现的。网络可以非常清楚地监视全网的拥塞程度，而用户则在限制通信方面是最有效的。

帧中继使用的拥塞控制方法有以下三种：

(1) 丢弃策略：当网络足够拥塞时，网络就要被迫将帧丢弃。这是网络对拥塞的最基本的响应。但在操作时应当对所有用户都是公平的。

(2) 拥塞避免：在刚一出现轻微的拥塞迹象时可采取拥塞避免的方法。这时，帧中继网络应当有一些信令机制及时地使拥塞避免过程开始工作。

(3) 拥塞恢复：在已经出现拥塞时，拥塞恢复过程可以阻止网络的彻底崩溃。当网络由于拥塞开始将帧丢弃时(这是高层软件应当能够发现的问题)，拥塞恢复过程就开始工作。

2) 拥塞控制参数

为了进行拥塞控制，帧中继采用了许诺的信息速率(CIR：Committed Information Rate)，其单位为 b/s。CIR 就是对一个特定的帧中继连接网络同意支持的信息传递速率。只要数据传输速率超过了 CIR，在网络出现拥塞时就会遭受帧的丢弃。虽然使用了"许诺的"这一名词，但当数据传输速率不超过 CIR 时，网络并不保证一定不发生帧的丢弃；当网络拥塞已经非常严重时，网络可以对某个连接只提供比 CIR 还差的服务；当网络必须将一些帧丢弃时，网络首先选择超过 CIR 值的那些连接上的帧来丢弃。

每一个帧中继的节点都应当使通过该节点的所有连接的 CIR 总和不超过该节点的容量，即不能超过该节点的接入速率(Access Rate)。接入速率是在用户与网络接口上实际的数据率。

对于帧中继的 PVC 连接，每一个连接的 CIR 应在连接建立时即确定下来。对于 SVC 连接，CIR 的参数应在呼叫建立阶段协商确定。

当拥塞发生时，应当丢弃什么样的帧呢？这就要检查一个帧的丢弃指示 DE 字段。若数据的发送速率超过 CIR，则节点的帧处理模块就将收到的帧的 DE 字段置 1，并转发该帧。这样的帧，可能会通过网络，但也可能在网络发生拥塞时被丢弃。数据是否要被丢弃，需看数据速率的大小，具体如下：

(1) 若数据速率小于 CIR，则在一般情况下传输是有保证的。

(2) 若数据速率大于 CIR，但小于所设定的最高速率，则在可能的情况下进行传送。

(3) 若数据速率大于所设定的最高速率，则立即丢弃。

实际上，帧处理模块是在一定时间间隔内对连接上的通信量进行测量的。因此还涉及另外两个参数，即许诺的突发量和附加突发量。

(1) 许诺的突发量(B_c: Committed Burst size)：在正常情况下，在测量时间间隔 T 内，网络允许传送数据的最大限量。数据可以是连续的，也可以是不连续的。

(2) 附加突发量(B_e: Excess Burst Size)：在正常情况下，在测量时间间隔 T 内，在许诺的突发量(B_c)的基础上，网络试图再额外传送数据的最大限量。显然，这种数据交付的概率比在允许突发量以内的数据交付的概率要小。

显然，许诺的突发量(B_c)应等于时间间隔 T 乘以许诺的信息速率 CIR，即 $B_c = T \times CIR$。

图 8.8 是根据 ITU-T 的 I.370 画出的关于以上几个参数的关系。粗的实线表示在 t=0 以后，在一个给定的连接上累计的传送比特数。标有"接入速率"的虚线表示包含着一连接的信道上的数据率。标有 CIR 的虚线表示在测量时间间隔内的许诺的信息速率。我们可以注意到，当一个帧正在发送时，由于整个信道都用来传送这个帧，因此，实线与接入速率线平行。当没有帧发送时，实线是水平的。

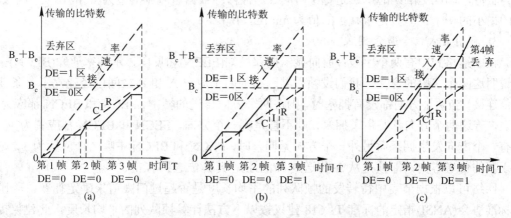

图 8.8 拥塞参数的关系

(a) 所有帧的 DE 比特均为 0；(b) 一个帧的 DE 比特均为 1；

(c) 一个帧的 DE 比特均为 1，一个帧必须丢弃

图 8.8(a)的例子是发送的 3 个帧的总比特数在许诺的突发量 B_c 以下，因此 3 个帧的丢弃指示 DE 都是零。虽然在第一帧发送的过程中实际的发送速率暂时超过了 CIR，但这并没有什么影响，因为帧处理模块是检查在整个时间间隔内总的累计数据量是否超过了许诺的突发量 B_c。对于图 8.8(b)的例子，第三帧在发送的过程中累计数据量超过了 B_c。因此帧处理模块就将次帧的 DE 比特置 1。对于图 8.8(c)的例子，第三帧的 DE 比特应置 1，而第四帧应丢弃。

上述概念实际上就是著名的漏桶算法的一个例子，其要点如图 8.9 所示。数据到达一个节点相当于数据不断地流入桶内。数据从节点转发出去相当于数据不断地从漏桶下面的漏孔流出。漏桶有以下三个重要参数：

(1) 参数 C 表示桶内不断变化着的数据量。

(2) 参数 B_c 是许诺的突发量。当桶内的数据量 C 小于 B_c 时，帧处理模块按正常方式转发所收到的帧，并且帧的 DE 比特为零。

(3) 参数 B_e 是附加突发量。桶内的数据量不允许超过极限值 $B_c + B_e$。若超过就要溢出(即将帧丢弃)。

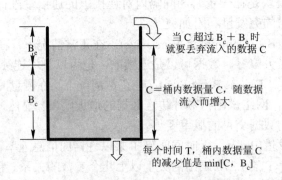

图 8.9　漏桶算法示例

当数据量在 B_c 至 $B_c + B_e$ 之间时，就要将帧的 DE 比特位置 1。若桶内有足够多的数据量，则每个时间 T 数据将不断地被转发，桶内的数据量就减少 B_c。但由于桶内的数据量不能为负值，因此更准确的说法是每个时间 T，桶内的数据量减少的值为 C 和 B_c 这两个数之中的最小的一个，即数据量减少的值为 $min[C, B_c]$。

3) 利用显式信令避免拥塞

帧中继格式中有两个字段：前向显示拥塞通知(FECN)和反向显示拥塞通知(BECN)。为了说明这两个字段的含义，我们设帧中继网络的两个用户 A 和 B 之间已经建立了一条双向通信连接。当两个方向都没有拥塞时，则在两个方向传送的帧中，FECN 和 BECN 都应为 0。反之，若这两个方向都发生了拥塞，则不管是哪一个方向，FECN 和 BECN 都应置为 1。当只有一个方向发生拥塞而另外一个方向无拥塞时，FECN 和 BECN 中哪一个应置为 1，则取决于帧的传送方向，即帧是从 A 传送到 B 的还是从 B 传送到 A 的。

网络可以根据节点中待转发的帧队列的平均长度是否超过门限值来确定拥塞。美国国家标准协会(ANSI)指定的标准 T1.618 建议按以下方法计算帧队列的平均长度。此建议提出当队列从空变为非空的时刻即为一个周期的开始。从一个周期的开始到队列再次从空变为非空时就是本周期的结束和下一个周期的开始。一连计算两个周期的帧队列长度平均值才能判断网络是否出现了拥塞。需要连续计算两个周期是因为偶然出现的队列过长不一定会导致网络拥塞的发生。

用户也可以根据收到的显示拥塞通知采取相应的措施。当收到 BECN 时，处理方法比较简单。用户只要降低数据发送的速率即可。但当用户收到一个 FECN 时，情况就较复杂，因为这需要用户通知这个连续的对等用户来减少帧的流量。帧中继协议所使用的核心功能并不支持这样的通知，因此需要在高层来进行相应的处理。

4) 利用隐式信令避免拥塞

当网络丢弃帧时就产生了隐式信令。这种情况由端用户用更高层的端到端协议进行检测。一旦检测出帧丢失，端用户的软件就可以判断出在网络中的拥塞发生了。

当检测到网络发生拥塞时，就用流量控制使网络从拥塞中恢复过来。LAPF 建议用户使用改变流量控制窗口大小的机制来响应这种隐式信令。我们设窗口可以在 W_{min} 和 W_{max} 之间改变，并且初始值设置为 W_{max}。我们希望当拥塞发生时就逐步减少窗口，这样就可以逐渐减少网络中所传送的帧。

LAPF 推荐使用下面的自适应策略：

当出现拥塞时，就将流量控制窗口 W 减半。当然窗口值必须不小于 W_{min}。因此应将窗口值设置为 $max[0.5W，W_{max}]$。

当一连有 W 个帧都成功地通过网络传输时，就要逐渐将窗口增大，即将窗口值设置为 $min[W+1，W_{max}]$。

实践证明，上述方法在很多情况下是很有效的。

8.4 数字数据网

以 X.25 建议为核心的分组交换数据网，为数据用户提供交换虚电路和永久虚电路数据业务。但是分组交换方式也受到自身技术特点的制约，节点机对所传送信息的存储转发和通信协议的处理，使得分组交换网处理速度慢，网络时延大，许多需要高速、实时数据通信业务的用户无法得到满意的服务。

在市场需求的推动下，介于永久性连接和交换式连接之间的半永久性连接方式的数字数据网(DDN：Digital Data Network)作为一种数据通信应用技术的分支逐渐发展起来。DDN 技术把数据通信技术、数字通信技术、计算机技术、光纤通信技术、数字交叉连接技术等有机地结合在一起，形成了一个新的技术整体，应用范围从最初的单纯提供数据通信服务，逐渐拓宽到支持多种业务网和增值网。

DDN 是利用数字信道来传输数据信号的数据传输网，因此，DDN 的实现前提是通信网的数字化，其数字传输技术的范围不仅在局间中继或长途干线上，而且还包括数据终端与数据终端之间。

DDN 具有以下特点：

(1) DDN 是同步数据传输网，传输质量高，传输误码率可达 10^{-11}。

(2) 传输速率高，网络时延小。由于 DDN 采用了同步传送模式的数字时分复用技术，用户数据信息根据事先约定的协议，在固定的时隙以预先设定的通道带宽和速率顺序地传输。这样只需按时隙识别通道就可以准确地将数据信息送到目的终端。由于信息是顺序到达目的终端的，因而免去了目的终端对信息的重组，减少了时延。

(3) DDN 为全透明网。DDN 是任何规程都可以支持、不受约束的全透明传输网，可支持数据、图像、话音等多种业务。

(4) 网络运行管理简便。DDN 将检错、纠错等功能放到智能化程度较高的终端来完成，因而简化了网络运行管理和监控的内容，这样也为用户参与网络管理创造了条件。

(5) DDN 对数据终端设备的数据传输速率没有特殊的要求，而且可以根据用户的需要对数据速率和信道带宽进行灵活设置。

8.4.1　DDN 网络组成结构

DDN 网由本地接入系统、复用及交叉连接系统、局间传输系统、网同步系统和网络管理系统等五部分组成，如图 8.10 所示。

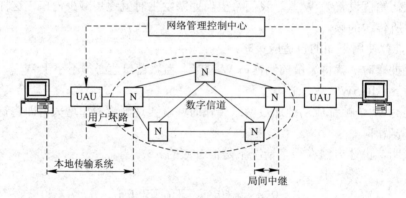

N−DDN 节点；UAU−用户接入单元；DTE−数据终端设备

图 8.10　DDN 网络组成结构示意图

1) 本地接入系统

本地接入系统由用户设备、用户线和用户接入单元 UAU 组成，其中把用户线和用户接入单元称为用户环路。

(1) 用户设备：用户设备发出的信号是用户的原始信号，可以是脉冲形式的数据信号、音频形式的话音和传真信号、数字形式的数据信号等。它们共同特点是适合于在用户设备中处理，而不适合在用户线上传输。常用的用户设备有数据终端设备(DTE：Data Terminal Equipment)、个人计算机、工作站、窄带话音和数据多路复用器、可视电话机等。

(2) 用户线：一般的市话用户使用的电缆或光缆。

(3) 用户接入单元：用于把用户端送入的原始信号转换成适合在用户线上传输的信号形式(如频带信号或基带信号等)，并在可能的情况下，将几个用户设备的信号放在一对用户线上传输，以实现多路复用。然后由局端的相应设备或接口电路把它们还原成几个用户设备的信号或系统所要求的信号方式，再输入到节点进行下一步传输。网络接入单元可以是数据服务单元、信道服务单元和数据电路终端设备(DCE：Data circuit Equipment⋯如频带或基带调制解调器)。

2) 复用及交叉连接系统

复用就是把多路信号集合在一起，共同占用一个物理传输介质，典型的复用方式有频分复用(FDM)和时分复用(TDM)。

数字交叉连接系统(DCS：Digitak Cross-Connect System)用于通信线路的交叉、调度及管理。它由同步电路、交叉连接、微机处理三个单元组成。

(1) 同步电路：为网络提供精确的定时信号，用于进行时隙校准。

(2) 交叉连接：负责完成时隙的交叉连接，如在 DDN 节点中的 2.048 Mb/s PCM 信号复用帧，各路来去的数字流以 64 kb/s 为单元进行交叉连接，如图 8.11 所示。

(3) 微机处理：用于管理内部和外部操作。主要功能是维持操作系统，处理输入的命令和内部中断，监测内部出错及告警信号并做出反应，以及执行时隙交叉并监视系统是否正常工作。

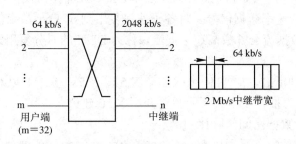

图 8.11　数字交叉连接

DCS 采用单级时隙交换结构，由于没有中间交换环节，因而就不存在中间阻塞路径，使得它对任何数量的 64 kb/s 线路的交叉不会阻塞。DCS 可在极短的时间内对 N×64 kb/s 和 2.048 Mb/s 线路进行交换，并可对任意通道进行测试。DCS 可提供端到端的最优连接，使通信网的规划及传输线路的使用效率更高。

3) 局间传输系统

局间传输是指节点间的数字信道以及由各节点通过与数字信道的各种连接方式组成的网络拓扑。局间传输的数字信道通常是指数字传输系统中的基群(2.048 Mb/s)信道。网络拓扑结构是根据网络中各节点的信息流量流向，并考虑了网络的安全而组建的。网络安全是指对网络中的任意节点来说，一旦与它相邻的节点相连接的一条数字信道发生故障或该相邻节点发生故障时，该节点会自动启用与另一节点相连的数字信道并进行迂回，以保证原通信的正常进行。

4) 网同步系统

网同步系统的任务是提供全网络设备工作的同步时钟，确保 DDN 全网设备的同步工作。

网同步分为准同步、主从同步和互同步三种方式。DDN 通常采用主从同步方式。

5) 网络管理系统

DDN 的网络管理包括用户接入管理、网络资源的调度、路由选择、网络状态的监控、网络故障的诊断、告警与处理、网络运行数据的收集与统计，以及计费信息的收集与报告等。

当网络规模很大时，如建立全国范围的公用 DDN，网络管理都采用分级管理方式，在主干网上设立集中的网管控制中心(NMC：Network Management Center)，负责主干网上的电路组织和调度。主干网上还可设若干网管控制终端(NMT：Network Management Terminal)。NMT 能与 NMC 交换网管控制信息，在授权范围内执行网管控制功能。各省内网可设有各自集中的 NMC，负责本省内网上的电路组织和调度，各省内网也可设立若干个 NMT，这些 NMT 也应能与省内 NMC 交换网管控制信息，在授权范围内执行网管控制功能。

8.4.2 DDN 的复用技术

DDN 中的复用包括子速率复用和 PCM 帧复用等，下面分别介绍这两种复用技术。

1. 子速率复用

在 DDN 中，速率小于 64 kb/s 时，称为子速率，如 DTE 输出的速率为 0.6 kb/s、2.4 kb/s、4.8 kb/s、9.6 kb/s 等低速率数据信号。将各子速率复用到 64 kb/s 数字信道上，称为子速率复用，也就是将低速数据流合并成高速数据流，称为 DDN 的时分复用。时分复用的方法有比特交织和字符交织。

子速率复用有多种标准，如 ITU-T X.50、X.51、X.58、R.111 以及 V.110 等，其中以 X.50 最为常用，X.58 为推荐使用。下面主要介绍 X.50 建议。

X.50 建议是同步数据网间国际接口 64 kb/s 的复用方案，它的特点采用以 8 bit 数据分组为单位的交织复用方法(即字符交织)。8 bit 分组的结构如图 8.12 所示。

每一个分组中，第一位 F 用于帧同步，第 2~7 位为用户数据信息，第 8 位 S 为传输联络信号的状态位。由此可见，

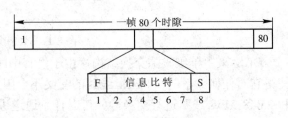

图 8.12　X.50 的 8 bit 分组结构

X.50 集合速率是 64 kb/s，其中 16 kb/s(64 K×(2/8))用于帧同步和业务信息，余下 48 kb/s 用于传输用户数据信息。

X.50 建议有两种帧结构：20 个分组(字节)为一帧和 80 个分组为一帧。20 或 80 个分组相互交织在 64 kb/s 的数字信道上传输。

X.50 建议的复用速率和路数见表 8.1。

表 8.1　X.50 复用速率和路数

用户数据速率/(kb/s)	分组封装后的速率(kb/s)	相同速率复用数
9.6	12.8	5
4.8	6.4	10
2.4	3.2	20
0.6	0.8	80

2. PCM 帧复用

PCM 帧复用就是将 64 kb/s 的零次群复用成一次群 2.048 Mb/s。按 ITU-T 建议，一个 E1 帧有 32 个信道，其中第 0 信道为同步信道，第 16 信道为信令信道，其余 30 个信道均可为数字数据信道、数字话音信道及任何比例组合的数字数据和话音信道。

8.4.3　DDN 的业务功能

由于 DDN 是全透明网，又有高的可靠性、高的信道利用率和小的时延，它可以支持多种业务服务，比如可视图文、电视会议、虚拟网等。

具体地说，DDN 的业务主要是 TDM 专用电路业务，在此基础上通过引入相应的服务模块(如帧中继服务模块、话音服务模块)可以提供网络增值业务。

1．专用电路业务

DDN 为公用电信网内部提供中高速率、高质量点到点和点到多点的数字专用电路和租用电路业务。它应用于信令网和分组网上的数字通道，提供中高速数据业务、会议电视业务、高速 Videotext 业务等。

DDN 提供的专用电路可以是永久性的，也可以是定时开放的。对要求高可靠性的用户，网上具有一定的备用电路，在网络故障时将优先自动切换到备用电路。

2．虚拟专用网(VPN：Virtual Private Network)业务

数据用户可以租用公用 DDN 网的部分网络资源构成自己的专用网，即虚拟专用网。用户能够使用自己的网管设备对租用的网络资源进行调度和管理。

3．帧中继业务

帧中继业务将不同长度的用户数据封装在一个较大的帧内，加上寻址和校验信息，其传输速率可达 2.048 Mb/s。

4．话音/G3 传真业务

话音/G3 传真业务是通过在用户入网处设置话音服务模块(VSM：Voice Service Module)来提供话音/G3 传真业务，如图 8.13 所示。

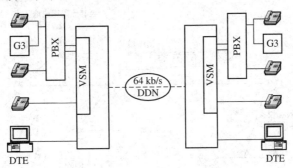

图 8.13　DDN 上的话音/G3 传真业务

VSM 的主要功能如下：

(1) 提供电话机和 PBX 小交换机连接的 2/4 线模拟接口；

(2) 话音压缩编码(如采用 ADPCM 或其他编码方式)，将每路话音信号复用在一条信道上。每路话音占用速率为 8 kb/s、16 kb/s、32 kb/s 等；

(3) 模拟接口的信令和复用信道上的信令间转换；

(4) 对每条话音压缩电路可能要附加传递信令信息的通路；

(5) G3 传真信号的识别和话音/G3 传真业务的倒换控制等。

4. 用户入网速率

用户入网速率及连接见表 8.2。

表 8.2　用户入网速率及连接

用户类别	用户入网速率(kb/s)	用户间连接
专线电路	2048 kb/s 子速率 2.4 kb/s、4.8 kb/s、9.6 kb/s、19.2 kb/s N×64 kb/s(N 从 1 到 31)	TDM 连接
帧中继	9.6 kb/s、14.4 kb/s、16 kb/s、19.2 kb/s、32 kb/s、48 kb/s N×64 kb/s(N 从 1 到 31)，2048 kb/s	PVC 连接
话音/G3 传真	附加信令信息的传输 8 kb/s、16 kb/s、32 kb/s	带信令传输能力的 TDM 连接

8.5　DDN 网络及应用

从各国发展 DDN 的情况来看，DDN 网络采用级数较少的分级结构较为合理。我国的
DDN 网络采用分级结构，按网络的组建、运营、管理和维护的责任地理区域，可分为国家
骨干网(一级干线网)、省内干线网(二级干线网)和本地网(用户网)三级，如图 8.14 所示。各
级网络应根据其网络规模和业务组织的需要，选用适当的节点类型，组建多功能层次的网
络：由 2M 节点组成核心层，主要完成转接功能；由接入节点组成接入层，主要完成各类业
务的接入；由用户节点组成用户层，完成用户入网接口。

不同等级的网络主要用 2.048 Mb/s 数字电路互连，也可以用 N×64 kb/s 数字电路
互连。

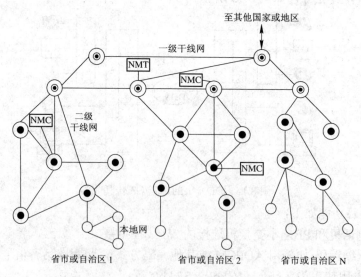

NMC — 网管控制中心；NMT — 网管控制终端；

◉ 一级干线网节点；　○ 本地网节点；　● 二级干线网节点

图 8.14　DDN 的网络分级结构

8.5.1　DDN 的网络结构

1．国家骨干网(一级干线网)

国家骨干网是省间网，由大中容量的节点和连接它们的数字电路组成。节点设置在各省，每个省可设置多个骨干网节点。数字电路主要为 2.048 Mb/s 的一次群电路，根据业务需要和电路情况，也可以用 8.448 Mb/s 的二次群电路，以及 34.368 Mb/s 的三次群电路。

国家骨干网上设有与其他数字网、其他国家或地区网络互连的节点。

国家骨干网上还设有一个或多个网管控制中心(NMC)，负责国家骨干网范围(包括国家骨干网和各省内网之间的数字电路)的电路组织调度。在其他骨干节点上，可酌情设置网管控制终端(NMT)，负责 NMC 授权范围内的网管控制功能。NMT 和 NMC 之间相互交换网管控制信息。

用户数据传输速率为 N×64 kb/s(N 从 1 到 31)的 TDM 电路连接的用户，以及帧中继 PVC 连接的用户，可以直接从骨干网节点上接入 DDN。

骨干网的核心层节点互联应遵照下列要求：

(1) 枢纽(大区中心)节点之间采用全网状连接；

(2) 非枢纽节点应至少与两个枢纽节点连接；

(3) 出入口节点之间、出入口节点与所有枢纽节点连接；

(4) 根据业务需要和电路情况，可在任意两个节点之间连接。

2．省内干线网(二级干线网)

省内干线网由设置在省内的节点组成，它提供本省内长途和出入省的 DDN 业务。二级干线网要设置核心层网络时，应设置枢纽节点，省内发达地区、县级城市可组建本地网。设有组建本地网的地、县级城市所设置的中小容量接入层节点或用户接入层节点可直接连接到一级干线网节点上或经二级干线网其他节点连接到一级干线网节点。

各省内网上设有一个各自的省内网网络管理控制中心(NMC)，负责本省网范围内的电路组织调度。在其他的省内网节点上，可酌情设置网管控制终端(NMT)，负责本省内 NMC 授权范围的网管控制功能。省内网上的电路组织调度，应满足不同类型和速率用户的要求。一个省内网上，其 NMT 和 NMC 之间能够交换网管控制信息。

DDN 上各类网管控制信息可利用 DDN 专线、分组交换网或电话网传输。

3．本地网(用户网)

本地网是指城市范围内的网络，在省会和地区级城市可组建本地网，为用户提供本地和长途 DDN 网络业务。本地网可由多层次的网络组成，其小容量节点可直接设置在用户室内。

8.5.2　DDN 的应用实例

DDN 可为用户提供高速、优质的数据传输通道，它的应用范围如下：

(1) 公用 DDN 电路；

(2) 为公用数据交换网、各种专用网、无线寻呼系统、可视图文系统、高速数据传真、会议电视、ISDN(2B+D 信道或 30B+D 信道)、邮政储汇计算机网络等提供中继或数据信道；

(3) 为帧中继、虚拟专用网、LAN，以及不同类型的网络互连提供网间连接；

(4) 利用 DDN 实现大用户(如银行)局域网连接；

(5) 提供租用线；

(6) 由于 DDN 独立于电话网，可使用 DDN 作为集中维护的传输手段。

下面以 DDN 在计算机通信网中的应用为例来介绍。

1. 用 DDN 进行局域网的互连

局域网可利用 DDN 进行互连，如图 8.15 所示。

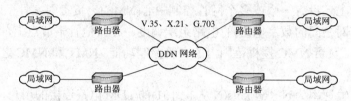

图 8.15 利用 DDN 进行局域网互连

由图可见，局域网可通过网桥或路由器接入 DDN，其互连接口采用 ITU-T G.703、V.35 或 V.21 标准。网桥的作用就是把局域网在链路层上进行协议的转换而使之互相连接起来。路由器具有互联网路由选择功能，通过路由选择转发不同子网的分组。通过路由器，DDN 可实现多个局域网互连。

2. 利用 DDN 信道组建计算机通信网

海关、金融、证券等行业可利用 DDN 信道组建自己的广域计算机通信网，用户接入 DDN 网有以下几种方式：

1) 通过调制解调器接入 DDN

用户终端通过调制解调器接入 DDN 的方式如图 8.16 所示。这种方式就是采用频带传输系统或者说利用模拟线路将用户终端接入 DDN，通常在用户终端距 DDN 的接入点比较远的情况下采用。

图 8.16 通过调制解调器接入 DDN

位于用户侧的调制解调器所支持的入网接口有 V.24、V.35、X.21 和 G.703 建议。

2) 通过复用设备接入 DDN

复用设备有两种：零次群复用设备和 DDN 提供的小型复用器。

(1) 通过零次群复用设备。零次群复用设备是通过子速率复用，将多个 2.4 kb/s、4.8 kb/s、9.6 kb/s 的数据速率复用成 64 kb/s 的数字流，然后经过一定的传输手段接入 DDN，如图 8.17 所示。其中子速率复用的格式主要为 X.50 复用格式。

(2) 通过 DDN 提供的小型复用器。用户终端通过 DDN 提供的小型复用器接入 DDN，这种方式的特点是：

① 具有灵活性。不仅可以支持 2.4 kb/s、4.8 kb/s、9.6 kb/s 的数据速率，而且还可以支持更高数据速率。

② 适用接口为 V.24、V.35 及 X.21 等。

③ DDN 对其所属的小型复用器具有检测、调度和管理能力。

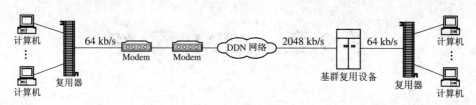

图 8.17 通用复用设备接入 DDN

3) 通过 2048 kb/s 数字电路接入 DDN

在 DDN 中，网络设备都配置了标准的符合 ITU-T 建议的 G.703 2048 kb/s 数字接口。如果用户设备能提供同样的接口，可以就近接入 DDN。这种方式的特点是简单、容易实现。

4) 通过 ISDN 的 2B+D 接口接入 DDN

用户终端也可通过 ISDN 的 2B+D 接口接入 DDN，如图 8.18 所示。

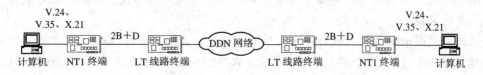

图 8.18 通过 2B+D 接口接入 DDN

思 考 题

1. 试说明帧中继的概念及发展的必要条件。
2. 帧中继的特点有哪些？
3. 帧中继与分组交换在哪几个方面有不同之处？
4. 试画出帧中继的协议结构。
5. 说明帧中继的帧结构中 DLCI 的意义。
6. 帧中继交换机有哪几种类型？
7. 帧中继装拆设备(FRAD)的主要功能是什么？
8. 什么是 DDN？
9. DDN 的特点有哪些？
10. DDN 的主要组成部分有哪些？
11. 说明子速率复用和 PCM 帧复用的概念。
12. DDN 网间互连有哪些方式？

第9章　ATM 网络

　　ATM 于 20 世纪 80 年代末提出，ITU-T 和电信运营商原计划用它来取代电路交换和各种传统分组交换技术，作为下一代综合业务宽带网络的交换技术。在设计时，ATM 面临的最大挑战是：如何用一种交换技术在单一网络上实现话音、数据、图像等业务的综合传送。

　　传统的电路交换、分组交换技术均是面向单业务优化设计的，网络不提供区分服务的能力，网络内部对所有业务流均采用一种固定的处理策略，控制和管理技术相对简单。ATM 完全照搬它们的体制，难以实现自己的设计目标，因为不同类型的业务在实时性、带宽要求、服务质量、差错敏感度等诸多方面差异很大，甚至完全相反。因此，区分服务是实现综合业务的关键。

　　在光纤通信和计算机软硬件技术发展的基础上，ATM 较好地解决了主要设计目标。本章介绍了 ATM 的概念、ATM 的网络结构、ATM 协议参考模型、ATM 的逻辑连接、ATM 区分服务机制、ATM 交换原理，以及 ATM 网络流量控制和拥塞控制等。

9.1　ATM 产生背景和协议结构

9.1.1　ATM 产生背景

　　现有的通信网是根据应用业务来区分的，如公用电话交换网(PSTN)、用户电报网、CATV 网、分组交换公用数据网(PSPDN)、专用数据网等，即对每一种应用业务存在一种相应的网络进行传输与交换。由于网络的专门化，使得网络在不同业务的兼容性、灵活性和资源利用率等方面存在着严重的缺陷，因此建立了一个与业务无关的网络，使它能够传送现有所有业务，并能以一种低成本的方式不断引入新业务，这对运营商和用户均有利。

　　1972 年 ITU-T 提出了综合业务数字网(ISDN)的概念。特别是 80 年代初制定的一整套关于 ISDN 的系列建议，奠定了 ISDN 发展的基础。鉴于当时技术能力和业务需求的限制，首先提出的只能是窄带综合业务数字网(N-ISDN)。

　　N-ISDN 的提出为迈向一个统一的网络走出了第一步，它采用同步传送模式(STM)使得语音和数据在同一介质中传输。N-ISDN 提供端到端的数字连接，定义了两种用户网络接口：基本速率接口(BRI)和基群速率接口(PRI)，实现了用户网络接口的标准化。

　　N-ISDN 只能为用户提供最高比特率约为 1.5 Mb/s 或 2 Mb/s 的各种业务。而且 N-ISDN 注重的只是用户网络接口上业务的综合，实际网络内仍是由电路交换和分组交换等若干分离的模块提供业务。因此，N-ISDN 并未实现真正意义上的综合。

　　随着高速电信技术的到来，很多新业务在 20 世纪 80 年代问世。它们通常包括话音、数据、图像和视频，带宽从 56/64 kb/s 到 155 Mb/s，甚至更高；这些通信业务大多数是传统的，在整个呼叫期间需要固定的带宽。然而很多通信业务具有突发性，换而言之，用户有时保持沉默，然后在短期内突然以高速发送大量数据。这样即使在很长时间内所需要的平均带宽也变化甚微，用户也可能在短期内需要高得多的带宽。在某些情况下，应用是面向连接的，即用户在信息交换之前需要建立连接，如果是多媒体业务，单一的用户可能同时需要多条信道；另一种情况是无连接的应用，如电子邮件和其他 LAN 类型的数据通信。

在早期，标准化组织考虑使用 STM 的可能性。除了灵活分配 PRI 的 nB+mH0+kH1 通道，还定义了两个新类型通道：32.768 Mb/s 的 H2 和 132.032～138.240 Mb/s 的 H4，希望在某些预定组合中，通过分配适当数量的通道满足应用的不同带宽需求。但实际上，通过动态分配不同数量的时隙，满足突发通信量对带宽的需求是非常困难的。

1989 年，ITU-T 第 18 研究组在综合了已有研究成果的基础上，提出了一种新的信息传递方式——异步传送模式(ATM)，并将 ATM 作为实现宽带综合业务数字网(B-ISDN)的一个解决方案。ATM 从此正式诞生。1990 年，ITU-T 又用加速程序推出了 13 个建议，它们定义了 ATM 的基本概念，并确定了大部分参数。ITU-T 主要从公用网络运营者的观点出发，定义有关 B-ISDN 网的结构、逻辑描述、信令、业务分类等，对一些具体细节没有做出规定。ATM 论坛(ATM Forum)主要侧重于解决专用网或接入网中 ATM 技术的具体应用以及设备互连。因此它的规范涉及的领域比较广，包括 ATM 技术的各个方面。

9.1.2 ATM 基本概念

ATM 是异步传送模式，它采用快速分组交换和统计复用技术。它具有如下基本特点。

1. 采用短而固定长度的短分组

在 ATM 中采用短而固定长度的分组，称为信元(Cell)。信元由 53 个字节组成，其中 5 个字节是信元头，48 个字节是净荷。固定长的短分组简化了交换机的设计，减小了交换机的转发时延和语音信号的分组化时延，有利于保障实时业务的服务质量。

2. 采用统计复用

ATM 是按信元进行统计复用的，在时间上没有固定的复用位置。由于统计复用是按需分配带宽，可以满足不同用户传递不同业务的带宽需要。

3. ATM 采用面向连接并预约传输资源的方式工作

电路交换是通过预约传输资源保证实时信息的传输，同时端到端的连接使得信息在传输时，在任意的交换节点不必作复杂的路由选择(这项工作在呼叫建立时已经完成)。分组交换模式中仿照电路方式提出虚电路工作模式，目的也是为了减少传输过程中交换机为每个分组作路由选择的开销，同时可以保证分组顺序的正确性。但是分组交换取消了资源预定的策略，虽然提高了网络的传输效率，但却有可能使网络接收超过其传输能力的负载，造成所有信息都无法快速传输到目的地。

在 ATM 方式中采用的是分组交换中的虚电路形式，同时在呼叫建立过程中，向网络申请传输所希望使用的资源，网络根据当前的状态决定是否接受这个呼叫。其中资源的约定并不像电路交换中给出确定的电路或 PCM 时隙一样，而只协商将来通信过程可能使用的通信速率。采用预约资源的方式，保证网络上的信息可以在一定允许的差错率下传输。另外考虑到业务具有波动的特点和交换中同时存在连接的数量，根据概率论中的大数定理，网络预分配的通信资源肯定小于信源传输时的峰值速率。可以说 ATM 方式既兼顾了网络运营效率，又满足了接入网络的连接能够进行快速数据传输。

4．协议简化

分组交换协议设计运行的环境是误码率很高的模拟通信线路，需要进行逐段链路的差错控制；同时由于没有预约资源机制，任何一段链路上的数据量都有可能超过其传输能力，所以有必要执行逐段链路上的流量控制。而 ATM 协议运行在误码率很低的光纤传输网上，同时预约资源机制保证网络中传输的负荷小于网络的传输能力，所以 ATM 取消了网络内部节点链路上的差错控制和流量控制。对于通信过程中出现的差错，ATM 将这些工作推给了网络边缘的终端设备完成。

由于 ATM 网络中不进行流量控制和差错控制，所以信元头部变得异常简单，主要是标志虚电路，这个标志在呼叫建立阶段产生，用以表示信元经过网络中传输的路径。用这个标志可以很容易地将不同的虚电路信息复用到一条物理通道上。

如果信元头部出现错误，则必然会导致信元的错投，浪费网络的计算和传输资源。及早发现信元头部出错是非常必要的，因此，要在信元的头部加上纠错和检错的机制以防止或降低错选路由。

根据上面的描述可以知道，实际上 ATM 充分地综合了电路交换和分组交换的优点。它可以支持实时业务、数据透明传输，并采用端到端的通信协议。同时也具有分组交换支持可变比特率(VBR: Variable Bit Rate)业务的特点，并能对链路上传输的业务进行统计复用。

9.1.3　ATM 协议参考模型

ITU-T I.321 建议提出的 ATM 协议参考模型，继承了 N-ISDN 协议模型的优点，用分开平面的概念来分离用户、控制和管理功能。因此，ATM 协议参考模型包括三个平面：用户平面、控制平面和管理平面，见图 9.1。

(1) 用户平面(U 平面)：负责提供用户信息传送、端到端流量控制和恢复操作。

(2) 控制平面(C 平面)：负责建立网络连接，管理连接以及连接的释放。控制平面主要完成信令功能。

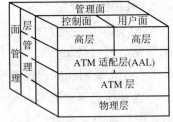

图 9.1　ATM 协议参考模型

(3) 管理平面(M 平面)：有两个功能，即平面管理和层管理。平面管理没有分层结构，它负责所有平面的协调；层管理负责各层中的实体管理，并执行运行、管理和维护(OAM)功能。

在每个平面内，采用了分层结构。层次划分考虑的是：为了实现综合交换、复用和传输，设计了业务无关层，它就是协议参考模型中的 ATM 层；为实现对不同类型业务的不同处理，设计了一组平行的业务相关层，它就是 ATM 适配层(AAL: ATM Adaptation Layer)；物理层则对 ATM 层屏蔽不同物理媒介的差异。因此也就有了 ATM 四层模型，即物理层、ATM 层、AAL 层和高层。表 9.1 给出了各个层的功能。

表 9.1　ATM 各层功能

层　功　能		层　号	
会聚		CS	AAL
拆装		SAR	
	一般流量控制		
	信头处理	ATM	
	VPI/VCI 处理		
	信元复用和解复用		
层	信元速率去耦		
	HEC 序列产生和信头检查		
管	信元定界	TC	PHY
	传输帧适配		
理	传输帧生成和恢复		
	比特定时	PM	
	物理媒体		

1．物理层

物理层利用通信线路的比特流传送功能实现 ATM 信元的传送。这种传送功能是不可靠的。通过物理层传送的 ATM 信元可能丢失，它的信息域部分也可能发生错误。但是，在顺序传送多个 ATM 信元时，传送过程不会发生顺序的颠倒。

物理层(PHY)包含两个子层：物理媒介子层(PM：Physical Media Dependent Sublayer)和传输会聚子层(TC：Transmission Convergence Sublayer)。PM 的功能依赖于传输媒介的外部特性(光纤、微波、双绞线等)，主要功能有比特传递和定时校准、线路编码和电光转换等。TC 负责会聚物理层操作，它不依赖于具体媒介。TC 子层完成如下主要功能：

(1) 传输帧生成和恢复。发送侧将 ATM 信元装入传输帧结构中，接收侧从收到的帧中取出 ATM 信元。具体的操作取决于物理层上帧的类型。例如，信元可以装在 SDH 帧中，也可以装在 PDH 帧中。

(2) 信元定界。在源端点它负责定义信元的边界，而在接收端点是从接收到的连续比特流中确定各个信元的起始位置，恢复所有信元。ITU-T 建议利用信元头中的前四个字节和 HEC 来定界。

(3) 信头处理。在源端点它负责产生信头差错控制域(HEC：Head Error Check)，而在接收端点它负责对 HEC 进行处理，以确定该信头在传送过程中是否有错。

(4) 信元速率解耦。ATM 层送来的信元速率可能和线路上的信息传送速率不一致，为了填补信元间的空隙，发送端插入空闲信元，以适配传输线路上的带宽容量，接收端剔除空闲信元。

与 OSI 模型相比，ATM 物理层大体包括了 OSI 的物理层和数据链路层。其中，PM 子层相当于 OSI 物理层；TC 子层相当于 OSI 数据链路层，但其功能大大地简化了，只保留了对信元头的校验和信元定界功能。

2. ATM 层

ATM 层利用物理层提供的传送功能，向外部提供传送 ATM 信元的能力。ATM 层是与物理层相互独立的。不管信元是在光纤、双绞线上，还是在其他媒介上传送，无论速率如何，ATM 层均以统一的信元标准格式完成复用、交换和选路。ATM 层具有以下四种主要功能：

(1) 信元复用和解复用。在源端点负责对来自各个逻辑连接的信元进行复接，在目的端对接收的信元流进行解复用。

(2) VPI/VCI 处理。在每个 ATM 节点为信元选路，建立端到端的逻辑连接。ATM 逻辑连接是通过虚通路标识 VPI(VP Identifier)和虚信道标识 VCI(VC Identifier)来识别的。

(3) 信头产生和处理。在呼叫建立阶段，各节点分配 VPI/VCI；在信息传送阶段各节点翻译 VPI/VCI，如在目的端点可以把 VPI/VCI 翻译成服务接入点(SAP)。

(4) 一般流量控制。在用户网络接口(UNI)处，用 ATM 信头中的一般流量控制域来实现流量控制。

总之，ATM 层的主要工作是产生 ATM 信元的信头并进行处理。ATM 层可以为不同的用户指定不同的 VPI/VCI。ATM 层具有 OSI 网络层的功能。

3. AAL 层

AAL 层介于 ATM 层和高层之间，负责将不同类型业务信息适配成 ATM 信元。适配的原因是由于各种业务(语音、数据和图像等)所要求的业务质量(如时延、差错率等)不同。在把各个业务的原信号处理成信元时，应消除其质量条件的差异。换个角度说，ATM 层只统一了信元格式，为各种业务提供了公共的传输能力，而并没有满足大多数应用层(高层)的要求，故需要用 AAL 层来做 ATM 层与应用层之间的桥梁。

AAL 层具有 OSI 传输层、会话层和表示层的功能。

4. 高层

高层根据不同的业务(数据、信令或用户信息等)特点，完成其端到端的协议功能。如支持计算机网络通信和 LAN 的数据通信，支持图像和电视业务及电话业务等。高层对应于 OSI 的应用层。

传送用户信息的端到端 ATM 协议模型见图 9.2。

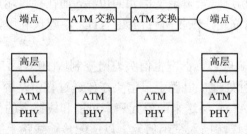

图 9.2　端到端 ATM 协议模型

上述各层(物理层、ATM 层、AAL 层)的功能全部或部分地呈现在具体 ATM 设备中，比如在 ATM 终端或终端适配器中，为了适配不同的应用业务，需要有 AAL 层功能支持不同业务的接入；在 ATM 交换设备和交叉连接设备中，需要用到信头的选路信息，因而 ATM 层是必须有的支持；而在传输系统中需要物理层功能的支持。

9.2　ATM 网络

9.2.1　ATM 网络组成和接口

1．ATM 网络组成

ATM 网络由 ATM 交换机(或交叉连接设备)和 ATM 端系统组成，见图 9.3。

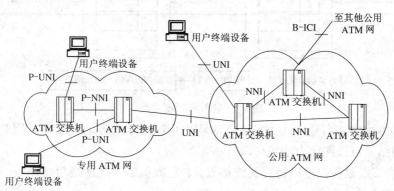

图 9.3　ATM 网络组成

1) ATM 交换机

ATM 交换机是 ATM 宽带网络中的核心设备，它完成物理层和 ATM 层的功能。对于物理层，它的主要工作是对不同传送媒质电器特性的适配；对于 ATM 层，它的主要工作是完成 ATM 信元的交换，也就是 ATM 信头中 VPI/VCI 的变换。

VPI/VCI 的变换方法有两种，即自选路由法和转发表控制法。

(1) 自选路由法。自选路由法是通过给信元加一些寻路标识来提供快速选路功能的。在自选路由交换中，VPI/VCI 的翻译任务必须在交换网络的输入端完成。输入端在信头前插入内部标识符 m 和 n，因而交换网络内部的信元格式大于 53 个字节。信头扩展要求增加内部网络的速度。每个连接(从输入到输出)都有一个特定的交换网内部标识符，这个内部标识符因交换矩阵而异。在一个点到多点的连接中，给 VPI/VCI 分配一个多路交换标识，根据它复制信元并选路送往各目的端。图 9.4 是自选路由交换单元构成的交换网络对信头的处理过程。

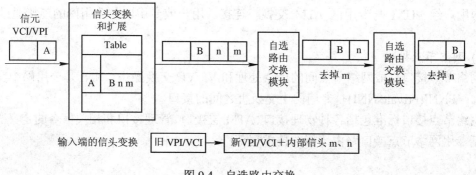

图 9.4　自选路由交换

(2) 转发表控制法。转发表控制方法需要在交换矩阵内存储大量的路由表，每个表项都包括新的 VPI/VCI 和对应的输出端口号或链路号。当信元到达 ATM 交换机后，如果交换机读到的 VPI/VCI 与路由表中的一致，就会很快自动找到输出端口并更新信头的 VPI/VCI 值，发往下一个节点(信头必须按输出端口的要求进行转换)。图 9.5 是转发表控制法交换单元构成的交换网络对信头的处理过程。

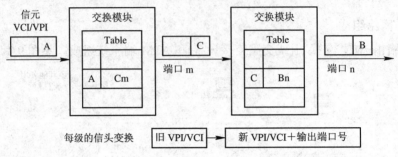

图 9.5　转发表控制交换

上述两种方法中，自选路由方法在很大程度上减少了控制的复杂性，因此对于大规模的多级交换网络，自选路由方法更可取一些。

ATM 交换节点设备也可以是交叉连接设备，它提供半永久连接功能。

2) ATM 端系统

ATM 端系统有两类：在纯 ATM 网络中，端系统就是各种终端(如 PC、工作站、视频解码器、电缆或 xDSL 调制解调器等)，是产生和接收 ATM 信元的；在互连的网络中，端系统就是互连设备(如路由器)，也叫做虚终端，不是产生和接收信息的端点的，不过，可以连接不同的网络，这些网络可以采用相同或不同的技术。

2. ATM 通信网接口

用 ATM 技术可以构建 ATM 公用网和专用网。公用网为所有用户服务，而专用网为某一企业或单位用户服务。无论是公用网还是专用网，都是通过实现用户网络接口(UNI: User Network Interface)、网络节点接口(NNI: Network Netnode Interface)和宽带互连接口(B-ICI: Broadband Inter-carrier Interface)的功能和信令为用户提供包括信元中继在内的各种业务的传送。

1) 用户网络接口

用户网络接口完成用户网络接口的信令处理和 VP/VC 交换操作。根据 ATM 网络类型，用户网络接口分为公用用户网络接口(简称 UNI)和专用用户网络接口 PUNI(Private UNI)。专用网用户经 PUNI 与专用网 ATM 交换机连接。用户或专用网与公用网的连接通过 UNI 实现。

2) 网络节点接口

网络节点接口完成网络节点间的信令处理和 VP/VC 交换操作。NNI 是公用网中交换机的接口，PNNI(Private NNI)是专用网中交换机之间的接口。

网络节点接口标准包括各种物理接口、ATM 层接口、管理接口和相关信令的定义。PNNI还包括专用网络节点接口路由选择的技术规范。

3) B-ICI

不同运营商组建的 ATM 网间通过 B-ICI 互连。其技术规范包括各种物理接口、ATM 层接口、管理接口和高层功能接口。高层接口用于 ATM 和各种业务互通。

3. 典型 ATM 物理层接口介绍

1) SDH 接口

SDH 接口用于光纤骨干网。它以 SDH 传输帧为基本结构将信元流映射到 SDH 净荷内。SDH 的基本帧为 STM-1，多个 STM-1 帧可以多路复用为高速信号，STM-N 信号就是以 N 倍 STM-1 速率传输的信号，它携带 N 倍 STM-1 帧信息容量。目前，基于 SDH 传输方式有两种接口用于 ATM 网，即 STM-1 和 STM-4。它们的速率分别是 155.52 Mb/s 和 622.08 Mb/s。

2) PDH 接口

为了和原有的传输系统兼容，PDH 接口也是典型的 ATM 网络物理接口。它以 PDH 帧为基本结构将 ATM 信元映射到 PDH 帧的时隙中。我国常用的 PDH 接口有两种：E1 和 E3。E1 的速率为 2.048 Mb/s，E3 的速率为 34.368 Mb/s。它们的线路编码形式为 HDB3，传输线是同轴电缆。

3) 基于 FDDI 的 4B/5B 接口

ATM 论坛为专用 UNI 定义了 FDDI 物理层的 125Mbaud(兆波特)多模光纤接口。此接口的物理媒介子层采用 4B/5B 线路编码，速率为 100 Mb/s，线路编码形式为非归零(NRZ)编码。这种 4B/5B 编码接口没有帧加载于物理链路中，即 4B/5B 没有帧结构，因此在信元传输方式上，不是将一组信元装在帧结构中进行传输的，而是从起始信元开始逐个传输的，因此称 4B/5B 编码的接口为基于信元的接口。

9.2.2 ATM 的逻辑连接

ATM 的逻辑连接习惯称为虚连接 VC(Virtual Connections)，与 x.25 中虚电路的概念对应，VC 通过网络层在两个端用户之间建立了一条逻辑连接，通过 VC 可以传送全双工的，速率可变的定长分组流。根据宽带网络的特点，ATM 层的逻辑连接是在两个等级上建立的，即虚信道(Channel)级和虚通路(Path)级。

1. 虚信道和虚信道连接(Virtual Channel and Virtual Channel Connection)

虚信道 VC 指的是 ATM 信元的单向通信能力。它是一个一般性的概念，与其相关联的两个实在概念是虚信道链路(VC Link)和虚信道连接(VCC：Virtual Channel Connection)。虚信道链路是两个相邻 ATM 实体间传递 ATM 信元的单向通信能力，用一个 VCI(VC Identifier)来标识。在 ATM 复用线上具有相同 VCI 的信元是在同一个 VC 上传送的。

级连的 VC 链路组成 VCC。一条 VCC 在两个 VCC 端点之间延伸。在点到多点的情况下，一条 VCC 有两个以上的端点。VCC 端点是 ATM 层和 AAL 层交换信元净荷的地方。

在虚信道等级上，VCC 可以提供用户到用户，用户到网络或网络到网络的信息传送。在同一个 VCC 上，信元的次序始终保持不变。

VC 交换机完成 VC 路由选择的功能，这个功能包括将输入 VC 链路的 VCI 值翻译成输出 VC 链路的 VCI 值。

2. 虚通路和虚通路连接(Virtual Path and Virtual Path Connection)

一个大型的综合通信网要支持多个终端用户的多种通信业务，因此，网中必定会出现大量的速率不等的虚信道，在高速环境下对这些虚信道进行管理，难度很大。为此，引入了分级的方法，即将多个虚信道组成虚通路 VP(Virtual Path)。

与 VC 相似，定义 VP 链路和虚通路连接(VPC)两个概念。VP 链路是具有相同端点的 VC 链路的聚集，端到端的多段 VP 链路组成 VPC，VP 链路用 VPI 来标识。一条 VPC 在两个 VPC 端点之间延伸，在点到多点的情况下，一条 VPC 有两个以上的端点。 VPC 端点是 VCI 产生、变换或终止的地方。

在虚通路等级上，VPC 可以提供用户到用户，用户到网络或网络到网络的信息传送。一个 VPC 中的每一条 VC 链路都能保证其上面的信元不改变次序。

VP 交换机完成 VP 路由选择的功能，即将输入 VP 链路的 VPI 值翻译成输出 VP 链路的 VPI 值。

3. VCC 和 VPC 之间的关系

图 9.6 示出了传输线路、VP 和 VC 之间的关系。

图 9.6　传输线路，VP 和 VC 之间的关系

在一个给定接口上，两个分别属于不同 VP 的 VC 可以有同样的 VCI 值。因此在一个接口上用 VPI 和 VCI 两个值才能完全地标识一个 VC。

虚信道连接 VCC 和虚通路连接 VPC 的关系如图 9.7 所示。VCC 由多段 VC 链路组成，每段 VC 链路有各自的 VCI，因此在 VCC 上任何一个特定的 VCI 都没有端到端的意义。每条 VC 链路和其他与其同路的 VC 链路一起组成了一个 VPC。这个 VPC 可以由多段 VP 链路连接而成，每当 VP 被交换时，VPI 就要改变，但是整个 VPC 中的全部 VC 链路都不改变自己的 VCI 值。因此我们得出的结论是：VCI 值改变时支持它的 VPI 一定相应地改变，而 VPI 改变时，其中的 VCI 不一定改变。换句话说，VP 可以单独交换，而 VC 的交换必然和 VP 交换一起进行。

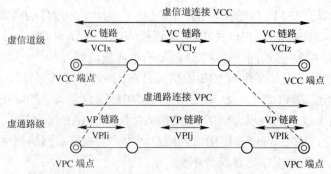

图 9.7　VCC 和 VPC 的关系

虚连接(VC：Virtual Connection)有两种：一种称为永久虚连接(PVC：Permanent Virtual Connection)，指网络两端点间固定的连接，可以通过管理功能来修改；另一种为交换虚连接(SVC：Switched Virtual Connection)，通过信令系统建立，每次建立的都可能不一样。

9.2.3　VP 交换和 VC 交换

1. VC 交换

VPI 和 VCI 作为逻辑链路标识，只是局部有效的，也就是说，每个 VPI/VCI 的作用范围只局限在链路级，即链路及与之相连的收/发器。每个交换节点在读取 VPI/VCI 值后，根据本地的转发表，查找对应的输出 VPI/VCI 进行交换并改变 VPI/VCI 的值。因此，信元流过 VPC/VCC 时要经过多次中继，见图 9.8。

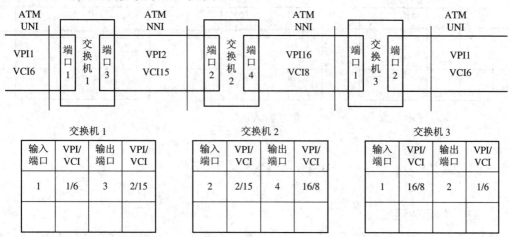

交换机 1			
输入端口	VPI/VCI	输出端口	VPI/VCI
1	1/6	3	2/15

交换机 2			
输入端口	VPI/VCI	输出端口	VPI/VCI
2	2/15	4	16/8

交换机 3			
输入端口	VPI/VCI	输出端口	VPI/VCI
1	16/8	2	1/6

图 9.8　VC 交换

图中交换机 1 的 3 端口和交换机 2 的 2 端口之间有一条传输线路，交换机 2 的 4 端口连接交换机 3 的 1 端口。发端用户使用 VPI1/VCI6 接入交换机 1；交换机 1 将输入 VPI1/VCI6 转换为输出 VPI2/VCI15，交换机 2 再将输入 VPI2/VCI15 转换为输出 VPI16/VCI8。这里 VPI 和 VCI 组合构成了网络的每段链路。最后，交换机 3 将 VPI16/VCI8 转换成目的地的 VPI1/VCI6。目的地的 VPI 和 VCI 不必与起点的 VPI 和 VCI 相同。

这种交换机根据整个 VPI 和 VCI 字段来交换的方式叫 VC 交换。

2. VP 交换

在高速的骨干网中，可能同时有几百万个用户通信，其中可能同时有几千个 VC 在使用同一个 VP。如果网中的所有交换机都进行 VC 交换，就要对几百万个独立的通信选路转发。这会增加骨干节点处理难度，降低转发速率。如果骨干交换机把这些 VC 做为一个完整单元看待，只根据 VPI 字段选路转发信息，这种交换方式就叫 VP 交换。

VP 交换意味着只根据 VPI 字段来进行交换。它是将一条 VP 上所有的 VC 链路全部转送到另一条 VP 上去，而这些 VC 链路的 VCI 值都不改变，如图 9.9 所示。VP 交换的实现比较简单，可以看成传输通道中某个等级数字复用线的交叉连接。在骨干网外，交换机仍然进行 VC 交换。

ATM 网络中 VP 和 VC 上的通信可以是对称双向、不对称双向或单向的。ITU-T 建议为一个通信的两个传输方向分配同一个 VCI 值，对 VPI 值也按同样方法分配。这种分配方法容易实现，且有利于辨别同一通信过程涉及的两个传输方向。

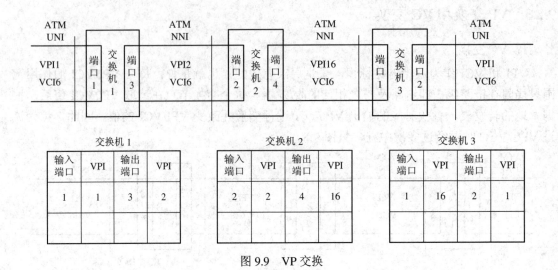

图 9.9　VP 交换

9.3　ATM 信 元

1．ATM 信元的组成

ATM 信元由 53 个字节的固定长度组成，其中前 5 个字节为信元头，后 48 个字节为信息域。信元的大小与业务类型无关，任何业务的信息都经过切割封装成相同长度、统一格式的信元。信元结构如图 9.10 所示。

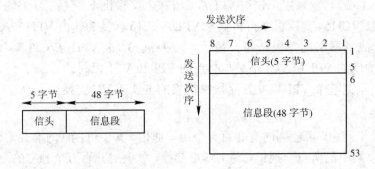

图 9.10　信元组成结构

信元从第 1 个字节开始顺序向下发送，在同一字节中从第 8 位开始发送。信元内所有的信息段都以首先发送的比特为最高比特(MSB)。

2．ATM 信元头

图 9.11 给出 ATM 信元的信头格式。ATM 信头的结构在 UNI 和 NNI 上稍有不同。

ATM 信元头各部分功能如下：

GFC(Generic Flow Control)：一般流量控制，占 4 bit。只在本地 UNI 接口处使用，执行短期的拥塞控制。

VPI：虚通路标识码。UNI 和 NNI 中的 VPI 字段分别是 8 bit 和 12 bit，可分别标识 2^8 条和 2^{12} 条虚通路。

VCI：虚信道标识码。用于虚信道路由选择，它既适用于 UNI，也适用于 NNI。该字段有 16 bit，故对每个 VP 定义了 2^{16} 条虚信道。

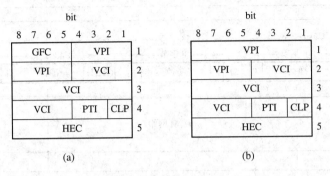

图 9.11　ATM 信元信头格式

(a) UNI 格式；(b) NNI 格式

PT(Payload Type)：信息类型指示段，也叫净荷类型指示段，占 3 bit，用来标识信息字段中的内容是用户信息还是控制信息。

CLP(Cell Loss Priority)：信元丢失优先级，占 1 bit，用于表示信元的相对优先等级。在 ATM 网中，接续采用统计多路复用方式，所以当发生过载、拥塞而必须扔掉某些信元时，优先级低的信元先于优先级高的信元被抛弃。CLP 可用来确保重要的信元不丢失。具体应用是 CLP=0 的信元具有高优先级；CLP=1 的信元优先级低。

HEC(Header Error Check)：信头差错控制，占 8bit，用于信头差错的检测、纠正及信元定界。这种无需任何帧结构就能对信元进行定界的能力是 ATM 特有的优点。ATM 由于信头的简化，从而大大地简化了网络的交换和处理功能。

3．信元的传输

用户有通信需求时，首先请求建立连接，请求中携带通信的被叫地址、本次通信需要的带宽和服务质量(QoS)。请求消息从源端沿着信令 VC 走向目的端。沿途各交换节点依据网络资源决定是否接纳呼叫。若接受呼叫，就给各段链路分配 VPI/VCI，并在各交换机内建立控制转发的转发表，路由选择算法决定消息要通达目的地的路径，从而也决定了虚连接的路径。

信元传送阶段，高层用户信息经过切割封装成信元送给入端交换机，交换机按已确定的转发表转发信息至目的地。目的地将一个个信元重新恢复成原始信息递交给高层用户。信元的传送过程见图 9.12。在通信期间沿途各交换机要监视和管理连接，预防网络内流量过载。

通信结束后，用呼叫结束请求拆除 VPC 和 VCC，释放分配的 VPI 和 VCI。

从技术上讲，连接建立和拆除并不是 ATM 层的功能，而是由控制平面使用的一个高度复杂的，叫做 Q.2931(Stiller，1995)的协议来处理的。然而，逻辑上处理建立网络层连接的地点是网络层，并且类似的网络层协议都是在这里进行连接建立的。

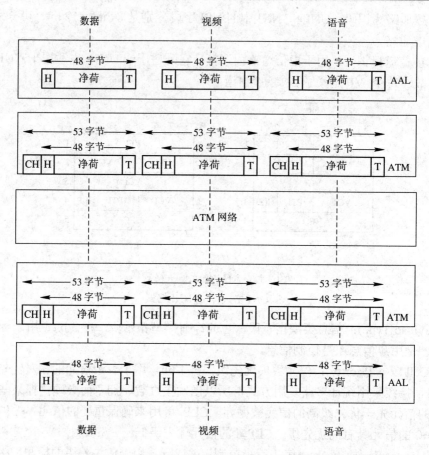

图 9.12　ATM 信元传送

9.4　AAL

AAL 的作用是将各种高层信息变换成标准信元净荷，或者做相反变换。AAL 可进一步分为两个子层：信元拆装子层和会聚子层。

信元拆装子层(SAR：Segmentation and Reassembly Sublayer)位于 AAL 层的下面，其作用是将一个虚连接的全部信元净荷组装成数据单元并交给高层或在相反方向上将高层信息拆成一个虚连接上的信元净荷。

会聚子层(CS：Convergence Sublayer)位于 AAL 层的上面，其作用与各类业务相关，根据业务质量要求，提供不同业务所需的附加功能。如控制信元的延时抖动，在接收端恢复发送端的时钟频率，以及对帧进行差错控制和流控等。如果需要，会聚子层还可细化为公共部分汇聚子层(CPCS：Common Part Convergence Sublayer)和业务特定汇聚子层(SSCS：Service Specific Convergence Sublayer)。

ITU-T 按照信源和信宿之间的定时关系、比特率、连接方式将 AAL 层业务分成四类，见表 9.2。

表 9.2　AAL 支持的业务类型

业务类型	A 类	B 类	C 类	D 类
定时关系	实时		非实时	
比特率	恒定	可变		
连接方式	面向连接			无连接

　　A 类：信源和信宿之间需要定时关系，业务具有恒定的比特率(CBR：Constant Bit Rate)，是面向连接的。A 类业务具有类似于电路交换网络提供的业务特点，因此把 ATM 网络提供的这类业务称为"电路仿真(Circuit Simulation)"业务。

　　B 类：信源和信宿之间需要定时关系，业务也是面向连接的，但是信息传送可以是变比特率(VBR)的。A、B 类的不同点是业务是否具有恒定比特率。显然类型 B 具有更大的自由度，适合恒定质量的压缩信息，如音频、视频传送，但是这种业务类型对网络的资源管理、流量监测和控制提出了更高的要求。

　　C 类：信源和信宿之间不存在定时关系，传输速率是可变的，但具有面向连接的特征。此类业务适合面向连接的数据和信令传输，与传统的 X.25 协议支持的业务是一致的。

　　D 类：信源和信宿之间不存在定时关系，传输速率可变且具有无连接特征，适合传送无连接的数据，例如交换的多兆比特数据业务(SMDS：Switched Multimegabit Data Services)在 ATM 网络上的实现，以及 IP 数据包在 ATM 上的传送。

　　上述业务类型可以分为实时传输业务和数据传输业务。由于实时业务必须采用面向连接的方式，但是有速率是否恒定之分，因此 ITU-T 制定了 AAL1 和 AAL2 两种适配协议，分别针对实时业务的 A 和 B 两种类型。数据传输业务、计算机数据或信令信息的速率一般是可变的，区别在于是否采用面向连接方式。ITU-T 制定的 AAL3/4 适配协议支持 C 和 D 两类数据业务的传输，ATM 论坛提出的 AAL5 适配协议支持 C 类数据业务的传输。

9.4.1　AAL1

　　AAL1 是用于 A 类业务传输的协议。A 类传输是指实时的、恒定比特率的、面向连接的传输。例如非压缩的音频和视频数据，输入的是比特流，不存在报文分界。对于这种传输，没有使用错误检测协议，因为由超时和重发机制引入的延迟是不能接受的。但是，丢失信元时会通知应用程序，由它采取措施(如果可能的话)来进行弥补。

　　AAL1 分为两个子层：分段和重装子层(SAR)、会聚子层(CS)。

1. SAR

　　AAL1 的 SAR 子层有自己的协议，其格式如图 9.13 所示。

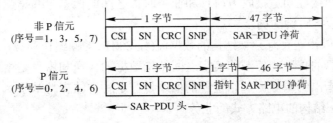

图 9.13　AAL1 的 SAR-PDU 净荷

　　发端 SAR 子层从 CS 子层接收 47 字节的数据块，然后加上 1 字节的控制信息，组成 SAR-PDU。接收端 SAR 子层从 ATM 层获得 48 字节数据块，分离出控制信息，把 47 字节 SAR-PDU 净荷上送至 CS 子层。1 字节的信元头中，包含 1 bit 汇聚子层指示符 CSI 和 3 bit 的信元序号 SN，之后的 3 位序号保护字段 CRC 和 1 位奇偶校验和 SNP，可以纠正信元序号字段中的单比特错误，并且可以检测出两个比特的错误。

　　CSI 用于传送 CS 子层间的信息(如定时和结构信息)。

　　2．CS

　　会聚子层和特定的业务密切相关，AAL1 会聚子层完成下列功能：

　　(1) 信元延时变化(CDV: Cell Delay Variation)处理；

　　(2) 定时信息传递；

　　(3) 信源和信宿之间的结构信息传递；

　　(4) 丢失或错插信元的监视及可能的纠错动作；

　　(5) 向管理层报告端到端性能状况。

　　AAL1 的会聚子层没有自己的协议头信息。

　　对于恒定比特率业务，ATM 适配层业务数据单元以固定速率提交 AAL 用户。然而，由于 ATM 是分组交换网，在接收端可能出现信元延时变化(抖动)，CS 子层采用缓冲区处理 ATM 适配层的信元延时变化，当缓冲区上溢或下溢时，采用在信息流中分别插入特定比特模式组成的信元或丢弃多余比特策略进行处理。为了降低净荷的组装延时，SAR-PDU 可以只部分地装载用户信息，其余位用填充比特补充。

　　对于丢失和错插信元的处理，CS 子层在发送数据时采用编号(基于模 8 的序号)的方式，为每个 SAR-PDU 设置一个序号，接收端的 CS 根据序号判断信元是否有丢失、重复和错插。

　　为了传递信源和信宿之间的定时关系，CS 子层在接收端需要执行时钟恢复功能。在接收器中恢复发端时钟有三种方法，即自适应时钟法(Adaptive Clock Method)、网络同步时钟法和同步剩余时间标记法(SRTS：Synchronous Residual Time Stamp)。

　　ITU-T 建议使用 SRTS 处理端到端的同步问题。这种方法利用剩余时间标记(RTS)测量发送器的业务时钟和公共参考时钟的差别，并将这个差别传送到接收端。RTS 利用连续 SAR-PDU 中的 CSI 比特传送，接收端根据收到的 RTS 恢复业务时钟。这里，发送器和接收器都从网络得到公共参考时钟。如果发送器和接收器通过同步网(如基于 SDH 或 SONet 的网络)通信，可使用网络同步时钟法同步。如果不存在网络同步时钟(如基于 PDH)，可以采用自适应时钟恢复法。这种方法建立在接收端缓冲区充满程度的基础上，根据缓冲区中的数据多少，可间接地知道接收方时钟和业务时钟之间的偏差，并据此调整接收方时钟频率，使之达到和业务时钟的同步。

　　AAL 用户可以传送具有某种结构的数据流(如 8 kHz 的帧结构业务)，CS 子层必须能够支持这种结构信息的传送。信源和信宿之间结构数据的传送和恢复是用指针来标识结构的边界，指针字段指出结构数据起始位置的偏移量。这种方法支持基于字节的固定结构，特别适合基于 8 kHz 结构的电路方式的业务。

9.4.2　AAL2

AAL1 是针对简单的、面向连接的、实时数据流而设计的，除了具有对丢失和错插信元的检测机制外，它没有对净荷错误的检测功能。对于单纯的未经压缩的音频或视频数据，或者其中偶尔有一些较重要的位的其他任何数据流，AAL1 就已经足够了。

对于压缩的音频或视频数据，数据传输速率随时间会有很大的变化。例如，很多压缩方案在传送视频数据时，先周期性地发送完整的视频数据，然后只发送相邻顺序帧之间的差别，最后再发送完整的一帧。当镜头静止不动并且没有东西发生移动时，则差别帧很小。其次，必须要保留报文分界，以便能区分出下一个满帧的开始位置，甚至在出现丢失信元或损坏数据时也是如此。由于这些原因，需要一种更完善的协议，AAL2 就是针对这一目的而设计的。

AAL2 用于传送要求端到端定时关系的面向连接的可变比特率业务，ITU-T 于 1997 年才提交此变比特率实时业务适配标准。根据适配业务的特点，AAL2 必须完成以下功能：

(1) 由于数据传输速率是可变的，因此 VBR 业务和 AAL1 支持的 CBR 业务是不同的。由于任意时间段内信息长度是可变的，传送数据结构信息时，不能采用 AAL1 的 1 bit CSI 标志方法。

(2) 由于信源和信宿之间存在定时关系，因此，发送端必须将信源编码器产生的数据及时送出，即使信元净荷区尚未填充满，但为了降低信息传输的延时抖动(在发送端尽量减少打包延时)，也必须将未填满业务信息的信元送出。

(3) 由于信源和信宿之间进行实时业务传送，因此必须采取面向连接的方式降低信元寻径开销，减少网络延时。此外，由于传送的信息具有变比特率，为了降低网络带宽分配的复杂性，同时也是终端之间通信的需要，允许在同一虚信道连接上支持多个 AAL2 用户。

下面主要介绍 AAL2 的结构和数据单元格式。

1. AAL2 分层结构

AAL2 采用和 AAL1 相同的分层方法，分为会聚子层 CS 和分段重装子层 SAR。CS 子层进一步划分为与业务密切相关的业务特定会聚子层 SSCS 和公共部分会聚子层 CPCS。其中 SSCS 和特定业务相关，I.366.1 定义了用于数据单元分段的 SSCS，I.366.2 定义了用于语音窄带业务的 SSCS；CPCS 和 SAR 是所有 AAL2 协议必需的，因此又将 CPCS 和 SAR 合并，称为公共部分子层(CPS：Common Part Sublayer) 。

AAL2 用户可以选择满足特定 QoS 要求的 AAL-SAP 完成传送 AAL-SDU 的操作。

AAL2 利用的是下层 ATM 层的传输能力，不同的 AAL2 用户可以在 AAL2 层上连接复用。由于 SSCS 和特定业务有关，所以 AAL 复用操作通常在 CPS 层完成。如果 AAL2 支持的业务没有特殊的要求，SSCS 可以仅提供 AAL 原语和 CPS 原语之间的映射，而不完成任何功能。

图 9.14 所示，AAL2 层从 AAL-SAP 接收 AAL-SDU，SSCS 层(如果存在)添加相应的 SSCS-PDU 头部信息(地址、长度指示等)和 SSCS-PDU 尾部信息(校验序列和调整填充字节等)构成 SSCS-PDU。SSCS-PDU 提交给 CPS，成为 CPS-SDU。CPS-SDU 和 CPS 分组头 CPS-PH 组成 CPS 分组。CPS 分组经过分割，加上相应的开始码 STF 构成 CPS-PDU。注意，由于在 CPS 内完成两层封装，CPS 相当于 CPCS-PDU 头，STF 相当于 SAR-PDU 头。

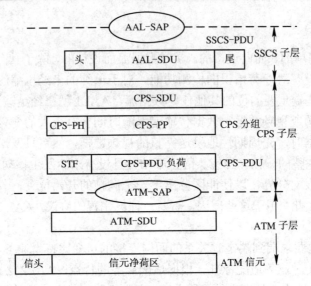

图 9.14　AAL2 协议单元的格式

公共部分子层 CPS 完成在收、发端 CPS 之间传递 CPS-SDU。CPS 用户分成两类：SSCS 实体和层管理实体 LM。CPS 完成的功能如下：

(1) CPS-SDU 数据传送，CPS-SDU 最长 45 字节(默认)或 64 字节；

(2) AAL2 信道的复用和分解；

(3) 传输延时的处理和定时信息的传递及时钟的恢复；

(4) CPS-SDU 数据的完整性保证。

2．AAL2 CPS 子层数据结构

CPS 层的数据格式由 CPS 分组和 CPS-PDU 组成。ITU-T I.363.2 定义 CPS 分组格式如图 9.15 所示，其中 CPS 头部 CPS-PH 包括 8 bit 信道标识号(CID：Channel Identifier)，6 bit 长度指示(LI：Length Indication)，5 bit CPS 用户间指示 UUI(User-User Indication)和 CPS 分组头保护(HEC：Header Error Control)。CPS 分组净荷(CPS-PP：CPS Packet Payload)长度为 1～45/64 字节。

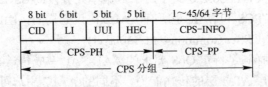

图 9.15　AAL2 的 CPS 分组结构

(1) CID 用于标识 AAL2 层的通信信道。AAL2 通信信道是双向的，可以在 ATM 层通过 PVC 或 SVC 建立，两个方向具有相同的 CID 标志。CID 取 0～255 的值，其中 0 不用(因为 CPS-PAD 中使用全 0 填塞)，1 用于层管理实体间通信，2～7 保留，8～255 可以被 SSCS 使用。

(2) LI 取 0～63 的值。LI 等于 CPS-INFO 长度减 1，所以 CPS-INFO 长度为 1～64 字节，默认 CPS-INFO 的最大长度为 45 字节。CPS-INFO 的最大长度必须由信令或管理过程设定，每个 CPS 信道都由相应的 CPS-INFO 最大数值规定。

(3) UUI 可以在 CPS 层透明传送 CPS 用户之间的控制信息，并可区分不同类型的 CPS 用户(SSCS 和 LM)。UUI 取 0～31 的值，其中 0～27 用于 SSCS 实体间的通信，30 和 31 用于 LM 实体间通信，28 和 29 保留。

(4) HEC 为 5 bit CRC 校验序列，生成多项式为 X^5+X^2+1，保护对象是 CPS-PH 中的 CID、LI 和 UUI，共 19 bit 长。

这样，CPS 分组长度为 4～67 字节(头部和分组净荷区)，分割后成为 48 字节的 CPS-SDU，结构如图 9.16 所示。CPS-PDU 包括 8 bit 开始指针域 STF(Start Field)和 CPS-PDU 净荷区，后者分成两个部分。

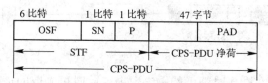

图 9.16　AAL 2 的 CPS-PDU 结构

(5) 偏移量 OSF(Offset Field)存放 STF 结束位置到 CPS 分组头之间的距离。如果不存在 CPS 分组头，则是指 STF 结束位置到 PAD 开始的距离。OSF=47 表示在 CPS-PDU 净荷区中没有信息装载。由于 CPS-PDU 净荷长度等于 47 字节，所以 OSF 的取值不能大于 47。

(6) 序列编号 SN(Sequence Number)1 bit，是对 CPS-PDU 数据块的编号。

(7) 奇校验 P(Parity)1 bit，用于对 STF 进行奇校验。

(8) CPS-PDU 净荷区，可以装载 0 个、1 个或多个 CPS 分组，填充字节 PAD(=0)用于填充未填满的净荷空间。1 个 CPS 分组可能装在两个 CPS-PDU 净荷区中。

9.4.3　AAL3/4

开始时，ITU 为 C 类和 D 类业务制定了不同的协议(C 类和 D 类分别是对数据丢失或出错敏感，但不具有实时性的面向连接和非连接的数据传输服务类)。后来 ITU 发现没有必要制定两套协议，因为选路由和网络寻址等功能由 ATM 层完成，于是便将它们合二为一，形成了一个单独的协议，即 AAL3/4。

1. 工作模式

为满足数据传输速率变化大的要求，AAL3/4 定义了两种工作模式：消息模式(Message Mode)和数据流模式(Streaming Mode)。

1) 消息模式

在此模式下，AAL 3/4 将一个 AAL-SDU 分成一个或多个 CS-PDU，每个 CS-PDU 再分成多个 SAR-PDU 传送，如图 9.17 所示。

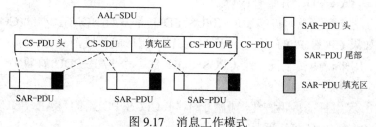

图 9.17　消息工作模式

2) 数据流模式

数据流模式如图 9.18 所示。在数据流模式下会聚子层将一个或多个 AAL-SDU 合并放置在一个 CS-PDU 中，然后通过 SAR 层分割成适合 ATM 信元的传递格式。在这种工作模式中，规定 SAR-PDU 装载信息部分只能装载来自同一个业务流 AAL-SDU 的信息。

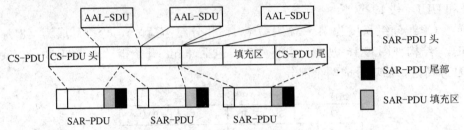

图 9-18　数据流工作模式

以上两种工作模式在操作时都可能丢失数据，此时可采取的措施有确保操作和非确保操作两种。数据单元在确保方式下将被正确地传递到接收端，其实现方法借助于重传机制，流量控制也是确保操作必需的。在非确保操作方式下，丢失或差错数据单元不通过重传纠正，但可以将出错的 AAL-SDU 以提示方式报告用户。流量控制也是可选功能。

2. AAL3/4 协议功能和格式

AAL3/4 具有 CS 子层协议和 SAR 子层协议。CS 子层又分为特定业务汇聚子层(SSCS)和公共部分汇聚子层(CPCS)。这里介绍 CPCS 子层和 SAR 子层。从应用程序到达 CPCS 子层的报文最大可达 65 535 字节。首先将其填充为 4 的整数倍字节，接着加上头和尾信息，对报文进行重构，然后将报文传送给 SAR 子层，由 SAR 子层将报文分为最大 44 字节的数据块，加上 SAR-PDU 头和尾信息，构成 SAR-PDU。AAL3/4 的格式见图 9.19。

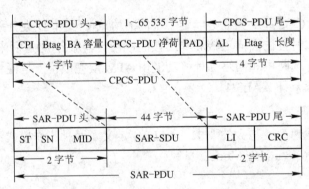

图 9.19　AAL3/4 SAR 和 CPCS 格式

图 9.19 中，SAR-PDU 开销有：

ST(2 bit)为段类型，说明拆装后的 CPCS-PDU 是开始(BOM)、继续(COM)，还是结束(EOM)消息。如果 CPCS-PDU 长度小于 44 字节，就形成单段消息(SSM)。

SN(4 bit)，用来说明属于同一个 CPCS-PDU 的多个 SAR-PDU 的顺序。用于检测丢失和错插信元。

MID(10 bit)复用标志，用来区别属于不同 CPCS-PDU 的 SAR-PDU，使来自不同 CPCS-PDU 的 SAR-PDU 可以间插传送。

LI(6 bit)长度指示，用来说明 SAR-PDU 净荷中含有的信息长度。

CRC(10 bit)循环冗余校验码，对 SAR-PDU 从 ST 到 LI 的全部数据的差错检测。编码生成多项式为 $X^{10}+X^9+X^5+X^4+X+1$。

利用上述开销字段，SAR 子层可以提供如下功能：

(1) 可变长度 CS-PDU 的拆装；

(2) 错误检测；

(3) 在 ATM 层的 VPI/VCI 上多个 CS-PDU 的复用。

CPI(1 字节)公共部分指示。说明 CPCS-PDU 头、尾中其他部分的有关功能，特别是 BA 容量和长度两个值的计算单位。

Btag(1 字节)/Etag(1 字节)开始标签段/结束标签段。每发送一次 CPCS-PDU，其值加 1。每个 CPCS-PDU 中，Btag 和 Etag 置成同样的值，接收端据此检查 Btag 和 Etag 的一致性，以发现组合错误。由于在 SAR 层已经采用了 MID、BOM/EOM 和错误检测等方法，故这个字段是冗余的。

BA 容量(2 字节)是缓冲器容量分配指示，指明接收端接收 CPCS-PDU 时的最大缓冲容量。

PAD(0~3 字节)填充段，用来将 CPCS-PDU 净荷的长度凑成 4 字节的整数倍。

AL(1 字节)校准段，目的是将 CPCS-PDU 尾部长度凑成 4 字节。

长度(2 字节)域说明 CPCS-PDU 净荷长度，接收端据此可检查净荷丢失和误增。

CPCS 子层完成的功能有：

(1) 保护 CPCS-SDU；

(2) 差错检测和处理；

(3) 缓冲区容量分配等。

AAL3/4 具有一个其他协议中没有的性能，即支持多路复用。AAL3/4 的这一功能允许来自同一台主机的多个会话(如远程登录)沿着同一条虚连接传输并在目的端分离出来。使用一条虚连接的所有会话得到相同质量的服务，这是由虚连接本身性质所决定的。

AAL3/4 具有两层协议开销：每个报文需要增加 8 字节，每个 SAR-PDU 净荷增加 4 字节。它是一种开销极大的机制，尤其对短报文。

9.4.4　AAL5

从 AAL1 到 AAL3/4 协议主要是由电信界设计并被 ITU 标准化的，它没有太多地考虑计算机界的要求。由于两个协议层所导致的复杂性及低效性，再加上校验和字段十分短(仅 10 位)，使一些研究人员萌生了一个制定新的适配层协议的念头。该协议被称为简单有效的适配层(SEAL：Simple Efficient Adaptation layer)，经过论证，ATM 论坛接受了 SEAL，并为它起名叫 AAL5。

AAL5 向其应用程序提供了两种服务。一种是可靠服务(即采用流控机制来保证传输，以防过载)；另一种是不可靠服务(即不提供数据传输保证措施)，通过选项使校验错的信元，或者丢失或者传送给应用程序(但被标识为坏信元)。AAL5 支持点到点方式和多点播送方式的传输，但多点播送方式未提供数据传输的保证措施。

像 AAL3/4 一样，AAL5 支持消息模式和流模式。在消息模式中，应用程序可以将长度 1～65 535 字节的数据报传送到 AAL 层。当到达会聚子层时，将报文填充至有效载荷字段并加上尾部信息，选择填充(PAD)域的长度为 0～47 字节，以使整个报文(包括填补的数据和尾部信息)为 48 字节的整数倍。AAL5 没有会聚子层头，只有一个 8 字节的尾。

用户到用户(UU：User to User)字段不用于 AAL 层本身，是供更高一层(可能是会聚子层的特定服务子部分)使用。例如，排序或者多路复用占 1 字节。1 字节的 CPI 为公共部分指示，作用是将 CPCS-PDU 尾凑成 8 个字节。长度(Length)字段指出真正的有效载荷是多少，以字节为单位，不包括填充的字节数。0 值用于终止未传送完毕的报文。CRC 字段是基于整个报文的标准 32 位校验和，包括填充数据和尾部信息。AAL5 的 CPCS-PDU 格式见图 9.20。

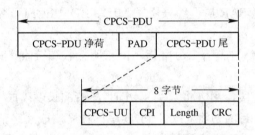

图 9.20　AAL5 的 CPCS-PDU 格式

报文交给 SAR 子层，然后发送出去。在 SAR 子层不增加任何头、尾信息，而是将报文分成 48 字节的单元，并将每个单元送到 ATM 层进行传输。它还通知 ATM 层将最后信元的 PTI 字段置为 1，以便保留报文分界，这是一种不正确的协议层混合体，因为 AAL 层不该使用 ATM 层的头部信息。

AAL5 较 AAL3/4 的主要优点是更加高效。AAL3/4 对每个报文增加 8 字节的开销信息，同时还要为每个 SAR-PDU 净荷增加 4 字节的开销信息，因而其有效载荷的容量只有 44 字节，对于长的报文，无效数据占 8%。AAL5 的每个报文有一个稍大的尾部(8 字节)，但每个 SAR-PDU 无额外开销。AAL5 可以通过长的校验和来检测丢失的或错误的信元，而不需要使用顺序号。

9.5　流量控制和拥塞控制

9.5.1　ATM 层业务分类

ATM 是支持多业务的技术。在网络边缘选择合适的 AAL 以满足不同业务的应用，而在 ATM 层，早期的研究只为每一个连接分配固定的带宽，一般按峰值信元速率(PCR：Peak Cell Rate)分配，这种方式只能提供一个等级的 QoS。事实上，ATM 层的性能应该独立于 AAL 协议和高层协议，多业务混合流流入网络时，ATM 层应该能控制为每一个业务流分配的网络资源，以增加网络的灵活性、公平性，提高网络利用率。因此要对 ATM 层业务进行分类。分类的另一个目的是减少网络和终端的复杂度。

ATM 论坛流量管理标准(4.0 版)和 ITU-T I.371 建议定义的 ATM 业务及它们的对应关系如表 9.3 所示(ATM 论坛叫业务分类，而 ITU-T 称为传送能力)。

表 9.3　ATM 层业务类型

ATM 论坛(业务分类)	ITU-T(传送能力)	特点
固定比特率(CBR)	确定比特率(DBR)	实时 QoS 确保
实时可变比特率(RT-VBR)	待定	统计复用 实时
非实时可变比特率(NRT-VBR)	统计比特率(SBR)	统计复用
可用比特率(ABR)	可用比特率(ABR)	尽可能使用资源 反馈控制
不定比特率(UBR)	无	尽力而为 QoS 不确保
无	突发传送(ABT)	突发 反馈控制

ATM 网络根据业务类型分配带宽，其一般原则如下：

(1) CBR 和 DBR(Deterministic Bit Rate)业务，对每一个连接按最大带宽分配，即使是静默期。

(2) VBR 和 SBR(Statistical Bit Rate)业务，对每一个连接按平均速率分配网络资源。

(3) ABR(Available Bit Rate)业务按"弹性"带宽指配。对每一个连接所分配的资源随时间变化，具体决定于网络。

(4) 对 UBR(Unspecified Bit Rate)业务不分配资源，每一个连接带宽和 QoS 不确保。

(5) 对 ABT(ATM Block Transfer)突发块，资源的协商和分配按块，而不是按一个连接进行，即采用无连接方式传送信息。

9.5.2　流量控制

ATM 采用统计复用，有限的网络资源(信道带宽、节点中缓存器容量等)决定了网络所能支持的连接和接受的业务流量是有限的。当网络中的连接数目和业务流量超过它能支持的限度，网络的服务质量会变差，如时延增加、丢失增加。业务流量控制(Traffic Control)就是要对用户利用网络资源加以控制，以使网络能处于正常工作状态，即使网络负荷超过网络容量时，网络的服务质量仍可处于可接受的水平。

1．基本的流量控制功能

呼叫接纳控制(CAC: Call Admission Control)和用法参数控制(UPC/NPC)是 ATM 网络中实现流量管理和控制的基本方法。

1) CAC

CAC 是在呼叫建立阶段网络所执行的一组操作，用以接受或拒绝一个 ATM 连接。用户在呼叫时，需要把自己的业务流特性和参数以及它要求的服务质量告知网络，网络根据资源被占用情况和用户提供的信息，在不降低已建立连接服务质量的前提下，决定是否接纳这个呼叫。

描述业务流量的参数有：峰值信元速率(PCR：Peak Cell Rate)、平均信元速率(SCR：Sustainable Cell Rate)、突发度(Burstiness)、峰值持续时间(Peak Duration)等。

连接所涉及的 QoS 参数有：呼叫控制参数，包括连接建立时间、连接释放时间、呼叫阻塞概率等；信元转移参数，包括误码率 CER(Cell Error Ratio)、信元丢失率 CLR(Cell Loss Ratio)、信元转移时延 CTD(Cell Transfer Delay)、信元时延变化 CDV 等。

2) 用法参数控制和网络参数控制

用法参数控制(UPC：Usage Parameter Control)和网络参数控制(NPC：Network Parameter Control)分别在 UNI 和 NNI 上进行，它们是通信过程中网络执行的一系列操作。ATM 网络在接纳呼叫入网后，给这个呼叫分配了一定的带宽。这个带宽是所有连接共享的，再加上各个业务速率变化很大，实际入网的业务流量有可能超过分配的带宽，因此，ATM 网需要对业务流量进行监视和控制，保证业务流特性和网络分配的带宽相一致。

常用的算法有漏桶算法和跳变窗技术。

2. 附加的流量控制功能

附加的流量控制功能有优先级控制(CLP Control)、业务流整形(TS：Traffic Shaping)、网络资源管理(NRM：Network Resource Management)、反馈控制(FC：Feedback Control)等及其组合，可以支持和补充 CAC 和 UPC/NPC 的操作。

1) 优先级控制

当一个 ATM 连接应用户要求使用 CLP 功能时，网络资源被分配给 CLP=0(高优先级)和 CLP=1(低优先级)的业务流。通过对两种不同业务流的控制，分配足够的资源以及做出适当的路由选择，网络可以提供两种要求的 QoS 类型。

如果网络侧选用优先级控制功能，那么在 CLP=0 业务流上由 UPC/NPC 控制所识别出的不一致的 CLP=0 的信元被转换成 CLP=1 的信元，并与原 CLP=1 的业务流合并。对已合并的 CLP=1 的业务流，由 UPC/NPC 将不一致的信元丢掉。

2) 业务流整形

根据排队理论，一个排队系统的服务性能不仅与服务时间分布、服务规则、缓存器长度有关，还与顾客到达的分布密度有关。在其他系统参数固定的情况下，顾客到达这一随机过程的统计特性越平滑，其服务质量就越好。在 ATM 网络中，业务流是高度突发的，其业务速率变化很大。因此，如果能适当地改善业务流进入网络的统计特性，无疑会改善业务的服务质量。业务流整形就是要完成这样的功能。

可见业务流整形是一种机制，它能改变一个 VCC 或一个 VPC 上信元流的业务量特性，以使得业务流穿过 UNI 或 NNI 时与用户网络或网络内要求的流量特性保持一致，以最大程度地提高 ATM 网络的带宽资源利用率。

业务流整形控制必须保证 ATM 连接的信元顺序完整性。

3) 网络资源管理

ATM 网络节点中最重要的资源是缓冲空间和中继线带宽。简化中继线带宽管理的一种方法是利用虚通道 VP。我们知道，VP 可包含多个 VC，VP 信元只基于信头中的 VPI 部分进行中继。如果网络中的每个节点都是通过 VPC 相连的，那么在 CAC 决策中只需考虑可利用的 VPC 带宽。VPC 可将多个 VCC 作为一个整体进行管理，这比管理单个 VCC 要容易得多。

两种基本的管理带宽和缓冲资源的方法是：带宽预留和缓冲器预留。

带宽预留是在端到端路由的每个中间节点上，逐节点申请预留带宽。所有中间节点带宽预留成功，并给出证实响应时，才可传送业务。

对中间节点的缓存器资源管理是通过确保整个突发能够在节点缓冲，网络进而保证整个突发不被丢失。当每个突发到达节点时，节点检测和比较信元所要求的缓冲器(REQ BUF)长度和可利用的缓冲器空间。如果请求的缓冲器长度大于可利用的缓冲器空间，则不受理整个突发；反之，受理整个突发。

4) 反馈控制(FC)

反馈控制是网络和用户所采取的一套操作，这些操作根据网络单元的状态来调节 ATM 连接的业务流量。反馈控制过程与业务类型有关。反馈控制的方法有前向拥塞通知(FCN：Forward Congestion Notification)和反向拥塞通知(BCN：Backward Congestion Notification)两类。

9.5.3　拥塞控制

拥塞是一种不正常的状态，在这种状态下，用户提供给网络的负载接近或超过了网络的设计极限，从而不能保证用户所需的服务质量(QoS)，这种现象主要是由于网络资源受限或突然出现故障所致。造成 ATM 拥塞的网络资源一般包括交换机输入/输出端口、缓冲器、传输链路、ATM 适配层处理器和呼叫接纳控制(CAC)器等，发生拥塞的资源也称为瓶颈或拥塞点。

系统的连接模式、重传策略、认证策略、响应机制和流量控制等应用特性对拥塞都有影响。与应用特性相反，一定的网络特性对控制拥塞可以起到积极作用，如排队策略、服务调度策略、信元废弃策略、路由选择、传播时延、处理时延和连接模式。

拥塞发生时的一个重要现象是服务质量严重下降。图 9.21 显示当提供的负载增加到轻度拥塞区间，网络实际承载的负载因受限于带宽和缓冲资源而到达最大值。当负载继续增

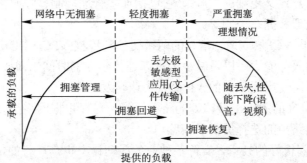

图 9.21　拥塞区域和崩溃示例

加到严重拥塞区间，网络承载的负载因丢失或超长时延而引起重传，造成网络性能严重下降。网络承载的负载在严重拥塞区间的下降程度被称为拥塞崩溃现象。

ATM 网络必须既要处理由于大于系统处理能力的通信量而引起的长期拥塞，又要处理由于通信中的突发性传输而引起的短期拥塞。理想的拥塞控制(Congestion Control)机制是：在不发生拥塞的情况下，使网络负载增加到瓶颈资源的边缘并维持不变，从而最大限度地利用网络资源。

根据拥塞程度不同，拥塞控制包括三个层次：拥塞管理、拥塞回避和拥塞恢复。

在非拥塞区域，拥塞管理工作的目的是确保网络负载不要进入拥塞区域。这种控制策略包括资源分配、废弃型 UPC、完全预约或绝对保证的 CAC 以及网络工程。

拥塞回避是一组实时的控制机制，它可在网络过载期间避免拥塞和从拥塞中恢复。例如某些节点或链路出现故障时，就需要这种机制。拥塞回避程序通常工作在非拥塞区域和轻度拥塞区域之间，或整个轻度拥塞区域内。拥塞回避机制包括前向拥塞通知(ECN)、UPC、过预约 CAC、阻塞式 CAC、基于窗速率信誉的流量控制。

拥塞恢复程序可以避免降低网络已向用户承诺的业务质量。当网络因拥塞开始经受严重的丢失或急剧增加时延时，启动该拥塞恢复程序。拥塞恢复包括选择性信元废弃、UPC 参数的动态设置、严重丢失驱动的反馈或断连(Disconnect)等。

总之，流量控制使网络工作在正常服务范围内，获得更高的网络效率；拥塞控制通过降低网络效率或 QoS 以确保拥塞不会发生。流量控制和拥塞控制功能概要如图 9.22 所示。

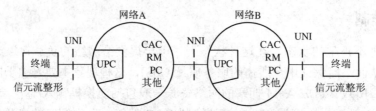

图 9.22　流量控制和拥塞控制功能概要

未来网络的发展是用统一的网络实现宽带多媒体通信。ATM 是实现这一目标的主要技术之一。经过十几年的研究和发展，ATM 技术日趋完善，它的主要贡献表现在：

(1) ATM 技术确保 QoS。为了保证不同业务的 QoS，采取的措施有：在 ATM 网络边缘，定义 AAL 层，以满足不同业务对 QoS 的特殊要求，包括对传输时延、抖动、信元丢失的处理；在 ATM 网络内，ATM 层也对业务进行了分类，按类分配带宽资源，并通过流量管理和控制机制为每一个用户定义更细的 QoS。它包括连接管理控制、呼叫接纳控制、用法参数控制、信元优先级处理和拥塞控制等。

(2) 信元头中包含 VCI 和 VPI，信元的两级交换和连接(VPC/VCC)思想，有利于简化网络结构、增强网络的服务能力，以及减少处理和连接建立的时间。即接入侧使用 VCI 标识精细的接入，而骨干网使用粗粒度的 VP 交换快速转发信息。

(3) ATM 论坛定义的 PNNI 接口处的路由协议，可以根据网络拓扑结构自动更新路由表，为公用骨干网络路由的选择提供了借鉴。

虽然 ATM 是一门很好的技术，支持各种业务在理论上也是可行的，但实际上却存在一些问题，主要问题表现在：

(1) 对大量低速率业务的支持尚不能令人满意，尤其是语音。AAL1 和 AAL2 虽然可以通过部分填充和多个 AAL 用户的复用，实现低速语音等业务的传送，但不能高效地支持端到端的传送。

(2) TCP/IP 业务在 PC 桌面已占主流，在这种情况下，53 字节长的信元用来承载平均长度在 1500 字节左右的 IP 分组，传输效率很低。ATM 桌面应用缺少 ATM 终端系统的 API，ATM 网卡和业务费用较高，ATM 与现有非 ATM 业务特性的一致性也存在问题。在因特网迅猛发展的形势下，组建纯 ATM 网络已不大可能。

ATM 现阶段的用途有两种趋势：一是用 ATM 网作为骨于网，利用 ATM 高速、大容量的优势来承载 IP 业务流。ATM 将根据需要向 MPLS 演进，形成 MPLS 与传统 ATM 混合的网络结构。二是将 ATM 节点逐渐移向网络边缘，利用 ATM 支持多业务的能力优势，扮演多业务接入的角色。ATM 技术在光接入网、移动和卫星网中的应用仍可得到进一步发展。

思 考 题

1. 什么是 ATM？它有何特点？
2. 画出 ATM 协议参考模型，并说明各部分的功能。
3. 为什么 ATM 的协议模型采用立体分层结构？
4. 说明 ATM 网络组成和接口类型。
5. ATM 交换机在网络中的作用是什么？
6. ATM 的逻辑连接包括哪些等级？它们之间的关系如何？
7. 什么是 VP 和 VC 交换？
8. 说明 ATM 信元的组成。ATM 信元头中各功能域的作用是什么？
9. 在 UNI 和 NNI 处，可以支持多少条 VP 和 VC 连接？
10. AAL 层的作用是什么？AAL 支持的业务类型有几类，每一类有什么特征？
11. 在 ATM 网络中，如何保证收发终端的定时关系？
12. AL2 和 AAL1 都能支持语音传送，它们有何不同？比较 AAL3/4 和 AAL5 的异同点。
13. ATM 网络为什么要进行流量控制和拥塞控制？
14. ATM 业务的 QoS 参数有哪些？
15. 为什么 ATM 层也要对业务分类，分成哪些类？如何对不同类型的业务分配带宽？
16. 流量控制和拥塞控制有何不同？流量控制的方法有哪些？

第 10 章　计算机网络及 Internet

当前，计算机技术的应用已成为人们日常生活中的一个重要部分，从管理和控制机器设备到处理文档及管理日常事务，无处不有计算机技术应用的"身影"。计算机技术应用从最早的单台计算机发展到多台计算机互连形成一个区域性的网络，在这个区域的所有计算机可以共享其他设备的软硬件资源，这样，就形成计算机网络。计算机网络是计算机技术和通信技术紧密结合的产物，它涉及到通信与计算机两个领域。

本章将首先介绍计算机网络的发展，接着介绍计算机局域网的工作原理，最后介绍当今世界上规模最大、用户最多、影响最广的互联网 Internet 的工作原理及其提供的业务。

10.1　计算机网络概述

10.1.1　计算机网络发展

自从 1946 年世界上第一台电子计算机 ENIAC(Electronic Numerical Integrator And Computer)问世以来，随着计算机技术的发展，以计算机为主体的各种远程信息处理技术应运而生，计算机与通信的结合也在不断发展。计算机网络就是计算机学科与通信学科紧密结合的产物。

计算机网络的发展主要经历了以下四个阶段。

第一阶段：计算机技术与通信技术相结合，形成计算机网络的雏形。

任何一种新技术的出现都必须具备两个条件，即强烈的社会需求与先期技术的成熟。计算机网络技术的形成与发展也证实了这条规律。1946 年世界上第一台电子数字计算机 ENIAC 在美国诞生时，计算机技术与通信技术并没有直接的联系。50 年代初，由于美国军方的需要，美国半自动地面防空系统 SAGE 进行了计算机技术与通信技术相结合的尝试。它将远程雷达与其他测量设施测到的信息通过总长度达到 241 万千米的通信线路与一台 IBM 计算机连接，进行集中的防空信息处理与控制。这就是典型的以单计算机为中心形成的联机网络，如图 10.1 所示。

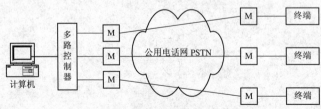

图 10.1　以单计算机为中心形成的网络

1969 年美国国防部高级研究计划署(ARPA：Advanced Research Projects Agency)提出将多个大学、公司和研究所的多台计算机互连成为计算机－计算机网络。网络用户可以通过计算机使用本地计算机的软硬件与数据资源，也可以使用连网的其他地方计算机软硬件与数据资源，以达到计算机资源共享的目的。1969 年 ARPANet 只有 4 个节点，1973 年发展到 40 个节点，1983 年已经达到 100 多个节点。ARPANet 通过有线、无线与卫星通信线路，使网络覆盖了从美国本土到欧洲与夏威夷的广阔地域。ARPANet 是计算机网络技术发展的一个重要的里程碑，它对发展计算机网络技术的主要贡献表现在以下几个方面：

(1) 第一个采用以分组的方式在网络中进行交换和传输；

(2) 首次提出数据以无连接的方式进行传输；

(3) 分组在网络中以自适应选路方式传输到目的端；

(4) 提出了资源子网、通信子网的两级网络结构的概念。

ARPA 网络研究成果对推动计算机网络发展的意义是深远的。在它的基础之上，七、八十年代计算机网络发展十分迅速，出现了大量的计算机网络。

计算机网络的资源子网与通信子网的结构使网络的数据处理与数据通信有了清晰的功能界面。计算机网络可以分成资源子网与通信子网来组建。通信子网可以是专用的，也可以是公用的。为每一个计算机网络都建立一个专用通信子网的方法显然是不可取的，因为专用通信子网造价很高，线路利用率低，重复组建通信子网投资很大，同时也没有必要。随着计算机网络与通信技术的发展，20 世纪 70 年代中期世界上便出现了由国家邮电部门统一组建和管理的公用通信子网，即公用数据网 PDN。早期的公用数据网采用模拟通信的电话通信网，新型的公用数据网采用数字传输技术和报文分组交换方法。典型的公用分组交换数据有美国的 TELENet、加拿大的 DATAPAC、法国的 TRANSPAC、英国的 PSS、日本的 DDX 等。公用分组交换网的组建为计算机网络的发展提供了良好的外部通信条件。

以上我们讲的是利用远程通信线路组建的远程计算机网络，也称为广域网(WAN：Wide Area Network)。随着计算机的广泛应用，局部地区计算机连网的需求日益强烈。20 世纪 70 年代初，一些大学和研究所为实现实验室或校园内多台计算机共同完成科学计算和资源共享的目的，开始了局部计算机网络的研究。1972 年美国加州大学研制了 Newhall 环网；1976 年美国 XEROX 公司研究了总线拓扑的实验性 Ethernet 网；1974 年英国剑桥大学研制了 Cambridge ring 网。这些都为 20 世纪 80 年代多种局部网络产品的出现提供了理论研究与实现技术的基础，对局部网络技术的发展起到了十分重要的作用。

与此同时，一些大的计算机公司纷纷开展了计算机网络研究与产品开发工作，提出了各种网络体系结构与网络协议，如 IBM 公司的 SNA(System Network Architecture)、DEC 公司的 DNA(Digital Network Architecture)与 UNIVAC 公司的 DCA(Distributed Computer Architecture)。

第二阶段：在计算机通信网络的基础上，完成网络体系结构与协议的研究，形成了计算机网络。

计算机网络发展第二阶段所取得的成果对推动网络技术的成熟和应用极其重要，它研究的网络体系结构与网络协议的理论成果为以后网络理论的发展奠定了基础。很多网络系统经过适当修改与充实后仍在广泛使用。目前国际上应用广泛的 Internet 网络就是在 ARPANet 的基础上发展起来的。但是，20 世纪 70 年代后期人们已经看到了计算机网络发展中出现的危机，那就是网络体系结构与协议标准的不统一限制了计算机网络自身的发展和应用。网络体系结构与网络协议标准必须走国际标准化的道路。

第三阶段：在解决计算机连网与网络互连标准化问题的背景下，提出开放系统互连参考模型与协议，促进了符合国际标准的计算机网络技术的发展。

计算机网络发展的第三阶段加速了体系结构与协议国际标准化的研究与应用。国际标准化组织 ISO 的计算机与信息处理标准化技术委员会 TC 97 成立了一个分委员会 SC16，研究网络体系结构与网络协议国际标准化问题。经过多年卓有成效的工作，ISO 正式制定、颁布了"开放系统互连参考模型"(OSI RM：Open System Interconnection Reference Model)，即 ISO/IEC 7498 国际标准。ISO/OSI RM 已被国际社会所公认，成为研究和制定新一代计算机网络标准的基础。20 世纪 80 年代，ISO 与 ITU 等组织为参考模型的各个层次制定了一系列的协议标准，组成了一个庞大的 OSI 基本协议集。我国也于 1989 年在《国家经济系统设计与应用标准化规范》中明确规定选定 OSI 标准作为我国网络建设标准。ISO/OSI RM 及标准协议的制定和完善正在推动计算机网络朝着健康的方向发展。很多大的计算机厂商相继宣布支持 OSI 标准，并积极研究和开发符合 OSI 标准的产品。各种符合 OSI RM 与协议标准的远程计算机网络、局部计算机网络与城市地区计算机网络已开始广泛应用。随着研究的深入，OSI 标准将日趋完善。

如果说远程计算机网络扩大了信息社会中资源共享的范围，那么局部网络则增强了信息社会中资源共享的深度。远程连网技术与微型机的广泛应用推动了局部网络技术研究的发展。

第四阶段：计算机网络向互连、高速、智能化方向发展，并获得广泛的应用。

进入 20 世纪 80 年代末期以来，在计算机网络领域最引人注目的就是起源于美国的 ARPANet，已经发展成世界上规模最大和增长速度最快的国际性计算机互连网络——Internet。Internet 迅猛发展的原因是欧洲原子核研究组织 CERN 开发的万维网 WWW(World Wide Web)使用在 Internet 上，大大方便了广大非网络专业人员对网络的使用，成为 Internet 的这种指数级增长的主要动力。

Internet 是覆盖全球的信息基础设施之一，对于用户来说，它像是一个庞大的远程计算机网络。用户可以利用 Internet 实现全球范围的电子邮件、电子传输、信息查询、语音与图像通信服务功能。实际上 Internet 是一个用路由器(Router)实现多个远程网和局域网互连的网际网，它将对推动世界经济、社会、科学、文化的发展产生不可估量的作用。

计算机网络技术的迅速发展和广泛应用必将对 21 世纪的经济、教育、科技、文化的发展产生重要影响。

10.1.2 计算机网络的功能、组成和分类

计算机网络要完成数据处理与数据通信两大基本功能，那么从它的结构上必然可以分成两个部分：负责数据处理的计算机和终端，负责数据通信的通信控制处理机 CCP(Communication Control Processor)和通信线路。从计算机网络组成角度来分，典型的计算机网络在逻辑上可以分为两个子网：资源子网和通信子网。

1. 计算机网络概念

计算机网络是利用通信线路将地理位置分散的、具有独立功能的许多计算机系统连接

起来，按照某种协议进行数据通信，以实现资源共享的信息系统。

2．计算机网络的功能

计算机网络既然是以共享为主要目标，那么它应具备下述几个方面的功能。

1）数据通信

数据通信功能实现计算机与终端、计算机与计算机间的数据传输，这是计算机网络的基本功能。

2）资源共享

网络上的计算机彼此之间可以实现资源共享，包括软硬件和数据。信息时代的到来，资源的共享具有重大的意义。首先，从投资考虑，网络上的用户可以共享网上的打印机、扫描仪等，这样就节省了资金。其次，现代的信息量越来越大，单一的计算机已经不能将其存储，只能分布在不同的计算机上，网络用户可以共享这些信息资源。再次，现在计算机软件层出不穷，在这些浩如烟海的软件中，不少是免费共享的，这是网络上的宝贵财富。任何连入网络的人，都有权利使用它们。资源共享为用户使用网络提供了方便。

3）实现分布式处理

网络技术的发展，使得分布式计算成为可能。对于大型的课题，可以分为许许多多的小题目，由不同的计算机分别完成，然后再集中起来解决问题。

由此可见，计算机网络可以大大扩展计算机系统的功能，扩大其应用范围，提高可靠性，为用户提供方便，同时也减少了费用，提高了性能价格比。

3．计算机网络的分类

计算机网络可按不同的标准进行分类。

(1) 按网络节点分布，计算机网络可分为局域网(LAN：Local Area Network)、广域网(WAN：Wide Area Network)和城域网(MAN：Metropolitan Area Network)。

局域网是一种在小范围内实现的计算机网络，一般在一个建筑物内、一个工厂内或一个事业单位内，为单位独有。局域网距离可在十几千米以内，信道传输速率可达 1000 Mb/s，结构简单，布线容易。广域网范围很广，可以分布在一个省内、一个国家内或几个国家之间。广域网连网技术、结构比较复杂。城域网是在一个城市内部组建的计算机信息网络，提供全市的信息服务。目前，我国许多城市均已建成城域网。

(2) 按交换方式计算机网络可分为电路交换网络(Circuit Switching)、报文交换网络(Message Switching)和分组交换网络(Packet Switching)等。

(3) 按网络拓扑结构计算机网络可分为星型网络、树型网络、总线型网络、环型网络和网状网络等。应该指出，在实际组网中，拓扑结构不一定是单一的，通常是几种结构的混用。

10.2　计算机局域网

10.2.1　计算机局域网体系结构

1．计算机局域网的技术特点

计算机局域网 LAN 产生于 20 世纪 60 年代末。20 世纪 70 年代出现了一些实验性的网络，到 80 年代，局域网的产品已经大量涌现，其典型代表就是 Ethernet。近年来，随着社会信息化的发展，计算机局域网技术得到很大的进步，其应用范围也越来越广。

计算机局域网主要有以下特点：

(1) 局域网覆盖有限的地理范围，它适用于机关、公司、校园、军营、工厂等有限范围内的计算机、终端与各类信息处理设备连网的需求；

(2) 局域网具有较高的数据传输速率(10～100 Mb/s)、低误码率($<10^{-8}$)的高质量数据传输环境；

(3) 局域网一般属于一个单位所有，易于建立、维护和扩展。

决定局域网特性的主要技术要素是网络拓扑结构、传输介质与介质访问控制方法。

2．计算机局域网的参考模型

美国电气和电子工程师学会 IEEE 802 课题小组为计算机局域网制定了许多标准，大部分得到国际标准化组织的认可。

IEEE 802 标准遵循 ISO/OSI 参考模型的原则，确定最低两层——物理层和数据链路层的功能以及与网络层的接口服务、网络互连有关的高层功能。要注意的是，按 OSI 的观点，有关传输介质的规格和网络拓扑结构的说明，应比物理层还低，但对局域网来说这两者却至关重要，因而在 IEEE 802 模型中，包含了对两者详细的规定，图 10.2 是局域网参考模型与 OSI 参考模型的对比。

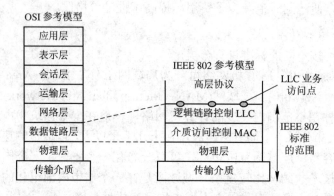

图 10.2　IEEE 802 参考模型与 OSI 模型的比较

局域网参考模型只用到 OSI 参考模型的最低两层：物理层和数据链路层。数据链路层分为两个子层，媒介接入控制 MAC 和逻辑链路控制 LLC。物理媒介、介质访问控制方法等对网络层的影响在 MAC 子层已完全隐蔽起来了。数据链路层与媒介接入无关的部分都集中在逻辑链路控制 LLC 子层。

MAC 子层主要有如下功能：

(1) 将上层来的数据封装成帧进行发送，接收时进行相反的过程；

(2) 实现和维护 MAC 协议；

(3) 比特差错检测。

LLC 子层主要有如下功能：

(1) 建立和释放数据链路层的逻辑连接；

(2) 提供与高层的接口；

(3) 差错控制；

(4) 给帧加上序号。

3. IEEE 802 标准

IEEE 802 标准包括以下主要部分：

(1) IEEE 802.1 概述、系统结构和网络互连，以及网络管理和性能测量。

(2) IEEE 802.2 逻辑链路控制。这是高层协议与任何一种局域网 MAC 子层的接口。

(3) IEEE 802.3 CSMA/CD。定义 CSMA/CD 总线网的 MAC 子层和物理层的规约。

(4) IEEE 802.4 令牌总线网。定义令牌传递总线网的 MAC 子层和物理层的规约。

(5) IEEE 802.5 令牌环形网。定义令牌传递环形网的 MAC 子层和物理层的规约。

(6) IEEE 802.11 无线局域网。

4. 令牌环访问控制法(Token Ring)

Token Ring 是令牌通行环(Token Passing Ring)的简写。其主要技术指标是：网络拓扑为环形布局，基带网，数据传送速率为 4 Mb/s，采用单个令牌(或双令牌)的令牌传递方法。 环型网络的主要特点是只有一条环路，信息单向沿环流动，无路径选择问题。

令牌(Token)也叫通行证，它具有特殊的格式和标记，是一个 1 位或几位二进制数组成的码。举例来说，如果令牌是一个字节的二进制数"11111111"，则该令牌沿环形网依次向每个节点传递，只有获得令牌的节点才有权利发送信包。令牌有"忙"和"空"两个状态。"11111111"为空令牌状态。当一个工作站准备发送报文信息时，首先要等待令牌的到来，当检测到一个经过它的令牌为空令牌时，即以"帧"为单位发送信息，并将令牌置为"忙"("00000000")标志附在信息尾部向下一站发送。下一站用按位转发的方式转发经过本站但又不属于由本站接收的信息。由于环中已经没有空闲令牌，因此其他希望发送的工作站必须等待。

接收过程：每一站随时检测经过本站的信包，当查到信包指定的地址与本站地址相符时，则一面拷贝全部信息，一面继续转发该信息包。环上的帧信息绕网一周，由源发送点予以收回。按这种方式工作，发送权一直在源站点控制之下，只有发送信包的源站点放弃发送权，把 Token 置"空"后，其他站点得到令牌才有机会发送自己的信息。

令牌方式在轻负载时，由于发送信息之前必须等待令牌，加上规定由源站收回信息，大约有 50%的环路在传送无用信息，所以效率较低。然而在重负载环路中，令牌以"循环"方式工作，故效率较高，各站机会均等。令牌环的主要优点在于它提供的访问方式是可调整的，它可提供优先权服务，具有很强的实时性。其主要缺点在于它需有令牌维护要求，避免令牌丢失或令牌重复，故这种方式控制电路较为复杂。

5. 令牌总线访问控制法(Token Bus)

Token Bus 是令牌通行总线(Token Passing Bus)的简写。这种方式主要用于总线型或树型网络结构中。1976 年美国 Data Point 公司研制成功的 ARCNet (Attached Resource Computer)综合了令牌传递方式和总线网络的优点，在物理总线结构中实现令牌传递控制方法，从而构成一个逻辑环路。此方式也是目前微机局域中的主流介质访问控制方式。

ARCNet 网络把总线或树型传输介质上的各工作站形成一个逻辑上的环，即将各工作站置于一个顺序的序列内(例如可按照接口地址的大小排列)。方法可以是在每个站点中设一个网络节点标识寄存器 NID，初始地址为本站点地址。网络工作前，要对系统初始化，以形成逻辑环路。其主要过程是：网中最大站号 N 开始向其后继站发送"令牌"信包，目的站号为 N+1，若在规定时间内收到肯定的信号 ACK，则 N+1 站连入环路，否则继续向下询问(该网中最大站号为 N=255，N+1 后变为 0，然后 N+1 又等于 1，2，3，…)，凡是给予肯定回答的站都可连入环路并将给予肯定回答的后继站号放入本站的 NID 中，从而形成了一个封闭逻辑环路，经过一遍轮询过程，网络各站标识寄存器 NID 中存放的都是其相邻的下游站地址。

逻辑环形成后，令牌的逻辑中的控制方法类似于 Token Ring。在 Token Bus 中，信息是按双向传送的，每个站点都可以"听到"其他站点发出的信息，所以令牌传递时都要加上目的地址，明确指出下一个将要接收令牌的站点。令牌总线避免冲突的方法是，除了当时得到令牌的工作站之外，所有的工作站只收不发，只有收到令牌后才能开始发送。

Token Bus 方式的最大优点是具有极好的吞吐能力，且吞吐量随数据传输速率的增高而增加并随介质的饱和而稳定下来，但并不下降；各工作站不需要检测冲突，故信号电压容许较大的动态范围，连网距离较远；有一定实时性，在工业控制中得到了广泛应用，如 MAP 网用的就是宽带令牌总线。其主要缺点在于其复杂性和时间开销较大，工作站可能必须等待多次无效的令牌传送后才能获得令牌。

上述两种访问控制法已得到国际认可，并形成 IEEE 802 计算机局域网标准。

10.2.2　以太网 Ethernet

IEEE 802.3 定义了一种基带总线局域网标准，其速率为共享总线 10 Mb/s。标准包含 MAC 子层和物理层的内容。

根据物理层介质的不同 Ethernet 可分为 10 Base-2(基带粗同轴)、10 Base-5(基带细铜轴)、10 Base-T(基带双绞线)、10 Base-FL(基带光纤)几种类型。在 MAC 子层，共享介质的访问控制采用 CSMA/CD 协议(Carrier Sense Multiple Access with Collision Detection)。由于历史的原因，人们习惯上将采用 IEEE 802.3 标准的局域网称为 Ethernet。

1. 带有碰撞检测的载波侦听多点访问法(CSMA/CD)

CSMA/CD 含有两方面的内容，即载波侦听(CSMA)和冲突检测(CD)。CSMA/CD 访问控制方式主要用于总线型和树型网络拓扑结构，基带传输系统。信息传输是以"包"为单位，简称信包，发展为 IEEE 802.3 基带 CSMA/CD 局域网标准。

CSMA/CD 的设计思想如下：

1) 侦听(监听)总线

查看信道上是否有信号是 CSMA 系统的首要问题，各个站点都有一个"侦听器"，用来测试总线上有无其他工作站正在发送信息(也称为载波识别)，如果信道已被占用，则此工作站等待一段时间后再争取发送权；如果侦听总线是空闲的，没有其他工作站发送的信息就立即抢占总线进行信息发送。查看信号的有无称为载波侦听，而多点访问指多个工作站共同使用一条线路。

CSMA 技术中要解决的另一个问题是侦听信道已被占用时，等待的一段时间如何确定。通常采用以下两种方法：

方法一：当某工作站检测到信道被占用后，继续侦听下去，一直等到发现信道空闲后，立即发送，这种方法称为持续的载波侦听多点访问。

方法二：当某工作站检测到信道被占用后，就延迟一个随机时间，然后再检测，不断重复上述过程，直到发现信道空闲后，开始发送信息，这种方法称为非持续载波侦听多点访问。

2) 冲突检测(碰撞检测)

当信道处于空闲时，某一个瞬间，如果总线上两个或两个以上的工作站同时都想发送信息，那么该瞬间它们都可能检测到信道是空闲的，同时都认为可以发送信息，从而一齐发送，这就产生了冲突(碰撞)；另一种情况是某站点侦听到信道是空闲的，但这种空闲可能是较远站点已经发送了信包(由于在传输介质上信号传送的延时，信包还未传送到此站点的缘故)，如果此站点又发送信息，则也将产生冲突，因此消除冲突是一个重要的问题。

首先可以确认，冲突只有在发送信包以后的一段短时间内才可能发生， 因为超过这段时间后，总线上各站点都可能听到是否有载波信号在占用信道，这一小段时间称为碰撞窗口或碰撞时间间隔。如果线路上最远两个站点间信包传送延迟时间为 d，碰撞窗口时间一般取为 2d。冲突检测的方法有两种：比较法和编码违例判决法。

所谓比较法，是指发送节点在发送数据同时，将其发送信号波形与从总线上接收到的信号波形进行比较。如果总线上同时出现两个或两个以上的发送信号，则它们叠加后的信号波形将不等于任何节点发送的信号波形。当发送节点发现自己发送的信号波形与从总线上接收到的信号波形不一致时，表示总线上有多个节点同时发送数据，冲突已经产生。所谓编码违例判决法，是指只检测从总线上接收的信号波形。如果总线只有一个节点发送数据，则从总线上接收到的信号波形一定符合差分曼彻斯特编码规律。因此，判断总线上接收信号电平跳变规律同样也可以检测是否出现了冲突。

3) 冲突加强

如果在发送数据帧过程中检测出冲突，在 CSMA/CD 介质存取方法中，首先进入发送"冲突加强信号(Jamming Signal)"阶段。CSMA/CD 采用冲突加强措施的目的是确保有足够的冲突持续时间，以使网中所有节点都能检测出冲突存在，废弃冲突帧，减少因冲突浪费的时间，提高信道利用率。冲突加强中发送的阻塞(JAM)信号一般为 4 字节的任意数据。

4) 重新发送数据

完成"冲突加强"过程后，节点停止当前帧发送，进入重发状态。进入重发状态的第一步是计算重发次数。IEEE 802.3 协议规定一个帧最大重发次数为 16 次。如果重发次数超过 16 次，则认为线路故障，系统进入"冲突过多"结束状态。如重发次数 N≤16，则允许节点随机延迟后再重发。

在计算后退延迟时间，并且等待后退延迟时间到之后，节点将重新判断总线忙、闲状态，重复发送流程。

如果在发送数据帧过程中没有检测出冲突，在数据帧发送结束后，进入结束状态。

CSMA/CD 的发送流程可简单地概括成四点：先听后发，边发边听，冲突停止，随机延迟后重发。其流程见图 10.3。

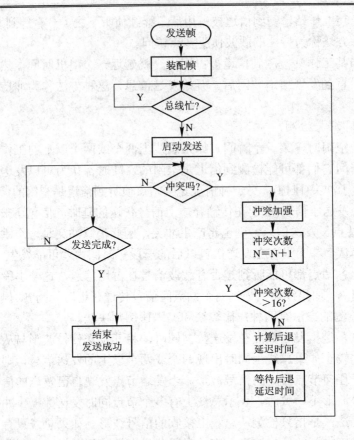

图 10.3　CSMA/CD 工作流程

从以上可以看出，任何一个节点发送数据都要通过 CSMA/CD 方法去竞争总线使用权，从它准备发送到成功发送的发送等待延迟时间是不确定的。因此 CSMA/CD 方法为随机竞争型介质访问控制方法。

2. Ethernet 帧结构

1) MAC 地址

MAC 地址也叫物理地址、硬件地址或链路地址，由网络设备制造商生产时写在硬件内部。这个地址与网络无关，也即无论将带有这个地址的硬件(如网卡、集线器、路由器等)接入到网络的何处，它都有相同的 MAC 地址，MAC 地址一般不可改变，不能由用户自己设定。

MAC 地址的长度为 48 位(6 个字节)，通常表示为 12 个十六进制数，每两个十六进制数之间用冒号隔开，如 AA:BB:CC:DD:EE:FF 就是一个 MAC 地址，其中前 6 位十六进制数 08:00:20 代表网络硬件制造商的编号，它由 IEEE 分配，而后 3 位十六进制数 0A:8C:6D 代表该制造商所制造的某个网络产品(如网卡)的系列号。每个网络制造商必须确保它所制造的每个以太网设备都具有相同的前三字节以及不同的后三个字节。这样就可保证世界上每个以太网设备都具有惟一的 MAC 地址。

2) 介质访问控制 MAC 子层的帧格式

IEEE 802.3 协议规定的介质访问控制 MAC 子层的帧格式如图 10.4 所示。

7字节	1字节	6字节	6字节	2字节	≥0	≥0	4字节
前导码	SFD	DA	SA	长度	LLC 数据	填充	FCS

图 10.4　IEEE 802.3 MAC 帧格式

它包括以下字段：

(1) 前导码：由 7 个 8 位字节组成，用于确保接收端的接收比特同步。前导码的 56 位比特序列是 101010…10。

(2) 帧前定界符 SFD：由一个 8 位的字节组成，其比特序列为 10101011。前导码与帧前定界符构成 62 位 101010…10 比特序列和最后两位的 11 比特序列。设计时规定前 62 位 1 和 0 交替是比特序列的目的，是使收、发双方进入稳定的比特同步状态。接收端在收到后两比特 1 时，标志在它之后应是目的地址段。

(3) 目的地址 DA：指明该帧的接收者，标准允许 2 字节和 6 字节两种长度的地址形式，但 10M 基带以太网只使用 6 字节地址。目的地址的最高位标识地址的性质，"0" 代表这是一个普通地址，"1" 代表这是一个群地址，用于实现多播通信(Multicast)。目的地址取值为全 "1" 则代表这是一个广播帧。

(4) 源地址 SA：帧的发送节点地址，其长度必须与目的地址相同。

(5) 长度：由两个 8 位的字节组成，用来指示 LLC 数据字段的长度。

(6) LLC 数据：用于传送介质访问控制 MAC 子层的高层逻辑链路控制子层 LLC 的数据。IEEE 802.3 协议规定 LLC 数据的长度在 46～1500 字节之间。如果 LLC 数据的长度少于 46 字节，则需要加填充字节，补充到 46 字节。

(7) 帧校验 FCS：采用 32 位的 CRC 校验。校验的范围是目的地址、源地址、长度、LLC 数据等。

CSMA/CD 方式的主要特点是：原理比较简单，技术较易实现，网络中各工作站处于同等地位，不要集中控制，但这种方式不能提供优先级控制，各节点竞争总线，不能满足远程控制所需要的确定延时和绝对可靠性的要求。此方式效率高，但当负载增大时，发送信息的等待时间较长。

3) 以太网物理层介质

对于具体可选用的物理层的实现方案，IEEE 802.3 制定了以下一个简明的表示法：

<以 Mb/s 为单位的传输速率> <信号调制方式><以百米为单位的网段的最大长度>

例如 10 Base-2，10 代表传输速率是 10 Mb/s，Base 代表采用基带信号方式，2 代表一个网段的长度是 200 米。

表 10.1 描述了 IEEE 802.3 10 Mb/s 采用不同物理层介质的性能比较。

表 10.1　IEEE 802.3 10 Mb/s 物理层介质比较

	10 Base-5	10 Base-2	10 Base-T	10 Base-F
传输介质	同轴电缆(粗)	同轴电缆(细)	非屏蔽双绞线	850nm 光纤对
编码技术	基带(曼彻斯特码)	基带(曼彻斯特码)	基带(曼彻斯特码)	基带(曼彻斯特码)
拓扑结构	总线	总线	星型	星型
最大段长/m	500	185	100	500
每段最大节点数	100	30	—	33
线缆直径	10 mm	5 mm	0.4～0.6 mm	62.5/125 μm

4) 百兆以太网

百兆以太网指 100 Base-T 或快速 Ethernet, IEEE 802.3 委员会于 1995 制订了快速 Ethernet 标准 IEEE 802.3 μ，该新标准作为对 IEEE 802.3 的补充和扩充，保持了和原有标准的兼容性。

快速 Ethernet 在 MAC 子层仍然使用 CSMA/CD 协议，帧结构和帧的最小长度也保持不变，但帧的发送间隔从 9.6 μs 减少到 0.96 μs，以支持在共享介质上 100 Mb/s 基带信号的传输速率。

快速 Ethernet 标准也定义了多种物理介质的选项规范，它们都要求在两个节点之间使用两条物理链路：一条用于信号发送，另一条用于信号接收。其中，100 Base-TX 要求使用一对屏蔽双绞线(STP)或五类无屏蔽双绞线(UTP)，100 Base-FX 使用一对光纤，100 Base-T4 使用 4 对三类或五类 UTP，它主要是为目前存在的大量话音级的 UTP 设计的。

快速 Ethernet 与传统 Ethernet 保持了很好的兼容性，用户只需要更换一块 100M 网卡和相关的互连设备，就可以将网络升级到 100 Mb/s，网络的拓扑结构和上层应用软件均可以保持不变，目前大多数 100M 网卡均支持自动协商机制，可以自动识别 10 M 或 100 M 的网络，确定自己的实际工作速率。

5) 千兆 Ethernet

千兆 Ethernet 标准在 IEEE 802.3 委员会制定的 IEEE 802.3z 中定义，它与 Ethernet 和快速 Ethernet 工作原理相同，在定义新的介质和传输规范时，千兆 Ethernet 保留了 CSMA/CD 协议和 MAC 帧格式，帧间隔则提升到 0.096 μs。

目前千兆 Ethernet 标准包含的主要物理层介质选项如下：

(1) 1000 Base-LX：使用 62.5 μm 或 50 μm 多模光纤，最长网段距离为 550 m，采用 1 μm 单模光纤，最长网段距离为 5 km。工作波长范围为 1270～1355 nm。

(2) 1000 Base-SX：使用 62.5 μm 多模光纤，最长网段距离为 275 m，采用 50 μm 多模光纤，最长网段距离为 550 m。工作波长范围为 770～860 nm。

(3) 1000 Base-T：使用 4 对五类 UTP，最长网段距离为 100 m。

上述选项中除 1000 Base-T 使用 4D-PAM5 编码方案外，其他都使用 8B/10B 方案。目前来看，千兆 Ethernet 技术主要应用于两个方面：

(1) 在局域网方面：主要用于组建网络骨干，在局域网交换机到交换机的互连中使用千兆 Ethernet 接口，例如，长距离使用光纤，短距离则使用铜线，以解决由于 100 兆 Ethernet 普及后，对骨干网带宽的压力。在局域网中的另外一个应用是交换机至信息服务器的连接，以解决信息访问瓶颈。

(2) 在广域网和城域网中：由于千兆 Ethernet 与 ATM 技术相比，不但技术简单，而且成本低，提供宽带的能力也强于 ATM，由于与现有的企业、机构局域网互通简单，因而它目前也被广泛用于组建基于 IP 的城域网和 IP 广域骨干网。

10.2.3 网络互连设备

网络互连是把网络与网络连接起来，在用户之间实现跨网络的通信与操作技术。数据在网络中是以分组的形式传递的，但不同网络的分组，其格式也是不一样的。如果在不同的分组网络间传送数据，由于分组格式不同，导致数据无法传送，于是网络间连接设备就充当"翻译"的角色，将一种网络中的"分组"转换成另一种网络的"分组"。

分组在网络间的转换与 OSI 的七层模型关系密切。如果两个网络间的差别程度小，则需转换的层数也少。中继器在物理层实现转换，网桥在数据链路层实现转换，路由器在网络层实现转换，在运输层或运输层以上实现的转换称为网关。

为更好地解释网络互连技术，我们先解释下面三个术语：

网段：连接在同一共享介质上，相互能听到对方发出的广播帧，处在同一冲突碰撞区域的站点组成的网络区域。

冲突域：在共享介质型局域网中，会发生冲突碰撞的区域称为一个冲突域。在一个冲突域中，同时只能有一个站点发送数据。

广播域：当局域网上任意一个站点发送广播帧时，凡能收到广播帧的区域称为广播域，这一区域中的所有站点称为处在同一个广播域。

1．中继器

在一种网络中，每一网段的传输媒介均有其最大的传输距离(如细缆最大网段的长度为 185 m，粗缆的为 500 m 等)，超过这个长度，传输介质中的数据信号就会衰减。如果需要比较长的传输距离，就需要安装一个叫做"中继器"的设备。

中继器可以"延长"网络的距离，在网络数据传输中起到放大信号的作用。数据经过中继器，不需进行数据包的转换。中继器连接的两个网络在逻辑上是同一个网络。

考虑到电缆的衰减和时延等因素，网络距离不能无限制地扩大。IEEE 802.3 标准规定：以太网中任意两个站点之间最多可以有 4 个中继器。

中继器的主要优点是安装简单，使用方便，价格相对低廉。它不仅起到扩展网络距离的作用，还可将不同传输介质的网络连接在一起。中继器工作在物理层，对于高层协议完全透明。

2．网桥与交换机

网桥与交换机一样，在数据链路层完成帧的转发，我们以网桥为例进行网络互连的论述。

网桥出现在 20 世纪 80 年代早期，是一种用于连接同类型局域网的双端口设备。网桥工作在 MAC 层(第二层)，由于所有设备都使用相同的协议，因此，它所做的工作很简单，就是根据 MAC 帧中的目的 MAC 地址转发帧，不对所接收的帧做任何修改。通过网桥互连在一起的局域网是个一维平面网络，即属于同一个广播域。

网桥在数据链路层实现网络互连，我们知道，局域网的数据链路层分成了 LLC 子层和 MAC 子层，网桥实际上是在 MAC 子层实现局域网的互连。如图 10.5 所示的是用网桥实现局域网互连的一个例子。网桥有三个端口，分别连接 IEEE 802.3、IEEE 802.4、IEEE 802.5 三个不同类型的局域网。

网桥扩大了网络的规模，提高了网络的性能，给网络应用带来了方便。但网桥互连也带来了不少问题：第一个问题是，广播风暴，网桥不阻挡网络中广播消息，当网络的规模较大时(几个网桥，多个以太网段)，有可能引起广播风暴(Broadcasting Storm)，导致整个网络全被广播信息充满，直至完全瘫痪。第二个问题是，当与外部网络互连时，网桥会把内部和外部网络合二为一，成为一个网，双方都自动向对方完全开放自己的网络资源。这种互连方式在与外部网络互连时显然是难以接受的。问题的主要根源是网桥只是最大限度地把网络沟通，而不管传送的信息是什么。

图 10.5　用网桥实现的局域网互连

3. 路由器

路由器出现在 20 世纪 80 年代末，是一种用于互连不同网络的通用设备，工作在 OSI/RM 的第三层(目前均指 IP 层)，能够处理不同网络之间的差异，如处理编址方式、帧的最大长度、接口等方面的差异，其功能远比网桥复杂。常规的网桥除了不能互连异构网络外，还不能解决局域网中大量广播分组带来的广播风暴问题。通过路由器互连的局域网被分割成不同的 IP 子网，每一个 IP 子网是一个独立的广播域。

引入路由器主要有两个优点：一是利用网络层地址转发分组，路由器可以有效地隔离广播风暴，改善局域网的工作性能；二是利用路由器可以方便地实现管理域的独立。传统路由器的分组转发功能是由软件来实现的，因而主要缺点是分组的转发速度慢，当经由多个路由器通信时，传输时延较大。

路由器工作在 OSI 模型的第三层(网络层)，因此它与高层协议有关；又由于它比网桥更高一层，因此智能性更强。它不仅具有传输能力，而且有路径选择能力。路由器互连的网络如图 10.6 所示。

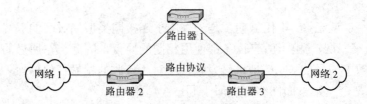

图 10.6　路由器互连的网络

路由器深入到数据包中，阅读每个数据包中包含的信息，使用复杂的网络寻址过程来判断适当的网络目标。在从一个网络向另一个网络发送数据包时，丢弃了数据外层，重新打包并重新传输数据。

路由器在工作时需要一个路由表，它使用这些表来识别其他网络，以及通往其他网络的路径和最有效的选择方法。路由器与网桥不同，它并不是使用路由表来找到其他网络中指定设备的地址，而是依靠其他的路由器来完成此任务。也就是说，网桥是根据路由表来转发或过滤信息包，而路由器是使用它的信息来为每一个信息包选择最佳路径。静态路由器需要管理员来修改所有网络的路由表，它一般只用于小型的网间互连；而动态路由器能根据指定的路由协议来完成修改路由器信息。使用这些协议，路由器能自动地发送这些信息，所以一般大型的网间连接均使用动态路由器。与网桥不同，路由器不要求在两个网络之间维持永久的连接。路由器仅在需要时建立新的或附加的连接，用以提供动态的带宽或拆除空闲的连接。此外，当某条路径被拆除或因拥挤而阻塞时，路由器会提供一条新的链路完成通信。路由器还能够提供传输的优先权服务，给每一种路由配置提供最便宜或最快速的服务，这些功能都是网桥所没有的。

4．网关

网关能够在 OSI 模型中的所有七个层次上工作，网关就是一个协议转换器。网关可接收某种协议分组格式的分组，然后在转发之前将其分组转换成为另外一种协议的格式。在计算机网络中，习惯将第三层的网关，称为路由器。

一种情况下，网关负责将一种协议转换为另一种协议。在某些情况下，惟一必要的修改就是分组的首部和尾部。在另外一种情况下，网关必须调整数据率、分组长度以及格式。

5．网络互连设备应用实例

我们以一个企业网络结构为例介绍网络互连设备的应用。图 10.7 所示为某企业网络拓扑结构。

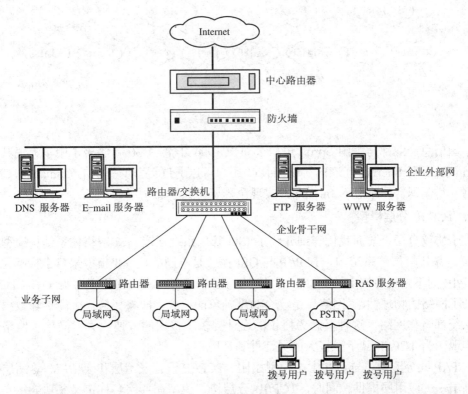

图 10.7　实际的企业网络示例

10.3　Internet 基本概念

10.3.1　互联网结构及协议模型

1．Internet 结构

Internet 一般指公共计算机互联网，它满足三个特点：地理位置分散，管理上独立自治，以资源共享为目的。如不加特别说明，目前可以认为计算机网络就是 Internet 的同义词。

图 10.8 为全球 Internet 的网络结构，粗略分为三层：第一层 ISP(国家间网络互联)，第二层 ISP(地区 ISP)，第三层 ISP(本地 ISP)。其中第一层 ISP 之间的地位平等，第二层 ISP 通常连接一个或多个第一层 ISP，也可能与其它第二层 ISP 直连，第三层 ISP 通常是 Internet 的接入网，它最靠近用户端系统。

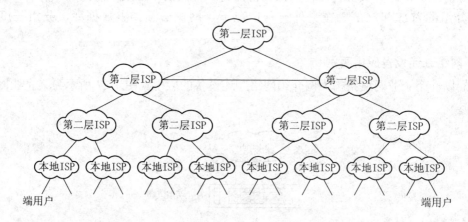

图 10.8　Internet 网络结构

中国信息产业部与美国 Sprint 电信公司于 1994 年 8 月 30 日签署了中华人民共和国通过 Sprint Link 与 Internet 互连的协议。目前，用户可以通过运营商提供的 ChinaNet、CERNet、金桥网、科学网等网络进入 Internet，实现全球资源共享。

2．TCP/IP 分层模型

关于协议分层，前面我们详细介绍了 ISO 开放系统互连 OSI 网络体系结构模型，同样 TCP/IP 也采用分层体系结构。TCP/IP 与 OSI 模型是不同的，OSI 模型来自于标准化组织，而 TCP/IP 则不是人为制定的标准，而是产生于 Internet 网的研究和应用实践中。TCP/IP 完全撇开了网络的物理性，"网络"是一个高度抽象的概念，即将任何一个能传输数据分组的通信系统都看作网络。这种概念为协议的设计提供了极大的方便，大大简化了网络互连技术的实现，为 TCP/IP 赋予了极大的灵活性和适应性。

TCP/IP 共分五层。与 OSI 七层模型相比，TCP/IP 没有表示层和会话层，这两层的功能由最高层——应用层提供。同时，TCP/IP 分层协议模型在各层名称定义及功能定义等方面与 OSI 模型也存在着差异。

TCP/IP 是由许多协议组成的协议族，其详细的协议分类如图 10.9 所示。图中同时给出了 OSI 模型的对应层。对于 OSI 模型的物理层和数据链路层，TCP/IP 不提供任何协议，由网络接入层协议负责。对于网络层，TCP/IP 提供了一些协议，但主要是 IP 协议，对于运输层，TCP/IP 提供了两个协议：传输控制协议 TCP 和用户数据协议 UDP；对于应用层，TCP/IP 提供了大量的协议，作为网络服务，如 Telnet、FTP 等。

应用层	Telenet	Ftp	Smtp	DNS	TFTP	NFS	SNMP
运输层	TCP			UDP			
网络层	IP层（ARP、RARP、ICMP）						
数据链路层	网络接入层						
物理层	物理层						

图 10.9　TCP/IP 族

TCP/IP 的主要特点如下：

(1) 高可靠性。TCP/IP 采用重新确认的方法保证数据的可靠传输，并采用"窗口"流量控制机制得到进一步保证。

(2) 安全性。为建立 TCP 连接，在连接的每一端都必须与该连接的安全性控制达成一致。IP 协议在它的控制分组头中有若干字段允许有选择地对传输的信息实施保护。

(3) 灵活性。TCP/IP 要求下层支持该协议，而对上层应用协议不作特殊要求。因此，TCP/IP 的使用不受传输媒体和网络应用软件的限制。

3．TCP/IP 模型各层功能

1) 应用层

TCP/IP 应用层为用户提供访问 Internet 的一组应用高层协议，即一组应用程序，如 FTP、Telnet 等。

应用层的作用是对数据进行格式化，并完成应用所要求的服务。数据格式化的目的是便于传输与接收。

严格地说，应用程序并不是 TCP/IP 的一部分，只是由于 TCP/IP 对此制定了相应的协议标准，所以将它们作为 TCP/IP 的内容。实际上，用户可以在 Internet 之上(运输层之上)建立自己的专用程序。设计使用这些专用应用程序要用到 TCP/IP，但不属于 TCP/IP。

2) 运输层

TCP / IP 运输层的作用是提供应用程序间(端到端)的通信服务。为实现可靠传输，该层协议规定接收端必须向发送端发回确认；若有分组丢失时，必须重新发送。该层提供了以下两个协议：

(1) 传输控制协议 TCP：负责提供高可靠的数据传送服务，主要用于一次传送大量报文，如文件传送等。

(2) 用户数据协议 UDP：负责提供高效率的服务，用于一次传送少量的报文，如数据查询等。TCP/IP 运输层的主要功能是：格式化信息，提供可靠传输。

3) IP 层

TCP/IP 网络层的核心是 IP 协议，同时还提供多种其他协议。IP 协议提供主机间的数据传送能力，其他协议提供 IP 协议的辅助功能，协助 IP 协议更好地完成数据报文传送。

IP 层的主要功能有三点：

(1) 处理来自运输层的分组发送请求。收到请求后，将分组装入 IP 数据报，填充报头，选择路由，然后将数据报发往适当的网络接口。

(2) 处理输入数据报。首先检查输入的合法性，然后进行路由选择。假如该数据报已到达目的地(本机)，则去掉报头，将剩下的部分(即运输层分组)交给适当的传输协议；假如该数据报未到达目的地，则转发该数据报。

(3) 处理差错与控制报文。处理路由、流量控制、拥塞控制等问题。

网络层提供的其他协议主要有：

(1) 地址解析协议 ARP：用于将 Internet 地址转换成物理地址；

(2) 反向地址解析协议 RARP：与 ARP 的功能相反，用于将物理地址转换成 Internet 地址；

(3) 网间控制信息协议 ICMP：用于报告差错和传送控制信息，其控制功能包括：差错控制、拥塞控制和路由控制等。

4) 网络接入层

网络接入层是 TCP/IP 协议软件的最低一层，主要功能是负责接收 IP 分组，并且通过特定的网络进行传输，或者从网络上接收物理帧，抽出 IP 分组，上交给运输层。

网络接入主要有两种类型：第一种是设备驱动程序(如，机器直接连到局域网的网络接入)；第二种是专用数据链路协议子系统(如 X.25 中的网络接入)。

10.3.2　IP 编址方式

在计算机技术中，地址是一种标识符，用于标识系统中的某个对象，不同的物理网络技术有不同的编址方式。IP 网络技术是将不同物理网络技术统一起来的高层软件技术，在统一的过程中，首先要解决的问题就是地址的统一。对于地址，首先的要求是唯一性，即在同一系统中一个地址只能对应一台主机(一台主机则不一定对应一个地址)。互联网中采用了一种全局通用的地址格式，为全网的每一台主机分配一个网络地址，依次来屏蔽物理网络地址的差异，从而为保证其以一个一致性实体的形象出现奠定了重要基础。

1. 分类编址机制

最初的互联网采用简单的分类编址机制，一个 IP 地址由 4 个 8 位字节数字串组成，这 4 个字节通常用小数点分隔。每个字节可用十进制或十六进制表示，如 129.45.8.22 或 0x8.0x43.0x10.0x26 就是用十进制或十六进制表示的 IP 地址。IP 地址也可以用二进制表示。

一个 IP 地址包括两个标识码(ID)，即网络 ID 和主机 ID，如图 10.10 所示。

图 10.10　IP 地址的组成

同一个物理网络上的所有主机都用同一个网络 ID，网络上的一个主机(包括网络上工作站、服务器和路由器等)有一个主机 ID 与其对应。据此把 IP 地址的 4 个字节划分为两个部分，一部分用以标明具体的网络段，即网络 ID；另一部分用以标明具体的节点，即宿主机 ID。

在这 32 位地址信息内有五种定位的划分方式，这五种划分方法分别对应于 A、B、C、D 和 E 类 IP 地址，如表 10.2 所示。

表 10.2　IP 地址划分方法

网络类型	特征地址位	开始地址	结束地址
A 类	0xxxxxxxB	0.0.0.0	127.255.255.255
B 类	10xxxxxxB	128.0.0.0	191.255.255.255
C 类	110xxxxxB	192.0.0.0	223.255.255.255
D 类	1110xxxxB	224.0.0.0	239.255.255.255
E 类	1111xxxxB	240.0.0.0	255.255.255.255

A 类：一个 A 类 IP 地址由 1 个字节的网络地址和 3 个字节的主机地址组成，网络地址的最高位必须是"0"(每个字节有 8 位二进制数)。

B 类：一个 B 类 IP 地址由 2 个字节的网络地址和 2 个字节的主机地址组成，网络地址的最高两位必须是"10"。

C 类：一个 C 类地址由 3 个字节的网络地址和 1 个字节的主机地址组成，网络地址的最高三位必须是"110"。

D 类：用于多点播送。第一个字节以"1110"开始。因此，任何第一个字节大于 223 小于 240 的 IP 地址是多点播送地址。全零的 IP("0. 0. 0. 0")地址对应于当前主机。全"1"的 IP 地址("255. 255. 255. 255")是当前子网的广播地址。

E 类：以"11110"开始，为将来使用保留。

用作特殊用途的 IP 地址：凡是主机段，即主机 ID 全部设为"0"的 IP 地址称之为网络地址，如 129. 45. 0. 0；广播地址：凡是主机 ID 部分全部设为"1"的 IP 地址称之为广播地址，如 129. 45. 255. 255；保留地址：网络 ID 不能以十进制"127"作为开头，在此类地址中数字 127 保留给诊断用。如 127. 1. 1. 1 用于回路测试，同时网络 ID 的第一个 8 位组也不能全置为"0"，全"0"表示本地网络；网络 ID 部分全部为"0"和全部为"1"的 IP 地址被保留使用。

IP 地址既适合大型网又适合小型网。IP 地址是自定义的，它的最高位定义地址的类型。A 类地址支持多个主机在一个网：最高位为 0，跟随有 7 bit 网络部分和 24 bit 主机部分。在 B 类地址，最高位是非 0，跟随有 14 bit 网络号和 16 bit 主机号。C 类地址以 110 开始，跟随有 21 bit 网络号和 8 bit 主机号。按常规，IP 地址由加点的字符给出。地址由四部分十进制数组成，用点作分隔。例如，10.0.0.51 和 128.10.2.1 分别是 A 类和 B 类的 IP 地址。

传统分类编址方式使得同一物理网络上的所有主机共享一个相同的前缀——网络 ID，在互联网中选路时，只检查目的地址的网络 ID，就可以找到目的主机所在的物理网络。

2．子网编址

20 世纪 80 年代，随着局域网的流行，传统分类编址方式为每个物理网络分配一个独特的前缀会迅速耗尽地址空间，因此开发了一种地址扩展来保存网络前缀，这种方法称为子网编址(Subnet Addressing)，允许多个物理地址共享一个前缀。

　　子网划分用来把一个单一的 IP 网络地址划分成多个更小的子网(Subnet)。这种技术可使一个较大的分类 IP 地址能够被进一步划分。子网划分基于以下原理：

　　(1) 大多数网络中的主机数在几十台至几百台，甚至更高，A 类地址主机数为 2^{24} 台，B 类地址主机数为 2^{16} 台，像 A 类地址一般只能用于为数很少的特大型网络。为了充分利用 Internet 的宝贵地址资源，采用将主机地址进一步细分为子网地址和主机地址，即主机属于子网，以便有效地提高 Internet 地址资源的利用率。

　　(2) 采用子网划分和基于子网的路由选择技术，能够有效降低路由选择的复杂性，提高选路的灵活性和可靠性。

　　子网划分的方法如图 10.11 所示(以 B 类地址为例)。在 Internet 地址中，网络地址部分不变，源主机地址划分为子网地址和主机地址。与传统的分类地址一样，地址中的网络部分(网络前缀+子网)与主机部分之间的边界是由子网掩码来定义的。

网络地址	子网地址	主机地址

图 10.11　子网划分原理

　　图 10.12 给出一个子网划分的例子。B 类地址 187.15.0.0 被分配给了某个公司。该公司的网络规划者希望建立一个企业级的 IP 网络，用于将数量超过 200 个的站点互相连接起来。由于在 IP 地址空间中"187.15"部分是固定的，只剩下后面两个字节用来定义子网和子网中的主机。因此，他们将第三字节作为子网号，第四字节作为给定子网上的主机号。这意味着该公司的企业网络能够支持最多 254 个子网，每个子网可以支持最多 254 个主机。因此，这个互连网络的子网掩码为 255.255.255.0。

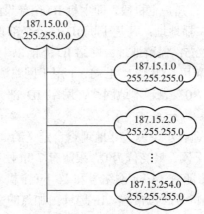

图 10.12　某公司子网划分

　　这个例子说明了为整个网络定义统一子网掩码为 255.255.255.0 的情况。它意味着每个子网中最大的主机数只能是 254 台，假如主机数目达到 500 台，或者主机数目非常少，则采用固定长度子网掩码就非常不方便了。

3．无分类编址

Internet 的高速发展给原先的 IP 地址模式带来很多问题：

　　(1) 剩余的 IP 地址将要耗尽，尤其是 B 类地址。某些中等规模的机构已经申请了 B 类地址，自己的主机数目又不是很多，这样没有充分发挥 B 类地址容量大的优势，势必造成

B 类地址的浪费，使得可用的 B 类地址趋于耗尽。

（2）Internet 上的路由信息严重超载。随着网络高速发展，路由器内路由表的数量和尺寸高速增长，降低了路由效率和增重了网络管理的负担。

20 世纪 90 年代，设计出了一种扩展方式，忽略分类层次，并允许在任意位置进行前缀和后缀之间的划分，这种方法称为无分类编址(Classless Addressing)，允许更复杂的利用地址空间。

无分类编址是解决 IP 地址趋于耗尽而采取的紧急措施。其基本思想是对 IP 地址不分类，用网络前缀代替原先的分类网络 ID。用网络前缀代替分类，前缀允许任意长度，而不是特定的 8、16 和 24 位。无分类地址的表示方法为 IP 地址加"/"再加后缀，例如 192.168.120.28/21 表示一个无分类地址，它有 21 位网络地址。

无分类编址方案网络中，在路由器选路时采用无分类域间路由(CIDR：Classless InterDomain Routing)。从概念上讲，CIDR 把一块邻接的地址(比如 C 类地址)在路由表中压缩成一个表项，这样可以有效减少路由表快速膨胀的难题。

图 10.13 可以很好地说明这个概念。16 个 C 类地址组成了一个地址空间块，连接到路由器 2，另外 16 个 C 类地址组成了另一个地址空间块，连接到路由器 3，路由器 2、路由器 3 再连接到路由器 1。在路由器 2 和路由器 3 中，路由表只维持连接到本子网的 16 个 C 类网络地址的表项，而在路由器 1 中，路由表更简单，只维持到路由器 2、路由器 3 两个网络地址表项，并不是把所有的 32 个 C 类网络地址分别分配不同的表项。在向互连网络发布时，只使用了一个单一的 CIDR 向网络发布 192.168.0.0/16(16 表示网络地址长度为 16 bit)。

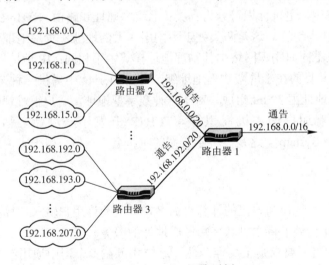

图 10.13　CIDR 汇聚示例

CIDR 允许任意长度的网络前缀，相应地，掩码长度也变成可变长度，称为可变长子网掩码 VLSM(Variable-Length Subnet Mask)。VLSM 能够把一个分类地址网络化分成若干个大小不同的子网。在上面的例子中，若主机数目为 500 台，分配一个子网掩码为 255.255.254.0 的子网就可以支持最多 512 个主机地址。若另外一个场合主机数目为 100 台，分配一个子网掩码为 255.255.255.128 的子网就可以支持最多 128 个主机地址。

因此，CIDR 与 VLSM 结合起来能更有效地管理地址空间，让分配给每个子网的主机地址的数量都符合实际需要。

目前，互联网上的 B 类地址即将耗尽，按 CIDR 策略，可采用申请几个 C 类地址取代申请一个单独的 B 类地址的方式来解决 B 类地址的匮乏问题。所分配的 C 类地址不是随机的，而是连续的，它们的最高位相同，即具有相同的前缀，因此路由表就只需用一个表项来表示一组网络地址，这种方法称为"路由表汇聚"。

除了使用连续的 C 类网络块作为单位之外，C 类地址的分配规则也有所改变。世界被分配成几个区域，分配给每个区域一部分 C 类地址空间。具体分配情况包括：

(1) 欧洲：194.0.0.0～195.255.255.255；

(2) 北美洲：198.0.0.0～199.255.255.255；

(3) 中南美洲：200.0.0.0～201.255.255.255；

(4) 亚洲和太平洋：202.0.0.0～203.255.255.255。

这样，每个区域都分配了大约 32×10^6 个地址，这种分配的好处是现在任何位于欧洲之外的路由器得到一个发往 194.x.x.x 或者 195.x.x.x 的 IP 分组可以简单地把它传递给标准的欧洲网关。在效果上这等同于把 32×10^6 个地址压缩成一个路由选择表项。

作为降低 IP 地址分配速度以及减少 Internet 路由表中表项数的一种方法，CIDR 技术在过去的几年内已经被广泛认同。现在分配网络地址时，均分配一个连续地址空间的 CIDR 块，而不是前面描述的那种传统的分类地址。

10.3.3　域名系统

在计算机网络中，主机标识符分为三类：名字、地址和路由。在 Internet 中主机标识符涉及到 IP 地址和物理地址。这是两类处于不同层次上的地址，物理地址是指物理网络内部所使用的地址，在不同的物理网络中其物理地址模式各不相同；IP 地址用于 IP 层及以上各层的高层协议中，其目的在于屏蔽物理地址细节，在 Internet 中提供一种全局性的通用地址。

Internet 中 IP 地址由 32 bit 组成，对于这种数字型地址，用户很难记忆和理解。为了向用户提供一种直观明白的主机标识符，TCP/IP 开发了一种命名协议，即域名系统 DNS(Domain Name System)。这是一种字符型的主机名字机制，用于实现主机名与主机地址间的映射。

1. 命名机制

Internet 允许每个用户为自己的计算机命名，并且允许用户输入计算机的名字来代替机器的地址。Internet 提供了将主机名字翻译成地址的服务。

对主机名字的首要要求是全局惟一性，这样才可在整个网中通用；其次要便于管理，这里包括名字的分配、确认和回收等工作；最后要便于名字与 IP 地址之间的映射。对这样三个问题的特定解决方法，便构成了特定的命名机制。

在网络技术中最先采用的是无层次命名机制，由于其能力有限，现已被淘汰。TCP/IP 采用的是层次型命名机制，其层次型命名结构与 Internet 网络体系结构相对应。

在层次型命名管理中，首先由中央管理机构将最高一级名字空间划分为若干部分，并将各部分的管理权授予相应机构；各管理机构可以将自己管辖的名字空间再进一步划分成若干子部分，并将这些子部分的管理权再授予若干子机构。

一个通用的完整的层次型主机名格式如下：

　　本地名·组名·网点名·

其中，一个网点是 Internet 中的一个部分，由若干在地址位置或组织关系上联系非常紧密的网络组成；一个网点内又可分为若干个"管理组"，并以此作为基础；在组名之下是各主机"本地名"。

　　为保证主机名的惟一性，则只要保证同层名字不发生冲突即可。

　　2．Internet 域名

　　TCP/IP 命名协议只是一种抽象说法，任何组织都可根据其层次型名字空间的要求，构造自己组织内部的域名，不过这些域名的使用也仅限于其系统内部。

　　Internet 为保证其域名系统的通用性，特规定了一组正式的通用标准符号，作为第一级域的域名，如表 10.3 所示。

表 10.3　一级 Internet 域名

域　名	域描述
COM	商业组织
EDU	教育机构
GOV	政府部门
MIL	军事部门
NET	网络运行和服务中心
ORG	其他组织机构
INT	国际组织

　　3．DNS 管理

　　在 Internet 中，分组传送时必须使用 IP 地址。用户输入的是主机名字，DNS 的作用是将名字自动翻译成 IP 地址。

　　DNS 使用客户机/服务器模型，其服务器称为域名服务器。在域名服务器中保存了某一组织的全部主机的名字及其对应的 IP 地址。当某个应用程序需要将某一主机名翻译成 IP 地址时，该应用程序即成为 DNS 的一个客户。该应用程序与域名服务器建立连接，将其主机名发送到域名服务器，域名服务器查找其对应的 IP 地址，然后将正确的 IP 地址回送给该应用程序。这样该应用程序在以后的所有通信中将使用该 IP 地址。

10.4　IP 协　议

　　在 TCP/IP 协议的网络层传输的基本数据单元是 IP 分组，通过 IP 分组来完成不可靠、无连接的数据传递，是 IP 协议的具体体现。

10.4.1　IP 分组格式

　　IP 分组由分组头和数据区两部分组成。其中，分组头部分用来存放 IP 协议的具体控制信息，而数据区则包含了上层协议(如 TCP)提交给 IP 协议传送的数据。IP 分组的格式如图 10.14 所示。

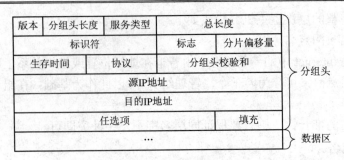

图 10.14　IP 分组格式

IP 分组头由以下字段组成:

(1) 版本: 长度为 4 bit, 表示与 IP 分组对应的 IP 协议版本号。在处理 IP 分组前, IP 软件都要检查 IP 分组的版本字段, 以保证分组格式与软件期待的一致。目前的协议版本号是 4, 因此 IP 有时也称作 IPv4。

(2) 分组头长度: 长度为 4 bit, 用于指明 IP 分组头的长度, 其单位是 4 个字节(32 bit), 即分组头部是 4 个字节整数倍的数目。由于 IP 分组头的长度是可变的, 因此, 该字段是必不可少的。

(3) 服务类型(TOS): 长度为 8 bit, 用于指明 IP 分组所希望得到的有关优先级、可靠性、吞吐量、时延等方面的服务质量要求, 如图 10.15 所示。它包括一个 3 bit 的优先级子字段, 优先级取值范围 0~7; D、T、R 各占 1 bit, 表示该分组所期望的服务类型。D 为最小时延, T 为最大吞吐量, R 为最高可靠性。如果所有比特位均为 0, 那么就意味着该服务为普遍服务。

优先级	D	T	R	未用

图 10.15　服务类型字段

(4) 总长度: 长度为 16 个比特, 用于指名整个 IP 数据报的长度, 以字节为单位。它包括分组头和数据区的长度, 利用分组头部长度字段和总长度字段, 我们就可以知道 IP 分组中数据内容的起始位置和长度。由于该字段长 16 bit, 所以 IP 分组最长可达 65 535 字节。当数据报被分片时, 该字段的值也随着变化。

总长度字段是 IP 分组头中必要的内容, 因为一些数据链路(如以太网)需要填充一些数据以达到最小长度。例如, 以太网的最小帧长为 46 字节, 但是 IP 分组可能会更短。如果没有总长度字段, 那么 IP 层就不知道 46 字节中有多少是 IP 数据报的内容。

(5) 标识符: 长度为 16 个 bit, 和源地址、目的地址、用户协议一起惟一地标识主机发送的每一个分组。通常每发送一个分组它的值就会加 1。我们在 10.5 节介绍分片和重组时再详细讨论它。同样, 在讨论分片时我们再来分析标志字段和片偏移字段。

(6) 标志: 长度为 3 bit, 在 3 bit 中 1 位保留, 另两位 DF 和 MF 分别用于指明 IP 分组不分片和分片。

(7) 分片偏移量: 长度为 13 bit, 以 8 字节为 1 单位, 用于指明当前分组片在原始分组中的位置, 这是分段和重组所必需的。

(8) 生存时间 TTL(Time-To-Live): 长度为 8 bit, 用于指明 IP 分组可在网络中传输的最长时间, TTL 的初始值由源主机设置(通常为 32 位或 64 位), 一旦经过一个处理它的路由器, 它的值就减去 1。当该字段的值减为 0 时, 该分组被丢弃, 并发送 ICMP 消息通知源主机。

这个字段用于保证 IP 分组不会在网络出错时无休止地传输。

(9) 协议：长度为 8 bit，用于指明调用 IP 协议进行传输的高层协议，高层协议的号码由 TCP/IP 权威管理机构统一分配。例如，ICMP 的值为 1，TCP 的值为 6，UDP 的值为 17。

(10) 分组头校验和：长度为 16 bit，用于保证 IP 分组头的完整性。只对 IP 分组头部(不对分组头部后面的数据区)计算的检验和。其算法为：该字段初始值为 0，然后对 IP 分组头以每 16 位为单位进行求异或，并将结果求反，便得到校验和。

(11) 源 IP 地址：长度为 32 bit，用于指明发送 IP 分组的源主机 IP 地址。

(12) 目的地址：长度为 32 bit，用于指明接收 IP 分组的目标主机 IP 地址。

(13) 任选项：长度可变，该字段允许在以后版本中包括在当前设计的分组头中未出现的信息，其使用有一些特殊的规定。目前，这些任选项定义如下：

- 安全和处理限制(用于军事领域，详细内容参见 RFC 1108)；
- 记录路径(让每个路由器都记下它的 IP 地址，见 7.3 节)；
- 时间戳(让每个路由器都记下它的 IP 地址和时间，见 7.4 节)；
- 宽松的源站选路(为分组指定一系列必须经过的 IP 地址)；
- 严格的源站选路(与宽松的源站选路类似，但是它要求只能经过指定的这些地址，不能经过其他的地址)。

这些选项很少被使用，并非所有的主机和路由器都支持这些选项。

(14) 填充：长度不定，由于 IP 分组头必须是 4 字节的整数倍(这是分组头长度字段所要求的)，因此，当使用任选项的 IP 分组头长度不足 4 字节的整数倍时，必须用 0 填入填充字段来满足这一要求。

10.4.2　IP 的分片与重装

在互联网中各个网络定义的最大分组长度可能不同，网络层需要将收到的数据报分割成较小的数据块，称为分片。相反地，到了目的端将多个数据块组合起来，称为重装。

IP 分组格式中，分片偏移量和标志字段用来对 IP 分组的分片与重装，分片过程如图 10.16 所示。

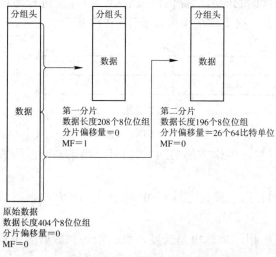

图 10.16　IP 分组的分片过程

原始数据长度 404 个 8 位位组，在网络层传输过程中分为两个数据块，一块长度为 208 个 8 位位组，另外一块为 196 个 8 位位组。在第一分片中，数据长度为 208 个 8 位位组，分片偏移量为 0，(后续)标志为 1，表示后续有分片的数据。在第二分片中，数据长度为 196 个 8 位位组，分片偏移量为 26 个 64 bit 单元(208 个 8 位位组)，(后续)标志为 0，表示后续不再有分片的数据。到了目的端后，根据分片偏移量和后续标志对分片的数据进行重装。

10.5　运输层协议

TCP/IP 运输层有两个并列协议：TCP 和 UDP。其中，TCP 是面向连接的，而 UDP 是无连接的。一般情况下，TCP 和 UDP 共存于一个互联网中，前者提供高可靠性服务，后者提供高效率服务。高可靠性的 TCP 用于一次传输大量数据的情形(比如文件传输、远程登录等)；高效率的 UDP 用于一次传输少量数据的情形，其可靠性由应用提供。

10.5.1　运输层端口

运输层与网络层在功能上的最大区别是前者提供进程通信能力，后者则不提供。在进程通信的意义上，网络通信的最终地址就不仅仅是主机地址了，还包括可以描述的某种标识符。为此，TCP/IP 提出协议端口的概念，用于标识通信的进程。为了区分不同的端口，用端口号对每个端口进行标识。

端口分为两部分，一部分是保留端口，另外一部分是自由端口。其中保留端口只占很小的数目，以全局方式进行分配，即由一个公认的机构统一进行分配，并将结果公诸于众。自由端口占全端口的绝大部分，以本地方式进行分配。TCP 和 UDP 均规定，小于 256 的端口号才能作为保留端口使用。

10.5.2　用户数据报协议 UDP

用户数据报协议 UDP 建立在 IP 协议之上，同 IP 协议一起提供无连接的数据报传输。相对与 IP 协议，它惟一增加的能力是提供协议端口，以保证进程通信。

UDP 由两大部分组成：报头和数据区，如图 10.17 所示。

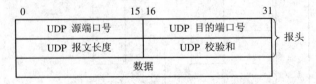

图 10.17　UDP 报文格式

(1) UDP 源端口号：指示发送方的 UDP 端口号，当不需要返回数据时，可将这个字段的值置 0。

(2) UDP 目的端口号：指示接收方的 UDP 端口号。UDP 将根据该字断的内容将报文送给指定的应用进程。

(3) UDP 报文长度：指示数据报总长度，包括报头和数据区总长度。最小值为 8，即 UDP 报头部分的长度。

(4) UDP 校验和：该字段为可选项。为 0 表示未选校验和，而全 1 表示校验和为 0。校验和的可选性是 UDP 效率的又一体现，因为计算校验和是一个非常耗时的工作，如果应用程序对效率的要求非常高，则可不选此项。

当 IP 模块收到一个 IP 分组时，它就将其中的 UDP 数据报递交给 UDP 模块。UDP 模块在收到由 IP 层传来的 UDP 数据报后，首先检验 UDP 校验和。如果校验和为 0，表示发送方没有计算校验和。如果校验和非 0，并且校验和不正确，则 UDP 将丢弃该数据报。如果校验和非 0，并且校验和正确，则 UDP 根据数据报的目的端口号，将其送给指定应用程序等待队列。

10.5.3　运输控制协议 TCP

运输控制协议 TCP 是运输层的另一个重要协议。它用于在各种网络上提供有序可靠的面向连接的数据传输服务。与 UDP 相比，TCP 最大特点是以牺牲效率为代价换取高可靠的服务。为了达到这种高可靠性，TCP 必须检测分组的丢失，在收不到确认时进行自动重传、流量控制、拥塞控制等。

1. TCP 分组格式

TCP 由两大部分组成：分组头和数据区，如图 10.18 所示。

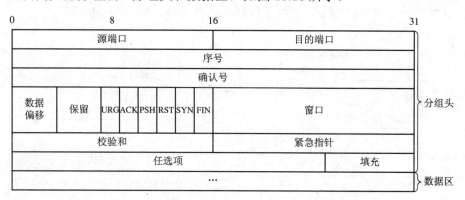

图 10.18　TCP 分组格式

(1) 源端口：标识源端应用进程。

(2) 目的端口：标识目的端应用进程。

(3) 序号：在 SYN 标志未置位时，该字段指示了用户数据区中第一个字节的序号；在 SYN 标志置位时，该字段指示的是初始发送的序列号。

(4) 确认号：用来确认本端 TCP 实体已经接收到的数据，其值表示期待对端发送的下一个字节的序号，实际上告诉对方，在这个序号减 1 以前的字节已正确接收。

(5) 数据偏移：表示以 32 位字为单位的 TCP 分组头的总长度，用于确定用户数据区的起始位置。

(6) URG：紧急指针字段有效。

(7) ACK：确认好有效。

(8) PSH：Push 操作。TCP 分组长度不定，为提高传输效率，往往要收集到足够的数据后才发送。这种方式不适合实时性要求很高的应用，因此，TCP 提供"Push"操作，以强迫传输当前的数据，不必等待缓冲区满才传送。

(9) RST：连接复位，重新连接。

(10) SYN：同步序号，该比特置位表示连接建立分组。

(11) FIN：字符串发送完毕，没有其他数据需要发送，该比特置位表示连接确认分组。

(12) 窗口：单位是字节，指明该分组的发送端愿意接收的从确认字段中的值开始的字节数量。

(13) 校验和：对 TCP 分组的头部和数据区进行校验。

(14) 紧急指针：指出窗口中紧急数据的位置(从分组序号开始的正向位移，指向紧急数据的最后一个字节)，这些紧急数据应优先于其他数据进行传送。

(15) 任选项：用于处理一些特殊情况。目前被正式使用的选项字段可用于定义通信过程中的最大分组长度，只能在连接建立时使用。

(16) 填充：用于保证任选项为 32 bit 的整数倍。

2．TCP 连接建立、拆除

TCP 协议是面向字节流的，提供高可靠性的数据传输服务。在数据传输前，TCP 协议必须在两个不同主机的传输端口之间建立一条连接，一旦连接建立成功，在两个进程间就建立起来一条虚电路，数据分组在建立好的虚连接上依次传输。

(1) TCP 在连接建立机制上，提供了三次握手的方法，如图 10.19 所示。

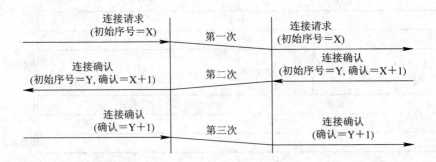

图 10.19　TCP 三次握手建立连接

两台主机应用进程在传输数据前，建立 TCP 连接的过程：

第一次握手，发端发出连接请求(Connect Request)，包括发端的初始分组序号；

第二次握手，接收端收到连接请求后，发回连接确认(Connect Confirm)，包含收端的初始分组序号，以及对发端初始分组的确认；

第三次握手，发端向接收端发送连接确认已收到，连接已建立。

(2) TCP 连接的拆除。由于 TCP 连接是一个全双工的数据通道，一个连接的关闭必须由通信双方共同完成。当通信的一方没有数据需要发送给对方时，可以使用终止连接(FIN)向对方发送关闭连接请求。这时，它虽然不再发送数据，但并不排斥在这个连接上继续接收数据。只有当通信的对方也递交了终止连接的请求后，这个 TCP 连接才会完全关闭，如图 10.20 所示。

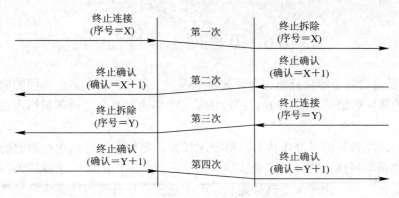

图 10.20　TCP 终止连接的过程

在终止连接时，既可以由一方发起而另一方响应，也可以双方同时发起。无论怎样，收到关闭连接请求的一方必须使用终止确认(ACK)给予确认。实际上，TCP 连接的关闭过程是一个四次握手的过程。

3．TCP 连接的完整通信过程

TCP 连接的完整通信过程包括连接的建立、数据传输以及连接的拆除，如图 10.21 所示。

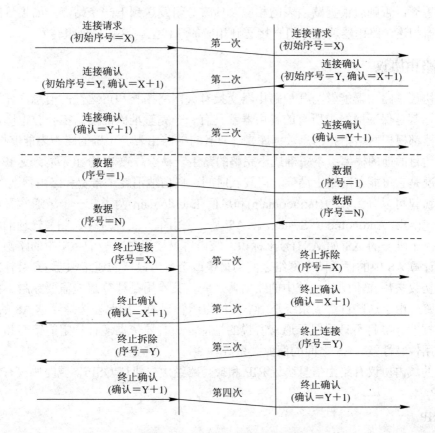

图 10.21　TCP 完整的通信过程

10.6　互联网工作过程

Internet 是通过路由器将分布在全球的各个国家、各个机构、各个部门的内部网络连接起来的庞大的数据通信网。图 10.6 已经给出了三个路由器将多个内部网络连接起来形成互联网的实例。

路由器的动作包括两项基本内容：寻径和转发。寻径即判定到达目的地的最佳路径，由路由协议遵循某种路由选择算法来实现。由于涉及到不同的路由选择协议和路由选择算法，要相对复杂一些。为了判定最佳路径，路由选择算法必须启动并维护包含路由信息的路由表，其中路由信息依赖于所用的路由选择算法，因而不尽相同。路由选择算法将收集到的不同信息填入路由表中，根据路由表可将目的网络与下一站的关系告诉路由器。路由器间互通信息进行路由更新，更新维护路由表使之正确反映网络的拓扑变化，并由路由器根据量度来决定最佳路径。例如，路由信息协议(RIP)、开放式最短路径优先协议(OSPF)和边界网关协议(BGP)等。

转发，即沿寻径好的最佳路径传送信息分组。路由器首先在路由表中查找，判明是否知道如何将分组发送到下一个站点(路由器或主机)，如果路由器不知道如何发送分组，通常将该分组丢弃；否则就根据路由表的相应表项将分组发送到下一个站点，如果目的网络直接与路由器相连，路由器就把分组直接送到相应的端口上。这就是分组转发。

10.6.1　路由协议

路由协议使路由器能够与其他路由器交换有关网络拓扑和可达性的信息。任何路由器的首要目标都是保证网络中所有的路由器都具有一个完整准确的网络拓扑数据库，这样，每个路由器都根据网络拓扑信息数据库来计算各自的路由表。正确的路由表能够提高 IP 分组正确到达目的地的概率；不正确或不完整的路由表易于导致 IP 分组不能到达其目的地，更坏的情况是它可能在网络上循环一段较长时间，白白地消耗了带宽和路由器上的资源。

路由协议可以分为域内(Intradomain)和域间(Interdomain)两类。一个域通常又可以被称为自治系统(AS：Autonomous System)。 AS 是一个由单一实体进行控制和管理的路由器集合，采用一个唯一的 AS(如 AS3)号来标识。域内协议被用在同一个 AS 中的路由器之间，其作用是计算 AS 中的任意两个网络之间的最快或者费用最低的通路，以达到最佳的网络性能。域间协议被用在不同自治域中的路由器之间，其作用是计算那些需要穿越不同自治域系统的通路。由于这些自治域系统是由不同的组织管理的，因此在选择穿越 AS 的通路时，我们所依据的标准将不只局限于通常所说的性能，而且要依据多种特定的策略和标准，如费用、可用性、性能、AS 之间的商业关系等。

常见的域内协议有路由信息协议 RIP 和最短路经优先协议 OSPF，域间协议有边界网关协议(BGP)。

1. RIP

RIP 最初是为 Xerox 网络系统的 Xerox parc 通用而设计的协议，是 Internet 中常用的路由协议。RIP 采用距离向量算法，即路由器根据距离选择路由，所以也称为距离向量协议。

路由器收集所有可到达目的地的不同路由，并且保存有关到达每个目的地的最少站点数的路由信息，除到达目的地的最佳路径外，任何其他信息均予以丢弃。同时路由器也把所收集的路由信息用 RIP 通知相邻的其他路由器。这样，正确的路由信息逐渐扩散到了全网。

RIP 使用非常广泛，它简单、可靠、便于配置。但是 RIP 只适用于小型的同构网络，因为它允许的最大站点数为 15，任何超过 15 个站点的目的地均被标记为不可达。而且 RIP 每隔 30 s 一次的路由信息广播也是造成网络广播风暴的重要原因之一。

2. OSPF 协议

20 世纪 80 年代中期，RIP 已不能适应大规模异构网络的互连，OSPF 随之产生。它是互联网工程任务组织(IETF)的内部网关协议工作组为 IP 网络开发的一种路由协议。

OSPF 是一种基于链路状态的路由协议，需要每个路由器向其同一管理域的所有其他路由器发送链路状态广播信息。在 OSPF 的链路状态广播中包括所有接口信息、所有的量度和其他一些变量。利用 OSPF 的路由器首先必须收集有关的链路状态信息，并根据一定的算法计算出到每个节点的最短路径。而基于距离向量的路由协议仅向其邻接路由器发送有关路由更新信息。

与 RIP 不同，OSPF 将一个自治域再划分为区，相应地，有两种类型的路由选择方式：当源和目的地在同一区时，采用区内路由选择；当源和目的地在不同区时，则采用区间路由选择。这就大大减少了网络开销，并增加了网络的稳定性。当一个区内的路由器出了故障时并不影响自治域内其他区路由器的正常工作，这也给网络的管理、维护带来了方便。

3. BGP 协议

BGP 是为 TCP/IP 互联网设计的外部网关协议，用于多个自治域之间。BGP 的主要目标是为处于不同 AS 中的路由器之间进行路由信息通信提供保证。它既不是基于纯粹的链路状态算法，也不是基于纯粹的距离向量算法。它的主要功能是与其他自治域交换网络可达性信息。

在网络启动的时候，不同自治域的相邻路由器(运行 BGP 协议)之间互相打开一个 TCP 连接(保证传输的可靠性)，然后交换整个路由信息库。从那以后，只有拓扑结构和策略发生改变时，才会使用 BGP 更新消息发送。一个 BGP 更新消息可以声明或撤销到一个特定网络的可达性。在 BGP 更新消息中也可以包含通路的属性，属性信息可被 BGP 路由器用于在特定策略下建立和发布路由表。

为了满足 Internet 日益扩大的需要，BGP 还在不断地发展。在最新的 BGPv4(RFC1771) 中，还可以将相似路由合并为一条路由。

4. 路由协议生成路由表的过程

我们以 OSPF 为例介绍路由表的生成过程，其工作过程如下：

OSPF 的目的是计算出一条经过互联网的最小费用的路由，这个费用基于用户可设置的费用量度。用户可以将费用设置为表示时延、数据率、现金花费或其他因素的一个函数。OSPF 能够在多个同等费用的路径之间平均分配负载。

每个路由器都维护一个数据库，这个数据库反映了该路由器所掌握的所属自治系统的拓扑结构，该拓扑结构拥有有向图表示。

　　图 10.22 是一个用 6 个路由器将 5 个子网连接起来的互联网示例。网络中的每个路由器都维护一个有向图的数据库，该数据库是通过从互联网的其他路由器上得到的链路状态信息拼凑而成的。路由器使用 Dijkstra 算法对有向图进行分析，计算到所有目的网络的最小费用路径。图 10.22(a)是网络拓扑图，图 10.22(b)是网络有向图。在有向图中，每个路由器接口的输出侧都有一个相关联的费用，这个费用可以由系统管理员配置。图 10.22 (b)中的弧被标记为相应的路由器到输出接口的费用，没有标记费用的弧，其费用为 0。从网络到路由器的弧的费用永远为 0(这是一个约定)，比如 N1 到 R1、R2、R3，N2 到 R3，N3 到 R4、R5、R6，N4 到 R5 以及 N5 到 R6 的费用始终为 0。

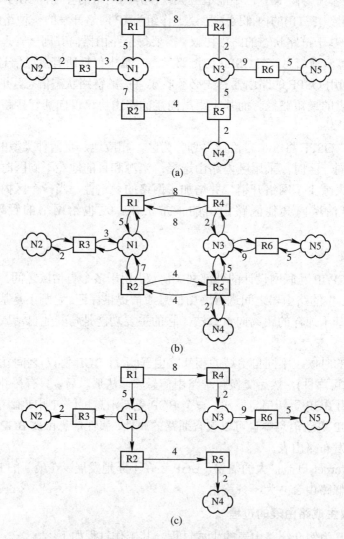

图 10.22　简单互联网络最短路径计算过程

(a) 网络拓扑图；(b) 网络有项图；(c) 路由器 1 的生成树图

　　图 10.22(c)为路由器 1 经过运算得到的生成树。需要注意的是，从 R1 到达 N3 的路由有两条，分别为 R1→R4→N3 和 R1→N1→R2→N5→N3，两条路由的费用分别为 10 和 14，费用为 10 的路由被保留下来，另外一条路由则被删除。

表 10.5 为路由器 R1 运算后得到的路由表。

表 10.5　路由器 R1 的路由表

目的站	下一跳	费　　用
N1	—	(R1→N1)5
N2	R3	(R1→N1→R3→N2)7
N3	R4	(R1→R4→N3)10
N4	R2	(R1→N1→R2→R5→N4)11
N5	R4	(R1→R4→N3→R6→N5)15

10.6.2　分组在路由器上的转发

当路由器收到一个 IP 分组时,路由器的处理软件首先检查该分组的生存时间,如果其生存时间为 0,则丢弃该分组,并给其源点返回一个分组超时 ICMP 消息。如果生存期未到,则从 IP 分组头中提取目的地 IP 地址。目的 IP 地址与网络掩码进行屏蔽操作找出目的地网络号,在路由表中按照最长匹配原则查找与其相匹配的表项。如果在路由表中未找到与其相匹配的表项,则将该分组放入默认的网关对应路由的缓冲区排队输出,并向源端返回不可到达信息;如果找到匹配项,则选择最佳路由,进行头校验,TTL 减 1,封装链路层信息,并将该分组放入下一跳对应输出端口的缓冲区进行排队输出。图 10.23 是路由器处理 IP 分组的流程图。

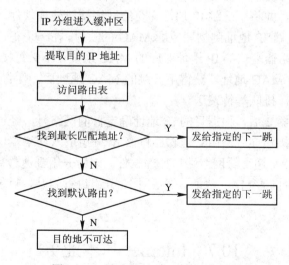

图 10.23　路由器处理 IP 分组流程图

为了进一步理解路由器转发分组的工作原理,图 10.24 给出了一个互联网通信的实例。其通信子网的 IP 编号为 202.56.4.0、203.0.5.0 和 198.1.2.0,路由器 1 与网络 1 和网络 2 直接相连,与网络 1 相连的端口 1 的 IP 地址为 202.56.4.1,与网络 2 相连的端口 3 的 IP 地址为 203.0.5.2;路由器 2 与网络 2 和网络 3 直接相连,与网络 2 相连的端口 5 的 IP 地址为 203.0.5.10,与网络 3 相连的端口 8 的 IP 地址为 198.1.2.3。下面我们来看用户 A 要传送一个数据文件给用户 B 时每个路由器的工作过程。

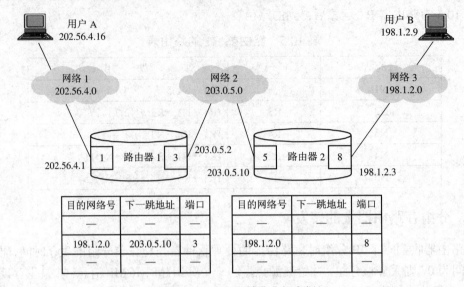

图 10.24　路由器转发分组实例

　　首先用户 A 把数据文件以 IP 分组的形式送到默认路由器 1，其目的站点的 IP 地址为 198.1.2.9。第一步，分组被路由器 1 接收，通过子网掩码屏蔽操作确定了该 IP 分组的目的网络号为 198.1.2.0。第二步，通过查找路由表(通过运行路由协议维护)，路由器 1 在路由表中找到与其匹配的表项，获得输出端口号为 3 和下一跳路由器的 IP 地址为 203.0.5.10(指路由器 2 与网络 2 相连网络端口的 IP 地址)。第三步，路由处理软件将该 IP 分组放入路由器 1 端口 3 的发送缓冲区，并将下一跳 IP 地址递交给网络接口处理软件。第四步，网络接口软件调用 ARP 完成下一跳 IP 地址到物理地址(MAC)的映射。在一个正常运行的路由器高速缓存中，保存其相邻路由器端口的 IP 地址对应的 MAC 地址，不必每接收一个 IP 分组都使用 ARP 来获得下一跳的 MAC 地址。获得下一跳的 MAC 地址后，便将原 IP 分组封装成适合网络 2 传送的数据帧，排队等待发送。

　　分组被送到路由器 2 后，根据目的 IP 地址确定目的网络号，经过查找路由表获得该目的网络与路由器 2 直接相连。路由处理软件将该 IP 分组放入网络端口 8 的发送缓冲区，并将目的 IP 地址 198.1.2.9 递交给网络端口处理软件。因为分组到达最后一个路由器，所以需调用 ARP 获得目的主机的 MAC 地址，然后对 IP 分组进行封装，封装后的帧直接发送给目的主机 B。

10.7　Internet 基本业务

　　随着 Internet 的高速发展，在 Internet 上提供的服务种类越来越多，从形式上看，可以分为工具、讨论、信息查询和信息广播等四类。工具类服务包括远程登录(Telnet)、远程文件传输(FTP)、电子邮件(E-mail)、文件寻找工具(Archie)。讨论类服务包括电子公告板(BBS)、网络新闻论坛(Net-News 或 UseNet)、实施在线交谈(IRC)、视频会议(Netmeeting)。信息查询类服务包括 Gopher 分布时文件查询系统、WAIS 广域信息服务、WWW 万维网超文本查询系统。信息广播类服务有在线语音和电视广播(Real Audio/Video Broadcast 或 On-line TV)。

互联网提供的业务模式是基于客户机/服务器模式的。客户机/服务器结构是一种分布式处理的结构，它把个人计算机、工作站、服务器、若干个终端和各类计算机系统，通过垂直、水平和纵横的网络，形成一个分布式的处理环境，以实现高效率的资源共享。在客户机/服务器结构中，客户机和服务器都是独立的计算机。客户机/服务器采用交互式方式，客户机发出请求，服务器针对客户机的请求做出相应的响应。

Internet 的基本服务有电子邮件(E-mail)、远程文件传输(FTP)和万维网(WWW)超文本浏览。

10.7.1　电子邮件

电子邮件是一种通过 Internet 与其他用户进行联系的快捷、简便、廉价的现代化通信手段，也是目前 Internet 用户使用最频繁的一种服务功能。

电子邮件系统采用了简单邮件传输协议 SMTP，保证不同类型的计算机之间电子邮件的传送。该协议采用客户机/服务器结构，通过建立 SMTP 客户机与远程主机上 SMTP 服务器间的连接来传送电子邮件。

1. 电子邮件的系统组成

电子邮件系统组成如图 10.25 所示。其中，用户代理负责报文的生成与处理，报文传送代理负责建立与远程主机间的通信和邮件传送。

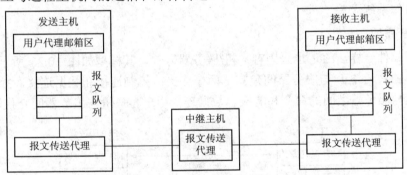

图 10.25　电子邮件系统组成结构

邮件可能在报文传送代理间直接传送，也可能经中继报文传送代理。当邮件被中继时，整个报文全部传输到中间主机(邮件网关)，然后伺机转发，即使用存储转发技术。

在接收主机，邮件被放到输人队列中，然后送到用户邮箱存储区。当用户调用用户代理程序时，用户代理通常显示邮箱中到达邮件的总览信息。用户代理的主要功能有：

(1) 显示用户邮箱的邮件信息；

(2) 将接收到的或要发送的报文存放在本地文件中；

(3) 向用户提示报文的接收者或主题；

(4) 为用户提供生成报文的编辑器；

(5) 对接收到的或要发送的报文进行排队和管理。

由于 Internet 电子邮件系统是建立在面向连接、高可靠的 TCP 基础上的，因此，其电子邮件非常可靠。

Internet 电子邮件使用客户机/服务器模型。

2. 电子邮件的工作过程

在 Internet 上发送电子邮件的基本过程如下：

(1) 写信或留便条；

(2) 告诉邮件客户程序将信发至某个人或某些人；

(3) 客户程序将 E-mail 发给服务提供者邮件服务器；

(4) 邮件服务器使用 SMTP(简单邮件传送协议)将邮件在服务器之间传递，邮件在 Internet 上传递时分成包的形式；

(5) 邮件到达目的地服务器；

(6) 目的地服务器将邮件放到接收者的邮箱里；

(7) 接收者用其邮件客户程序阅读邮件。

由于电子邮件采用存储转发的方式，因此用户可以不受时间、地点的限制来收发邮件。通过 Internet 发送电子邮件的费用极低，而且传送时间短，快则几分钟，慢则几小时，便可将邮件传送到世界上任何一个 Internet 用户，因此很受用户的欢迎。

10.7.2　远程文件传输

文件传输协议(FTP: File Transfer Protocol)是 Internet 最早、最重要的网络服务之一。FTP 的主要作用是在不同计算机系统间传送文件，它与两台计算机所处的位置、连接的方式以及使用的操作系统无关。

1. FTP 模型

与电子邮件一样，FTP 也采用客户机/服务器方式，其模型如图 10.26 所示。为了实现文件传送，FTP 在客户与服务器间建立了两个连接：控制连接和数据连接。控制连接用于传送客户机与服务器之间的命令和响应。数据连接用于客户机与服务器间交换数据。

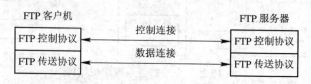

图 10.26　FTP 客户机/服务器模型

FTP 使用 TCP 作为其传输控制协议。

FTP 是一个交互式会话的系统，客户机每次调用 FTP，便可与 FTP 服务器建立一个会话，会话由控制连接来维护，直到退出 FTP。使用控制命令，客户可向服务器提出请求，如客户机命令服务器与客户机建立数据连接，一旦数据传送结束，客户机可继续向服务器发送命令，直到退出 FTP 会话。

FTP 使用一组标准命令集来实现不同系统间的文件传送和文件管理。

2. FTP 服务

FTP 服务提供了任意两台 Internet 计算机之间互相传输文件的机制，是广大用户获得丰富的 Internet 资源的重要方法之一。

FTP 服务分为两种：普通 FTP 服务和匿名 FTP 服务。普通 FTP 服务指用户必须在 FTP 服务器进行注册，即建立用户账号，拥有合法的登录用户名和密码时，才能进行有效的 FTP

连接和登录。匿名 FTP 服务指 FTP 服务器的提供者设置了一个特殊的用户名——Anonymous 提供公众使用，任何用户都可以使用这个用户名与提供这种 FTP 服务的主机建立连接，并共享这个主机对公众开放的资源。

11.7.3 万维网 WWW

WWW(World Wide Web)是 Internet 上的一个超文本信息查询工具。WWW 是基于 Internet 的信息查询与管理的系统，是目前 Internet 上最受欢迎、最流行的服务方式和工具。有时将 WWW 建成 Web。

WWW 中的几个重要概念介绍如下。

1．超文本标识语言 HTML

超文本(Hypertext)是一种描述和检索信息的方法，它提供一种友好的信息查询接口，用户仅需提出查询的要求，而到什么地方查询及如何查则由 WWW 自动完成。

HTML 是一种特定类型的超文本。这是一种专门的编程语言，创建、存储在 WWW 服务器上的文件。

WWW 万维网是信息检索和超文本技术的结合，它的出现使 Internet 上传递的不再只是一些单调的文本信息，而是图、文、声齐全的多媒体信息，开创了信息存储与检索的一个新世界。它的影响远远超出了专业技术的范围，并且已进入广告、新闻、销售、电子商务与信息服务等行业。

WWW 服务有如下特点：

(1) 以超文本方式组织网络多媒体信息；

(2) 用户可以在世界范围内任意查找、检索、浏览及添加信息；

(3) 提供生动直观、易于使用、统一的图形用户界面；

(4) 网点间可以相互连接，以提供信息查询和漫游的透明访问；

(5) 可以访问图像、声音、影像和文本等信息。

由于 WWW 有以上突出特点，大大促进了 Internet 应用的迅猛发展。

2．WWW 的工作过程

WWW 的工作过程可以归纳如下：

(1) 先和服务器提供者连通，启动 Web 客户程序。

(2) 如果客户程序配置了缺省主页连接，则自动连接到主页上。否则它在启动后将等待下一步指示。

(3) 输入想查看的 Web 页的地址。

(4) 客户程序与该地址的服务器连通，并告诉服务器需要哪一页。

(5) 服务器将该页发送给客户程序。

(6) 客户程序显示该页内容。

(7) 阅读该页。

(8) 每页又包含了指向别的页的指针，有时还包含指向本页其他内容的指针，你只需单击该指针就可到达相应的地方。

(9) 跟着这些指针，直到完成 Web 上的"旅行"为止。

思 考 题

1. 计算机网络由哪几部分组成？计算机网络如何分类？

2. 简述计算机网络的功能。

3. 局域网的主要特点是什么？为什么说局域网是一个通信网？

4. 局域网主要有哪几种拓扑类型？简述之。

5. IEEE 802 局域网参考模型与 OSI 参考模型有何异同之处？

6. 试比较 IEEE 802.3、IEEE 802.4 和 IEEE 802.5 三种局域网的优缺点。

7. 简述中继器、网桥、路由器的功能。

8. 网桥的工作原理和特点是什么？

9. 路由器的工作原理和特点是什么？

10. 局域网的网络操作系统有哪几种方式？它们各有什么特点？

11. 客户机/服务器模式中的服务器和客户机的含义是什么？它们有何区别？

12. IP 地址分为几类？如何表示？IP 地址的主要特点是什么？

13. 当某个路由器发现一分组的校验和有差错时，为什么要采取丢弃的办法而不是要求源站重发此分组？

14. 在 Internet 中分段传送的分组在最后的目的主机进行组装。还可以有另外一种做法，即通过了一个网络就进行一次组装。试比较这两种方法的优劣。

15. 在 Internet 上的一个 B 类地址的子网掩码是 255.255.240.0。试问在其中每一个子网上的主机数量最多是多少？

16. 简述 RIP、OSPF 和 BGP 路由协议的主要特点。

17. 解释什么是无类别域间路由 CIDR。

18. 画图说明 TCP/IP 协议的分层模型。

19. 画图说明 TCP/IP 协议的组成。

20. 如图 27 所示，一台路由器连接三个以太网。根据图中的参数回答下列问题。

(1) 该 TCP/IP 网络使用的是哪一类 IP 地址？

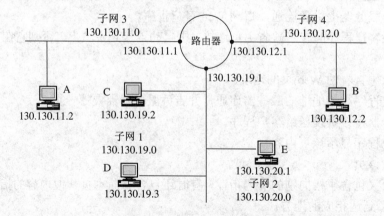

图 27　思考题 10.20 插图

(2) 写出该网络划分子网后所采用的子网掩码。

(3) 系统管理员将计算机 D 和 E 按照图中所示结构连入网络并使用所分配的地址对 TCP/IP 软件进行常规配置后,发现这两台机器上的应用程序不能够正常通信,这是为什么?

(4) 如果你在主机 C 上要发送一个 IP 分组,使得主机 D 和 E 都会接收它,而子网 3 和子网 4 的主机都不会接收它,那么 IP 分组应该填写什么样的目标 IP 地址?

21. 假定 IP 的 B 类地址不是使用 16 位而是使用 20 位作为 B 类地址的网络号部分,那么将会有多少个 B 类网络?

第 11 章　宽带接入网

从全程全网的观点来看，整个电信网可分为两部分，即公用网和用户驻地网(CPN: Customer Premises Network)，其中公用网又分为核心网和接入网(AN: Access Network)。接入网是现代电信网的重要组成部分，它位于本地交换机和用户驻地网之间，是一个独立于具体电信业务的信息传送平台。通过接入网，用户可以灵活地接入到不同的电信业务节点上，透明地传送电信业务。

在电信网 100 多年的发展中，无论是交换还是传输，大约每隔 10～20 年就会有新的技术和系统诞生。然而这种更新和变化通常发生在电信网的核心网部分，而电信网的边缘部分，即接入网技术却一直是变化最慢的。近年来，由于互联网的迅速普及，各国电信市场的逐渐开放，各种新业务需求的迅速出现，使得接入网成为关注的焦点。

本章主要讨论接入网及主要宽带接入技术，主要内容有：接入网的基本概念；宽带有线接入网技术，包括 ADSL 接入网、光纤接入网、HFC 接入网等；宽带无线接入网技术，包括 3.5 GHz 固定无线接入和本地多点分配业务 LMDS 技术等。

11.1　接入网的基本概念

11.1.1　接入网的发展背景

接入网的位置，在传统电信网上被称为用户环路，接入方式以铜双绞线为主，这种方式只能解决电话或低速数据的接入，其特点是业务单一，用户到本地交换机点到点连接。从 20 世纪 90 年代以后，电信网由单一业务的电话网逐步演变为多业务综合网，因此电信网的接入部分必须相应地具备数字化、宽带化、综合化的特征，以适应电信业务的飞速发展、各种业务量迅速增加的现实。接入部分传统做法是每一种业务网都需要单独的接入设施，即电话业务需要双绞线等电话接入设施，数据业务需要五类线等接入设施，图像业务需要同轴电缆等入户线路，这样既增加了建设成本，又加大了维护难度。因此必须设计一种独立于具体业务网的基础接入平台，它对上层所有业务流都透明传送，我们称这个基础接入平台为接入网。接入网在整个电信网中的位置如图 11.1 所示。

图 11.1　接入网在电信网中的位置

从电信全网协调发展的角度来看，骨干网上，由于 ATM 技术、宽带 IP 技术、SDH 技术和波分复用技术的成功引入，骨干网已具备了宽带化、综合化的能力。另一方面，用户侧 CPN/CPE 的速率也在突飞猛进，其 CPU 的性能每 18 个月就翻一番，千兆比特以太网将局域网的速率提高了一个数量级，10 Gb/s 以太网也将问世。然而，面对核心网和用户侧带宽的快速增长，中间的接入网却仍停留在窄带和模拟的水平上，大多数用户还像 100 多年前那样通过普通双绞线接入电信网，而且仍是以支持电路交换为基本特征，这与核心网侧和用户侧的发展趋势很不协调。显然，接入网已经成为全网带宽的最后瓶颈，接入网的宽带化和 IP 化将成为本世纪初接入网发展的大趋势。

最后从技术的角度来看，宽带铜线接入、光纤接入、无线接入等新技术这两年已逐渐成熟，设备成本大大下降，宽带接入网的建设成本和用户的接入成本已降到了一个合理的范围，用户对宽带业务的需求也显著增长，用合理的技术改造旧的用户环路，解决最后一千米的宽带接入问题的时机已经成熟。目前世界上主要电信运营商和电信设备制造商都已经意识到这一点，他们正在加大这方面的建设和研发投入。

在标准化方面，ITU-T 第 13 工作组于 1995 年 7 月通过了关于接入网框架结构等方面的建议 G.902，以及其他一系列相关标准。在实际中，虽然有多种技术手段可以实现宽带接入，但是至今尚无一种接入技术可以满足所有应用的需要，接入技术的多元化是接入网的一个基本特征。

接入技术可以分为有线接入技术和无线接入技术两大类，目前向用户提供宽带业务的主要有基于铜线的 ADSL 技术、光纤技术、基于 HFC 的 Cable Modem 及宽带无线等接入方式，而 ADSL 和光纤两种接入方式占了 90%以上。

11.1.2　接入网的定义和定界

1. 接入网的定义

根据 ITU-T 建议 G.902 的定义：接入网(AN)是由业务节点接口(SNI)和用户网络接口(UNI)之间的一系列传送实体所组成的为传送电信业务、提供所需传送承载能力的实施系统，并可通过 Q3 接口进行配置和管理。它通常包含用户线传输系统、复用设备、数字交叉连接设备和用户网络接口设备。其主要的功能包括交叉连接、复用、传输，但一般不包括交换功能，并且独立于交换机。另外接入网对用户信令是透明的，不做解释和处理，相应的信令处理由 SN 完成。

ITU-T 接入网的主要设计目标如下：

(1) 支持综合业务接入。将接入网从具体的业务网中剥离出来，成为一种独立于具体业务网的基础接入平台，以支持综合业务接入，这有利于降低接入网的建设成本。

(2) 开放、标准化 SNI 接口。将接入网与本地交换设备之间的接口，即 SNI 接口由专用接口定义为标准化的开放接口，这样 AN 设备和交换设备就可以由不同的厂商提供，为大量企业参与接入设备市场的竞争提供了技术保证，有利于设备价格的下降。

(3) 独立于 SN 的网络管理系统：该网管系统通过标准化的接口连接 TMN，由 TMN 实施对接入网的操作、维护和管理。

以上对接入网的定义，既包括了窄带接入网又包括了宽带接入网。通常宽带与窄带的划分标准是用户网络接口上的速率，即将以分组交换方式为基础，把用户网络接口上的最大接入速率超过 2 Mb/s 的用户接入系统称为宽带接入，对最小接入速率则没有限制；窄带接入系统是基于传统的 64 kb/s 的电路交换方式发展而来的，对基于 IP 的高速数据业务支持能力差。

2．接入网的定界

接入网覆盖的范围由三个接口界定，如图 11.2 所示。网络侧经 SNI 与业务节点(SN)相连，用户侧经 UNI 接口与用户驻地设备(CPE)相连，CPE 可以是简单的一个终端，也可以是一个复杂的局域网或其他任意的用户专用网。TMN 侧可通过标准管理接口 Q3 对接入网设备进行配置和管理。

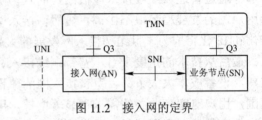

图 11.2　接入网的定界

其中 SN 是提供业务的实体，比如 SN 可以是本地交换机、IP 路由器、租用线业务节点或特定配置的视频点播 (VOD)等。接入网允许与多个 SN 相连，既可以接入多个支持不同业务的 SN，也可以接入支持相同业务的多个 SN。

3．一般物理结构

接入网从物理上可分为馈线段、配线段和引入线段，图 11.3 为接入网的一般物理结构。

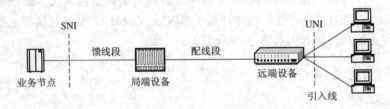

图 11.3　接入网的一般物理结构

连接业务节点和局端设备之间的部分称为馈线段，接入网的局端设备可以放在机房内，即和业务节点放在一起，也可以放在机房外，如某个小区中心、马路边或写字楼内。如果局端设备与业务节点放在一起，则局端设备一般通过电接口与业务节点直连；如果局端设备没有与业务节点放在一起，则馈线段一般采用有源光接入技术，如 SDH、PDH 等。网络拓扑结构可以是环型或星型。连接局端设备和远端设备之间的部分称为配线段，远端设备一般放在马路边、小区中心、大楼内、用户办公室或用户家中，局端设备和远端设备之间可采用无源光纤、无线或铜线方式传输。网络拓扑结构可以是星型或树型。引入线部分的传输媒介一般为铜线或无线。

11.1.3　主要功能和协议参考模型

1．接入网的功能模型

接入网的功能结构分为五个基本功能组：用户口功能(UPF)、业务口功能(SPF)、核心功能(CF)、传送功能(TF)和接入网系统管理功能(AN-SMF)，其结构如图 11.4 所示。

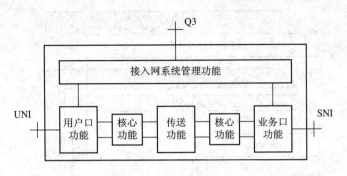

图 11.4 接入网的功能结构

1) 用户口功能

用户口功能的主要作用是将特定 UNI 的要求与核心功能和管理功能相适配，它完成的主要功能有：终结 UNI 功能、A/D 转换和信令转换、UNI 的激活与去激活、UNI 承载通路/承载能力的处理、UNI 的测试。

2) 业务口功能

业务口功能的主要作用是将特定 SNI 规定的要求与公用承载通路相适配以便核心功能处理，也负责选择有关的信息以便在 AN-SMF 中进行处理，主要功能有：终结 SNI 功能、将承载通路的需要和即时的管理及操作需要映射进核心的功能、对特定的 SNI 所需的协议进行协议映射，以及 SNI 的测试。

3) 核心功能

核心功能的主要作用是负责将个别用户承载通路或业务口承载通路的要求与公用传送承载通路相适配。核心功能可以在接入网内分配，具体包括：接入承载通路的处理、承载通路集中、信令和分组信息的复用、ATM 传送承载通路的仿真及管理和控制。

4) 传送功能

传送功能的主要作用是为接入网中不同地点之间公用承载通路的传送提供通道，也为所用传输媒介提供媒介适配功能，主要功能有：复用功能、交叉连接功能、管理功能、物理媒介功能等。

5) 接入网系统管理功能

接入网系统管理功能的主要作用是协调接入网内 UPF、SPF、CF 和 TF 的指配、操作和维护，也负责协调用户终端(经 UNI)和业务节点(经 SNI)的操作功能，主要功能有：配置和控制功能、指配协调功能、故障监测和指示功能、用户信息和性能数据收集功能、安全控制功能、资源管理功能、对 UPF 和 SN 协调的即时管理和操作功能。

2. 接入网的参考模型

接入网的功能结构实际是以 ITU-T G.803 建议的分层模型为基础的，而分层模型则定义了构成接入网的各实体之间的相互配合关系，接入网的通用协议参考模型如图 11.5 所示。其中电路层面向电路层接入点之间信息的承载模式，例如电路模式、分组模式、帧中继模式、ATM 模式等。

通道层定义了通道层接入点之间信息的传递方式，并为电路层提供透明的通道，如 PDH、SDH 、ATM 及其他类型的通道。

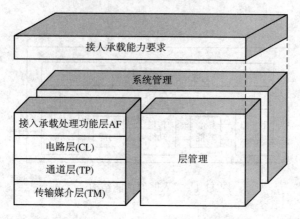

图 11.5　接入网通用协议参考模型

传输媒介层则与具体的传输媒介相关，相当于 OSI 的物理层，它可以是铜线系统 (xDSL)、光纤接入系统、无线接入系统、混合接入系统等，而具体的传输媒介可以是双绞线、光纤、无线或同轴光纤混合方式等。

接入承载处理功能位于电路层之上，主要用于用户承载体、用户信令及控制与管理。

11.1.4　接入网的主要接口

接入网有三种主要接口，即业务节点接口、用户网络接口和维护管理接口等。

1．业务节点接口(SNI)

SNI 是接入网和 SN 之间的接口，可分为支持单一接入的 SNI 和综合接入的 SNI。目前支持单一接入的 SNI 主要有模拟 Z 接口和数字 V 接口两大类，其中 Z 接口对应于 UNI 的模拟 2 线音频接口，可提供模拟电话业务或模拟租用线业务；数字 V 接口主要包括 ITU-T 定义的 V1-V4，其中 V1、V3 和 V4 仅用于 N-ISDN，V2 接口虽然可以连接本地或远端的数字通信业务，但在具体的使用中其通路类型、通路分配方式和信令规范也难以达到标准化程度，影响了应用的经济性。支持综合接入的标准化接口目前有 V5 接口和以 ATM 为基础支持宽带综合接入的 VB5 接口，但 VB5 目前尚在制定中，还很不完善。

2．用户网络接口(UNI)

UNI 在用户侧，接入网经由用户网络接口与用户宅用设备(CPE)或用户驻地网(CPN)相连。用户网络接口主要有传统的模拟电话 Z 接口、ISDN 基本速率接口、ISDN 基群速率接口、ATM 接口、E1 接口、以太网接口，以及其他接口。用户终端可以是计算机、普通电话机或其他电信终端设备。用户驻地网可以是局域网或其他任何专用通信网。

3．维护管理接口(Q3)

维护管理接口是电信管理网与电信网各部分的标准接口。接入网也是经 Q3 接口与电信管理网(TMN)相连，以方便 TMN 管理功能的实施。

11.1.5　接入网的分类

根据宽带接入网采用的传输媒介和传输技术的不同，接入网可分为宽带有线接入网和宽带无线接入网两大类。

宽带有线接入网技术主要包括：基于双绞线的 xDSL 技术、基于 HFC 网(光纤和同轴电缆混合网)的 Cable Modem 技术、光纤接入网技术等。

宽带无线接入网技术主要包括：3.5 GHz 固定无线接入、LMDS 等。

11.2 V5 接 口

11.2.1 V5 接口概述

V5 的概念最初由美国 Bellcore 提出，它是专为接入网的发展而提出的本地交换机(LE)和接入网之间的新型数字接口，属于 SNI 范畴。20 世纪 90 年代初，随着通信网的数字化，业务的综合化，以及光纤和数字用户传输系统大量引入，要求 LE 提供数字用户接入的能力。而 ITU-T 已经定义的 V1～V4 接口都不够标准化，很难满足应用中的实际需求。V5 接口正是为了适应接入网范围内多种传输媒介、多种接入配置、多种业务并存的情况而提出的，根据速率的不同，V5 接口分为 V5.1 和 V5.2 接口。由于这一新接口规范的重要性和迫切性，ITU-T 第 13 组于 1994 年以加速程序分别通过了 V5.1 接口的 G.964 建议和 V5.2 接口的 G.965 建议。与 V5 接口相关的标准还涉及 V5.1 和 V5.2 接口的测试规范、具有 V5 接口的 AN/LE 设备的配置管理、故障管理和性能管理等方面。我国则在 ITU-T 的 V5 接口技术规范基础上，于 1996 年完成了相应的 V5.1 和 V5.2 接口技术规范的制定，并根据我国电信网络的现状，明确了部分可选参数，指明了适用于我国的 PSTN 协议消息和协议数据单元，并提供适合我国国情的 V5 接口国内 PSTN 协议映射规范技术要求。

如果 AN-SNI 侧和 SN-SNI 侧不在同一地方，则可以使用 V5 接口来实现透明的远端连接。V5 接口协议规定了接入网和 LE 之间互联的信号物理标准、呼叫控制信息传递协议，使得 PSTN/ISDN 用户端口终止于接入网而不是 LE。通过 V5 接口接入网只需要完成对用户端业务的提供，呼叫控制功能仍然留给 LE 完成。这样就各司其职、独立发展，有助于不同网间互联。V5 接口主要的优点如下：

(1) 支持接入网通过复用/分路手段实现对大量用户信令和业务流更有效的传输；

(2) 支持通过 Q3 接口对接入网进行网络管理；

(3) 支持对接入网的资源管理和维护；

(4) 支持用户选择 LE；

(5) 充分有效地利用网络带宽资源。

11.2.2 V5 接口支持的业务

V5 接口的现行标准有 V5.1 和 V5.2 两个，二者的区别如下：

V5.1 接口由一条 2.048 Mb/s 的链路构成，一般在连接小规模的接入网时使用，时隙与业务端口一一对应，不支持集线功能，不支持用户端口的 ISDN 基群速率接入，也没有通信链路保护功能。

V5.2 接口按需可以由 1～16 个 2.048 Mb/s 链路构成，用于中大规模的接入网连接。它支持集线功能、时隙动态分配、用户端口的 ISDN 基群速率接入,可以使用大于 E1 速率的链路(最高 16 个 E1 速率);V5.2 接口能使用承载通路连接(BCC)协议以允许 LE 向接入网发出请求,并完成接入网用户端口和 V5 接口指定时隙间的连接建立和释放,提供专门的保护协议进行通信链路保护。V5.1 接口可以看成 V5.2 接口的子集,V5.1 接口可以升级为 V5.2接口。

图 11.6 描述了 V5.1 和 V5.2 接口的工作位置,我们看到 V5 接口支持以下几种业务的接入。

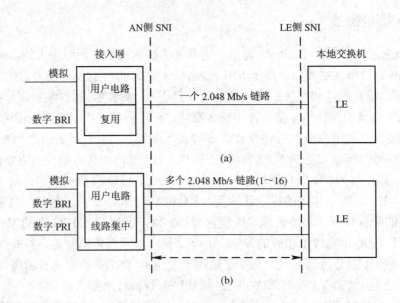

图 11.6　V5 接口连接示意

(a) V5.1 接口;(b) V5.2 接口

1. PSTN 业务

V5 接口既支持单个模拟用户的接入,又支持 PABX 的接入,其中用户信令可以是双音多频信号也可以是线路状态信号,二者均对用户附加业务没有影响。在使用 PABX 的情况下,支持用户直接拨入功能。

2. ISDN 业务

V5.1 接口支持 ISDN-BRI 接入,而 V5.2 接口既支持 ISDN-BRI 接入,又支持 ISDN-PRI接入。B 通道和 D 通道的承载业务、分组业务和补充业务均不受限制。但 V5 接口不直接支持低于 64 kb/s 的通道速率。

3. 专线业务

专线包括永久租用线、半永久租用线和永久线路(PL),可以是模拟用户,也可以是数字用户。半永久租用线路通过 V5 接口,可以使用 ISDN 中的一个或两个 B 通道,而永久租用线和永久线路则旁路 V5 接口。

11.2.3　V5 接口的功能描述

1. V5 接口的协议结构

V5 接口是采用分层结构来描述功能的, 它主要分为三层, 图 11.7 描述了 V5 的分层结构。

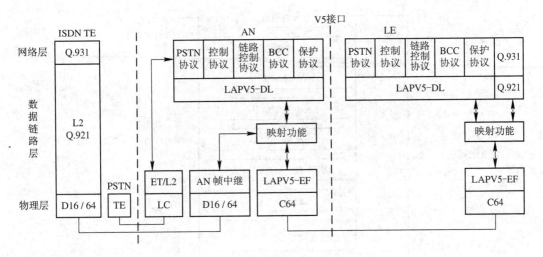

图 11.7　V5 接口的分层协议结构

1) V5 接口的物理层

V5 接口规定每个 2.048 Mb/s 链路的电气和物理特性均符合 G.703 建议的规定, 即采用 HDB3 码。抖动性能则应符合 G.823 相关要求。允许在 LE 和接入网之间插入附加的透明数字链路来增加接口的应用范围。V5 接口可以提供双向比特传输、字节识别和帧同步必要的定时信息。这种定时信息用于 LE 和接入网之间的同步。另外, V5 接口还具有循环冗余检验(CRC)功能。其帧结构符合 ITU-T 建议 G.704 和 G.706 中的规定, 每个 2.048 Mb/s 链路由 32 个时隙组成, 其中时隙 TS0 用作帧定位和 CRC-4 规程, 时隙 TS15、TS16 和 TS31 可以用作通信通道(C 通道), 运载 PSTN 信令信息、控制协议信息、链路控制协议信息、BCC 协议信息、保护协议信息以及 ISDN D 通道信息, 并通过指配来分配。其余时隙, 可用作承载通道, 用来透明传输 ISDN 用户端口的 B 通道或 PSTN 用户端口的 PCM 64 kb/s 通道中的信息。

2) V5 接口第二层

V5 接口的第二层是仅对 C 通道而言(见图 11.7)的, 使用的规程称为 LAPV5, 其目的是为了允许灵活地将不同的信息流复用到 C 通道上去。LAPV5 基于 N-ISDN 的 LAPD 规程, 分为两个子层, 即封装功能子层(LAPV5-EF)和数据链路子层(LAPV5-DL)。此外, AN 的第二层功能中还应包括帧中继子层(AN-FR), 它用于支持 ISDN D 通道信息, 各层之间的通信由映射功能完成。LAPV5-EF 子层用于封装 AN 和 LE 间的信息, 实现透明传输; LAPV5-DL 子层定义了 AN 和 LE 间对等实体的信息交换方式。

3) V5 接口的第三层协议

V5 接口的第三层功能是协议处理功能, 在 V5 接口内, 支持的面向消息的第三层协议有：PSTN 协议、控制协议(公共控制和用户端口控制)、链路控制协议、BCC 协议和保护协议，后三个协议仅用于 V5.2 接口。下面我们进一步描述 V5 接口的基本功能。

2．V5 接口的功能描述

图 11.8 描述了 V5 接口的功能，给出了在 AN 和 LE 之间通过 V5 接口需要传递的信息和要实现的功能。

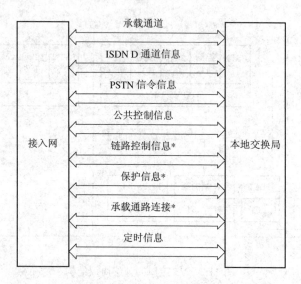

*仅适用于 V5.2

图 11.8　V5 接口的功能描述

(1) 承载通道：为来自 ISDN-BRI 用户端口分配的 B 通路或为来自 PSTN 用户端口的 PCM 64 kb/s 通道提供双向的传输能力。

(2) ISDN D 通道信息：为来自 ISDN-BRI 和 ISDN-PRI 用户端口(V5.2 接口)的 D 通路信息(包括信令，分组型和帧中继型数据)提供双向的传输能力。

(3) PSTN 信令信息：为 PSTN 用户端口的信令信息提供双向的传输能力。

(4) 用户端口控制：提供每个 PSTN 和 ISDN 用户端口状态和控制信息的双向传输能力。

(5) 2048 kb/s 链路的控制：2048 kb/s 链路的帧定位、复帧定位、告警指示和对 CRC 信息的管理控制。

(6) 第二层链路的控制：为控制协议、PSTN 协议、链路控制协议和承载通路连接(BCC)等第三层协议信息提供双向传输能力。

(7) 用于支持公共功能的控制：提供 V5.2 接口系统启动规程，指配数据和重新启动能力的同步应用。

(8) 定时：提供比特传输、字节识别和帧定位必要的定时信息，这种定时信息也可用于 LE 和 AN 之间的同步操作。

(9) 承载通路连接(BCC)协议：仅用于 V5.2 接口。BCC 协议用来把一特定 2.048 Mb/s 链路上的承载通路基于呼叫分配给用户端口。BCC 协议也提供审核功能，用来检查 AN 内 V5.2 承载通路的分配和连接。另外，BCC 协议还可提供 AN 内部故障报告功能，用来通知 LE 有关 AN 内部影响承载通路连接的故障。

(10) 业务所需要的多速率连接：应在 V5.2 接口内的一个 2048 kb/s 链路上提供。

(11) 链路控制协议：主要用于接口链路的阻塞和解除阻塞；通过链路身份标识来核实特定链路的一致性。

(12) 保护协议：只应用在 V5.2 接口存在多个 2.048 Mb/s 链路的情况下。它的主要作用是在一个 2.048 Mb/s 链路发生故障时或应系统操作的请求，实现 C 通道的切换。

11.3　宽带有线接入网技术

11.3.1　ADSL 接入网

1. 背景

到目前为止，全球电信运营商的用户有 90%以上仍然是通过双绞线接入电信网的，这部分的总投资达数千亿美元。在光纤到户短期内还无法真正实现的情况下，开发基于双绞线的宽带接入技术，既可以延长双绞线的寿命，又可以降低接入成本，对电信运营商和用户都极有吸引力，习惯上将各种基于双绞线的宽带接入技术统称为 xDSL，其中 ADSL 技术是目前最有活力的一种宽带接入技术，是大多数传统电信运营商从铜线接入到宽带光纤接入的首选过渡技术。

非对称数字用户线(ADSL: Asymmetric Digital Subscriber Line)的提出最初是为了支持基于 ATM 的 VOD 视频点播业务。20 世纪 80 年代末，电信界内认为 VOD 是未来宽带网上的主要应用之一，当时电信网入户的线路资源主要是双绞线，在这种条件下人们自然想到利用双绞线开发宽带接入技术。由于 VOD 信息流具有上下行不对称的特点，而普通电话双绞线的传输能力又毕竟有限，为了把这有限的传输能力尽可能地用于视频信号的传输，因此，这种服务于 VOD 的宽带接入技术，应具备上下行不对称的传输能力，即下行速率传输视频流远大于上行速率传输点播命令。自 20 世纪 80 年代末期 ADSL 技术出现后，曾经一度沉寂。直到 20 世纪 90 年代中期，Internet 应用由专业领域走向民用，并且戏剧性地飞速增长，彻底打乱了电信既定的发展方向，网上的信息量急剧膨胀使得传统的窄带接入难以满足大量信息传送的要求，ADSL 作为一种宽带接入技术其传输特点恰好与个人用户和小型企事业用户信息流的特征一致，即下行的带宽远高于上行。这样借助于 Internet 的发展，ADSL 不但起死回生，而且从此大规模走向市场，成为目前一种主流的宽带接入技术。

2. 工作原理及接入参考模型

ADSL 技术是一种以普通电话双绞线作为传输媒介，实现高速数据接入的一种技术。其最远传输距离可达 4～5 km，下行传输速率最高可达 6～8 Mb/s，上行最高 768 kb/s，速度比传统的 56 kb/s 模拟调制解调器快 100 多倍，这也是传输速率达 128 kb/s 的窄带 ISDN 所无法比拟的。为实现普通双绞线上互不干扰的同时执行电话业务与高速数据传输，ADSL 采用 FDM(频分复用)和离散多音调制(DMT：Discrete Multitone)技术。

传统电话通信目前仅利用了双绞线 20 kHz 以下的传输频带，20 kHz 以上频带的传输能力处于空闲状态。ADSL 采用 FDM 技术，将双绞线上的可用频带划分为三部分：其中，上行信道频带为 25～138 kHz，主要用于发送数据和控制信息；下行信道频带为 138～1104

kHz；传统话音业务仍然占用 20 kHz 以下的低频段。就是采用这种方式，利用双绞线的空闲频带，ADSL 才实现了全双工数据通信，如图 11.9 所示。

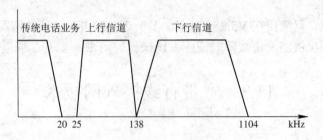

图 11.9　ADSL 频谱安排参考方案

另外为提高频带利用率，ADSL 将这些可用频带又分为一个个子信道，每个子信道的频宽为 4.315 kHz 。根据信道的性能，输入数据可以自适应地分配到每个子信道上。每个子信道上调制数据信号的效率由该子信道在双绞线中的传输效果决定，背景噪声低、串音小、衰耗低，调制效率就越高，传输效果越好，传输的比特数也就越多。反之调制效率越低、传输的比特数也就越少。这就是 DMT 调制技术。如果某个子信道上背景干扰或串音信号太强，ADSL 系统则可以关掉这个子信道，因此 ADSL 有较强的适应性，可根据传输环境的好坏而改变传输速率。ADSL 下行传输速率最高 6～8 Mb/s，上行最高 768 kb/s，这种最高传输速率只有在线路条件非常理想的情况下才能达到。在实际应用中，由于受到线路长度背景噪声和串音的影响，一般 ADSL 很难达到这个速率。

ADSL 系统的接入参考模型如图 11.10 所示。

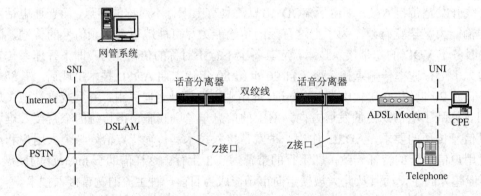

图 11.10　ADSL 系统接入参考模型

基于 ADSL 技术的宽带接入网主要由局端设备和用户端设备组成：局端设备(DSLAM：DSL Access Multiplexer)、用户端设备、话音分离器、网管系统。局端设备与用户端设备完成 ADSL 频带的传输、调制解调，局端设备还完成多路 ADSL 信号的复用，并与骨干网相连。话音分离器是无源器件，停电期间普通电话可照样工作，它由高通和低通滤波器组成，其作用是将 ADSL 频带信号与话音频带信号合路与分路。这样，ADSL 的高速数据业务与话音业务就可以互不干扰。

3．应用领域及缺点

现在 ADSL 的应用领域主要是个人住宅用户的 Internet 接入，也可用于远端 LAN、小型办公室/企业 Internet 接入等。

其主要的缺点是：

(1) 较低的传输速率限制了高等级流媒体应用和 HDTV 等业务的开展。

(2) 非对称特性不适于要求数据流收发对称的企事业和商业办公环境。

(3) 由于 ADSL 设备是面向 ATM 体制的，因而 ADSL/ATM 设备成本仍较高。

4. 其他 xDSL 技术

为了进一步加快 ADSL 技术的应用，使得 ADSL Modem 的使用像传统的话音频带 Modem 一样简单，将电话线插入即可使用，ITU-T 于 1998 年 10 月制定了无需分离器的 G.992.2 标准，又称 G.lite，它的系统参考模型与普通 ADSL 的差不多，与普通 ADSL 相比除接入速率较低外，最大区别是用户端不再有独立的话音分离器(局端还需要)，因而用户端安装相对简单。另外 G.lite 使用的传输频带是 25～552 kHz，不再需要在用户电缆中传输衰耗大的 552～1104 kHz 频带，因而传输距离得到延长，G.lite Modem 价格也低于 ADSL Modem。G.lite 也采用 DMT 线路编码方式，抗扰性较好，下行速率范围为 64 kb/s～1.5 Mb/s，上行速率范围为 32～512 kb/s。G.lite 设备也可同时支持电话、高速数据业务的接入。同样，由于其上下行速率的不对称性，因此适合用于住宅用户和小型商业用户的 Internet 接入。G.lite 设备相对普通 ADSL 设备而言，标准化程度高，将来能做到不同厂家的局端和用户端设备相互兼容。

利用普通双绞线进行高速数据传输的技术统称为 DSL 技术，或 xDSL 技术，它们与 ADSL 的对比如表 11.1 所示。

表 11.1 xDSL 与 ADSL 的比较

名称	含义	速率	连接类型	至交换机的距离/km	应用领域
ADSL	Asymmetric Digital Subscriber Line	下行：1.5～8 Mb/s；上行：128～768 kb/s	非对称方式	3～6	Internet 接入、VOD、远程局域网接入、交互多媒体
DSL	Digital Subscriber Line	128 kb/s	对称方式	～5	窄带 ISDN BRI 接入
HDSL	High Data Rate Digital Subscriber Line	2 Mb/s	对称方式	4～5	窄带 ISDN PRI 接入、LAN/WAN E1 接入、专线接入
SDSL	Single Line Digital Subscriber Line	2 Mb/s	对称方式	3～4	同 HDSL，但只需一对双绞线
VDSL	Very High Data Rate Digital Subscriber Line	下行：13～52 Mb/s；上行：1.5～2.3 Mb/s	非对称方式	0.3～1.5	支持全部 ADSL 应用，还支持 HDTV

11.3.2 光纤接入网

1. 背景

光纤接入网指采用光纤传输技术的接入网，一般指本地交换机与用户之间采用光纤或部分采用光纤通信的接入系统。按照用户端的光网络单元(ONU)放置的位置不同又划分为 FTTC(光纤到路边)、FTTB(光纤到楼)、FTTH(光纤到户)等等。因此光纤接入网又称为 FTTx 接入网。

光纤接入网的产生，一方面是由于互联网的飞速发展催生了市场迫切的宽带需求，另一方面得益于光纤技术的成熟和设备成本的下降，这些因素使得光纤技术的应用从广域网延伸到接入网成为可能，目前基于 FTTx 的接入网已成为宽带接入网络的研究、开发和标准化的重点，并将成为未来接入网的核心技术。

1) 光纤接入网的参考配置

光纤接入网一般由局端的光线路终端(OLT)、用户端的光网络单元(ONU)以及光配线网(ODN)和光纤组成，其结构如图 11.11 所示。

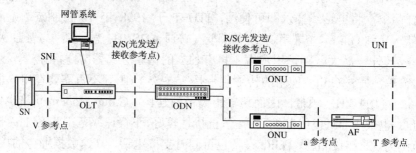

图 11.11　光纤接入网的参考配置

OLT：具有光电转换、传输复用、数字交叉连接及管理维护等功能，实现接入网到 SN 的连接。

ONU：具有光电转换、传输复用等功能，实现与用户端设备的连接。

ODN：具有光功率分配、复用/分路、滤波等功能，它为 OLT 和 ONU 提供传输手段。

2) 光接入网的类型

一般按照 ODN 采用的技术光网络可分为两类：有源光网络(AON：Active Optical Network)和无源光网络(PON：Passive Optical Network)。

有源光网络(AON)：指光配线网 ODN 含有有源器件(电子器件、电子电源)的光网络，该技术主要用于长途骨干传送网。

无源光网络(PON)：指 ODN 不含有任何电子器件及电子电源，ODN 全部由光分路器(Splitter)等无源器件组成，不需要贵重的有源电子设备。但在光纤接入网中，OLT 及 ONU 仍是有源的。由于 PON 具有可避免电磁和雷电影响，设备投资和维护成本低的优点，在接入网中很受欢迎。图 11.12 所示是 PON 的一般结构。

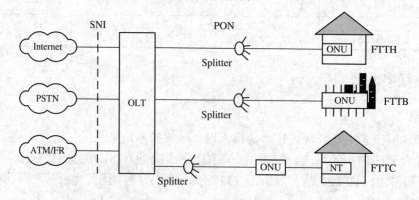

图 11.12　PON 的接入结构

3) 光纤接入网的特点

光纤接入网具有容量大，损耗低，防电磁能力强等优点，随着技术的进步，其成本最终可以肯定也会低于铜线接入技术。但就目前而言，成本仍然是主要障碍，因此在光纤接入网实现中，ODN 设备主要采用无源光器件，网络结构主要采用点到多点方式，具体的实现技术主要有两种：基于 ATM 技术的 APON 和基于 Ethernet 技术的 EPON。

2. APON

1) 背景

ATM 与 PON 技术相结合的 APON 最初由 FSAN 集团(Full Service Access Network Group)于 1995 年提出，它被认为是一个理想的解决方案，因为 PON 可以提供理论上无限的带宽，并降低了接入设备的复杂度和成本，而 ATM 技术当时是公认的提供综合业务的最佳方式，并保证 QoS。APON 的 ITU-T 的相关标准是 G.983。

基于 APON 的光纤接入网，是指在 OLT 与 ONU 之间的 ODN 中采用 ATM PON 技术。APON 的主要设备包括局端的 OLT、用户端的 ONU、位于 ODN 的无源光分路器，以及光纤。其结构上的主要特点是：

(1) 无源光分路器与 ONU 之间构成点对多点的结构(目前典型的是 1：64)，使得多个用户可以共享一根光纤的带宽，以降低接入成本和设备复杂度；

(2) 采用 ATM 传输技术，即 OLT 与 ONU 之间通过 VPI/VCI 直接将 53 字节的 ATM 信元转换成光信号传递。

2) 工作原理

图 11.13 是 APON 工作原理示意图。

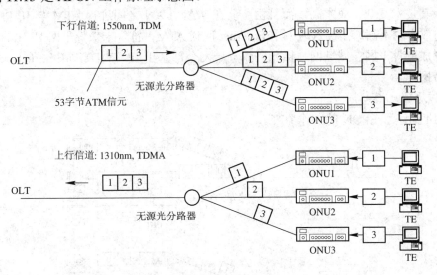

图 11.13　APON 工作原理示意图

为在一根光纤上实现全双工通信，APON 的下行数据信道使用 1550 nm 波长，当来自外部网络的数据到达 OLT 时，OLT 采用 TDM 方式将数据交换至无源光分路器，后者简单地采用广播方式将下行的 ATM 信元传给每一个 ONU，每个 ONU 根据业务建立时 OLT 分配的 28 bit 的 VPI/VCI 进行 ATM 信元过滤，接收属于自己的信元。

APON 的上行数据信道使用 1310nm 波长，采用 TDMA 方式实现多址接入。由于用户端 ONU 产生信号是"突发"模式，而不同 ONU 发出的信号是沿不同路径传输的，因此，它们将不同步地到达 OLT。为防止多用户信号碰撞，保证多用户接入的安全性，因此所有的 ONU 之间发送数据时必须进行同步，通常由 OLT 首先测试到 ONU 的距离，测距的目的是补偿 ONU 到 OLT 之间的距离不同而引起的传输时延差异，根据 ONU 到 OLT 的距离，OLT 为 ONU 分配一个合适的时隙，以保证 ONU 之间发送数据时相互不冲突，然后通过 PLOAM(Physical Layer Operation，Administration，and Maintenance)信元通知 ONU。随后 ONU 必须在指定的时隙内完成光信号的发送。

3) 与 ADSL 接入方式的比较

与目前电信网流行的 ADSL 方式相比，APON 主要的优势在于接入带宽更高，目前可以提供对称方式 155 Mb/s 或不对称方式 622/155 Mb/s 接入速率(OLT 和 ONU 之间)。另外采用光纤传输技术，用户的接入距离几乎没有限制。同时与 ADSL 一样，APON 也是一个业务独立的接入技术，因此被认为是未来替代 xDSL 的技术之一。

3．EPON

1) 背景

EPON 是 Ethernet PON 的简写，它是在 ITU-T G.983 APON 标准的基础上提出的 。近年来，由于千兆比特 Ethernet 技术的成熟，和将来 10G 比特 Ethernet 标准的推出，以及 Ethernet 对 IP 天然的适应性，使得原来传统的局域网交换技术逐渐扩展到广域网和城域网中。目前越来越多的骨干网采用千兆比特 IP 路由交换机构建，另一方面，Ethernet 在 CPN 中也占据了绝对的统治地位，将 ATM 延伸到 PC 桌面已肯定不可能了。在这种背景下，接入网中采用 APON，其技术复杂、成本高，而且由于要在 WAN/LAN 之间进行 ATM 与 IP 协议的转换，实现的效率也不高。在接入网中用 Ethernet 取代 ATM，符合未来骨干网 IP 化的发展趋势，最终形成从骨干网、城域网、接入网到局域网全部基于 IP、WDM、Ethernet 来实现综合业务宽带网。

2) 工作原理

图 11.14 描述了 EPON 的工作原理。

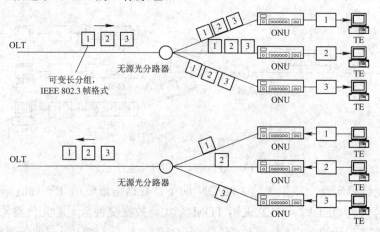

图 11.14　EPON 工作原理示意图

EPON 与 APON 关键的区别在于：EPON 中数据传输采用 IEEE 802.3 Ethernet 的帧格式，其分组长度可变，最大为 1518 字节；APON 中采用标准的 ATM 53 字节的固定长分组格式。由于 IP 分组也是可变长的，最大长度为 65 535 字节，这就意味着 APON 承载 IP 数据流的效率低、开销大。

在 EPON 中，OLT 到 ONU 的下行数据流采用广播方式发送，OLT 将来自骨干网的数据转换成可变长的 IEEE 802.3 Ethernet 帧格式，发往 ODN，光分路器以广播方式将所有帧发给每一个 ONU，ONU 根据 Ethernet 帧头中 ONU 标识接收属于自己的信息。

ONU 到 OLT 的上行数据流采用 TDMA 发送，与 APON 相同，OLT 为每个 ONU 分配一个时隙，周期是 2 ms。

EPON 采用双波长方式实现单纤上的全双工通信，下行信道使用 1510 nm 波长，上行信道使用 1310 nm 波长。

目前相关的标准主要由 IEEE 的 EFM 研究组进行制定。

11.3.3　HFC 接入网

1. 背景

光纤和同轴电缆混合网(HFC：Hybrid Fiber/Coax)是从传统的有线电视网络发展而来的，进入 20 世纪 90 年代后，随着光传输技术的成熟和设备价格的下降，光传输技术逐步进入有线电视分配网，形成 HFC 网络，但 HFC 网络只用于模拟电视信号的广播分配业务，浪费了大量的空闲带宽资源。

20 世纪 90 年代中期以后全球电信业务经营市场的开放，以及 HFC 本身巨大的带宽和相对经济性，基于 HFC 网的 Cable Modem 技术对有线电视网络公司很具吸引力。1993 年初，Bellcore 最先提出在 HFC 上采用 Cable Modem 技术，同时传输模拟电视信号、数字信息、普通电话信息，即实现一个基于 HFC+Cable Modem 全业务接入网 FSAN。由于 CATV 在城市很普及，因此该技术是宽带接入技术中最先成熟和进入市场的。

所谓 Cable Modem 就是通过有线电视 HFC 网络实现高速数据访问的接入设备，Cable Modem 的通信和普通 Modem 一样，是数据信号在模拟信道上交互传输的过程，但也存在差异，普通 Modem 的传输介质在用户与访问服务器之间是点到点的连接，即用户独享传输介质，而 Cable Modem 的传输介质是 HFC 网，将数据信号调制到某个传输带宽与有线电视信号共享介质；另外，Cable Modem 的结构较普通 Modem 复杂，它由调制解调器、调谐器、加/解密模块、桥接器、网络接口卡、以太网集线器等组成，它的优点是无需拨号上网，不占用电话线，可提供随时在线连接的全天候服务。目前 Cable Modem 产品有欧、美两大标准体系，DOCSIS 是北美标准，DVB/DAVIC 是欧洲标准。

2. 工作原理及接入参考模型

在 HFC 上利用 Cable Modem 进行双向数据传输时，须对原有 CATV 网络进行双向改造，主要包括配线网络带宽要升级到 860 MHz 以上，网络中使用的信号放大器要换成双向放大器，同时光纤段和用户段也应增加相应设备用于话音和数据通信。

Cable Modem 采用副载波频分复用方式将各种图像、数据、话音信号调制到相互区分的不同频段上，再经电光转换成光信号，经馈线网光纤传输，到服务区的光节点处，再光电转换成电信号，经同轴电缆传输后，送往相应的用户端 Cable Modem，以恢复成图像、数据、话音信号，反方向执行类似的信号调制解调的逆过程。

为支持双向数据通信，Cable Modem 将同轴带宽分为上行通道和下行通道，其中下行数据通道占用 50～750 MHz 之间的一个 6 MHz 的频段，一般采用 64/256 QAM 调制方式，速率可达 30～40 Mb/s；上行数据通道占用 5～42 MHz 之间的一个 200～3200 kHz 的频段，为了有效抑制上行噪音积累，一般采用抗噪声能力较强的 QPSK 调制方式，速率可达 320～10 Mb/s，HFC 频谱安排参考方案如图 11.15 所示。

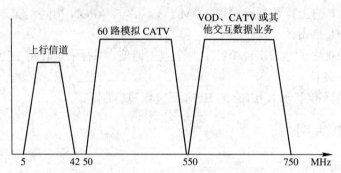

图 11.15 HFC 频谱安排参考方案

采用 Cable Modem 技术的宽带接入网主要由前端设备 CMTS(Cable Modem Termination System)和用户端设备 CM(Cable Modem)构成。CMTS 是一个位于前端的数据交换系统，它负责将来自用户 CM 的数据转发至不同的业务接口，同时，它也负责接收外部网络到用户群的数据，通过下行数据调制(调制到一个 6 MHz 带宽的信道上)后与有线电视模拟信号混合输出到 HFC 网络。用户端的 CM 的基本功能就是将用户上行数字信号调制成 5～42 MHz 的信号后以 TDMA 方式送入 HFC 网的上行通道，同时，CM 还将下行信号解调为数字信号送给用户计算机，通常 CM 加电后，首先自动搜索前端的下行频率，找到下行频率后，从下行数据中确定上行通道，与 CMTS 建立连接，并通过动态主机配置协议(DHCP)，从 DHCP 服务器上获得分配给它的 IP 地址。图 11.16 所示为 HFC 系统接入配置图。

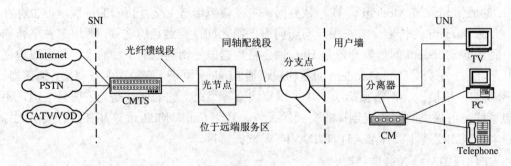

图 11.16 HFC 系统接入配置图

3. 应用领域及缺点

基于 HFC 的 Cable Modem 技术主要依托有线电视网，目前提供的主要业务有 Internet 访问、IP 电话、视频会议、VOD、远程教育、网络游戏等。此外，电缆调制解调器没有 ADSL 技术的严格距离限制，采用 Cable Modem 在有线电视网上建立数据平台，已成为有线电视公司接入电信业务的首选。

Cable Modem 速率虽快，但也存在一些问题，比如 CMTS 与 CM 的连接是一种总线方式。Cable Modem 用户们是共享带宽的，当多个 Cable Modem 用户同时接入 Internet 时，数据带宽就由这些用户均分，从而速率会下降。另外由于共享总线式的接入方式，使得在进行交互式通信时必须要注意安全性和可靠性问题。

11.4　宽带无线接入网技术

宽带无线接入分为固定接入和移动接入两类。本节主要介绍采用微波频段无线传输和点到多点组网方式的宽带固定无线接入技术。

光接入网虽然是宽带接入的长远解决方案，但存在建设成本高，周期长的缺点，而无线接入网则是有线网的有益补充。它可以覆盖有线网难以达到的范围，满足特殊网络应用移动性、灵活性的要求。

目前在我国有两种宽带无线接入技术在试用，即 3.5 GHz 固定无线接入和本地多点分配业务 LMDS，下面我们主要介绍这两种技术。

11.4.1　3.5 GHz 固定无线接入

1．背景

固定无线接入由于具有建网快、容量大、业务接入灵活等特点，因此成为目前无线通信业最热门的技术之一。固定无线接入开放的频段主要是 3.5 Hz、10.5 GHz、26 GHz、40 GHz 等；目前主流的技术有低频段的 3.5 GHz 固定无线接入和高频段的 26 GHz LMDS 两种方式。

在我国，信息产业部于 2001 年 8 月正式推出"3.5 GHz 固定无线接入标准"和"26 GHz 频段 FDD 方式本地多点分配业务(LMDS)频率规划(试行)"。

3.5 GHz 固定无线接入适合于在业务发展初期进行城域范围的一般覆盖，它可以有效集中大范围内中低速率需求的大量用户。对于新的电信运营商，在缺乏线缆资源、敷设光纤的成本较高、建设周期较长的情况下，如果要快速抢占市场，发展用户，无线接入则是最有效的手段。尤其是对在地理上非常分散的中小容量用户来说，固定无线则是目前可行的主要的接入手段。

2．工作原理及接入参考配置

3.5 GHz 固定无线接入系统工作在 3.5 GHz 频段，是一种点对多点的系统，上行频段为 3400～3430 MHz，下行频段为 3500～3530 MHz，可用带宽为 30 MHz，上下行链路均采用频分双工方式(FDD)，典型的接入速率为 8～10 Mb/s，虽不高，但仍属宽带。它主要为中小企业、小型办公室和小区住宅用户提供话音、数据、Internet 和图像等业务，可以在有限的频带内，将多个用户的业务流汇聚到核心网络。

3.5 GHz 固定无线接入系统和其他点对多点无线系统有相似的构成：基站 BS、远端站 RS 和网管系统 NMS。特殊情况下基站和远端站之间可以通过接力站进行传输。一般一个城市需要一个或多个基站以类似宏蜂窝的方式组成覆盖整个城区的无线接入网络。系统组成如图 11.17 所示。

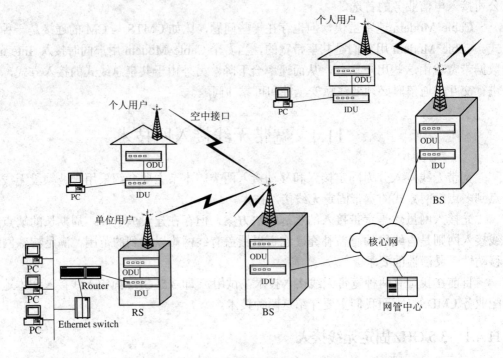

图 11.17　固定无线接入系统组成图

1) 基站(BS)

基站从逻辑上又可分为两部分：中心控制站(CCS)和中心射频站(CRS)。中心控制站主要汇聚中心射频站的业务和信令数据，并提供至网络侧的接口。中心射频站主要负责对远端站进行覆盖，并提供至中心控制站的接口，主要的物理接口类型有：100 Base-T、STM-1、E1 等。中心站一般采用多扇区天线，覆盖远端站，扇区数一般为 4～8，特殊情况下也可多达 24 扇区。

2) 远端站(RS)

远端站由室外单元(ODU，定向天线、射频单元)和室内单元(IDU，调制解调、业务接口)组成。通常采用口径较小的定向天线，用户端业务接口为各种用户业务提供接口，并完成复用/解复用功能。系统可提供多种类型的用户接口：10 Base-T、100 Base-T、E1、V.35、POTS 等，目前常见的业务都可直接接入。远端站可以为中小商业用户提供语音、数据等业务，也可以为住宅小区用户提供宽带数据接入服务。

3) 网管系统

网管系统完成基站和远端站的设备配置、故障、性能、安全管理以及计费信息的采集，实现系统的集中管理。

多个基站组成一个城市全面覆盖的接入网络，基站通过光纤或微波手段接入骨干网络。

3. 3.5 GHz 固定无线接入技术优缺点

从业务带宽和速率上来看，3.5 GHz 固定无线接入系统主要面向中小企业用户提供数据业务，侧重于中低速的数据服务。另外，3.5 GHz 固定无线接入较其他宽带无线接入技术(如LMDS)技术成熟度高、技术难度小，因而设备成本较低。

　　3.5 GHz 固定无线接入系统的主要优点是：建网速度快、覆盖范围较广。一般来说，3.5 GHz 固定无线接入技术覆盖范围可达 5～10 km，甚至更高，雨衰对 3.5 GHz 固定无线接入技术的影响不严重，而 LMDS 系统的覆盖范围则在 1～5 km，受雨衰的影响非常严重。

　　3.5 GHz 固定无线接入系统的主要缺点是：系统容量仍然有限，可用带宽只有 30 MHz，相对于 LMDS 的 1.3 GHz 还是太小。这样，对于用户密集的服务区，提供宽带能力有限，尤其是类似 VOD 等的业务很难开展。

11.4.2　LMDS 接入技术

1. 背景

　　本地多点分配业务(LMDS：Local Multipoint Distribution Service) 工作在 20～40 GHz 频带上，每个服务区可拥有 1.3 GHz 的带宽，是一种传输容量可与光纤比拟，同时又兼有无线通信经济和易于实施等优点的宽带无线接入技术。之所以叫它本地，是因为 LMDS 的无线信号传输距离不超过 5 km 的缘故，它主要有如下特点：

　　(1) 单个基站所能覆盖的范围有限。根据所采用的频率的高低，LMDS 的覆盖半径一般为 5 km 左右。晴朗的天气条件下，覆盖范围较大；阴雨天气时，覆盖范围将要受雨衰因素影响，频率越高，影响越大。

　　(2) 从基站到用户的下行信号采用点到多点方式，这也是"多点分配"的含义所在。用户到基站的上行传送可以采用 FDMA 方式，也可以采用 TDMA 方式，相对比较灵活。

　　(3) 提供的业务范围广。LMDS 可以提供包括窄带话音到宽带数据等各种业务。用户能够从 LMDS 网络得到的业务量的大小，完全取决于运营者对业务的开放度。

　　LMDS 基于 MPEG 技术，是从微波视频分配系统(MVDS：Microwave Video Distribution System)发展而来的。与传统点到点高速固定无线接入方式相比，LMDS 为"最后一千米"宽带接入和交互式多媒体应用提供了更经济和更简便的解决方案，是对 FTTx 的有益补充，它的宽带属性使它可以提供大量的电信服务和应用。

2. 工作原理及接入参考配置

　　LMDS 工作在 20～40 GHz 频率上，被许可的频率是 24 GHz、28 GHz、31 GHz、38 GHz，其中以 28 GHz 获得的许可较多，该频段具有较宽松的频谱范围，最有潜力提供多种业务。但由于在该频段信号的传输距离有限，LMDS 采用了多扇区、多小区的空间分割技术组网，以重用频率，提高系统容量。典型的 LMDS 系统可支持下行 45 Mb/s，上行 10 Mb/s 的传输速率。

　　LMDS 接入系统构成一般包括基站、远端站和网管系统三大部分。基站和远端站又分别由室内单元(IDU)和室外单元(ODU)两部分组成，IDU 提供业务相关的部分，如业务的适配和汇聚；ODU 提供基站和远端站之间的射频传输功能，一般安置在建筑物的屋顶上，系统组网形式与 3.5 GHz 固定无线方式相似。

　　基站位于小区(Cell)中心，它覆盖的服务区一般分为多个扇区，可以对一个或多个远端站提供服务。基站 IDU 将来自各个扇区不同用户的上行业务量进行汇聚复用，提交到不同的业务节点，同时将来自不同业务节点的下行业务量分送至各个扇区，具体地说，一般采用 TDMA 或 FDMA 接入方式。基站系统提供丰富的 SNI 接口类型，网络侧可连接

PSTN/ISDN 交换机、ATM 交换机、路由器等，为远端用户接入业务节点提供服务。

　　远端站设置在用户驻地，用户驻地网设备为用户终端提供 PSTN 电路仿真、高速 IP 等业务；远端站 IDU 可连接用户小交换机、路由器等，将来自 CPN 的业务适配汇聚，通过中频电缆传送到 ODU，然后通过无线链路传送到基站，在相反方向从下行业务流中提取本站业务分送给用户。目前商用系统中远端站一般提供 E1 接口和 10 Base-T 接口，E1 接口与用户小交换机相连，对普通话音、ISDN 业务提供支持；10 Base-T 接口用于与 HUB 或其他设备相连，提供数据业务。远端站也可以直接提供 Z 接口和 ISDN U 接口。基站和远端站的 ODU 包括射频收发器和射频天线两部分，射频收发器将来自 IDU 的中频信号进行上变频调制到射频频带，通过射频天线进行发射，同时将射频信号下变频传送到 IDU，从而在基站与远端站之间建立双向通信通道。由于 LMDS 基站将覆盖的服务区划分为若干个扇区，因此基站天线为扇区天线，现有的扇区天线波束角一般有 15°、22.5°、30°、45°、60° 或 90° 等，可将服务区划分为 24、16、12、8、6 或 4 个扇区，从具体实现上看，90° 的扇区天线居多，远端站射频天线为定向天线，定向接收来自本扇区天线的信号，系统一般可以进行自动增益控制，在满足一定的误码率和系统可用性的前提下，自动调整射频发射功率，使扇区之间的干扰降到最小，LMDS 扇区半径一般为 2~4 km。

　　LMDS 的缺点如下：

　　(1) 传输距离很短，仅有 5~6 km 左右，因而不得不采用多个微蜂窝结构来覆盖一个城市，而多蜂窝结构会增加系统复杂度；

　　(2) 雨衰太大，降雨时很难工作。

　　目前 LMDS 基本上还处于试用阶段，在欧洲和北美已有多个频段得到了批准和使用。ITU-T、IEEE、ETSI 和 DAVIC(Digital Audio Video Council)等组织正在进行相关标准的制定工作。2000 年 8 月，IEEE 802.16 工作组提出了一个固定无线宽带接入标准(空中接口)讨论稿，这对目前国际上 LMDS 各种商品尚无统一标准的局面颇有指导意义。

思 考 题

1. 接入网与传统用户环路有什么区别？其特点是什么？
2. 接入网的定义是什么？说明它可以由哪些接口来定界？
3. 接入网可分为几层？它们之间的关系是什么？
4. V5.1 与 V5.2 接口之间有哪些异同点？
5. 简述 ADSL 系统的基本结构和各部分的主要功能，它适用于哪些应用场合？
6. HFC 技术有什么特点？说明其频谱是如何划分的。
7. 简述 PON 技术中常用的多址接入技术，并说明其工作原理。
8. 根据 LMDS 系统的工作原理，说明该系统可以采用哪些手段来进行扩容。

第 12 章 宽带综合 IP 网

下一代的综合业务宽带网将会是什么样子？按照传统电信运营商的预定计划，将是基于 ATM 的宽带综合业务网(B-ISDN)，然而 20 世纪 90 年代 Internet 的兴起，却戏剧性地改变了整个通信领域的面貌，使得原本相互分离的计算机网和电信网汇聚在了一起，电信运营商也不再像以前那样可以独立地决定未来网络的技术走向。

与 ATM 技术相比，IP 技术是一种无连接的分组交换技术，具有协议的简单性、开放性，并有业界成熟标准的应用编程接口 API 和数量众多的应用开发人员，同时基于 IP 实现网络互连技术成熟，成本低，基于 IP 技术的 Internet/Intranet 典型应用，如电子邮件、Web 业务已深入人心。反观 ATM 技术，虽然标准完善、技术先进，但协议过于复杂，设备成本高，没有标准地开放 API，自从其出现以后，就一直没有找到类似于电子邮件、Web 业务这样的与其相适应的代表性的应用来推动市场的发展。当基于 IP 技术的 Internet 普及之后，建设纯 ATM 技术的 B-ISDN 已无可能，下一代网络将是基于 IP 的多媒体宽带综合网，已成为业界共识。

本章将讨论基于 IP 的宽带综合网的三种主要技术路线: IP over ATM、IP over SDH、IP over WDM 以及它们的主要特点，重点介绍下一代网络的关键技术——MPLS。

12.1 背 景 介 绍

12.1.1 传统 Internet 的主要问题

Internet 持续快速地增长，是宽带应用发展的主要动力，也是使得 IP 协议成为目前通信网中占主导地位的通信协议，宽带 IP 网络将在下一代电信网络中占据主导地位。但 IP 技术的最初目标只是支持简单的数据通信业务，并非是为面向运营和支持综合业务来设计的，将 IP 用作构建大型宽带骨干网的技术还需解决以下主要问题。

1) 综合业务传送的能力

基于 IPv4 的传统 Internet 底层结构和协议主要是针对简单数据传输来优化设计的。而目前 Internet 越来越多地用来传送 HTTP 业务、语音、多媒体和实时电子商务应用，这不但要求 Internet 的底层结构能提供更高的带宽，也要求相应的协议来支持复杂的多媒体数据流的传送。

2) 可靠的网络 QoS 能力

Internet 的最初设计并非面向电信运营，IP 协议也是一个无连接型的网络协议，网络只提供尽力而为(Best-Effort)的数据传输服务，不能为业务提供有保证的 QoS。但作为面向运营的多业务骨干网， IP 应该提供面向连接的服务，支持带宽资源的预留，以便为关键业务提供可靠而有保证的服务质量，更好地支持语音、视频等具有实时要求的业务。

3) 路由器的线速率分组转发能力

传统路由器通常放置于网络的汇聚点，负责 IP 分组的转发，它主要依靠软件进行选路和分组转发。由于 IP 的无连接特性，不管分组是否朝向同一目的地，它们都会被独立地执行选路和转发，因此效率很低，且 Internet 中业务量增大，路由器就成为性能瓶颈。在宽带综合 IP 网中必须引入新的技术来解决路由器瓶颈。

4) 支持超大型网络结构的能力

由于 Internet 网络规模和用户数目增长迅速，IPv4 的地址空间已基本耗尽，目前 IETF 已提出了新的 IP 地址方案 IPv6。与 IPv4 相比，IPv6 的地址长度由 32 位扩展至 128 位，以解决地址空间不够的问题。另外，IPv6 的控制字段少于 IPv4，支持数据流标记等新的特性，这些都有利于改善网络的性能，提高路由器的处理能力。

5) 流量工程能力

今天，Internet 上的主要路由协议都是基于计算分组在网上传输的最短路径算法来设计的，很少考虑时延、抖动、拥塞等因素，这样网络管理者很难进行流量工程。

1995 年后，为在 Internet 上支持实时业务，尤其是语音和视频业务，并提供有保证的服务质量，ITU-T、ATM 论坛和 IETF 做了大量的工作。这一时期，一方面 IETF 在原有 IP 技术的基础上，陆续制定了 RSVP、RTP、RTCP 等协议以支持实时，尤其是语音和视频业务；另一方面，各种厂家也推出了很多专有的 IP over ATM 技术产品来改善 IP 的服务质量。

1997 年，IETF 开始制定的多协议标记交换技术(MPLS: Multi-Protocol Label Switching)，在各种专有 IP over ATM 技术的基础上，从全网体系结构的角度出发来考虑如何实现综合业务、QoS、流量工程等目标。1999 年底，鉴于 MPLS 在未来网络中的重要地位，ITU-T SG13 研究组也将研究重心从 B-ISDN 和 GII 转向 MPLS。2000 年后，随着低成本、高性能路由器技术的成熟，采用 IP over ATM 方式构建综合宽带 IP 骨干网已无性能优势，IP/MPLS 方案成为构建综合宽带 IP 骨干网的首选方案，我们将在随后进行介绍。

12.1.2 实现宽带综合 IP 网的主要方案

目前的 IP 网络和技术还存在着很多的问题，但主要问题是 IP 网络的 QoS、IP 分组传输的带宽效率、网络的健壮性、可管理性、可扩充性等。

ITU-T、IETF 以及很多设备制造商和电信运营商都在积极研究基于 IP 的宽带综合骨干网的技术方案。总的来看，各种方案可以分成以下两大类：

(1) IP 与 ATM 相结合的方案：借助 ATM 网络强大的 QoS 和综合业务的能力，基于 ATM 来传送 IP，以此来解决 IP 网络的服务质量问题。IP over ATM 即属于该方案，传统电信运营商多采用此方案。其主要的缺点是技术体制复杂、IP 传输效率不高。

(2) IP 直接与光传送网相结合的方案：使用光纤信道来增加可用的带宽，同时舍弃复杂的 ATM 层，将 IP 分组直接在光传送网上传输，以提高传输效率，网络资源的管理则委托路由器来完成，因而协议结构简单。依靠光传送网的高带宽和现代路由器的处理能力可以为宽带业务提供很好的服务质量。IP over SDH 和 IP over WDM 就属于该方案，目前这种方案主要的缺点是综合业务能力和 QoS 保障能力较弱。MPLS 则更像一个封装协议，在两种方案中均可使用。

上述方案都是特定的历史时期和技术背景下的产物，各有其特点和适用场合，但两种方案也具有以下共性：

(1) 底层网络必须提供有保证的 QoS 能力以满足上层应用的需求。

(2) 分组转发必须尽可能由交换设备而不是路由器来完成。

图 12.1 描述了实现宽带综合 IP 网主要方法的协议结构。

图 12.1　宽带 IP 网络的实现方式

12.2　IP over ATM

ATM 技术是 20 世纪 90 年代初电信部门专门为 B-ISDN 开发的技术，目前已经成熟稳定。ATM 除了可以提供高速交换能力外，其综合业务和可靠的 QoS 能力使其仍然成为一种颇具潜力的骨干网技术。将 ATM 技术应用于 Internet 可以解决带宽问题，也可以简单地将 ATM 的 QoS 能力引入 Internet，以满足各种实时业务的性能要求。因此 IP over ATM 方案成为传统电信运营商构建宽带 IP 网的主要选择之一。

如图 12.2 所示，IP over ATM 方案中，IP 层主要实现多业务汇聚和数据的封装，ATM 层负责提供端到端的 QoS，SDH 层提供光网络的管理和保护切换功能，光网络层基于 WDM 提供高带宽。

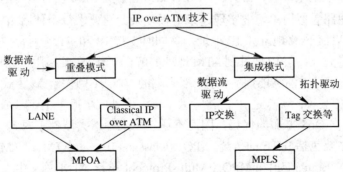

图 12.2　IP over ATM 技术分类

IP 与 ATM 技术相结合的主要难点在于 ATM 是面向连接的技术，而 IP 是无连接的技术，并且两者都有自己的编址方案和选路规程，相互间的协调配合较复杂。目前关于 IP over ATM 的方案，ITU-T、IETF、ATM-Forum 等标准化部门和许多制造商已提出了很多。其中有一些已成为标准，根据这些方案中 IP 与 ATM 之间的结合方式来划分，IP over ATM 可分为重叠模式(Overlay Model)和集成模式(Integration Model)两种。

12.2.1　重叠模式和集成模式

1. 重叠模式

重叠模式产生于 20 世纪 90 年代中期,当时业界的主流仍然相信 ATM 将是未来网络的主导技术。因此设计者的出发点是考虑今后如何更易于向基于 ATM 的 B-ISDN 过渡,其基本思想是:IP 与 ATM 各自保持原有的网络结构、协议结构不变,通过在两个不同层次的网络之间进行数据映射、地址映射和控制协议映射来实现 IP over ATM。

在重叠模式中,从 IP 层的角度来看,ATM 层只是另一个异构的网络而已,它们通过 IP 协议实现网间互连,ATM 网络作为传送 IP 分组的数据链路层来使用;从 ATM 层来看,IP 层产生的业务只是它承载的一种业务类型,它使用 AAL5 适配 IP 分组,将其封装成 ATM 信元,使用标准 ATM 信令建立端到端的 VC 连接,并在其上传送已封装成 ATM 信元形式的 IP 业务流。

图 12.3 描述了该模式的基本网络结构,ATM 交换机构成宽带核心网,路由器则位于核心网边缘。由路由器构成的 IP 网络负责路由表的维护,确定下一跳路由器地址,然后将 IP 分组转换成 ATM 信元,经由 ATM 核心网建立的 VC 传送到选定的下一跳路由器。

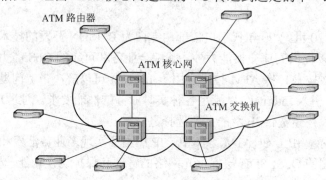

图 12.3　IP over ATM 重叠模式网络

该方案的思路看似简单,但实现起来却很复杂。它要求每个使用 IP 服务的 ATM 用户终端同时具有 ATM 网络地址和 IP 地址,并同时支持 IP 和 ATM 两套控制机制;网络中需设置专用服务器完成高层 IP 地址到 ATM 地址的解析工作。在发端用户知道收端用户的 ATM 地址之时,才使用标准的 ATM 信令建立端到端的 VPI/VCI 连接。该模式的优点是与标准的 ATM 网络及业务兼容;缺点是 IP 的传输效率低,地址解析服务器容易成为网络瓶颈,不能充分发挥 ATM 在 QoS 方面的优势,因而不适宜用来构造大型骨干网。

重叠模式主要包括 IETF 的传统 CIPOA(Classical IP over ATM)、ATM forum 的局域网仿真(LANE: LAN Emulation)和 MPOA(Multi-Protocol over ATM)等。由于重叠模式不适用于构建宽带骨干 Internet,这里将不做讨论。

2. 集成模式

集成模式是为解决重叠模式性能低、可靠性差的问题而于 20 世纪 90 年代后期产生的,此时关于 IP 与 ATM 谁主沉浮的争论已基本尘埃落定,设计者考虑的是如何设计一个高性能的基于 IP 的宽带综合网,而不再是保持 ATM 网络的独立性以便今后向 B-ISDN 转进,对集成模式而言，只是将 ATM 技术中合理的成分为我所用而已，例如 ATM 基于定长标记的交换、ATM 的硬件交换结构等。集成模式的基本思想是让核心网的 ATM 交换机直接运行 IP 路由协议，将 ATM 层看作 IP 层的对等层，而不是为其提供服务的下一层，使用 IP 服务的用户终端只需要一个 IP 地址来标识，网络无需再进行 IP 地址到 ATM 地址的解析处理，也不再使用 ATM 信令进行端到端 VC 的建立。

图 12.4 描述了该模式的基本网络结构。在网络中 ATM 交换机仍然基于 VPI/VCI 实现分组转发，但不同之处在于，一般纯 ATM 网络和重叠模式中的 ATM 交换机的 VPI/VCI 表是由标准的 ATM 信令建立和维护的，而集成模式中 ATM 交换机的 VPI/VCI 表是由 IP 路由协议和基于 TCP/IP 的其他标记分发控制协议创建和维护的。因此在集成模式中，ATM 交换机实际上是一个多协议交换式路由器，因而在图 12.4 中将其记为 LSR(Label Switching Router)，LSR 节点先使用 IP 进行寻址和选路，然后在选好的路径上使用 ATM 交换进行分组转发。

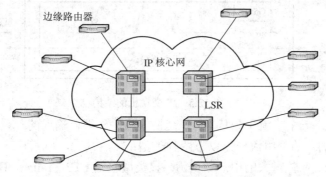

图 12.4　IP over ATM 集成模式网络结构

集成模式的优点是综合了第三层路由的灵活性和第二层交换的高效性，IP 分组的传输效率高，可以充分发挥 ATM 面向连接的全部优点；缺点是协议较为复杂，与标准 ATM 技术不兼容。从技术特点上来看，集成模式更像多层交换技术。目前 IP over ATM 的主流是采用集成模式，它适合于组建大型 IP 骨干网。

集成模式主要包括 Ipsilon 公司的 IP 交换技术(IP Switching)、Cisco 公司的标记交换技术(Tag Switching)、IETF 制定的 MPLS 等。其中 IP Switching 和 Tag Switching 都属于相应公司的专有技术，我们只做简单的介绍，对国际标准的 MPLS 我们将做重点介绍。

12.2.2　IP 交换

IP 交换是 Ipsilon 公司提出的专用于在 ATM 网络上传送 IP 分组的技术。它最先引入了流的概念，IP 交换机可以根据流的不同特点，选择使用传统的路由方法转发分组，或建立 ATM 连接转发分组。IP 交换大大地提高了 ATM 网上 IP 分组转发的效率，是典型的集成方式的多层交换技术。

1.　基本结构

IP 交换的核心是 IP 交换机和相关的专用通信协议。IP 交换机由两个逻辑上分离的功能组成：ATM 交换模块和 IP 交换控制器。各部分的主要功能描述简单介绍如下：

(1) IP 交换控制器：主要由 IP 路由软件和控制软件组成，它负责标识一个流，并将其映射到 ATM 的虚信道上。ATM 交换机与 IP 交换控制器则通过一个 ATM 接口相连,用于控制信号和用户数据的传送。

(2) GSMP: 通用交换管理协议,此协议使 IP 交换控制器可从内部完全控制 ATM 交换模块,管理其交换端口,建立和撤销通过交换机的连接,等等

(3) IFMP: Ipsilon 流管理协议,该协议用于在 IP 交换机间共享流标记信息,以实现基于流的第二层交换。

IP 交换机的结构如图 12.5 所示。

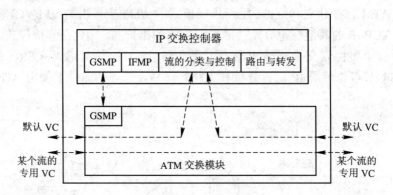

图 12.5　IP 交换机的结构

在 IP 交换中,一个"流"是从 ATM 交换模块输入端口输入的一系列有先后关系的 IP 分组,IP 交换将输入的分组流分为以下两种类型:

(1) 持续期长、业务量大的用户数据流。该类型包括 FTP、Telnet、HTTP、多媒体语音、视频流等。对于此类型分组流用户数据流,IP 交换在 ATM 交换机中为其建立对应的 VC 连接;对于多媒体语音、视频流,在 ATM 交换机中进行交换还可以利用 ATM 硬件的广播和多播发送能力。

(2) 持续期短、业务量小、呈突发分布的用户业务流。该类型包括 DNS 查询、SMTP、SNMP 等数据流。对于类型分组流,IP 交换通过 IP 交换控制器中的 IP 路由软件按照传统的路由器转发分组的方式,一跳一跳地进行转发,以节省 ATM VC 的建立开销。

2. 工作过程

IP 交换同时支持传统的逐跳分组转发方式和基于流的 ATM 直接交换方式,其工作过程大致可分为以下三个阶段:

(1) 逐跳转发 IP 分组阶段。任意 IP 分组流最初都是在两个相邻 IP 交换机间的缺省 VC 上逐跳转发的,该缺省 VC 穿过 ATM 交换机并终接于两个 IP 交换控制器。在每一跳,ATM 信元先重新组装成 IP 分组,送往 IP 交换控制器,它则根据 IP 路由表决定下一跳,然后再分拆为 ATM 信元进行转发。同时,IP 交换控制器基于接收 IP 分组的特征,按照预定的策略进行流分类决策,以判断创建一个流是否有益。

(2) 使用 IFMP 将业务流从默认 VC 重定向到一个专用的 VC 上。如果分组适合于流交换,则 IP 交换控制器用 IFMP 协议发一个重定向信息给上游节点,要求它将该业务流放到一个新的 VC 上送(即 VC 既是上游节点的出口,同时又是下游节点的入口)。如果上游节点同意建立 VC,则后续分组在新的 VC 上转发,同时下游节点也进行流分类决策,并发送一

个重定向信息到上游，请求为该业务流建立一条呼出 VC。新的 VC 一旦被建立，后续业务流将在新的 VC 上转发。

(3) 在新的 VC 上对流进行第二层交换。ATM 交换机根据已经构造好的输入/输出 VC 的映射关系，将该流的所有后续业务量在第二层进行交换，而不会再涉及到 IP 交换控制器。同时一旦建立了一个流，IP 分组就不需要在每一跳进行组装和分拆操作，从而大大提高了 IP 分组的转发效率，尤其是由长流组成的网络业务将受益最多。

图 12.6 描述了 IP 交换的工作原理。

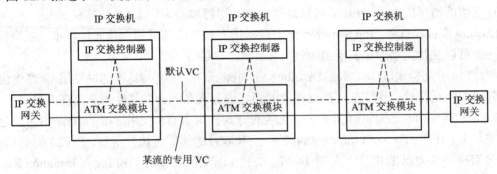

图 12.6　IP 交换的工作原理

3．IP 交换的缺点

IP 交换主要有如下缺点：

(1) 只支持 IP 协议，不能桥接或路由其他协议。

(2) 分组转发效率依赖于具体用户的业务特性，对业务量大、持续期长的用户数据流，效率较高，对大多数持续期短、业务量小、呈突发分布的用户数据流效率不高。

12.2.3　Tag 交换

Tag 交换是 Cisco 公司提出的一种根据每个分组中预先分配的 Tag 来进行交换的通用方法(并非仅对 IP 和 ATM)。Cisco 公司将它定位为一种广域网技术，其设计目标是将第二层交换和网络流量管理能力与第三层路由功能的灵活性和可伸缩性结合在一起，以满足未来通信网的服务质量要求。

1．Tag 交换的基本结构

1) Tag 的概念

Tag 交换核心的概念是"Tag"，Tag 的长度固定，每个 Tag 与第三层的路由信息直接关联，这样通过定长的 Tag 而不是变长的 IP 地址前缀，就可以将 IP 分组或 ATM 信元传送到网络中的合适目的地。这种方式有如下优点：

(1) 交换机使用固定长的 Tag 作为索引查找分组转发表，从而产生非常快速而有效的转发决策，更适合用硬件方式来实现交换。

(2) Tag 与第三层的路由信息相关联，使得与 Tag 相关联的交换路径可以预先建立，提高了网络的交换性能和稳定性。我们将这种流建立方式称为拓扑驱动，它是 Tag 交换与 IP 交换的最重要的区别。

Tag 与 IP 地址不同点在于：IP 地址是全网有效的，要求保证 IP 地址的全网范围的惟一性；而 Tag 是局部有效的，只需在任一交换节点保持其惟一性即可。

对于 IP over ATM 网络，Tag 可直接由 VPI/VCI 字段运载，无需修改所需要的 ATM 信元格式。对于其他分组网络，标记必须放在现有的帧字段中，或附加在第二层和第三层的控制字段之间。

2) Tag 交换的主要部件

Tag 交换主要包括以下组成部分：

(1) 边缘路由器(ER：Edge Router)：位于核心网络的边缘，它负责将 Tag 加到分组上，并执行增值的网络层服务。ER 既可以是路由器，也可以是多层 LAN 交换机。

(2) Tag 交换机(TS：Tag Switch)：它可以对所有被 Tag 的分组或信元进行第二层交换，同时它也可以支持完整的第三层 IP 路由功能。

(3) Tag 分配协议(TDP：Tag Distribution Protocol)：TDP 与标准的网络层 IP 路由协议(OSPF、BGP 等)配合，在 Tag 交换网络中的相邻的各设备间分发 Tag 信息，TDP 提供了 TS 与 ER 以及 TS 与 TS 之间进行 Tag 信息交换的方式。ER 和 TS 使用标准的 IP 路由协议建立它们的路由表(FIB: Forward Information Base)，获取目的地的可达性信息，在 FIB 的基础上，相邻的 TS 和 ES 使用 TDP 相互分发 Tag 值，创建 Tag 交换需要的 TIB(Tag Information Base)，TS 将依据 TIB 执行 Tag 交换。

3) 分配 Tag 的依据

在 ER 中可以根据下列几类信息为 IP 分组加上 Tag 值：

(1) 目的地址前缀：此类 Tag，以路由表中的路由为基础分配。它允许来自不同源地址而流向同一目的地的业务流发送时共享同一标记，从而节省标记和资源。

(2) 业务量调节：给 IP 分组加上一个 Tag，使它沿指定的，但与 IP 路由算法选择的路径不同的路径传输，从而使管理员可以平衡网络负荷，进行流量工程管理。

(3) 应用业务流：该方法 Tag 的分配同时考虑源地址和目的地址，比如可以根据源地址和目的地址之间已登记的 QoS 需求来分配 Tag，它可以提供更为精细的 QoS 保证能力。

2. 工作原理

Tag 交换将路由功能分成以下两部分：

(1) 分组转发：执行基于 Tag 值的查表和转发分组。

(2) 控制功能：使用 IP 路由协议和 TDP 创建和维护 Tag 信息库 TIB。

当分组转发部分收到一个带 Tag 值的 IP 分组或信元时，用 Tag 作索引查询 Tag 信息库 TIB，如果找到匹配的，则根据 TIB 中的信息，用输出标记取代原来的输入标记，随后该分组或信元将被转发到指定的输出端口。

Tag 交换的工作过程可简单地用以下四个步骤来描述，如图 12.7 所示。

(1) 1a：使用现有路由协议(如 OSPF、BGP)建立目的网络可达性。

1b：使用 TDP 协议在 ER 和 TS 间分布 Tag 信息。

(2) 在 IP 骨干网的边缘，入口 ER 接收 IP 分组，完成任何第三层特殊服务，并为分组打上 Tag。

(3) 在 IP 骨干网内部，TS 使用 Tag 而非 IP 地址进行分组转发。

(4) 当分组穿过网络到达另一边，出口 ER 移去 Tag，并将分组传给其目的地 LAN。

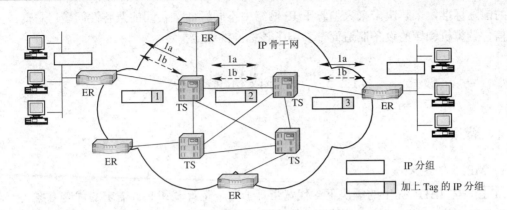

图 12.7　Tag 交换的工作过程

需要指出的是：ATM 交换与 Tag 交换主要的不同在于转发表的创建方式，ATM 转发表中的每一项是通过响应网络用户发起的一个 ATM 信令过程创建的。Tag 交换则通过执行 IP 路由协议来发现到每一目的地的路由，然后该路由上相邻的 Tag 交换机通过 TDP 协商确定到每一目的地的输入输出 Tag 对。

Tag 交换作为一种 Cisco 公司的专有技术，其主要的缺点是不可扩展。当使用地址前缀分配 Tag 值时，存在 VC 合并问题，即当 IP 分组封装进 AAL5-PDU 中时，插入到同一连接中的信元会分配相同的 VCI，这样接收它们的下一跳就无法区分它们是否属于不同的分组。

为了使这一技术能够被接受，Cisco 已将 Tag 交换提交给 IETF 的多协议标号交换 MPLS 工作组，其中的许多思想已被 MPLS 接受。

前面介绍的 IP 交换和 Tag 交换都属于集成模式，从支持 IP 的角度来看，集成模式在性能和扩展性等方面优于重叠模式，更适合用来组建面向电信运营的宽带综合 IP 网络。

集成模式中根据流的建立方式不同又分为基于数据流(Flow-based)的方式和基于拓扑(Topology-Based)的方式。其中 IP 交换属于基于数据流的方式，因为执行 ATM 交换还是 IP 转发依赖于数据流的特性；Tag 交换属于基于拓扑的方式，因为 ATM-VC 的建立直接与网络的拓扑结构和路由器传送分组时选择的路由相关。下面是两种方式的比较：

(1) 基于数据流方式的 IP 交换可以为业务流提供与 ATM 一样的 QoS 保证，但必须为每一个业务流分配一个虚电路，一方面会占用过多的 IP 地址，另一方面基于业务流创建流，要求沿途所有交换机都进行流检测，并通过 IFMP 协议通信，很容易产生拥塞。因此 IP 交换创建流的方法开销大，不适用于业务密集的大型骨干网络。

(2) 基于拓扑方式的 Tag 交换在建立路由表时，预先建立 Tag 映射，它既能支持短期、小业务量的 Tag 交换，也能支持长期、大业务量的 Tag 交换；另外，Tag 交换的 TDP 协议只在网络拓扑结构发生改变时才发送消息，其流的创建维护开销较小，该技术更适于在大型骨干网上应用。

上述的集成模式技术都属于设备制造上的专有技术，不同厂商的设备间很难互通，随着 2000 年后高速路由器技术的成熟和成本下降，IP over ATM 技术已逐渐丧失吸引力，IP/MPLS 方案逐渐成为主流。IETF 提出的 MPLS 技术一个很重要的目标就是提供一个集成模式的国际标准，来解决未来大型骨干 IP 网络中不同厂商设备间的兼容性问题。目前主要的电信、计算机领域的设备制造商都参与了该标准的制定。

12.3　多协议标记交换

12.3.1　背景

1. MPLS 的定义

MPLS 是 IETF 提出的解决下一代宽带骨干网带宽管理和业务需求的优秀方案之一。MPLS 出现之前，IETF、ITU-T 等陆续提出了 RTP/RTCP、RSVP、SIP、H.323 等协议以期解决传统 IP 网络的多业务支持和服务质量问题，但这些方案的思路都是在不改变传统 IP 网络结构的基础上增加这个功能，但它不能从根本上解决问题。MPLS 则第一次试图从全网体系结构角度去解决这个问题。MPLS 代表多协议标记交换，其中多协议的含义是该技术适用于任何网络协议，在这里主要讨论 IP 作为网络层协议的用法；其中的标记交换是指利用 MPLS 传输的分组在网络入口处打上一个短小、长度固定的标记，当分组沿某一路径传输时，该路径上的交换设备将根据标记值实现快速高效的第二层交换。MPLS 的多协议特性则体现在，它提供了一种标记的封装方法，使得 MPLS 可以交换任何类型网络层分组，同时也可以保持与现有网络的兼容性，即 MPLS 具体的标记封装方式决定于具体数据链路层技术 (ATM、帧中继、Ethernet 等)，所以 MPLS 既可以在现有的 ATM 网络、帧中继、Ethernet 等网络上实现，也可以在未来新的网络结构上实现。从本质上看，MPLS 是将第二层交换的高效率与第三层路由的灵活性综合在一起的多层交换技术。图 12.8 描述了 MPLS 的多协议支持特性。

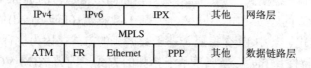

图 12.8　MPLS 的多协议支持特性

2. MPLS 的设计目标

MPLS 是针对目前网络面临的速度、可伸缩性(Scalability)、QoS 管理、流量工程等问题而设计的一个通用的解决方案。其主要的设计目标和技术路线如下：

(1) 提供一种通用的标记封装方法，使得它可以支持各种网络层协议(主要是 IP 协议)，同时又能够在现存的各种分组网络上实现。

(2) 在骨干网上采用定长标记交换取代传统的路由转发，以解决目前 Internet 的路由器瓶颈，并采用多层交换技术保持与传统路由技术的兼容性。

(3) 在骨干网中引入 QoS 以及流量工程等技术，以解决目前 Internet 服务质量无法保证的问题，使得 IP 可以真正成为可靠的、面向运营的综合业务服务网。

总之，在下一代网络中为满足网络用户的需求，MPLS 将在寻路、交换、分组转发、流量工程等方面扮演重要角色。

3．主要标准化机构

1997 年 IETF 首次提出了 MPLS，1999 年就有厂商推出了相应的设备，速度之快是以前任何一种技术所没有的。MPLS 草案主要分四部分：第一部分描述了 MPLS 的总体情况和术语；第二部分为标准的主体，描述了 MPLS 的标记格式、标记分配的属性、标记分配的概念、标记编码、路由选择机制和环路控制等内容；第三部分描述了 MPLS 的主要应用；第四部分描述了标记分配协议 LDP。

2000 年前与 MPLS 相关的机构主要有 IEFT 和 ATM 论坛。IETF 中与 MPLS 有关的工作组包括：

(1) Routing area　工作组；

(2) MPLS　工作组。

ATM 论坛中与 MPLS 有关的工作组包括：

(1) Traffic Management　工作组；

(2) ATM-IP Collaboration　工作组。

1999 年底，鉴于 IP 技术在 Internet 的绝对统治地位，ITU-TSG13 研究组将研究重心从 B-ISDN 和 GII 转向 MPLS，并一致同意将 LDP/CR-LDP 作为公用网标准信令。

2000 年成立的 MPLS 论坛也是非常活跃的 MPLS 研究机构，由于其成员代表了主要的电信设备厂商，因而对 MPLS 标准的制定有很大的影响。

4．主要应用

MPLS 提供了一个基于标准的解决方案以满足当今骨干网对高性能的需求，其主要应用目标如下：

1) 提高数据网中分组转发的性能

(1) 通过采用第二层交换技术，MPLS 增强并简化了路由器转发分组的能力。

(2) MPLS 简单、易于实现。

(3) 由于 IP 路由被标记线速率交换替代，网络性能得到了提高。

2) 支持区分服务的 QoS

(1) MPLS 采用流量工程的方式建立通路，以此来提供业务级的性能保证。

(2) MPLS 同时提供基于约束的和显式 LSP 的建立。

3) 支持网络的可升级性(Scalability)

MPLS 可以避免在网孔型的 IP-ATM 中出现的 N^2 覆盖问题。

4) 构建可互操作的网络

(1) MPLS 是一个实现 IP 与 ATM 网络可以互操作的标准解决方案。

(2) MPLS 简化了 IP over SDH 在光交换中的集成。

(3) MPLS 的流量工程能力，有助于创建可伸缩的 VPN。

12.3.2　MPLS 的总体结构

1．主要功能

MPLS 是 IETF 为业务流通过网络进行高效地寻路、转发和交换而提供的一个框架，它执行的主要功能有：

(1) 提供对不同粒度的业务流的管理机制，例如不同硬件和机器之间、不同应用之间的业务流。

(2) 保持原有第二层和第三层协议的独立。

(3) 提供一种将 IP 地址映射成简单的、固定长度标记的方法，该标记可用于不同的分组转发和分组交换技术。

(4) 为已有的路由协议如 RSVP 和 OSPF(Open Shortest Path First)等提供接口。

2. **主要名词术语**

1) 标记(Label)

标记是一个短小、定长，且只有局部意义的连接标识符，它对应于一个转发等价类(FEC)。一个分组上增加的标记代表该分组隶属的 FEC。标记可以使用 LDP、RSVP 或通过 OSPF、BGP 等路由协议搭载来分配。每一个分组在从源端到目的端的传送过程中，都会携带一个标记。由于标记是固定长的，并且封装在分组的最开始部分，因此硬件利用标记就可以实现高速的分组交换。

从标记起的作用来看，它与 ATM 信元中的 VPI/VCI、帧中继帧中的 DLCI、X.25 分组中的 LCN 功能相同，都起局部连接标记符的作用。

2) LSP

LSP(Label-Switched Path)指标记交换路径，在功能上它等效于一个虚电路。在 MPLS 网络中，分组传输在 LSP 上进行，一个 LSP 由一个标记序列标识，它由从源端到目的端的路径上的所有节点上的相应标记组成。LSP 可以在数据传输前建立(Control-Driven)，也可以在检测到一个数据流后建立(Data-Driven)。

3) LSR

LSR(Label Switched Router)指标记交换路由器，是一个通用 IP 交换机，位于 MPLS 核心网中，具有第三层转发分组和第二层交换分组的功能。它负责使用合适的信令协议(如 LDP/CR-LDP 或 RSVP)与邻接 LSR 交换 FEC/Label 绑定信息，建立 LSP。对加上标记的分组，LSR 将不再进行任何第三层处理，只是依据分组上的标记，利用硬件电路，在预先建立的 LSP 上执行高速的分组转发。

4) LER

LER 指标记边缘路由器，它位于接入网和 MPLS 网的边界的 LSR，其中入口 LER(Label Edge Router)负责基于 FEC 对 IP 分组进行分类，并为 IP 分组加上相应标记，执行第三层功能，决定相应的服务级别和发起 LSP 的建立请求，并在建立 LSP 后将业务流转发到 MPLS 网上。而出口 LER 则执行标记的删除，并将除去标记后的 IP 分组转发至相应的目的地。通常 LER 都提供多个端口以连接不同的网络(如 ATM、FR、Ethernet 等)，LER 在标记的加入和删除，业务进入和离开 MPLS 网等方面扮演着重要的角色。

5) FEC

FEC(Forwarding Equivalence Class)指转发等价类，代表了有相同服务需求分组的子集。对于子集中所有的分组，路由器采用同样的处理方式转发。例如，最常见的一种是 LER 可根据分组的网络层地址确定其所属的 FEC，根据 FEC 为分组加上标记。

在传统方式中，每个分组在每一跳都会重新分配一个 FEC(例如，执行第三层的路由表查找)。而在 MPLS 中，当分组进入网络时，为一个分组指定一个特定的 FEC 只在 MPLS 网的入口做一次。 FEC 一般根据给定的分组集合的业务需求或是简单的地址前缀来确定。每一个 LSR 都要创建一张表来说明分组是如何进行转发的，该表被称为 LIB(Label Information Base)，表中包含了 FEC-Label 间的绑定关系。

MPLS 核心网之所以基于标记，而不是直接使用 FEC 进行交换，主要基于以下原因：

(1) FEC 长度可变，甚至是一个策略描述，基于它难以实现硬件高速交换。

(2) FEC 是基于网络层或更高层的管理信息得到的，而 MPLS 的目标之一是支持不同的网络层协议，直接使用 FEC 不利于实现一个独立于网络层的核心交换网。

(3) FEC-Label 策略也增强了 MPLS 作为一种骨干网技术在路由和流量工程方面的灵活性和可伸缩性。

如图 12.9 所示，地址前缀不同的分组通过分配相同的标记而映射到同一条 LSP 上。同样，地址前缀相同的分组也可由于 QoS 的要求不同而映射到不同的 LSP 上，这极大地增强了核心网流量工程的能力。

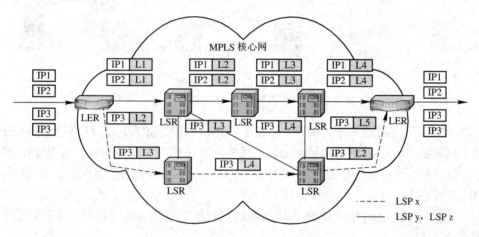

图 12.9　FEC-Label 与 LSP 的关系示意图

6) LDP

LDP 指标记分配协议，是 MPLS 中 LSP 的连接建立协议。LSR 使用 LDP(Label Distribution Protocol)协议交换 FEC/Label 绑定信息，建立一条从入口 LER 到出口 LER 的 LSP。但是 MPLS 并不限制旧有的控制协议的使用，如 RSVP、OSPF、BGP、PNNI 等。

3．网络体系结构

MPLS 属于多层交换技术，它主要由两部分组成，即控制面和数据面，其主要特点如下：

(1) 控制面：负责交换第三层的路由信息和标记。它的主要内容包括采用标准的 IP 路由协议，如 OSPF、IS-IS(Intermedia System to Intermedia System)和 BGP 等交换路由信息，创建和维护路由表 FIB(Forwarding Information Base)；采用新定义的 LDP 协议或旧有的 BGP、RSVP 等，交换、创建并维护标记转发表 LIB 和 LSP。在 MPLS 中，不再使用 ATM 的控制信令。

另外在控制面，MPLS 采用拓扑驱动的连接建立方式创建 LSP，这种方式与 PSTN、X.25、ATM 等传统技术采用的数据流驱动的连接建立方式相比，更适合数据业务的突发性特点，一方面 LSP 基于网络拓扑预先建立，另一方面核心网络需要维持的连接数目不直接受用户呼叫和业务量变化的控制和影响，核心网络可以用数目很少的、基本相对稳定的 LSP 服务众多的用户业务，这在很大程度上提高了核心网络的稳定性。

(2) 数据面：负责基于 LIB 进行分组转发，其主要特点是采纳 ATM 等的固定长标记交换技术进行分组转发，从而极大地简化了核心网络分组转发的处理过程，提高了传输效率。

MPLS 网络进行交换的核心思想可总结为一句话："在网络边缘进行路由和标记，在网络核心进行标记交换"。图 12.10 是一个 MPLS 网络的示意图。

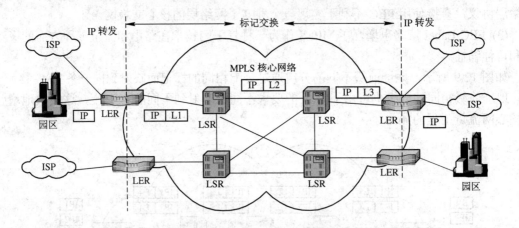

图 12.10　MPLS 网络结构示意图

组成 MPLS 网络的设备分为两类，即位于网络核心的 LSR 和位于网络边缘的 LER。构成 MPLS 网络的其他核心成分包括标记封装结构，以及相关的信令协议，如 IP 路由协议和标记分配协议等。通过上述核心技术，MPLS 将面向连接的网络服务引入到了 IP 骨干网中。

MPLS 网络执行标记交换需经历以下步骤：

(1) 1a：LSR 使用现有的 IP 路由协议获取到目的网络的可达性信息，维护并建立标准 IP 转发路由表 FIB。

1b：使用 LDP 协议建立 LIB。

(2) 入口 LER 接收分组，执行第三层的增值服务，并为分组打上标记。

(3) 核心 LSR 基于标记执行交换。

(4) 出口 LER 删除标记，转发分组到目的网络。

图 12.11 描述了在 MPLS 网中使用的主要协议和其所在的功能模块，其中控制面由 IP 路由协议模块、标记分配协议模块组成。根据不同的使用环境，IP 路由协议可以是任何一个目前流行的路由协议，如 OSPF、BGP 或 IS-IS 等。标记分配协议也有多种选择，其中 LDP 使用 TCP 协议来保证 LDP 对等层在对话期间的控制数据可靠地在 LSR 间传输，同时 LDP 也负责维护、更新 LIB 的内容。当 LDP 处于发现操作状态时，它使用 UDP 协议，在这个状态下，LSR 竭力搜索它的邻居成员，同时也将自己在网上呈报。这是通过相互交换 Hello 分组实现的，而 RSVP 则采用 UDP 协议传递标记信息。

数据面主要由 IP 转发模块和标记转发模块组成，其中 IP 转发是指执行传统的 IP 转发功能，它使用最长地址匹配算法在路由表中查找下一跳，在 MPLS 中，该功能只在 LER 上执行。MPLS 标记转发则根据给定分组的标记进行输出端口/标记的映射。图 12.11 中灰色框部分通常用硬件实现，以加快处理速度和效率，而控制面的功能主要由软件来实现。

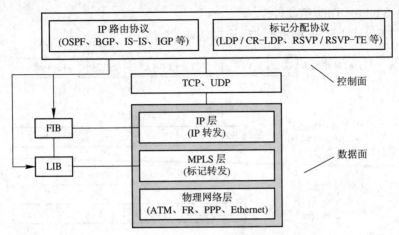

图 12.11　MPLS 的功能模块和相关协议

12.3.3　标记的封装

1. 标记的封装

简单来说，一个标记是一个分组应该经过的路径标识，标记封装在分组第二层的 Header 中，接收路由器检查分组中标记的内容以决定下一跳地址。一旦分组被打上标记，分组在网上随后的转发将基于标记来进行。标记值只有局部意义，即一个标记只是标识相邻两个 LSR 间的一跳。

一个分组一旦被归为一个新的 FEC 或到一个已有的 FEC 中，LER 将为它分配一个标记。标记值和封装方式根据数据链路层的不同而有所区别，它既可被嵌入到数据链路层的 Header 中，也可在数据链路层的 Header 和网络层 Header 之间增加一个 MPLS Shim 字段。如果数据链路层是帧中继时，则标记值直接使用 DLCI(Data Link Connection Identifier)，如果数据链路层是 ATM 时，则直接使用 VPI/VCI 作标记，此时标记被嵌入到第二层的 Header 中。假如数据链路层是 LAN 或 PPP 时，则在 L2 与 L3 层之间加一个 Shim 字段(32 bit)，由该字段来承载标记，MPLS 必须支持两个不同的链路层标记之间的转换。

图 12.12 描述了标记的一般格式。

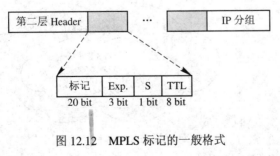

图 12.12　MPLS 标记的一般格式

Shim 字段：32 bit。

Label：20 bit，只使用了 16 bit。

Exp(Experimental)：3 bit，用来指示 CoS。

BS(bottom of stack)：1 bit，当 BS=1 时，标记栈中的最后一项。

TTL：8 bit for Time To Live。

图 12.13 描述了几种情况下的标记封装方式。

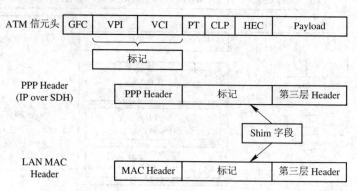

图 12.13　MPLS 中的标记封装方式

2．标记堆栈

在 MPLS 中，允许一个分组或信元携带多个标记，一般称为标记堆栈，它是一个顺序的标记集合，该机制允许 MPLS 网络组织成层次化的结构，使得标记既可用于一个 ISP 的 MPLS 域内路由器之间转发操作，也可用于更高层的 MPLS 域之间的转发操作，标记堆栈的每一层适用于某一层次，但 LSR 总是使用最上面的标记执行交换。

在 MPLS 中，标记的分配及 LSP 的建立都是以 IP 路由协议生成的路由表 FIB 为基础的，在每个独立的 MPLS 域内，只需使用 IGP 协议(如 OSPF、PNNI、RIP 等)让入口 LER 了解相应的出口 LER 地址即可；而在不同域间则使用 BGP 协议来交换目的网络的可达性信息，建立路由表。该机制将极大地减小了 LSR 中 FIB 和 LIB 的大小，并简化了 MPLS 中隧道的操作模式。同时每个 MPLS 域的核心网可以保持其技术上的独立性，极大地增强了 MPLS 网络的灵活性、可扩展性，如图 12.14 所示。

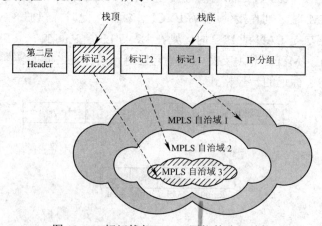

图 12.14　标记栈与 MPLS 网络的分层结构

LSR 对标记可进行以下操作：

Swap：基于栈顶标记值进行标记交换。

Push：将一个新的标记压入栈顶。

Pop ： 从栈顶弹出一个新的标记。

在 MPLS 网络中，Push 操作只在入口 LER 处进行，而 Pop 操作也只在出口 LER 处进行，LSR 只是简单地对基于栈顶标记值做 Swap 操作，并且 MPLS 本身并不限制标记栈的层数。

3. 标记空间

标记空间指标记的可取值范围，由于标记是局部有效的，仅用来标识两个相邻 LSR 之间的一跳，因此相邻 LSR 之间都要通过标记分配协议协商标记空间。一个 LSR 用于 FEC/Tag 绑定而使用的标记空间可分为以下两类：

(1) 每平台惟一：一个标记在一个 LSR 中是惟一的，不同的端口上不会出现相同值的标记，标记都从一个公共标记池中分配。

(2) 每端口惟一：每一个端口都需配置一个标记池，不同端口上的标记可以有相同的值。

12.3.4　MPLS 的信令机制

1. 信令机制概述

MPLS 的信令机制包含以下两部分功能：

(1) IP 路由信息的交换：使得 LSR 可以获取目的网络的可达性信息，建立并维护路由表 FIB，主要由现有的 IP 路由协议完成。

(2) 标记分配控制：包括标记的分配，LSP 的创建，LIB 的维护，主要由标记分配协议来完成。

1) MPLS 的 IP 路由协议

(1) 现有的路由协议：如 OSPF、RIP、IS-IS、BGP 等，其中 BGP 用来确定目的网络的可达性，主要用在 MPLS 域间，而 IGP(包括 OSPF、RIP、IS-IS)主要用在一个 MPLS 域内，通过它确定下一跳的 BGP 路由器(也就是该域相应的出口 LER)。

(2) 扩展的路由协议：如 OSPF-TE(Traffic-Engineering)、IS-IS-TE，可传递约束信息，如连接的容量、利用率、资源类型、优先级、抢占权(preemption)等属性信息，相关路由器可基于约束信息确定下一跳路由器地址，以支持 QoS 和流量工程。

2) 标记分配控制

在 MPLS 网上，需要一种工具在 LSR 间传送 FEC/Label 绑定信息，使得 LSR 根据这些信息建立和维护 LIB，从而创建从入口 LER 到出口 LER 的 LSP。

MPLS 可以使用的标记分配协议包括：IETF 新定义的 LDP 协议、RSVP 协议，也可以使用现有的路由协议，如 BGP、IS-IS、OSPF 等捎带 FEC/Label 绑定信息。另外为支持流量工程，还定义了扩展的 CR-LDP 和 RSVP-TE 两种协议。

由于 MPLS 还很新，目前哪一种标记分配协议将会在未来的骨干网中占主导地位，还很难断言，上述协议也是各有优缺点，本文中主要介绍 LDP，并将其与 RSVP 做一简单的对比。

2. 标记分配控制

1) 标记分配控制的方式

标记分配的控制包括 LSR 分配标记、创建 LIB 和 LSP 的方式，总的来看可以分为以下

两类:

(1) 独立方式: 每个 LSR 都必须能侦听 FIB, 并独立地决定与相邻 LSR 交换标记信息, 构造自己的 LIB, 因而 LSP 的创建也相对独立。该方法适用于 MPLS 域中没有指定的标记管理者, 并且每个 LSR 都能够侦听 FIB 及创建 LIB, 并发布 FEC/Label 绑定信息的情况。

(2) 有序方式(Ordered): 标记的分配必须从 LSP 的一端向另一端顺序进行。在 MPLS 中, 典型的由出口 LER 负责标记分配的发起, 我们称其为下游标记分配。该方式中, 仅当 LSR 是出口 LER, 或从它的下一跳 LSR 收到一个 FEC/Label 时, 才执行标记绑定操作, 因而 LSP 的建立是从出口到入口逆向完成的, 每个 LSR 的 LIB 中, 入口标记由本地分配, 而出口标记由下游分配。

上述两种方式各有优缺点。独立方式的优点是它可以提供快速的网络收敛, 因为每个 LSR 侦听到路由改变都可以向其他 LSR 发送此信息, 并迅速地调整 LSP 以适应网络变化, 其缺点是没有一个业务控制节点, 难以实施流量工程。

有序方式的优点是易于实施流量工程, 并能提供更严格的网络控制, 其缺点是网络变化的收敛速度慢, 出口 LER 的可靠性会影响整个网络, 并且 LSP 的建立时延大于独立模式。

2) 标记分配的触发

在标记分配的有序控制方式中, 有两种方式触发标记分配: 自发下游分配方式 DOU (DOwn-stream Unsolicited)和按需下游分配方式 DOD(DOwn-stream on Demand)。

DOU 方式中, 出口 LER 中的标记管理器可以自由地决定进行标记分配, 例如出口 LER 可以周期性地发出标记和标记刷新信息, 也可以在网络发生改变时, 发出标记更新信息给受到影响的 LSR。

DOD 方式中, 出口 LER 中的标记管理器采用请求/发送的方式来进行标记分配, 它由以下两步组成:

(1) 标记请求阶段: 一个 LSR 向它的下游邻居为一个 FEC 请求一个标记, 以便为该 FEC 创建一个 LSP。这一机制可以沿着 LSR 链向下执行, 直到出口 LER。

(2) 标记发送阶段: 为响应标记请求, 下游 LSR 向上游发起者发送一个标记。

图 12.15 描述了 DOD 方式的信令过程。

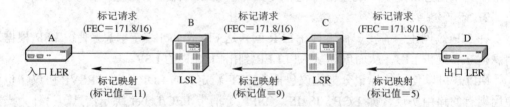

图 12.15　下游按需分配标记

实际中标记管理器可以两种方式都采用, 以提高网络的性能。

3) 标记保持(Label retention)

采用下游标记分配时, 若一个 LSR 接收到 FEC/Label 绑定信息, 但发送者并不是给定 FEC 的下一跳, MPLS 为此定义了以下两种处理标记绑定的方法:

(1) 保守方法(Conservative): LSR 接收到一个 FEC/Label 绑定信息, 但发送者不是指定

FEC 的下一跳时，丢弃该绑定，称为保守方法。该方法中，LSR 只需要维持很少的标记，适用于 ATM-LSR。

(2) 宽容方法(Liberal)：LSR 接收到一个 FEC/Label 绑定信息，但发送者不是指定 FEC 的下一跳时，绑定将被保持，称为宽容方法。它的优点是允许快速地适配网络拓扑的改变，当发生改变时，可以让业务流再切换到另一条 LSP 进行交换，缺点是需要较多的标记开销。

4) 标记合并

来自不同端口的输入业务流如果有相同的目的地，则它们可以被合并在一起用一个公共的标记来交换。

假如低层的传输网是 ATM 网，则 LSR 可以执行 VP/VC 的合并，此时需要避免当多个业务流合并时产生的信元交错问题。

3. LSP 的建立

MPLS 中创建一条 LSP 要经过两步，如图 12.16 所示。

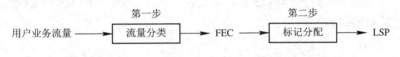

图 12.16　流量、FEC、LSP 间的映射关系

一方面，在 MPLS 中，总是先将用户业务流分成不同的类型，我们称为 FEC，这样尽管流入骨干网的用户业务流的数目非常庞大，但分类后，FEC 的数目却很少。每个 FEC 映射一条 LSP，骨干网需要维持的 LSP 数目就很少，并且不会由于数据业务流的突发性影响性能，这提高了网络的稳定性。

另一方面，对于骨干网来说，是否支持不同的转发粒度对保持网络的可扩展性是至关重要的。引入 FEC 后，采用不同的准则划分 FEC，就可以为一个 FEC 赋予所需的转发粒度语义，那么与 FEC 对应的 LSP 也就具有了灵活的转发粒度。

1) FEC 的划分

FEC 可以根据随机的网络事件和确定的网络管理策略来划分。在随机的网络事件中主要有下面两种方法：

(1) 基于拓扑的方法(Topology-Based)：以现有的路由协议创建的 FIB 为依据来划分 FEC，该方法的特点是根据网络拓扑信息，可以预先分配 FEC、建立 LIB 和 LSP，LSP 的建立过程与 IP 分组的标记交换过程分离，因而业务流一到达，就可以进行标记交换，LSP 的建立几乎无时延。一旦网络稳定，LIB 的变更很小，因此控制面对数据面的影响很小。常见的例子是根据网络层的目的地址前缀划分 FEC，它是一种粗粒度转发。

(2) 基于流量的方式(Traffic-Based)：由入口 LER 业务流触发 FEC 的分配和 LSP 创建。常见的例子是根据目的地、源主机 IP 地址或 TCP 层的端口号来划分 FEC，它属于细粒度转发。

两种方式相比，基于拓扑的方法更适用于大型骨干网，主要有如下原因：

(1) 交换路径的建立过程与分组的交换过程分离，连接建立时延小。

(2) LIB 维护量小，基于网络拓扑而不是用户业务流驱动，只有网络拓扑变化时才更新 LIB。同时也不需要很大的标记空间，这一点对大型网络至关重要，因为给每一个主机或用户业务流都分配一个标记几乎是不可能的。

因而在 MPLS 中主要采用了拓扑驱动的方法。图 12.17 是拓扑驱动的示意图。

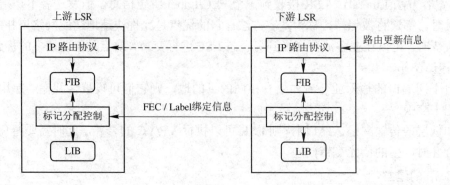

图 12.17　拓扑驱动方式示意图

MPLS 也支持基于预定的网络管理策略来划分 FEC，该类主要面向流量工程和 QoS，网络预设的转发策略可以是以下几类：

(1) 流量工程；

(2) 多播业务；

(3) VPN；

(4) QoS/CoS。

目前相关的方法标准仍在研究进行中。总的来看 MPLS 主要以拓扑驱动为主，这也是它与其他面向连接的网络的重要区别之一。

2) LSP 的建立

在一个 MPLS 域内，一个 LSP 总是对应一个 FEC，并由 LSR 中维持的一组关联的标记来标示。LSP 建立方式分如下两种：

(1) 逐跳路由方式：属于该方式的有 RSVP 和 LDP，它们的共同特点是每个 LSR 基于 FIB 独立地为每一个给定的 FEC 选择下一跳，在相邻的 LSR 间传递 FEC/Label 绑定信息，因而建立的 LSP 经过的路径与传统 IP 网中 IP 分组转发经过的路径相同。没有流量工程能力，由于 MPLS 采用下游标记分配，因此 LSP 的建立是从出口 LER 到入口 LER 逆向完成的。

RSVP 与 LDP 相比，两者在协议特性上存在很大不同：RSVP 主要采用 UDP 传递 IP 分组，连接是通过软状态来维持的，可靠性无法保证，但也无需显式地释放一个 LSP；LDP 是 IETF 定义的专用标记分配协议，它主要依靠 TCP 传递消息，采用 LDP 建立 LSP 的模式，和传统电话网建立一条连接的模式一样，由连接建立请求的过程，也需要一个显式的 LSP 释放过程，扩展性和可靠性高于 RSVP，因而骨干网上可能将主要使用 LDP，本节也主要介绍 LDP。

(2) 显式/基于约束的路由方式：属于该方式的有 CR-LDP 和 RSVP-TE，它们的共同特点是：入口 LER 可以明确指定 LSP 将经过的 MPLS 节点的列表，或基于 QoS 约束条件建立 LSP，这种 LSP 称为 ER-LSP，沿该路径预留的资源可以确保业务的 QoS。不同的业务可以基于策略或网管的方式建立 ER-LSP，因而该方式可以很好地支持流量工程、CoS 等需求，并且当 LSP 连接中断时，它们都支持快速的重新寻路。目前 CR-LDP 与 RSVP-TE 标准仍在制定中。

相应地，为一个 FEC 建立的 LSP 也就分为两类：逐跳 LSP 和 ER-LSP。另外，LSP 是单向的，反向必须建立另一个 LSP。由于目前 MPLS 的流量工程技术仍不成熟，本节我们只重点介绍 LDP。

4. 标记分配协议 LDP

1) 简介

LDP 的主要功能是根据需要在一个 MPLS 域内交换标记信息、创建 LSP。成功创建 LSP 的关键是相邻的 LSR 之间必须对一个标记所对应的 FEC 达成一致的理解。LSR 使用 LDP 与相邻 LSR 交换和协调 FEC/Label 绑定信息，以达到这一目的。

这一过程可归纳为以下三步：

(1) LSR 分配与一个 FEC 绑定的标记值。

(2) LSR 将 FEC/Label 绑定信息发送给相邻 LSR。

(3) 相邻 LSR 将收到的 FEC/Label 绑定信息插入 LIB。

同样的过程将在相邻 LSR 间进行直到整个 LSP 被建立。这一过程是通过 LDP 消息的发送进行的。在实际网络中，MPLS 并不要求必须采用 LDP 传递 FEC/Label 绑定信息。RSVP 消息或现有的路由协议选路更新消息都可以触发交换标记信息。

2) LDP 消息类型

LDP 会话在 MPLS 对等层之间建立(无须相邻)，对等层间交换以下四类 LDP 消息:

(1) 发现类消息(Discovery)：在网中声明并维持一个 LSR 的出现，LSR 通过周期性地发送 Hello 消息表明其存在，并协商确定标记空间。该消息被当作 UDP 数据包发送。

(2) 邻接类消息(Adjacency)：在 LSR 对等层之间建立、维持并终止会话。

(3) 标记通告类消息(Label Advertisement)：建立、删除、改变一个标记到 FEC 的映射。

(4) 通知类消息(Notification)：提供咨询信息和错误信息的通知。

正确的 LDP 操作要求消息的传递是可靠而有序的，为满足此要求，除发现类消息使用 UDP 外，其他消息都是用 TCP 来接传输的。

邻接类消息用于建立、维护和终止 LSR 对等层之间的邻接关系。它包含了建立一个 TCP 连接然后交换对话协商消息的过程。协商参数包括 LDP 协议版本、时间值、VPI / VCI 范围等。

通告类消息用于建立、修改和删除 LSR 对等层之间的 FEC/Label 绑定信息。一个典型的通告类消息是一个 LDP 映射消息，它被一个 LSR 用于与相邻 LSR 交换一个 FEC/Label 绑定信息。这个消息将包含一个 FEC 标识和一个相关联的标记，可能还有一些补充对象，包括一个 COS 值、LSR ID 向量(用于环路预防)、跳计数(在 LSP 中 LSR 跳的次数)和 MTU 尺寸。图 12.18 给出了邻接的 LSR 之间一般的 LDP 消息流。每个 LSR 通过发送和接收 Hello 消息发现在相同链路上一个相邻 LSR 的存在。然后建立起一个 TCP 连接并交换初始化(Initialization)消息。之后，由下游 LSR 发起 FEC/Label 绑定，并传送给上游相邻 LSR，以此类推，直到 LSP 完全被建立。

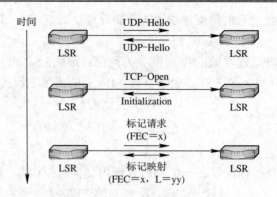

图 12.18　LDP 的消息流示意图

3) LDP 消息格式

LDP 消息是装载在 LDP 协议数据单元中 LDP-PDU 发送的，一个 LDP-PDU 可以携带一个或多个 LDP 消息，同时这些消息之间不必互相关联，每一个 LDP 消息可带有多个参数，每个消息参数均采用通用的 TLV 类型－长度－值格式，各部分的格式分别介绍如下：

(1) LDP-PDU 的 Header 格式如图 12.19 所示。

版本	LDP-PDU 长度
LDP 标识符	
LDP 标识符	

图 12.19　LDP-PDU 的 Header 格式

各字段的含义如下：

版本：2 字节，LDP 协议的版本号。

LDP-PDU 长度：2 字节，以字节为单位说明 PDU 的总长度，不包括版本和 LDP-PDU 长度字段。

LDP 标识符：6 字节，前 4 字节是 LSR 标识，后 2 个字节为 LSR 的标记空间。

(2) LDP 消息的格式如下图 12.20 所示。

U	消息类型	消息长度
消息 ID		
必备可变长参数		
任选可变长参数		

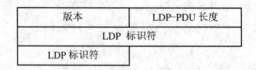

图 12.20　LDP 消息的格式

各字段的含义如下：

U 比特：未知消息比特。若 U=0，则向消息来源返回一个通知；若 U=1，则忽略此消息，不做任何处理。

消息类型：15 bit，说明 LDP 消息的类型，指导语义解释。

消息长度：2 字节，说明消息 ID，是必备的参数，任选参数是以字节为单位的长度。

消息 ID: 4 字节，本消息标识，发送 LSR 用它来帮助识别可能适用于本消息的通知消息，接收 LSR 会在对应的通知消息中包含此 ID。

LDP 消息参数的格式使用 TLV 编码方案，TLV 编码格式如图 12.21 所示。

U	F	类型	长度
值			

图 12.21　TLV 编码格式

各字段的含义如下：

U 比特：未知参数指示比特。若 U=0，则向消息来源返回一个通知；若 U=1，则忽略此 TLV 代表的参数，继续处理该消息的其余部分。

F 比特：转发未知参数指示比特：仅当 U=1 时才使用，此时若 F=0，则未知参数将不与所在消息一起转发；若 F=1，则一起转发。

类型：为值字段内容如何解释所作的编码。

长度：以字节为单位说明值字段的长度。

值：具体参数的内容。

TLV 编码方案在通信协议中 PDU 格式的定义被广泛使用，原则上 LDP-PDU 中所有的数据都能编成 TLV 格式。

5．工作过程示例

MPLS 最主要的思想是要用面向连接的网络来传送无连接的 IP 业务，因此，在 MPLS 网络的入口，不可能存在显式的呼叫信令来触发 LSP 的建立。如前所述，MPLS 主要采用拓扑驱动方式，在网络初始化时，将预先建立大部分 LSP。

工作时，各 MPLS 节点首先使用标准 IP 路由协议建立 FIB；然后根据预定的策略由 FIB 得到 FEC；再利用标记分配机制为每一个 FEC 分配标记，创建标记信息库 LIB。若一个 MPLS 域中所有的 LSR 基于对 FEC 语义共同的理解构建好了 LIB，则 MPLS 网中的 LSP 也就建立起来了。由于 LSP 采用拓扑驱动的建立方式，因此只有当网络拓扑发生变化时，才会引起 LIB 等的变换，与传统电信网的 SS7 相比，MPLS 的信令机制只是一个轻量级的系统，它的业务量对网络数据面的传输性能影响很小。

以图 12.22 为例，一个分组通过 MPLS 网传输时必须经过以下步骤：

(1) 标记的创建和发送。

(2) 每一个路由器上标记转发表的创建。

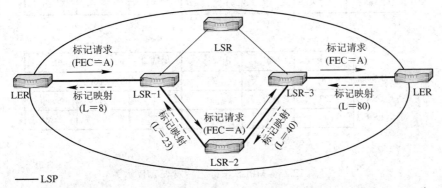

图 12.22　MPLS 工作过程示例

(3) LSP 的建立。

(4) 分组转发。

在 MPLS 网中源端向目的端发送数据，并不需要源端所有的业务走同一条路径。根据业务流的特点，可为具有不同 CoS 需求的分组建立不同的 LSP。

下面以逐跳 LSP、DOD 方式为例，描述在 MPLS 中传送数据分组时每一步骤的主要动作内容。

1) 标记的创建和发送

在任何业务开始前，路由器先决定将一个标记绑定到一个特定的 FEC，并在 LIB 中创建相关项。其过程如下：上游入口 LER 使用标记分配协议发起标记请求，该请求基于 FIB 逐跳发至下游出口 LER，出口 LER 响应该请求，反向发起 FEC /Label 的绑定信息。业务流相关的特性和 MPLS 的处理能力、控制方式等也用 LDP 来协商。

2) LIB 的创建

每个 LSR 收到 FIB/Label 绑定信息后在 LIB 中建立一项，表的内容主要说明标记和 FEC 间的映射。映射是在输入端口+输入标记与输出端口+输出标记之间进行的。任何时候 FEC/Label 绑定重协商发生，则表中相应的项也将被更新。

3) LSP 的建立

如果 LSP 经过所有 LSR 的 LIB 中都建立了相应的 FEC/Label 项时，那么与特定 FEC 对应的一条从入口 LER 到出口 LER 的 LSP 就建立起来了。

4) 分组转发

原始 IP 流进入 MPLS 网络时，入口 LER 用 LIB 和 IP 流中的 IP 地址确定该 IP 流的 FEC，如果 FEC/Label 项在 LIB 中已存在，则为 IP 分组打上标记(Push 操作)，并将其转发到 LSP 上。后续的 LSR 将简单地使用这个标记执行分组转发(Swap 操作)，分组一旦到达出口 LER，标记将被删除(Pop 操作)，然后传给目的地。如果 LIB 中没有相应的 FEC/Label 项，则入口 LER 将发起标记请求。

图 12.23(a)、图 12.23(b)分别是入口 LER 和 LSR 的 LIB 表项实例。

目的地IP	入端口	FEC	下一跳地址	出端口	出口标记	指令
47.1	1	A	x1.x2.x3.x4	1	8	Push
47.1	2	B	y1.y2.y3.y4	2	47	Push
192.168.2	3	IP	z1.z2.z3.z4	3	—	—

(a)

	入口标记	入端口	出口标记	出端口	FEC	指令
LSR−1	8	1	23	3	A	Swap
LSR−2	23	2	40	4	A	Swap
LSR−3	40	1	80	2	A	Swap

(b)

图 12.23　MPLS 中标记转发表 LIB 示例

(a) 入口 LER 的 LIB 示例；(b) LSR 的 LIB 示例

6. MPLS 隧道

MPLS 的一个特征是无须直接指定中间路由器就可控制整个分组路径。创建通过中间路由器的隧道(Tunneling)可以实现这一特征，这些路由器可分成多个段，该技术常用于基于 MPLS 的 VPN 中。

例如某机构拥有网络 1，但其业务必须穿越另一属于别的组织的网络 2 传输(例如属于某一运营商的公用网)，网络 2 与网络 1 通常使用不同的标记标准，两者必须保持各自的独立性。在 MPLS 中，使用标记堆栈和 LSP 创建一条穿越网络 2 的隧道可以很好地解决该问题。

考虑图 12.24 的情况，LER(LER1、LER2、LER3、LER4)都使用 BGP 协议，并且建立了 LSP1，主机的数据将穿过两个网络，由于 LER1 正在发送源端的数据，因此它意识到下一个目的地是 LER2。接着 LER2 意识到下一个目的地是 LER3，但 LER3 却不是与自己邻接的下一跳，由于 LER2 发送数据给 LER3 必须经过几个 LSR，因此一个分离的 LSP2 被创建。它实际上代表了两个 LER 之间的一个隧道。在该路径上的标记不同于 LER1 为 LSP1 创建的标记。

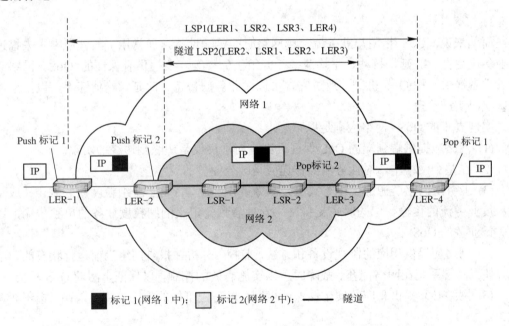

图 12.24　MPLS 的隧道示意图

为实现这一点，当分组经过两个独立的 MPLS 网络时，使用了标记栈的概念。一个分组必须经过 LSP1、LSP2 时，将携带两个完整的标记，分别用于两个网络。

7. MPLS 多播操作

MPLS 的多播操作目前还未定义，但是推荐了一个通用的方法，它可以将一个输入标记映射到一个输出标记集合上，该方法可以通过一个多播树实现。此时输入标记绑定到一个多播树上，然后用一个输出端口的集合来进行分组发送。在 LAN 环境中该方法很有效，而在面向连接的 ATM 网络中，点到多点的交换式 VCC 可用于多播业务的传送。

12.3.5　QoS 与流量工程

1．概述

在通信网中，有限的资源和用户需求之间的供求矛盾总是存在的，这是推动网络技术进步的根本动力。为了利用有限的资源提供尽可能好的服务质量，从而引入 QoS(Quality of Service)和流量工程(Traffic Engineering)技术就成为必然。

传统电信网以静态分配资源的电路交换为基础，主要为用户提供话音和窄带数据业务，虽然资源利用率低，但服务质量是有保证的，因而实现高效的 QoS 机制的压力并不大。而下一代网络则以宽带多媒体业务为主，其典型的特征是业务量增长迅速，业务随机性、突发性很强，因此高效的流量工程和 QoS 成为保证服务质量的关键。作为下一代宽带综合 IP 网络核心技术的 MPLS 如果不能在这方面强于传统 IP 和 ATM 网络，则其成功的可能性就大打折扣了。MPLS 标准的制定者也充分意识到了这一点，目前 IETF、ATM 论坛、ITU-T、IETF 论坛相关工作组正密切合作制定相关的标准。

2．QoS

1) 定义

简单来说，QoS 指用户业务流穿越网络时的传输性能，通常用一组性能参数来描述，如业务可用性、时延、抖动、平均速率、分组丢失率等。要提供有保证的 QoS。网络必须为管理者提供一种 QoS 机制，通过它，可以对业务的带宽、时延、峰值速率，以及全网的拥塞状况实施管理。

实现真正的 QoS，网络应满足以下要求：

(1) 网络应提供端到端的 QoS 保证机制，而不仅仅是边缘到边缘的实现。

(2) 在整个网络中，对业务流的传递应是区分业务的。

(3) 业务对网络资源的使用方式应是高效的，例如支持将多个细粒度业务流合并成一个粗粒度业务流的传输，但同时也支持网络管理者预先定义的细粒度业务的单独传输，以保证关键业务的 QoS。

(4) 网络应提供相应的监视设备和方法，监视、分析并报告网络当前运行状态的详细信息，使得网管系统在网络拥塞、故障时可以实施有效的控制，以保证全网的 QoS 不会下降。

(5) 网络必须提供相应的安全性保证机制，以防止可能的信用盗用、欺诈，拒绝恶意的攻击。

2) QoS 的实现模式

IETF 提出了两种 QoS 实现模式：综合服务模式(Integrated Services Model，简称 Int-Serv)和区分服务模式(Differientiated Services Model，简称 Diff-Serv)。

Int-Serv 早于 Diff-Serv，它采用了与 ATM SVC 建立相似的方法，使用 RSVP 在发送者和接收者之间为每一个用户业务流创建满足 QoS 要求的连接。Int-Serv 模式的主要缺点是需要为每一个业务流维持资源预留状态，QoS 保障的粒度太细，网络开销太大，因而不适用于大型网络。

Diff-Serv 针对 Int-Serv 的缺点，它不再为每一个业务流分配资源，而是在网络入口处将业务流化分成若干类型， 然后按类分配资源。由于业务流的类型总是很少，因此分组所属类别可以直接分组相应字段,而无需像 Int-Serv 那样要使用信令协议告诉路由器每个业务流的 QoS 需求。Diff-Serv 与 Int-Serv 相比其优点在于它支持业务流聚集,信令开销很小,适合用于骨干网,但它很难支持端到端的 QoS。

3) MPLS 的 QoS 机制

在 MPLS 中,QoS 模式基本属于 Diff-Serv,在 MPLS 网络的边缘,先对业务流进行分类,然后网络为有限的 FEC 创建符合其要求的 LSP,使用 CR-LDP 和 TE-RSVP 都可以为 LSP 指定相应的 QoS 参数,目前相关的研究仍在进行中。

3. 流量工程

1) 定义

在话音和数据网上,流量工程用于将业务流引导到可用的网络资源上。它是一种增强网络资源利用率的方法,它试图使业务流在网络中分布得更加均匀,或提供有差别的服务,以避免在任何一条通路上发生拥塞。流量工程并不需要在任何两条设备间选择最短路径。

流量工程机制的主要任务如下:

(1) 将实际业务流高效地映射到可用资源上。

(2) 对资源的使用进行控制。

(3) 在网络拓扑发生变化时,能够响应这种变化,对业务流进行快速高效地重分配,尤其是在通信线路或设备故障时。

可以认为,流量工程是对静态的网络规划的强力补充,它使得网络可以在运行时,动态地将业务流分配到网络资源相对空闲的地方。

典型的流量工程实施需要经历以下四个步骤:

(1) 流量测量:主要搜集网络中业务流的性能数据。

(2) 流量分类:主要对上一步搜集的原始数据进行排序分类,以便于进行统计建模。

(3) 流量建模:根据上一步统计分析的数据,推出重复的规则和算法。一旦为流量建立了正确的模型,就可以使用软件仿真来查看不同条件下的流量状况,以帮助制定合理的流量工程策略。

(4) 将流量引导到所期望的网络资源上。

上述四步,困难的是前三步,到了第四步反倒简单了。在执行第二步时,通常都需要原始数据分组中提供相应的信息,如 ToS(Type of Service)字段或 CoS(Class of Service)字段,该字段将为网络提供区分服务的能力,以下简称 CoS,它指网络在进行交换、传输和资源分配时对不同业务区分处理的机制和能力。它使得实时业务、关键业务等可以获得有保证的服务质量,从而提高全网的 QoS 能力,CoS 可归到流量工程的范畴中。在 MPLS 中,分组的 Shim 字段中提供了相应的 CoS 信息。

总的来说,流量工程属于网络 QoS 保证机制中的一部分,它是实现 QoS 的基础。

2) MPLS 的流量工程机制

MPLS 提供了两种不同的信令机制支持流量工程:CR-LDP 和 TE-RSVP。目前相关工作组正在进行标准的研究与制定。

TE-RSVP 是对 RSVP 的扩展,CR-LDP 则是对 LDP 的扩展,CR-LDP 使用了现有的 LDP 消息结构,只做了必有的扩展以支持流量工程。两者都支持创建显式路由 ER-LSP (Explicitly Routed LSP),提供的流量工程能力几乎完全相同,只是在实现方式上有所不同。

比较而言，CR-LDP 性能和可升级性好于 TE-RSVP，但 TE-RSVP 技术更成熟。

它们在流量工程方面的主要扩展如下：

(1) 支持用 CoS/QoS 参数和约束条件为特定的业务类型建立 ER-LSP。可以建立两类显式路由 ER-LSP：Strict ER-LSP 和 Loose ER-LSP。

Strict ER-LSP 允许用实际的 MPLS 节点地址定义 LSP 必须经过的节点列表。Loose ER-LSP 允许定义一个节点集合，ER-LSP 可以在这个节点集合中相对宽松地创建。

(2) 支持路径抢占(Path Preemption)：ER-LSP 可以将特定的资源需求与一个 FEC 关联起来，并为 FEC 分配不同的优先级，高优先级可以抢占低优先级的资源。

(3) 支持故障通知和故障恢复：当 LSP 创建失败时，使用 TCP 连接给出失败通知；当 LSP 发生故障时，进行 LSP 的自动恢复。

(4) 用 LSP-ID 标识每个 LSP，支持不连续的 LSP 的管理。

3) ER-LSP 的建立

与 RSVP 一样，TE-RSVP 是一个软状态(Soft-status)协议，它使用 UDP 或原始 IP(Raw IP) 作为 LSP 创建的信令信息传输机制，它包括 MPLS 对等层的发现，标记的请求、映射和管理。

TE-RSVP 建立 ER-LSP 的过程如图 12.25 所示，入口 LER 通过 BGP 来确定合适的出口 LER、LSR-A、LSR-D 是 ER-LSP 必须经过的 LSR，创建步骤如下：

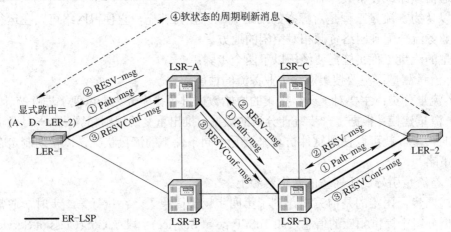

图 12.25　TE-RSVP 建立 ER-LSP 示意图

(1) 入口 LER 通过节点列表中指定的路径上的下游 LSR 发送 Path-msg 到出口 LER。中间节点收到 Path-msg 消息后，会记录 LSP 建立的状态信息，以保持 LSP 创建对话过程。

(2) 出口 LER 收到 Path-msg 后，发送 RESV-msg 以响应入口 LER 的 ER-LSP 创建请求，该消息通过 ER-LSP 创建对话过程经过的每一个上游 LSR 转发，并在沿途每一个 LSR 上进行资源预留。

(3) 入口 LER 收到 RESV-msg 后，发送 RESVConf-msg 给出口 LER，确认 ER-LSP 的建立。

(4) 由于采用软状态方式建立 LSP，因此 LSP 建立后，在数据传送期间，LER 与 LSR 间需要周期性地发送 PathRefresh-msg 和 ResvFresh-msg 消息以保持 ER-LSP 与资源预留状态。假如 LSP 上长期"空闲"，LSR 无需显式的信令请求，就可将 LSP 与资源预留信息清除，并通知相关的 LSR。

使用 CR-LDP 与 TE-RSVP 在建立 ER-LSP 时，主要的不同在于 MPLS 对等层的发现消息采用 UDP 传送，而控制、管理、标记请求和映射消息的则使用 TCP 传送。并且由于建立的 ER-LSP 是一个"硬状态"连接，因此数据传送阶段，不需要传递更新信息来维持 LSP 的连接状态，但必须通过显式的信令释放 LSP 连接。

CR-LDP 建立一个 strict ER-LSP 的过程如图 12.26 所示。

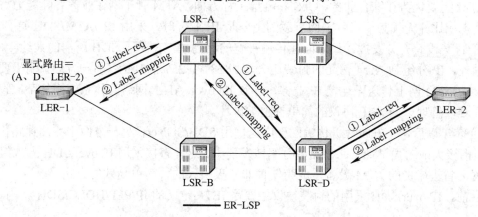

图 12.26　CR-LDP 建立 ER-LSP 示意图

假设 LSP 经过的路径预先确定，则必须经过 LSR-A 和 LSR-D，其过程如下：

(1) 入口 LER 发出 Label-req 消息沿每一下游节点传至出口 LER。

(2) 出口 LER 收到 Label-req 后，沿反方向发送 Label-mapping 到入口 LER，ER-LSP 建立完成。

我们看到，MPLS 的 ER-LSP 可以精确地控制一个 LSP 经过的节点，这个特点使得采用 MPLS 创建 VPN，实现流量工程比传统技术容易得多。

4) TE-RSVP 与 CR-LDP 的比较

两者简单的比较如下表 12.1 所示。

表 12.1　TE-RSVP 与 CR-LDP 的比较

内　容	CR-LDP	TE-RSVP	说　明
区分服务的能力	支持	支持	
点对多点 LSP	不支持	不支持	IETF 仍在制定中
源端寻路能力	支持	支持	
技术成熟度	新	成熟	
信令传输机制	UDP 用于对等层发现，TCP 用于其他	Raw IP 分组或 UDP	
连接状态	硬状态	软状态	
可靠性	高	低	
互操作性	高	低	
信令开销	低	高	
可管理性	容易，支持自动配置	不容易，不支持自动配置	

12.4　IP over SDH/SONet

12.4.1　背景

ATM 主要优势在综合业务、QoS 和流量工程方面，ATM 骨干网在业务吞吐能力方面与其他技术相比并无优势。当骨干网承载的主要是 IP 业务时，采用 IP /ATM/SDH 这种结构，ATM 的优势没有充分发挥，一方面在传输带宽的利用率上，除了 SDH 所需的大约 4%的固定开销外，IP 分组到 ATM 信元的封装还会增加 18%～25%的开销；另一方面，由于要在面向连接的 ATM 网上传送无连接 IP 业务，导致 IP over ATM 网络的体系结构复杂，设备成本高，难以管理。同时 IP 协议的简单性也被破坏。

1998 年以后，一方面骨干传输网已广泛使用 SDH/SONet，另一方面千兆高速路由器的出现，也极大地增强了骨干路由器的分组转发能力，这样直接采用 IP over SDH 方式组建 IP 宽带网，省去昂贵的 ATM 设备，成为一种非常吸引人的、简单高效的方式。

目前，IP over SDH 采用的封装协议主要是 IETF 定义的 IP/PPP/HDLC/SDH 结构。

12.4.2　基本原理

1．简介

IP over SDH 将 SDH 光传输网络作为 IP 骨干网的物理传输网络，交换节点采用千兆高速路由器，高速路由器之间租用 STM-N 专线，并用 PPP 协议建立连接构成宽带 Internet 骨干网。

在数据链路层使用 PPP 协议将 IP 分组简单地插入到 PPP/HDLC 帧中的信息字段，然后再由 SDH 通道层的业务适配器把 PPP 帧映射到 SDH 的同步净负荷中，最后经过 SDH 的传输层和段层，加上相应的管理开销，封装成一个 SDH 帧，到达光层经光纤传输。与 IP over ATM 相比，IP over SDH 完全保留了 IP 无连接的特征，可以很好地兼容现有的基于 IP 的网络。

2．PPP 协议

在 20 世纪 90 年代初，随着网络互连的快速发展，各厂商和标准化组织开发了一系列网络层协议，而 IP 是其中应用最为广泛的一种。通常设备(主机、路由器等)可以运行若干网络层协议，因此相互通信的设备之间需要在会话前协商使用何种网络层协议。直到 PPP 诞生之前，工业界一直缺乏这样一种数据链路层的封装协议。

IEFT 的 PPP 协议(Point to Point Protocol)定义了在串行数据链路上封装网络层数据包的标准方法，它允许位于点到点的信道两端的设备协商本次会话适用的网络层协议类型，同时也允许两台设备之间协商其他类型的操作，例如是否适用压缩和认证操作等,协商完成之后，PPP 利用 HDLC 帧的 I 字段来传输网络层的协议数据单元。为支持上述功能，在 PPP 帧中，它用一个协议字段来表示 I 字段携带的网络层分组的类型和其他控制信息。

主要的设计目标是为不同的主机、网桥和路由器之间的串行连接提供一种简单通用的方法。IP over SDH 技术就采用 PPP 协议将 IP 分组映射到 SDH 帧的净负荷区。

PPP 协议运行在 HDLC 协议之上，它由以下三部分组成：

(1) 在一条串行链路上使用多个协议的封装方法。PPP 提供了在同一条链路上同时复用不同网络层协议的方法，并且用于封装成帧的开销很小。

(2) 链路控制协议(LCP：Link Control Protocol)。LCP 是在 PPP 链路建立过程中执行的第一个协议，它的主要作用是支持连接的建立和配置选项的协商。为适应不同的网络环境，屏蔽 PPP 层之下承载业务的传输媒介的不同(N-ISDN、FR、SDH、V90、SDH)，LCP 提供了用于自动协商帧的格式选项，处理最长分组大小的限制，在 PPP 连接的两端建立、配置、和测试数据链路连接。

(3) 网络控制协议(NCP：Network Control Protocol)。在 PPP 链路建立之后，PPP 将使用NCP 第三层协议选项和参数。NCP 是一个协议族，每一个 NCP 分别管理其网络层协议的特殊要求，以便让 PPP 连接可以使用不同的网络层协议，如 IPCP(IP 控制协议)就是 NCP 的一个实例，它主要用于协商各种 IP 参数，例如 IP 地址和压缩选项。

PPP 包采用 HDLC 帧格式封装成帧，其中 HDLC 主要起帧差错控制、帧定界功能，帧格式如下：

标志码	地址 FF	控制	协议	信息字段	校验和 FCS	标志码

各字段的含义如下：

(1) 标志码：表示 HDLC 帧的开始或结束，其值固定为 01111110，通过对标志码的检测以实现帧同步。

(2) 地址字段：值为固定的 11111111，为全站地址(All-station Address)，实际就是一个广播地址，表明所有栈的状态都是为了接收帧，这样可以避免点到点的链路上数据链路层地址的分配问题。

(3) 控制字段：缺省值为 00000011，表明是一个无编号帧，也就是说，缺省情况下 PPP 没有采用序列号和确认来进行可靠的传输。

(4) 协议字段：为 16 bit，其取值由 IETF 定义，表明信息字段中装载的是哪一类分组。

(5) 信息字段：其长度可变，缺省最大长度为 1500 字节。通过协商，PPP 允许使用其他缺省最大长度。

在点到点的链路上建立通信时，PPP 链路的两端首先发送 LCP 分组，对数据链路进行配置和测试，建立链路后，可能还要进行用户鉴权认证。随后，在已建立链路上 PPP 发送NCP 分组，以选择和配置一个或多个网络层协议。网络层协议配置完成后，来自网络层的分组就可以在数据链路上发送了。

IEFT 在 RFC 1619 中定义了 PPP 与 SDH/SONet 的接口，描述了 PPP 在 SDH/SONet 网络中的应用。由于 PPP 封装具有相对低的开销，因此相对其他的 SDH/SONet 净负荷映射方法而言，它能提供更大的吞吐量，并能充分利用现有线路设备降低费用。

3．工作原理

与 IP over ATM 技术相比，IP over SDH 最大的优点是带宽利用率高，其主要的原因在于 ATM 信元长度为 53 字节，信头就占了 5 个字节。IP 分组是可变长的，最大长度为 65535字节，采用 IP over ATM 技术，发送时需要将 IP 分组切割成 ATM 信元，接收时又需要重新组装，不但带宽利用率低，而且切割和重新组装的处理开销也太大。采用 IP over SDH 时这些问题均可避免。图 12.1 是一般的 IP over SDH 的分层模型。把 IP 分组映射进 SDH/SONet 帧的过程如图 12.27 所示。

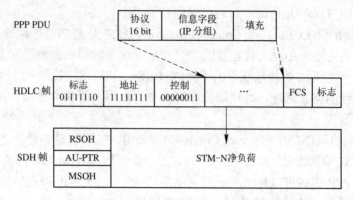

图 12.27　IP over SDH 中的 IP 分组映射

首先 IP 分组被封装到 PPP 包中的信息字段中，如果 IP 分组太长，则被切割以适应映射到 SDH 帧的要求；其次，采用 HDLC 协议将 PPP 包组帧，其次，由 SDH/SONet 通道层的业务适配器把 HDLC 帧映射到 SDH 净负荷中；接着再向下，加上 SDH/SONet 的段开销，将净负荷装入 SDH/SONet 帧中；最后，到达光层在光纤中传输。

在 IP over SDH 骨干网上，其核心设备是高速路由器，与采用基于流的多层交换技术的 IP over ATM 不同，高速路由器仍然采用了传统路由器的逐包转发的工作方式，由于采用 Cache、ASIC 技术，因此它可以达到线速率的逐包转发。

12.4.3　优缺点

IP over SDH/SONet 的优点如下：

(1) IP 分组通过 PPP 直接映射到 SDH/SONet 帧结构上，省去了中间的 ATM 层，简化了 IP 骨干网的体系结构，提高了数据传输效率。

(2) 将 IP 网络建立在 SDH/SONet 传输平台上，兼容各种不同的技术标准，容易实现网络互连。

(3) IP over SDH 采用 PPP，可对现有的多种成熟的网络协议(IP、IPX 等)进行封装，支持多协议传输。

(4) IP over SDH 保留了 IP 的无连接特性，易于兼容不同技术体系和实现网间互连。

IP over SDH/SONet 的缺点如下：

(1) IP over SDH 目前尚不支持 VPN 和电路仿真。

(2) IP over SDH 目前只能提供 CoS，而不能提供很好的 QoS 和流量工程。

(3) 支持综合业务的能力弱。

总而言之，IP over SDH 网络简单，传输效率高，成本低，但服务质量难与 IP Over ATM 比，仅考虑运行 IP 业务，IP over SDH 肯定优于 IP over ATM，但对于业务的综合能力和 QoS 能力，则 IP over ATM 优于目前的 IP over SDH 技术。

因此在未来，具有高质量要求的数据、视频、话音业务将会在类似的 IP over ATM 上传输，而如果主要以支持普通 IP 型业务为主，构建 IP over SDH 网络将是主要的选择。

12.5　IP over WDM

12.5.1　背景

从 IP over ATM 到 IP over SDH 是宽带 IP 网络演化过程的重要一步，它部分解决了 IP over ATM 网络结构层次过多，结构复杂，成本高，IP 传输效率低等问题。但 SDH/SONet 传输网本身是针对话音传输来优化设计 TDM 系统的，而且 SDH/SONet 复用结构中过多的光电转换也制约了网络的带宽，提高了成本。在下一代网络中，由于 IP 业务肯定会成为网络中的主要业务，针对 IP 业务的需求对网络进行优化设计是必需的。

简单的设想是将中间的 SDH 层也省去，让 IP 分组直接在光纤上传送，以进一步减少网络协议栈的层数，从而降低网络设备的成本和复杂度，提高数据的传输效率，同时也降低网络管理的复杂度。

近年来各方面技术的进步，也使得在保证高可靠性的前提下，省去 SDH 层成为可能，主要有以下几个方面：在网络协议方面主要是 MPLS，它与传统 IP 协议相结合，使得 IP 网络可以基于 MPLS 来实现网络的自愈恢复、QoS、流量工程等，这些大大增强了 IP 网络的服务性能和可靠性，使得原来必须由 SDH 传输网提供的、大容量网络的自愈恢复能力完全有可能在基于 MPLS/IP 的网络层来更加灵活地实现；其次是高性能的 T 比特路由器技术，由于它本身具有高速光接口，并可以实现其他类似于 SDH 设备的功能，因此传统的 SDH 网元提供的高阶速率复用功能也可被取代。

因此采用 IP 直接到 WDM 的方式将是一种最直接、最经济的 IP 网络结构，它适于构造大型 IP 骨干网。由于光通信必然采用波分复用技术 WDM，因此称之为 IP over WDM。

12.5.2　工作原理

1．基本工作原理

IP over WDM 的工作原理：在发端将不同波长的光信号经波分复用后送入一根光纤中传输，在接收端通过光分路器分解不同波长的光信号并将它们送到不同的接收端。图 12.1 描述了它的分层结构。

在 IP over WDM 骨干网中，IP 路由器直接通过 OADM 或 WDM 耦合器连至 WDM 光传送网，IP over WDM 的帧结构可以是 SDH 格式或千兆以太网格式。目前 IP over WDM 网络建设还处于起步阶段，通常路由器之间只能提供点到点的 WDM 光通路，如果路由器之间没有直通光路，则通过其他路由器作多跳连接。进一步发展，可将点到点的波分复用系统用 OXC 节点和 OADM 节点连接起来，组成光传送网 OTN，以实现具有可控波长接入、交换、选路和保护功能的可靠光传送网。

2．帧结构

IP over WDM 的帧结构涉及怎样将 IP 分组装入帧内在光纤上传输的问题，设计时主要考虑以下几个方面：

(1) 便于 IP 分组的装入和提取。

(2) 充分考虑控制和管理信息。

(3) IP 分组的封装效率。

目前可用的 IP over WDM 的帧结构主要有 SDH 格式和千兆以太网格式两类，也有其他方案被提出。

1) SDH 帧格式

采用 SDH 帧格式的优点在于：目前大部分 WDM 系统的 OUT 都提供 SDH 接口；SDH 帧格式中提供了大量的信令和管理信息。其中信令可以完成保护切换之类的工作，管理信息可以辅助 WDM 系统完成 OTN 的管理。

其缺点在于：IP 分组的大小很难与 SDH 帧的大小匹配，因此路由器在进行 SDH 帧的组装和拆分(SAR)处理时会影响设备的吞吐量和性能；另外由于要求 OUT 提供 SDH 接口，具备 SDH 方式的转发和再生功能，因此增加了网络的成本。

2) 千兆以太网格式

采用千兆以太网帧格式的优点在于：成本低，路由器无需 SAR 操作，由于 Ethernet 软硬件目前基本上已成为桌面系统的标准配置，因此采用千兆以太网帧格式也有利于桌面到骨干网协议的统一。

其缺点在于：目前千兆以太网采用 10B/8B 编码，封装效率稍低；以太网帧格式中不含管理信息，难以对 WDM 传输网的性能进行监测，传输距离也低于 SDH 方式。

目前 ITU-T 正在定义一种通用帧协议 GFP，其可用于 IP over WDM。

12.5.3　优缺点

IP over WDM 有如下主要优点：

(1) 充分利用了光纤的带宽资源，极大地提高了网络带宽和传输速率。

(2) 对传输速率、帧格式及调制方式透明，可以传送各种速率的 ATM、SDH、Ethernet 帧格式的业务。

(3) 易于支持未来的宽带业务网和实现网络升级。

IP over WDM 的主要有如下缺点：

(1) 在 WDM 波长上承载 IP 的最佳帧格式还没有确定。

(2) 目前 WDM 系统还只支持点到点的网络结构。

(3) WDM 系统的网络管理技术还不成熟。

真正实用化 IP over WDM，首先需要重新规范 IP 层到光层的适配功能，即开发一种全新的光线路接口，SDH 面临的问题的新方案都要解决，例如帧结构、速率适配、业务综合、光网络的生存性，以及网络管理等。

12.5.4　三种宽带 IP 技术的比较

三种技术特点各不相同，应用范围也各不相同。IP over ATM 综合传送多业务的能力最好，在 QoS 和 CoS 方面能力很强，但对 IP 业务而言，它不是最优的技术，与千兆路由器组网相比，ATM 过于复杂、成本高、吞吐量方面也无优势。因此，如果网络主导业务是 IP，则 ATM 并无优势。

IP over SDH 最大的优点是网络恢复能力强和具有完善的光传输网管理机制，但需要复杂的 SDH 接口及传输设备；另外，SDH 传输网在设计时主要是针对有严格同步定时要求的电路交换网的，对主要工作于异步方式的 IP 而言，SDH 中很多复杂的机制并不需要。从国外的应用来看，以 Web 业务为主的新兴电信服务商主要采用 IP over SDH 技术组建 IP 骨干网，而传统电信运营商则多选择 IP over ATM 技术组建综合宽带网。

IP over WDM 目前仍处于研究阶段，其主要的目标是提供一个比 ATM/SDH 更简化的数链层协议，提供一个通用的帧格式，它对 IP 分组的封装应是高效的。提供完善的网络服务以满足不同业务 QoS 和 CoS 的要求。总的来看，IP over WDM 技术适用于未来大型 Internet 骨干网的核心层和汇接层，以及未来的宽带城域网。三种技术将在较长一段时间内共存，并最后走向统一。表 12.2 是三种技术的简单比较。

表 12.2　三种技术的简单比较

IP over x	ATM	SDH	WDM
传输效率	低	中	高
带宽	中	中	宽
网络结构	复杂	略简	极简
成本	高	中	低
QoS	好	较好	待定
维护管理	复杂	略简	简单
应用范围	中小型规模，接入、骨干、局域	大型网络，骨干、接入、局域	大型网络，骨干

思　考　题

1. 试从交换技术、信令技术、管理技术、传送技术、业务方式等方面描述未来综合业务宽带网络的主要特征。

2. 比较 IP over ATM 中重叠方式和集成方式的优缺点。

3. 试画图比较传统路由器与 MPLS 中的 LSR 在 IP 分组转发时处理方式的不同之处，并指出导致两者转发效率不同的主要原因。

4. 试从交换技术、信令技术、网络管理、QoS 等方面比较 IP、ATM、MPLS 三者之间的区别。

5. 请说明 MPLS 中标签的含义和作用。与 MPLS 相比，在电路交换、FR、X.25、ATM 中哪些设施起了与标签相似或相同的作用？

6. MPLS 中的 FEC 的含义是什么？FEC 的引入为 MPLS 带来了哪些好处？

7. 在 MPLS 中传统路由协议和 LDP/RSVP 协议各起什么作用？

8. MPLS 基于拓扑的连接建立方式与电路交换、X.25、ATM 等采用的基于数据流(或称基于呼叫的)的连接建立方式比较有什么优点和缺点？

9. 画图说明 MPLS 的连接建立和数据分组转发过程。

10. 说明 MPLS 中的 LSR 与 ATM 交换机之间的区别。

第13章　管　理　网

网络管理是现代通信网的关键技术之一，目前大到电信网，小到局域网都配置有相应的网管系统。随着现代电信网规模的不断扩大，网络的异构性、业务的多样化、多厂商设备等因素的介入使得网络的管理变得越来越复杂。对运营商而言，实现一个高效的网管系统，面临的挑战甚至大于建设一个新的网络。

本节将介绍电信管理网(TMN: Telecommunication Management Network)和计算机网络管理协议 SNMP 的基本概念、体系结构和相关协议，并简单讨论 TMN 和 SNMP 今后的发展趋势。

13.1　电信管理网

13.1.1　TMN 的产生背景

网络管理的基本目标是提高网络的性能和利用率，最大限度地增加网络的可用性，改进服务质量和网络的安全、可靠性，简化多厂商设备在网络环境下的互连、互通，从而降低网络的运营、维护、控制等成本。

电信网络的管理方法是随着电信网的发展而逐步发展起来的，这期间主要经历了两次变迁：人工分散管理方式过渡到各专业网计算机集中管理方式；各专业网计算机集中管理方式到 TMN 综合管理方式。

人工分散管理方式指由维护管理人员以人工方式统计话务数据，根据网络的运营情况进行人工的电路调度，并定期向主管部门上报数据。而且这些工作也是分散在各交换局进行的。实际上专门的网管机构并未建立，所能进行的管理是非常有限的，但满足当时简单的网络、单一的业务管理是足够的了。

随着 20 世纪 70 年代计算机技术的发展和程控交换机的广泛应用，自动化的、集中的管理方式应运而生了。此时，数据的采集、分析报表的生成，电路的调配等均由计算机来完成，并且管理工作也不是在各交换局分散进行，而是由网络中专门的一个或几个网管中心负责，大型电信网的网管中心往往是分级设置的。在这一时期，由于电信网仍然是按专业分割，因此网络管理也是对不同的专业网分别进行集中管理，因而交换网、传输网、信令网、接入网、移动网等都各建有自己的管理系统。这些专业系统之间没有统一的管理目标，没有统一的接口，很难实现管理信息的互通，当一个网络的故障造成其他关联网络的故障或性能下降时，这种方式很难解决这一问题。

进入 20 世纪 80 年代后期，为适应电信网综合化、智能化、标准化、宽带化的发展趋势，以及未来业务发展的需要，ITU-T 于 1991 年提出了对电信网实行统一综合维护管理的 TMN 的概念，TMN 为实现对各种类型通信业务、网络及网络元素的统一管理提供了一个全球接受的框架，它使得网管系统和电信网在标准的体系结构下，按标准的接口和信息格式交换管理信息，从而实现集中的、全自动化的网络维护管理功能。ITU-T 的 TMN 所倡导的首先是一种思想、一个框架，其次是管理者和被管理者之间的接口。其具体的功能将随电信技术的发展、用户需求的变化而改变；各通信实体之间数据的交换和处理方式也会随着计算机技术的发展而发展。这与 TMN 开放架构的原则是一致的。

13.1.2 TMN 的总体介绍

1. 定义

在 ITU-T M.3010 建议中指出：TMN 为异构的 OS 之间、OS 与电信设备之间，以及电信网之间的互连和通信提供了一个框架，以支持电信网、电信业务的动态配置和管理。它是采用具有标准协议和信息接口进行管理信息交换的体系结构。

TMN 的一个主要指导思想就是将管理功能与具体电信功能分离，使管理者可以用有限的几个管理节点管理网络中分布的电信设备。在设计时，则借鉴了 OO 方法和 OSI 网络管理已有的成果，如管理者/代理模型、MIB、被管对象等的使用。

简言之，TMN 负责收集、传送、处理和存储等有关电信网的运营、维护和管理的信息，为电信运营商管理电信网提供支撑平台。TMN 与电信网的总体关系如图 13.1 所示。

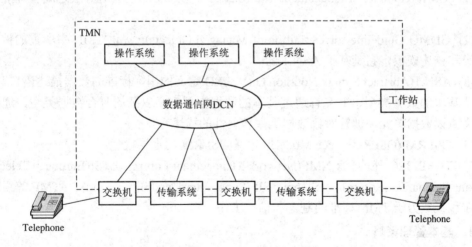

图 13.1 TMN 与电信网的关系

图中操作系统 OS 代表实现各种网络管理功能的处理系统，工作站代表实现人机交互的界面装置，数据通信网 DCN 代表管理者与被管理者之间的数据通信能力，DCN 应配有标准的 Q3 接口，它可以采用 X.25、FR、ATM、DDN、IP 等方式实现 OSI 规定的第三层通信能力。

2. TMN 的管理功能

TMN 的管理功能基本上参照了 OSI 关于开放系统中管理功能的分类，并进行了适当的扩展以适应 TMN 的需要。它主要包括五大功能域：故障管理、账务管理、配置管理、性能管理、安全管理。表 13.1 对各功能域的主要功能作了简要的说明。

表 13.1　TMN 管理功能域

功能域	说　　明
故障管理	允许对网络中的不正常的运行状况或环境条件进行检测、隔离和纠正，如告警监视、故障定位、故障校正等
账务管理	允许对网络业务的使用建立记账机制，主要是收集账务记录、设立使用业务的计费参数，并基于以上信息进行计费
配置管理	配置管理涉及网络的实际物理结构的安排，主要实施对 NE 的控制、识别、和数据交换以及为传输网增加和去掉 NE、通路、电路等操作
性能管理	提供有关通信设备状况、网络或网元通信活动效率的报告和评估，主要作用是收集各种统计数据以用于监视和校正网络、网元的状态和效能，并协助进行网络规划和分析
安全管理	提供授权机制、访问机制、加密机制、密钥机制、验证机制、安全日志等

3．标准

与 TMN 相关的标准主要有 ITU-T M.3000 系列建议，它们定义了 TMN 的结构和标准接口，TMN 系列建议是基于已有的 OSI 标准和 OO 方法，与 TMN 相关的主要 OSI 协议标准有：

(1) CMIP(Common Management Information Protocol)：定义对等层之间管理业务的交互协议。

(2) GDMO(Guideline for Definition of Managed Objects)：提供 TMN 中所需的被管对象的分类和描述模板，它是基于 ASN.1 的。

(3) ASN.1(Abstract Syntax Notation One)：ISO 定义的国际标准的数据描述语言，ASN.1 定义了基本的数据类型，并允许通过基本的数据类型定义复杂的复合数据类型，通常用它来定义协议数据单元，被管对象数据类型和属性的描述等。

(4) OSI RM (OSI Reference Model)：定义 OSI/RM 的七层模型。

除 ITU-T、ISO 外，还有 NMF(Network Management Forum)、ETSI(European Telecommunications Standards Institute)、Bellcore、SIF(Sonet Interoperability Forum)、ATMF 等组织和机构也在积极致力于 TMN 标准的制定和推广工作。

4．基本管理策略

TMN 采用 OO 方法(属性和操作)，将相关网络资源的管理信息表示成被管对象的属性。管理实体可以执行的管理功能在 CMIS(Common Management Information Service)中定义。

实现网络管理所需的管理信息，以及提供和管理这些信息的规则，被称为 MIB(Management Information Base)。负责信息管理的进程就是管理实体，一个管理实体可以担任两个角色，即 Manager 和 Agent，进程之间通过 CMIP 协议发送和接收管理操作信息。

5．TMN 的体系结构

TMN 具有支持多厂商设备、可扩展、可升级和面向对象的特点，通过它运营商可以管理复杂的、动态变化的网络和业务；维护服务质量、扩展业务、保护旧有投资等。

TMN 要完成的目标决定了它的整个体系结构具有相当的复杂度，为易于理解和方便实现这样一个复杂的系统，ITU-T M.3000 系列建议从以下三个角度全面描述了 TMN 的结构，它们中的每一个都非常重要，并且它们之间是相互依赖的。

(1) 信息结构：提供了描述被管理的网络对象的属性和行为的方法，以及为了实现对被管对象的监视、控制、管理等目的，管理者和被管理者之间消息传递的语法语义，信息模型的说明主要采用 OO 方法。

(2) 功能结构：主要用不同的功能块，以及功能块之间的参考点说明了一个 TMN 的实现。

(3) 物理结构：对应功能结构的物理实现。在物理结构中，一个功能块变成一个物理块，参考点则映射成物理接口。其中 OS 是重要的一个物理块，它配置了实施各类管理操作的业务逻辑；最重要的接口是 Q3 接口(OS 与被管资源之间，以及同一管理域内 OS 之间)和 X 接口(不同管理域 OS 之间)。

13.1.3 TMN 的功能结构

TMN 的功能结构描述了在 TMN 内部管理功能如何分布，引入了一组标准的功能块，并定义了功能块之间的接口(Qx\Q3 等参考点)，利用这些功能块和参考点在逻辑上可以构成任意规模和复杂度的电信管理网。

1．TMN 的功能块

TMN 的基本功能块有五种：操作系统功能 OSF、中介功能 MF、网元功能 NEF、工作站功能 WSF 和 Q 适配器功能 QAF。各功能块简介如下：

(1) 操作系统功能：负责电信管理功能的操作、监视和控制。

(2) 中介功能：主要负责根据本地 OSF 的要求，对来自 NEF 或 QAF 的信息进行过滤、适配和压缩处理，使之变成符合本地 OSF 要求的信息模型。

(3) 网元功能：NEF 中包含有管理信息 MIB，使得 TMN 的 OSF 可以对 NE 进行监控。网元功能大致分两类：一类是维护实体功能，如交换、传输和交叉连接等；另一类为支持功能，如故障定位、计费、保护倒换等。

(4) Q 适配器功能：负责将不具备标准 Q3 接口的 NEF 和 OSF 连到 TMN，执行 TMN 接口与非 TMN 接口之间的转换。

(5) 工作站功能：提供 TMN 与管理者之间的交互能力，完成 TMN 信息格式和用户终端显示格式之间的转换，为管理者提供一种解释 TMN 信息的手段。其功能包括终端用户的安全接入和登录、格式化输入/输出等。

2．TMN 的参考点和标准接口

为区分不同的管理功能块，引入了参考点的概念，参考点表示两个功能块之间信息交换的边界点，图 13.2 描述了 TMN 的功能结构和参考点。

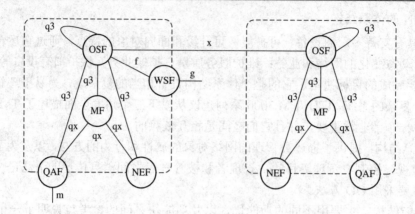

图 13.2 TMN 的功能块和参考点

TMN 包含三类参考点，即 q 参考点、f 参考点和 x 参考点，主要功能如表 13.2 所示。

表 13.2 TMN 的参考点

q	q 参考点位于同一个 TMN 管理域内的两个功能实体之间。通常将连接 MF 与 NEF、QAF 之间的参考点叫 qx，而将连接 OSF 与 NEF、QAF、MF 以及 OSF 之间的参考点叫 q3 参考点
f	f 参考点指 OSF 与 WSF 间的参考点。
x	x 参考点指位于不同 TMN 管理域中的两个 OSF 间的参考点

与 TMN 有关的参考点还有 g 参考点和 m 参考点，但它们已不属于 TMN 范畴之内了。

当互连的功能块分别嵌入到不同的设备中时，参考点就变成具体的接口了，一般情况下，我们并不区分这种细微的差别，只要知道具体实现中一个参考点会对应一个接口：q3 参考点对应 Q3 接口，f 参考点对应 F 接口等。

在 TMN 中最重要的接口就是与 q3 参考点对应的 Q3 接口，Q3 接口是一个跨越了 OSI 七层模型的协议集合，其中一至三层 Q3 接口协议由 Q.811 定义，称为低层协议，四至七层由 Q.812 定义，称为高层协议。Q.812 中应用层的两个协议是 CMIP 和 FTAM，前者用于面向事务处理的管理业务，后者主要用于文件的传输、访问和管理。与 Internet 上常用的文件传输协议 FTP 相比，ISO 的 FTAM 更安全可靠，并支持自动的断点续传功能。

在 TMN 中，Q3 接口被称为操作系统接口，OSF 实施监控必须通过 Q3，同时 NEF、QAF、MF 与 OSF 间进行直接通信也必须通过 Q3 接口进行，否则必须进行接口的转换。图 13.3 描述了 Q3 接口在相关功能块间的位置。

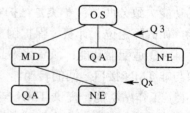

图 13.3 Q3 接口的位置

13.1.4 TMN 的信息结构

TMN 的信息结构以 OO 方法为基础，主要描述了功能模块之间交换的管理信息的特性。信息结构的主要内容包括逻辑分层模型、信息模型和组织模型。

1．逻辑分层模型

逻辑分层模型定义和建议了在不同的管理层应该实现哪些功能组，同一范畴的管理功能可能在不同的层次实现，但管理的目标和范围不同，在高层主要实现企业一级目标的管理，在低层主要实现一个具体网络、一个网元的管理。从低到高，逻辑分层模型将 TMN 的管理功能分成五个层次：网元层 NEL、网元管理层 EML、网络管理层 NML、业务管理层 SML，以及事务管理层 BML。图 13.4 给出了 TMN 功能模块与逻辑分层结构的一个对应关系。

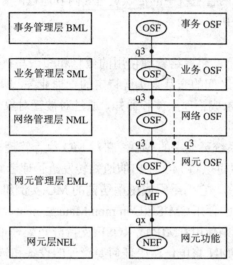

图 13.4 TMN 功能模块与逻辑分层结构的对应关系

(1) 网元层 NEL：负责为 TMN 提供单个网元 NE 中的管理信息，通常 NE 就位于该层。换句话说，NEL 就是电信网中可管理的信息与 TMN 之间的接口。

(2) 网元管理层 EML：负责每一个网元的管理，EML 包含 EML-OSF 和 MF 功能块。EML-OSF 通常负责控制和协调一组网元，管理和维护网元数据、日志、动作等，通过 Q3 接口向 NML-OSF 提供 NE 管理信息。

(3) 网络管理层 NML：利用 EML-OSF 提供的 NE 信息对辖区内所有网元实施管理功能，从全网的角度出发控制和协调所有 NE 的动作，并通过 Q3 接口向 SML-OSF 提供管理信息，支持 SML 管理功能的实现。

(4) 业务管理层 SML：利用 NML 提供的数据实现与已有用户和潜在用户之间的合同业务的管理，包括业务提供、计费、服务质量、故障管理等，是用户与业务提供者之间主要的联系点。SML 同时也负责维护网络统计数据以帮助改善服务质量。在 SML 层，SML-OSF 通过 X 接口与其他管理域相连，通过 Q3 接口与 BML-OSF 相连。因此 SML 也是不同 TMN 管理域之间的联系点。

(5) 事务管理层 BML：负责总的业务与网络事务，主要涉及经济方面，如预算编制、网络规划、制定业务目标、商业协定等。该层不属于 TMN 标准化的内容。

另外要注意，TMN 的逻辑分层结构的提出是为了提供一个灵活的 OSF 功能组合，是一个逻辑上的概念，并不要求每一个管理网都严格实现这种分层结构。目前实际的 TMN 系统都只实现了网络管理层以下功能，即网络和网元的管理。相应的 SML、BML 层功能，目前还缺乏深入地研究,标准也未涉及,这也是 TMN 的主要缺陷之一。

2. 信息模型

ITU-T 在 M.3100 中定义了用于各类管理业务的通用结构,它主要基于 OSI 的管理原理 (ITU-T X.700 系列建议)。在信息模型中描述被管对象 MO(Management Object)及其特性,规定管理者可以使用什么样的消息来管理被管对象,以及这些消息的语法和语义。模型包含四个关键部分:管理者 Manager、代理 Agent、管理信息库 MIB 和网管协议 CMIP 等。其中,Manager 和 Agent 是网管系统中的活跃进程。两者通过网管协议连接起来,代表被管资源的信息则存放在 MIB 中。

1) 基本思想

OSI 管理的基本思想是:将网络管理使用的信息和知识与执行管理动作的功能模块分离;OSI 管理基于管理应用之间的交互来实现特定的管理业务,即 Manager 与 Agent 之间的交互,两者之间的交互抽象成管理操作和通知,通过对被管对象(MO)的操纵来实现相应的管理动作。

一个 Agent 管理本地系统环境中的 MO,它对 MO 执行管理操作以响应 Manager 发出的管理操作,一个 Agent 也可以将 MO 发出的通知转发给管理者。Agent 维持 MIB 的一部分,MIB 是一个动态数据库,它由组织成树型结构的 MO 实例组成。

在 Agent 和 Manager 之间使用 CMISE(Common Management Information Service Element)服务交换信息,而 CMISE 则使用 CMIP 或 ROSE(支持分布处理)的通信能力。

在这一指导思想下,TMN 将电信网中任何要管理的设备和资源都抽象为 MO,MO 的集合构成一个 MIB。每个 MO 定义了相应的属性,通过 CMIP/Agent 可以对 MO 施加各种操作。其主要包括以下操作:

(1) Get 操作:允许管理者取得代理方 MO 的属性值。

(2) Set 操作:允许管理者设定代理方 MO 的属性值。

(3) Notify 操作:允许代理方向管理者通知重要的事件。

同时,它还有对 MO 整体的操作:

(1) Create 操作:允许创建一个 MO。

(2) Delete 操作:允许删除一个 MO。

2) 管理信息模型

实现不同厂商设备的统一管理,关键是要采用统一的信息模型,详细地规范被管设备应该提供哪些信息、使用哪些信息格式。TMN 管理信息模型定义了与厂商无关信息描述、组织方式,它分为两部分,即通用信息模型和专用信息模型。通用信息模型是被管对象的集合,它描述了存在于网络中的一般资源和相关的属性类型、事件、行为,以及管理这些不同的资源和属性的统一的方法等。通用信息模型与具体的网络无关,因而不同的网络系统需根据自身特征在此模型基础上进行扩展,例如,可以使用 OO 方法中的对象继承、对象组合机制在公共模型的基础上进行扩展而得到自身的专用信息模型。

通用信息模型主要在 ITU-T 的 X.720 建议 GDMO 中定义,GDMO 为信息模型的定义提出了一组通用的规则,以统一的方式表示 MO 的命名、属性、操作和通知。GDMO 模板实际上是在 ASN.1 基础上的宏扩展。

3. 组织模型

在 TMN 中，组织模型主要描述管理者和代理者的能力以及它们之间的信息交互方式。其中管理者的任务是发送管理命令和接收代理发出的通知，代理者的任务是管理有关的 MO、响应管理者的管理命令，向管理者发送反映 MO 异常行为的事件通知。

图 13.5 反映了管理者 Manager、代理 Agent、被管对象 MO 之间的相互关系。在该模型中 Manager 和 Agent 之间进行两个开放系统之间点到点的通信。被管系统中的资源抽象成 MO，MO 类实例的集合组成 MIB，这种抽象屏蔽了具体设备的相关性，在 Manager 和 Agent 之间采用一致的 CMIP 协议进行通信，保证了 TMN 对资源的透明管理。

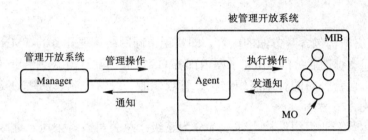

图 13.5　Manager、Agent、MO 之间的关系

13.1.5　TMN 的物理结构

与 IN 中分布功能平面与物理平面之间的映射关系相似，TMN 的功能块分布在物理实体上就构成了 TMN 的物理结构。TMN 中基本的物理块有操作系统 OS、中介设备 MD、Q 适配器 QA、工作站 WS、网元 NE 和数据通信网 DCN。图 13.6 给出了 TMN 的基本物理结构。

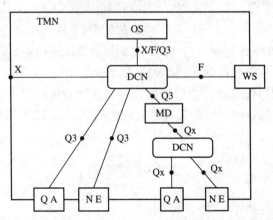

图 13.6　TMN 的基本物理结构

TMN 物理结构中各基本块之间的接口必须是标准的，以保证各部分之间的互操作，这些接口有 Q 系列、F 系列、X 系列等。

功能块与物理块之间并不一定是一一对应的，如 NE 主要完成 NEF 功能，但实际系统中，往往也具备 OSF、MF 和 QAF 功能。

表 13.3 则描述了 TMN 物理块与功能块之间的关系(注：表中 M 代表必选，O 代表任选)。

表 13.3　TMN 物理块与功能块的关系

	NEF	MF	QAF	OSF	WSF
NE	M	O	O	O	O
MD		M	O	O	O
QA			M		
OS		O	O	M	O
WS					M

13.1.6　TMN 的网络结构和设备配置

1．网络结构

TMN 的网络结构包含两方面的内容，即实现不同网络管理业务的 TMN 子网之间的互连方式和完成同一管理业务的 TMN 子网内部各 OS 之间的互连方式。至于采用何种网络结构，通常与电信运营公司的行政组织结构、管理职能、经营体制、网络的物理结构、管理性能等因素有关。

我国电信运营企业组织结构大体上都分为三级：总公司、省公司、地区分公司。同时网络结构也可粗略地分为全国骨干网、省内干线网、本地网三级，基于此，目前我国的特定业务网的管理网的网络结构一般都采用三级结构，如图 13.7 所示。

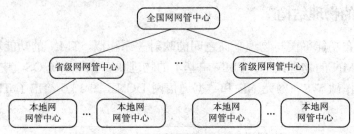

图 13.7　TMN 的分级网管结构

TMN 的目标是将现有的固定电话网、传输网、移动通信网、信令网、同步网、分组网、数据网等不同业务网的管理都纳入到 TMN 的管理范畴中，实现综合网管。由于目前各个业务网都已建起了相应的管理网，因此采用分布式管理结构，用分级、分区的方式构建全国电信管理网，实现各个管理子网的互连是合理的选择。图 13.8 描述了一种逻辑上的子网互连结构。

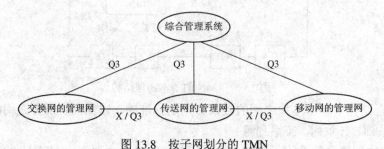

图 13.8　按子网划分的 TMN

2．网络设备的配置

由 TMN 的物理结构可知，构成 TMN 的物理设备主要有五种，即 OS、MD、WS、QA

和 NE。另外还有为构成 TMN 专用的 DCN 所需的网络互连设备。

通常，OS、MD、WS 采用通用计算机系统来实现，对实现 OS 的计算机系统，主要要求有高速处理能力和 I/O 吞吐能力；对实现 WS 的计算机系统，侧重要求 F 接口功能的实现，并具有图形用户接口(GUI)以方便管理操作；对实现 MD 的计算机系统则强调通信服务能力，同时要具备 QAF 功能；QA 则主要实现不同管理协议的转换；如前所述，NE 主要指各种电信设备，如交换设备、传输设备、智能设备、业务控制设备等，它主要实现相应的电信业务，但 NE 中相应 TMN 接口硬件和实现 Agent 功能的软件系统则属于 TMN 范畴。

在 TMN 中，DCN 负责为 OS、QA、NE、MD 之间管理信息的传递提供物理通道，它完成 OSI 参考模型中的低三层功能，为保证可靠性，DCN 应具有选路、转接和互连功能。

从可靠性、安全性、可扩展性等方面，数据通信和计算机网络技术的发展趋势，以及我国电信网地域辽阔等特点出发，DCN 的组网方案应以计算机广域网技术为基础，如 X.25、DDN、PSTN 等，网络设备主要由路由器、广域网通信链路和各级网管中心的局域网组成。因此从网络物理结构来看，TMN 实际是一个广域计算机通信网。

13.2　简单网络管理协议

简单网络管理协议(SNMP：Simple Network Management Protocol)是由 IETF 在 1990 年发布的一个基于 TCP/IP 协议族的应用层协议，它是计算机网络和 Internet 上的网管标准。目前已被扩展为可以在各种网络环境中使用的协议。

13.2.1　SNMP 的网管模型

SNMP 网络管理模型以简单的请求/响应模式为基础，发出请求的 Client，通常被称为 Manager；而响应请求的设备，则被看作 Agent。SNMP 允许 Manager 按照规则读取或修改一个 Agent 管理的本地设备参数，另一方面，Agent 也可以依据特定的条件(例如故障)主动地向 Manager 发布非请求消息。

构成 SNMP 网管模型的基本组件包括：Manager、Agent、MIB、SNMP。

Manager 通常是一个单独的网管工作站，它通常要完成以下基本功能：网络的监测和数据的采集功能、数据的分析和故障的恢复功能等。

Agent 则是一个运行在被管设备(又称网元)中的管理软件。在计算机网络中，被管设备包括路由器、网桥、交换机、主机、打印机、终端服务器等。Agent 负责对来自 Manager 的信息和请求进行响应，也可以主动地向 Manager 提供重要的设备信息。在 SNMP 模型中，对被管设备的监控和管理，都是通过 Manager 和 Agent 之间的信息交互实现的。

为了支持 Manager 对网络的管理，每一个 Agent 都维持一个本地数据库，在 SNMP 中该数据库也叫做 MIB。在 MIB 中，每一个被管设备维持一个或多个变量以记录其状态信息。在 SNMP 的术语中，这些变量被称为对象(Object)。MIB 就是一个网络中所有可能的对象组成的一个数据结构。

Manager 与 Agent 之间的通信采用 SNMP，通信可以采用两种方式进行：Manager 主动去查询一个 Agent 管理的本地对象状态信息，并可以根据需要修改它们，又称 Polling 方式；

Agent 在重要事件发生时，也可以向 Manager 主动上报事件，该方式又称 Push 方式。

13.2.2　SNMP 协议结构

SNMP 协议组由如下三个基本的规范组成：

(1) MIB(RFC1066)：描述了 MIB 中应该包括的可以被 Manager 查询和修改的对象集合。RFC1213 定义了 MIB 的第二版，一般记为 MIB-Ⅱ。

(2) 管理信息结构(SMI：Structure of Management Information ,RFC1155)：SMI 定义了如何描述 MIB 中一个对象类型和属性的规则，它主要基于 ISO 的 ASN.1 和 BER(Basic Encoding Rules)标准。

(3) SNMP(RFC 1157)：SNMP 定义了 Manager 与 Agent 之间的通信协议，它们之间交换分组的详细格式和消息的类型等，SNMP 消息都通过 UDP 来传送。

上面提到的 SNMP 叫做 SNMP v1(通常即指 SNMP)，这是本章的主要内容，也是目前被广泛支持的协议，但 SNMP 的功能较为简单，安全可靠性也不高。到 1998 年为止，又有一些新的关于 SNMP 的 RFC 发表。在这些 RFC 中定义的 SNMP 包括 1993 年的第二版 SNMP(SNMP v2)及 1998 年的 SNMP v3，我们将在以后作简要介绍。

13.2.3　SNMP 管理消息

SNMP 定义了以下五种消息，用于 Manager 与 Agent 之间的信息交换：

(1) Get-request：请求一个或多个变量的值。

(2) Get-next-request：请求指定变量的下一个或多个变量的值，用于对树型结构的 MIB 的遍历。

(3) Set-request：管理员用该消息来设置一个或多个 Agent 中变量的值。

(4) Get-response：返回一个或多个变量的值。

(5) Trap: 当 Agent 侧有重要事件发生时，通知 Manager。

其中，前三个消息是由 Manager 向 Agent 发出的；而后两个则是由 Agent 向 Manager 发出的；第四个消息 Get-response 则是 Get-request、Get-next-request 和 Set-request 的响应消息。由于 SNMP 采用不可靠的 UDP 协议传送 Manager 和 Agent 之间的请求/响应消息，因此为保证消息传递的可靠性，Manager 必须自己实现相应的超时和重传机制，以防止消息在传送过程中的意外丢失。图 13.9 描述了 SNMP 的五种管理消息。

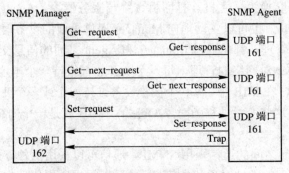

图 13.9　SNMP 的五种管理消息

从图中我们可以看到，请求/响应消息在 UDP 的 161 端口收发，而 Agent 发出的 Trap 消息则在 UDP 的 162 端口被接收，这样做的好处是一个系统可以同时担当 Manager 和 Agent 两种角色。

图 13.10 描述了 SNMP 五种消息的格式，这些消息都被封装在 UDP 分组中传送，其中 Get-request、Get-next-request、Set-request 和 Get-response 这四种消息的格式相同，并且 Error-status 和 Error-index 这两个字段总是置为零。

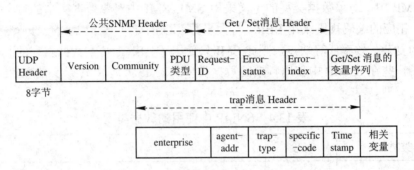

图 13.10　SNMP 的消息格式

由于 SNMP 消息中的变量部分采用 ASN.1 和 BER 编码方式，其长度可变，且由相应变量的类型和它的值决定。这里我们只介绍公共的控制字段的含义，而变量的编码方式(即被管对象)则在 SMI 和 MIB 中介绍。

Version 字段：指明 SNMP 的版本号，对于 SNMP v1 该字段为 0。

Community 字段：一个字符串，指明本次消息传递的小组，它由一个 SNMP Agent 集构成，community 字段表示该小组的名称，实际是一个 Manager 和 Agent 之间的明文格式的口令。

PDU 类型字段：在 SNMP v1 中，如上所述有五种 PDU 类型。

Request-ID 字段：在 Get-request、Get－next-request、Set-request 消息中，该字段由 Manager 分配，并由 Agent 在相应的 Get-response 消息中返回。通过该字段，Manager 可以区分不同的响应消息是对哪一个请求消息响应的。

Error-status 字段：一个由 Agent 返回的整型值，用来说明发生了一个什么类型的错误。

Error-index 字段：一个整数偏移量，用于指明发生错误的变量是哪一个，该值也是由 Agent 设定的。

Enterprise 字段：产生 Trap 的对象类型。

Agent-addr 字段：产生 Trap 的对象地址。

Trap-type 字段：一般 Trap 的类型。

Specific-code 字段：给定的 Trap 代码。

Time stamp 字段：从网络实体最近一次初始化到 Trap 产生的这段时间。

在 SNMP v1 中，由于不使用加密方式传送消息，因此基本上没有安全性保证。SNMP v2、SNMP v3 在这方面做了很大的改进。

13.2.4　SMI

在绝大多数网络中，设备均来自不同的制造商，为使不同制造商设备间的通信成为可能，SNMP 需要精确地定义每一类 Agent 必须提供的管理信息以及这些信息必须以何种格式提供。在 SNMP 中，这些描述被管设备状态和属性的信息变量通称为对象。为实现信息互通，用标准的、与制造商无关的方式定义对象是至关重要的。

在 SNMP 中，对象数据类型的定义采用 SMI，SMI 中对象数据类型的定义主要是基于 ASN.1 的，相应的编码规则采用 BER。与大多数 ISO 的标准一样，ASN.1 也存在规模庞大、编码等结构复杂、效率低等缺点，因此 SMI 只使用了 ASN.1 基本数据类型的一个子集，并相应扩展了一些在 SNMP 中使用频繁的数据类型。表 13.4 是 SMI 定义的在 SNMP 中允许使用的数据类型。

表 13.4　SNMP 中使用的数据类型

类型名	长度	含　义
INTEGER	4 字节	32 bit 的整型数
OCTET STRING	≥0 字节	可变长字节串
DisplayString	≥0 字节	可变长字符串，字符编码采用 NVT ASCII
OBJECT IDENTIFIER	>0	SNMP 中一个对象的惟一标识，它是一个由小数点分割的整型数序列
IpAddress	4 字节	表示 32 bit 的 IPv4 地址
PhysAddress	6 字节	设备的物理地址，如 Ethernet 地址
Counter	4 字节	32 bit 非负整型循环计数器
Gauge	4 字节	32 bit 非负整型数，其值可递增或递减
TimeTicks	4 字节	以百分之一秒递增的时间计数器
Sequece	>0 字节	由不同类型对象组成的一个列表，类似于 C 语言中的 struct 类型
Sequece of	>0 字节	由同种类型对象组成的一个列表，类似于 C 语言中的数组类型

上述类型的变量值在通过网络传输时，SNMP 采用 BER 格式将其转换成字节序列。BER 的规则是不管是基本类型还是复合类型，每个值均由三部分组成，即由数据的类型(Type)、数据字段的长度(Length)和数据字段(Value)组成。

13.2.5　MIB

MIB 是由 Agent 维护的、可以被 Manager 查询和修改的对象的集合，其中的对象按照 SMI 规定的方式定义。为方便管理，MIB 中的对象被分成 10 个群，这 10 个群包含的对象是 Manager 执行网管的基础。表 13.5 是 MIB-Ⅱ中定义的 10 个对象群。

例如，Manager 通过查询 System 群，就可以知道一个设备叫什么，由谁制造的，包含哪些软硬件，位于哪儿等信息。

表 13.5　MIB-Ⅱ中定义的 10 个对象群

群	对象数目	描　　述
System	7	设备的名字、位置和描述
Interface	23	网络接口和它们标准的业务流量
AT	3	地址翻译
IP	42	IP 分组统计
ICMP	26	接收到的 ICMP 消息统计
TCP	19	TCP 算法、参数和统计
UDP	6	UDP 业务量统计
EGP	20	EGP 业务量统计
Transmission	0	为专用介质 MIB 保留
SNMP	29	SNMP 业务量统计

13.2.6　SNMP v2 与 SNMP v3

SNMP 主要的缺点是功能简单、缺乏安全机制，为解决该问题，IETF 于 1993 年发布了 SNMP v2，它的主要扩展有以下几点：

(1) 为支持分布式网络管理，增加了一个 Inform 操作和一个 Manager 到 Manager 的 MIB。Inform 操作允许一个管理者向另一个管理者发送 Trap 消息，通告异常事件，而在 SNMP 中则不支持一个管理者向另一个管理者告警的功能。Manager 到 Manager 的 MIB 则定义了一个表，用来说明哪些事件会触发一个通知。

(2) 在数据传输方面，增加了 Get-bulk 消息，Get-bulk 消息允许 Manager 通过一次操作就可以获得整个表的内容，以减少 Manager 与 Agent 之间的交互次数，提高效率。

(3) 在安全机制方面，Manager 到 Agent 之间的 Community 名的传送，采用加密和认证的方式传送，而在 SNMP 中则是采用明文传送的。

SNMP v3 发布于 1998 年，其主要的改进是提供了强大的安全功能，SNMP v3 提供了三项重要的安全服务功能：认证、加密、访问控制。前两项是基于用户的安全模型(USM：User-Based Security)的一部分，访问控制则在 VACM(View-Based Access Control Model)中定义。这样通过 USM 在 SNMP v3 中不仅可以对所有的传输进行加密，而且允许一个 Agent 确认一个请求是否属于合法用户发来的。利用访问控制服务则可以定义安全的分布式访问控制规则，制定数据受保护的级别。SNMP v3 有效地解决了在 Internet 普及的情况下，SNMP 用户关心的安全性问题。

思　考　题

1. 说明在 TMN 的体系结构中，功能结构、信息结构和物理结构各自的功能和相互之间的关系。

2. 举例说明 TMN 中，管理者、代理、被管对象的含义、物理分布，以及它们之间的关系。

3. 在 TMN 中，为什么 Q3 接口最重要？画图说明 Q3 接口在 TMN 中的位置。

4. 在 TMN 体系结构中，如何实现对不具有 Q3 接口的旧有 NE 设备的管理？

5. 在 TMN 中，一个网络的管理信息，以及管理信息的提供方式和管理规则统称为 MIB，MO 在其中以什么方式组织？Manager 如何实现对 MIB 的访问？代理访问 MIB 的接口是否需要标准化？

6. SNMP 中的术语"对象"的含义是什么？它与 OO 技术中的"对象"有什么区别？MIB 中"对象"是如何组织管理的？

7. 要实现对网络中来自不同制造商、不同种类设备的统一管理，主要需解决哪几个问题？目前常用的技术、标准有哪些？

附录　英文缩写词汇表

英文缩写	全称	中文名

A

AAL	ATM Adaptation Layer	ATM适配层
ABR	Available Bit Rate	可用比特率
ACM	Address Complete Message	地址全消息
ADM	Add-Drop Multiplexer	分插复用器
ADSL	Asymmetric Digital Subscriber Line	非对称数字用户线
AMPS	Advanced Mobile Phone Service	先进移动电话业务
AN	Access Network	接入网
ANSI	American National Standards Institute	美国国家标准化协会
AON	Active Optical Network	有源光网络
API	Application Programming Interface	应用编程接口
ARP	Address Resolution Protocol	地址解析协议
ARPA	Advanced Research Projects Agency	高级研究计划署
ARPANet	ARPA Network	(美国国防部)高级研究计划局网络
ASN.1	Abstract Syntax Notation One	抽象语法符号1
ATM	Asynchronous Transfer Mode	异步传送模式
AUC	Authentic Center	鉴权认证中心

B

BGP	Border Gateway Protocol	边界网关协议
B-ICI	Broadband Inter-carrier Interface	宽带互连接口
BITS	Building Integrated Timing Supply	大楼综合定时供给系统
BML	Bussiness Management Layer	事务管理层
BS	Base Station	基站
BSC	Base Station Controller	基站控制器
BTS	Base Transceiver Station	基站收发台

C

CAC	Call Admission Control	呼叫接纳控制
CAMA	Centralized Automatic Message Accounting	集中式自动计费方式
CAS	Channel Associated Signaling	随路信令
CATV	Cable TV	有线电视
CBR	Constant Bit Rate	恒定比特率
CCS	Common Channel Signaling	公共信道信令
CDMA	Code Division Multiple Access	码分多址接入
CDV	Cell Delay Variation	信元时延变化
CER	Cell Error Ratio	信元差错率
CGI	Common Gateway Interface	公共网关接口
CIC	Circuit Identification Code	电路识别码
CIDR	Classless Inter-Domain Routing	无分类域间路由选择
CLP	Cell Loss Priority	信元丢失优先级
CLR	Cell Loss Ratio	信元丢失率
CMIP	Common Management Information Protocol	公共管理信息协议
CMIS	Common Management Information Service	公共管理信息服务
CORBA	Common Object Request Broker Architecture	公共对象请求代理结构
CPCS	Common Part Convergence Sublayer	公共部分汇聚子层
CPE	Customer Premises Equipment	用户驻地设备
CPN	Customer Premises Network	用户驻地网
CR	Constraint-based	基于约束的
C/R	Command/Response	命令/响应
CRC	Cyclic Redundancy Code	循环冗余码
CR-LDP	Constraint-based Label Distribution Protocol	基于约束的标记分配协议
CSMA/CD	Carrier Sense Multiple Access with Collision Detection	带有冲突检测的载波监听多址接入协议
CS	Convergence Sublayer	会聚子层
CS-1	Capability Set 1	智能网能力集1
CTD	Cell Transfer Delay	信元传送时延

D

DAR	Dynamic Alternate Routing	动态迂回选路
DCE	Data Circuit-terminating Equipment	数据电路终接设备
DCN	Data Communication Network	数据通信网
DCR	Dynamically Controlled Routing	动态受控选路
DDN	Digital Data Network	数字数据网

DG	DataGram	数据报
DNHR	Dynamic Non-Hierarchical Routing	动态无级选路
DNS	Domain Name System	域名系统
DPC	Destination Point Code	目的信令点编码
DPE	Distributed Processing Environment	分布式处理环境
DSS1	Digital Subscriber Signaling No.1	1号数字用户信令
DTE	Data Terminal Equipment	数据终端设备
DUP	Data User Part	数据用户部分
DWDM	Dense WDM	密集波分复用
DXC	Digital Cross-Connect	数字交叉连接

E

EIR	Equipment Identity Register	设备识别寄存器
ELAN	Emulation LAN	仿真局域网
EML	Element Management Layer	网元管理层
ETSI	European Telecommunications Standards Institute	欧洲电信标准化协会
ER-LSP	Explicitly Routed LSP	显式路由的LSP

F

FDD	Frequency Division Duplex	频分双工
FDDI	Fiber Distributed Data Interface	光纤分布式数据接口
FDM	Frequency Division Multiplexing	频分多路复用
FDMA	Frequency Division Multiple Access	频分多址接入
FEC	Forwarding Equivalence Class	转发等价类
FECN	Forward Explicit Congestion Notification	前向显式拥塞通知
FISU	Fill-in Signal Unit	填充信令单元
FR	Frame Relay	帧中继
FTP	File Transfer Protocol	文件传输协议

G

GDMO	Guideline for Definition of Managed Objects	被管对象定义准则
GPS	Global Position System	全球定位系统
GSM	Global System for Mobile Communication	全球移动通信系统

H

HDB3	High Density Bipolar of Order 3	三阶高密度双极性码
HEC	Header Error Check	信头差错检测

HFC	Hybrid Fiber and Coax	光纤和同轴电缆混合
HLR	Home Location Register	归属位置寄存器
HDLC	High-level Data Link Control	高级数据链路控制规程
HTML	HyperText Markup Language	超文本标记语言
HTTP	HyperText Transfer Protocol	超文本传输协议

I

IAB	Internet Architecture Board	因特网结构委员会
IAI	IAM with Additional Information	带附加信息的初始地址消息
IAM	Initial Address Message	初始地址消息
ICMP	Internet Control Message Protocol	因特网控制报文协议
IEC	International Electrotechnical Commission	国际电工委员会
IEEE	Institute of Electrical and Electronics Engineers	电气和电子工程师协会
IETF	Internet Engineering Task Force	因特网工程任务部
IN	Intelligent Network	智能网
IP	Interworking Protocol	因特网协议
IMEI	International Mobile Equipment Identification	国际移动台设备标识号
IMSI	International Mobile Subscriber Identification	国际移动用户标识号
INAP	Intelligent Network Application Part	智能网应用部分
IRTF	Internet Research Task Force	因特网研究任务部
ISDN	Integrated Service Digital Network	综合业务数字网
IS-IS	Intermedia System to Intermedia System	中间系统到中间系统协议
ISO	International Organization for Standardization	国际标准化组织
ITU	International Telecommunications Union	国际电信联盟
ITU-D	ITU Development Sector	国际电信联盟发展部门
ITU-R	ITU Radio Comminication Sector	ITU无线通信部门
ITU-T	ITU Telecommunication Standardization Sector	ITU电信标准化部门

L

LAMA	Local Automatic Message Accounting	本地自动计费方式
LAN	Local Area Network	局域网
LANE	LAN Emulation	局域网仿真
LAPB	Link Access Procedures Balanced	平衡型链路接入规程
LC	Line Circuit	用户电路
LCN	Logical Channel Number	逻辑信道号
LCGN	Logical Channel Group Number	逻辑信道群号
LCP	Link Control Protocol	链路控制协议
LDP	Label Distribution Protocol	标记分配协议

LE	Local Exchange	本地交换局
LER	Label Edge Router	标记边缘路由器
LIS	Logical IP Subnetwork	逻辑IP子网
LIB	Label Information Base	标记信息库
LLC	Logical Link Control	逻辑链路控制
LMDS	Local Multipoint Distribution Service	本地多点分配业务
LSP	Label Switched Path	标记交换路径
LSR	Label Switched Router	标记交换路由器
LSSU	Link Status Signal Unit	链路状态信令单元

M

MAC	Medium Access Control	媒介接入控制
MAN	Metropolitan Area Network	城域网
MAP	Mobile Application Part	移动应用部分
MD	Mediation Device	中介设备
MIB	Management Information Base	管理信息库
MIME	Multipurpose Internet Mail Extensions	多用途互联网邮件扩展协议
MMDS	Multichannel Multipoint Distribution System	多信道多点分配系统
MPEG	Motion Picture Experts Group	运动图像专家组
MPLS	Multi-protocol Label Switching	多协议标记交换
MPOA	Multi-protocol over ATM	ATM上的多协议
MS	Mobile Station	移动台
MSC	Mobile-services Switching Centre	移动业务交换中心
MSRN	Mobile Station Roaming Number	移动台漫游号
MSU	Message Signal Unit	消息信令单元
MTP	Message Transfer Part	消息传递部分
MTU	Maximum Transfer Unit	最大传送单元

N

NCP	Network Control Protocol	网络控制协议
NE	Network Element	网元
NEL	Network Element Layer	网元层
NGN	Next Generation Network	下一代网络
NHRP	Next Hop Resolution Protocol	下一条地址解析协议
NMC	Network Management Center	网络管理中心
NMF	Network Management Forum	网络管理论坛
NML	Network Management Layer	网络管理层
NNI	Network Node Interface	网络节点接口

NSF	National Science Foundation	(美国)国家科学基金会
NSFNet	National Science Foundation Network	(美国)国家科学基金会网络
NVT	Network Virtual Terminal	网络虚拟终端

O

OLT	Optics Line Terminate	光线路终端
OMAP	Operations, Maintenance and Administration Part	操作、维护和管理部分
OMG	Object Management Group	对象管理集团
ONU	Optics Network Unit	光网络单元
OO	Object-Oriented	面向对象
OPC	Original Point Code	源信令点编码
OS	Operations System	操作系统
OSI	Open System Interconnection	开放系统互连
OSPF	Open Shortest Path First	开放式最短路径优先
OTN	Optical Transport Network	光传送网

P

PABX	Private Automatic Branch Exchange	自动用户小交换机
PAD	Packet Assembler and Disassembler	分组装拆设备
PCE	Packet Concentrate Equipment	分组集中器
PCM	Pulse Code Modulation	脉冲编码调制
PDH	Psynchronous Digital Hierarchy	准同步数字系列
PDU	Protocol Data Unit	协议数据单元
PLMN	Public Land Mobile Network	公用陆地移动网
PM	Physical Media Dependent Sublayer	物理媒介相关子层
PNNI	Private NNI	专用网络节点接口
PON	Passive Optical Network	无源光网络
POTS	Plain Old Telephone Service	普通电话业务
PPP	Point to Point Protocol	点到点协议
PS	Packet Switching	分组交换机
PSPDN	Packet Switching Public Data Network	公用分组交换数据网
PSTN	Public Switched Telephone Network	公用电话交换网
PVC	Permanent Virtual Connection	永久虚连接

Q

| QA | Q Adaptor | Q适配器 |
| QoS | Quality of Service | 服务质量 |

R

RFC	Request For Comments	请求注解因特网标准
RIP	Routing Information Protocol	路由信息协议
RSVP	Resource Reservation Protocol	资源预留协议
RTNR	Real-Time Network Routing	实时网络选路
RTP/RTCP	Real-Time Transport Protocol/ Real-Time Transport Control Protocol	实时传输协议/ 实时传输控制协议

S

SAP	Service Access Point	服务访问点
SAR	Segmentation and Reassembly Sublayer	信元拆装子层
SCE	Service Creation Environment	业务创建环境
SCP	Service Control Point	业务控制节点
SCCP	Signaling Connection Control Part	信令连接控制部分
SD	Start Delimiter	起始定界符
SDH	Synchronous Digital Hierarchy	同步数字系列
SDMA	Space Division Multiple Access	空分多址接入
SDP	Service Data Point	业务数据节点
SDU	Service Data Unit	业务数据单元
SFD	Start Frame Delimiter	帧首定界符
SIF	Signaling Information Field	信令信息字段
SIP	Session Initiation Protocol	会话启动协议
SLIP	Serial Line Internet Protocol	串行线路因特网协议
SML	Service Management Layer	业务管理层
SMI	Structure of Management Information	管理信息结构
SMS	Service Management System	业务管理系统
SNI	Service Node Interface	业务节点接口
SNMP	Simple Network Management Protocol	简单网管协议
SONet	Synchronous Optical Network	同步光网络
SP	Signaling Point	信令点
SPC	Stored Program Control	存储程序控制
SRTS	Synchronous Residual Time Stamp	同步剩余时间标签法
SS7	Signaling System 7	No.7信令系统
SSP	Service Switching Point	业务交换节点
STM	Synchronous Transport Module	同步传送模块
STP	Shielded Twisted Pair	屏蔽双绞线
STP	Signaling Transfer Point	信令转接点

SVC	Switched Virtual Connection	交换虚连接

T

TACS	Total Access Communication System	全接入通信系统
TCAP	Transaction Capability Application Part	事务处理能力应用部分
TCS	Transmission Convergence Sublayer	传输会聚子层
TCP	Transmission Control Protocol	传输控制协议
TDD	Time Division Duplex	时分双工
TDM	Time Division Multiplexing	时分多路复用
TDMA	Time Division Multiple Access	时分多址接入
TE	Traffic Engineering	流量工程
TINA	Telecommunication Information Networking Architecture	电信信息网络结构
TMN	Telecommunication Management Network	电信管理网
TMSI	Temporary Mobile Subscriber Identity	临时移动用户识别码
TTL	Time To Live	生存时间
TUP	Telephone User Part	电话用户部分

U

UBR	Unspecified Bit Rate	未定比特率
UDP	User Datagram Protocol	用户数据报协议
UNI	User-Network Interface	用户网络接口
UPC	Usage Parameter Control	用法参数控制
UTP	Unshielded Twisted Pair	非屏蔽双绞线
URL	Uniform Resource Locator	统一资源定位符

V

VBR	Variable Bit Rate	可变比特率
VC	Virtual Channel	虚信道
VC	Virtual Circuit	虚电路
VLR	Visitor Location Register	访问位置寄存器
VP	Virtual Path	虚通路
VOD	Video on-Demand	视频点播
VoIP	Voice over Internet Protocol	IP电话
VPN	Virtual Private Network	虚拟专用网

W

WAN	Wide Area Network	广域通信网
WDM	Wavelength Division Multiplexing	波分多路复用
WS	WorkStation	工作站
WWW(Web)	World Wide Web	万维网

X

| XML | Extensible Markup Language | 可扩展标记语言 |

参 考 文 献

1　William Stallings. Data and Computer Communications(第五版). 北京: 清华大学出版社，1997

2　William Stallings 著. 高速网络: TCP/IP 和 ATM 设计原理. 齐望东等译. 北京: 电子工业出版社，1999

3　Uyless Black 著. 因特网高级技术. 宋建平等译. 北京: 电子工业出版社，2001

4　A.S. Tanenbaum. Computer Network(第三版). 北京: 清华大学出版社，1997

5　Radia Perlman 著. 网络互连: 网桥、路由器、交换机和互连协议(第 2 版). 高传善等译. 北京: 机械工业出版社，2000

6　W.Richard Stevens. TCP/IP Illustrated Volume I. 北京: 机械工业出版社，2002

7　毛京丽，张丽，李文海等. 现代通信网. 北京: 北京邮电大学出版社，1999

8　纪越峰. 现代通信技术. 北京: 北京邮电大学出版社，2002

9　唐宝民，王文鼎，李标庆. 电信网技术基础. 北京: 人民邮电出版社，2001

10　龚双瑾，王鸿生. 智能网概论. 北京: 人民邮电出版社，1997

11　中华人民共和国信息产业部，邮电技术规定 YDN088-1998. 自动交换电话（数字）网技术体制

12　ITU-T Q. 700-716，Q.721-766. 七号信令系统技术规程. 1989

13　桂海源，骆亚国. No.7 信令系统. 北京: 北京邮电大学出版社，1999

14　纪红，徐惠民. 7 号信令系统. 北京: 人民邮电出版社，1995

15　部熙章. 数字同步网技术. 北京: 人民邮电出版社，1995

16　程根兰. 数字同步网. 北京: 人民邮电出版社，2001

17　加拿大北方电讯公司. DPN-100 分组交换机参考手册. 王芸译. 北京: 人民邮电出版社，1994

18　杜治龙. 分组交换工程. 北京: 人民邮电出版社，1993

19　Vijay K.Garg 著. 第三代移动通信系统原理与工程设计. 于鹏，白春霞，刘春等译. 北京: 电子工业出版社，2001

20　郭梯云，邬国扬，张厥盛. 移动通信. 西安: 西安电子科技大学出版社，1998

21　邬国扬. CDMA 数字蜂窝网. 西安: 西安电子科技大学出版社，2000

22　元安. 未来移动通信系统概论. 北京: 北京邮电大学出版社，1999

23　胡捍英，杨峰义. 第三代移动通信系统. 北京: 人民邮电出版社，2001

24　ETSI. GSM Recommendation 03.12

25　ETSI. GSM Recommendation 03.02

26　ETSI. GSM Recommendation 04.03

27　ETSI. GSM Recommendation 09.02

28　ATM forum . Traffic Management Specification(version 4.1). 1999

29 IETF RFC2702. Requirements for Traffic Engineering Over MPLS. 1999
30 IETF RFC3031. Multiprotocol Label Switching Architecture. 2001
31 Joon Choi，Danny Lahav. Optical Transport Network：Solution to Network Scalability and Manageability. OptiX Networks，2002
32 Awdeh R Y，Mouftah H T. Survey of ATM Switch Architectures. Computer Network and ISDN System, 1995, vol.27: 136～143